はじめに

日本数学教育学会高専・大学部会の教材研究グループ「TAMS」は，大学，高専，高校の数学教育に関して様々な活動をしています．その活動の一つとして，学生が数学を自習することのできる演習書を作成してきました．これまでに発行されたドリルと演習シリーズ；「基礎数学」，「微分積分」，「線形代数」は，多くの学生，社会人から利用され好評を得ております．本書「応用数学」は，このシリーズに続くものとして著されました．

応用数学は，理工系専門分野を学ぶ上で必要な数学で，本書では「微分方程式」，「ベクトル解析」，「ラプラス変換」，「フーリエ解析」，「複素解析」の５つの分野を扱いました．
一般にこれらの分野は，学生にとって大変難しいとされています．その理由としては，教養数学（微積分，線形代数）の知識や計算力を必要とすることや，新たな概念や計算方法等学習すべき内容が沢山あることが挙げられています．内容の多さに対して，講義時間は限られた少ない時間しかないこともあります．学生にとってはどうしても，自習により計算力を身に付け，理解を積み上げることが必要と考えます．そのために本書のドリル方式は，みなさんの学習の良い手助けになると思います．

本書には次のような特徴があります．

(1) 学習内容が，到達目標ごとに細かく分かれている．
(その分野で大事なことは何か，何をどの程度身に付ければ良いのかの指針になります．)

(2) 各項目とも２頁からなり，表の面には要約と例題，裏面には問題があり，基本的に例題と問題とが対応するように配置されている．
(要約で概念を見て，例題を解き，その演習として裏面の問題を解く．問題が解けない場合は，例題の解答を再度参考にして解いてみる．詳述した解答が巻末にまとめてある．)

(3) どの章から学習してもよい．
(どの章も独立した内容と考えて良い．)

応用数学のどの分野も，多くの内容をもち，また計算力も必要とされる分野です．
学習のポイントは，初めからあまり細部にこだわらないこと，本書の一つの章を一通りやりきり，その章を何度か繰り返して学習することです．そうすると，その章が何をテーマとしているのか，どんな計算を最も重要としているのかが見えてくるようになります．

このドリルを活用して，応用数学の確かな基礎力を身に付けて欲しいと願っております．

2013年6月　執筆者一同

目 次

ドリルと演習シリーズ　応用数学　正誤表

ISBN978-4-485-30218-7　第1版 第1刷　（2014年8月19日作成）

ページ	箇所	誤	正
5	例題 3.1 (2)	$y' = \dfrac{\tan x}{\tan y}$	$y' = \tan x \cdot \tan y$
7	下 8 行目	$\left(1 - \dfrac{y^2}{x^2}x\right) = \cdots$	$\left(1 - \dfrac{y^2}{x^2}\right)x = \cdots$
11	例題 6.1	次の微分方程式を解け．[完全微分形]	次の微分方程式が完全微分形であるか調べ，完全微分形であれば解を求めよ．
11	下 1 行目	一般解は　$2x^2 + 3xy + y^2 = C$	一般解は　$x^2 \cos y + y^2 \sin x = C$
18	問題 9.1 (1)	$y'' - 2y' + 5y = 10$	$y'' - 4y' + 5y = 10$
25	例題 13.1 解答 1 行目	$(C_1, C_1$ は任意の定数)	$(C_1, C_2$ は任意の定数)
27	例題 14.1 解答 3 行目	$z = (2C_1 x + C_1 + 2C_2)e^{2x}$	$z = (C_1 x - C_1 + C_2)e^{2x}$
27	例題 14.1 (2) 解答 1 行目	$\begin{cases} (D+3)y - 2z = x^2 \\ 5y + (D-4)z = x \end{cases}$	$\begin{cases} (D+3)y - 2z = x^2 \\ 5y + (D-4)z = -x \end{cases}$
29	例題 15.1 解答 1 行目	これより $(1+x^2)p' = -(1+p^2) = 0$	これより $(1+x^2)p' = -(1+p^2)$
29	例題 15.1 解答 4 行目	$p = \tan(C - \tan^{-1}) = \cdots$	$p = \tan(C - \tan^{-1} x) = \cdots$
30	問題 15.1 問題 15.2	次の問いに答えよ．	次の微分方程式を解け．
37	下 1 行目	$2i - 2j - 2k$	$-2i + 2j + 2k$
38	問題 19.2	ベクトル x を求よ．	ベクトル x を求めよ．
41	例題 21.2	曲線長さ s を求めよ．	曲線の長さ s を求めよ．
42	問題 21.5	曲線長さ s を求めよ．	曲線の長さ s を求めよ．
47	例題 24.2 解答	$\dfrac{\partial^2 r}{\partial x_1} = \cdots$ 同様に，$\dfrac{\partial^2 r}{\partial x_2} = \dfrac{1}{r} - \dfrac{{x_2}^2}{r^3}$，$\dfrac{\partial^2 r}{\partial x_3} = \cdots$	$\dfrac{\partial^2 r}{\partial {x_1}^2} = \cdots$ 同様に，$\dfrac{\partial^2 r}{\partial {x_2}^2} = \dfrac{1}{r} - \dfrac{{x_2}^2}{r^3}$，$\dfrac{\partial^2 r}{\partial {x_3}^2} = \cdots$
51	例題 26.2 解答 2 行目	$\int_0^1 (u^4 + 2u^5 + 3u^5)\,dt$	$\int_0^1 (u^4 + 2u^5 + 3u^5)\,du$
53	例題 27.1 (1) 解答	$\dfrac{\partial r}{\partial x_2} = (0,\ 1,\ 2)$	$\dfrac{\partial r}{\partial x_2} = (0,\ 1,\ -2)$
59	上 2 行目	を n を曲線 C の向き　…	n を曲線 C の向き　…
59	例題 30.1 解答 9 行目	$\int_0^{2\pi} \int_1^0 r^2 \cos^2\theta \cdot r\,dr\,d\theta$	$\int_0^{2\pi} \int_0^1 r^2 \cos^2\theta \cdot r\,dr\,d\theta$
69	上 9 行目	$= (1 + e^{-sT} + e^{-2sT} + \cdots) \int_0^{\pi} e^{-su} f(u)du$	$= (1 + e^{-sT} + e^{-2sT} + \cdots) \int_0^{T} e^{-su} f(u)du$
77	下 4 行目	$\cdots = \dfrac{1}{5(s-1)} - \dfrac{s+3}{5(s^2+2s+1)}$	$\cdots = \dfrac{1}{5(s-1)} - \dfrac{s+3}{5(s^2+2s+2)}$
87	上 6 行目	$\int_{-\pi}^{\pi} \cos \dfrac{n\pi x}{L} dx$	$\int_{-L}^{L} \cos \dfrac{n\pi x}{L} dx$
93	下 1 行目	$\sum_{n=1}^{\infty} \dfrac{8}{n^2\pi^2} \sin \dfrac{n\pi}{2} \sin n\pi x$	$\sum_{n=1}^{\infty} \dfrac{8}{n^2\pi^2} \sin \dfrac{n\pi}{2} \sin \dfrac{n\pi x}{2}$

95	下 12 行目	$c_{\pm 1} = \frac{1}{2\pi}\int_0^{\pi} e^{\mp inx}\sin x dx$	$c_{\pm 1} = \frac{1}{2\pi}\int_0^{\pi} e^{\mp ix}\sin x dx$
108	上 2 行目	(例題 52.1(2))	(問題 52.1(2))
118	問題 59.2	(1) $\lvert z\rvert = 2$, $\arg = \frac{4}{3}\pi$ (2) $\lvert z\rvert = 4$, $\arg = \frac{\pi}{4} + \frac{\pi}{6}$	(1) $\lvert z\rvert = 2$, $\arg z = \frac{4}{3}\pi$ (2) $\lvert z\rvert = 4$, $\arg z = \frac{\pi}{4} + \frac{\pi}{6}$
119	下 4 行目	$z = 2e^{\frac{\pi}{4}}, 2e^{\frac{3\pi}{4}}, 2e^{\frac{5\pi}{4}}, 2e^{\frac{7\pi}{4}}$	$z = 2e^{\frac{\pi}{4}i}, 2e^{\frac{3\pi}{4}i}, 2e^{\frac{5\pi}{4}i}, 2e^{\frac{7\pi}{4}i}$
121	下 7 行目	$\lim_{n\to\infty} \frac{\lvert 2n^2+4n+3\rvert}{\lvert 2n^2+1\rvert}\cdot\lvert z\rvert$	$\lim_{n\to\infty} \frac{\lvert 2n^2+4n+3\rvert}{\lvert 2n^2+2\rvert}\cdot\lvert z\rvert$
125	解答 (1)	左辺から左辺を導く.	左辺から右辺を導く.
125	解答 (3)	$e^{iz}+e^{-iz} = -2$. さらに両辺に e^{iz} をかけてまとめると, $(e^{iz})^2+2(e^{iz})+1=0$. したがって, $\left(e^{iz}+1\right)^2 = 0$ より $e^{iz} = -1$. ここで $z = x+iy$ を代入して, $e^{i(x+iy)} = -1 \rightarrow e^{-y+ix} = -1 \cdots\cdots$①. ここで $-1 = e^{(\pi+2n\pi)i}$ (n : 任意の整数) であるから式 ① の左辺と比較して, $x = \pi+2n\pi, y = 0$ より $\therefore\ z = \pi + 2n\pi = (2n+1)\pi$ (n : 任意の整数)	$e^{iz}-e^{-iz} = -2$. さらに両辺に e^{iz} をかけてまとめると, $(e^{iz})^2+2(e^{iz})-1=0$. ここで, $t = e^{iz}$ とおくと, 方程式は $t^2+2t-1=0$. これを解いて, $t = -1\pm\sqrt{2}$. $t = e^{iz} = e^{i(x+iy)} = e^{-y}e^{ix}$ とかけるので, $t = -1+\sqrt{2} = e^{-y}e^{ix}$ であるためには, $e^{-y} = -1+\sqrt{2}$, $x = 2n\pi$ (n : 任意の整数) を満たせばよいから, $z = x+iy = 2n\pi - \ln(\sqrt{2}-1)i$. 同様にして, $t = -1-\sqrt{2}$ のとき $z = (2n+1)\pi - \ln(\sqrt{2}+1)i$ を得る.
143	下 5 行目	グルサーの定理において, $a = i$	グルサーの定理において, $\alpha = i$
151	例題 76.1 解答	$-2\int_{\lvert z\rvert=1} \frac{1}{\{z-(4+\sqrt{15}i)\}\{z-(4-\sqrt{15}i)\}}dz$ から, $\lvert z\rvert < 1$ にある極は 1 位の極 $(4-\sqrt{15}i)$ のみである. $\mathrm{Res}[f, 4-\sqrt{15}i]$	$-2\int_{\lvert z\rvert=1} \frac{1}{\{z-(4+\sqrt{15})i\}\{z-(4-\sqrt{15})i\}}dz$ から, $\lvert z\rvert < 1$ にある極は 1 位の極 $(4-\sqrt{15})i$ のみである. $\mathrm{Res}[f, (4-\sqrt{15})i]$
152	問題 76.1	(1) $\int_0^{2\pi} \frac{1}{5 -- 4\cos\theta}\, d\theta$ (2) $\int_0^{2\pi} \frac{1}{(5+3\sin\theta)^2}\, d\theta$	(1) $\int_0^{2\pi} \frac{1}{5 - 4\sin\theta}\, d\theta$ (2) $\int_0^{2\pi} \frac{1}{(2+\cos\theta)^2}\, d\theta$
153	右段 下 10 行目	$\frac{1}{2}\log\lvert u^2+2u-1\rvert = -\log\lvert\frac{1}{x}\rvert + C_1$	$\frac{1}{2}\log\lvert u^2+2u-1\rvert = -\log\lvert x\rvert + C_1$
154	左段 下 12 行目	$\boxed{\text{II}}$ 次に $\frac{A(x)}{x}$ とし	$\boxed{\text{II}}$ 次に $y = \frac{A(x)}{x}$ とし
155	右段 上 6 行目	特性方程式は $\lambda^2+\lambda-6=0$	特性方程式は $\lambda^2-4\lambda+5=0$
156	右段 下 15~16 行目	$a_0 = \cdots = -\frac{1}{50} - \frac{3}{200}i = Y$ $\therefore y = e^{3x}(\cos 2x + i\sin 2x)(-\frac{1}{50} - \frac{3}{200}i)$	$a_0 = \cdots = \frac{1}{50} - \frac{3}{200}i = Y$ $\therefore y = e^{3x}(\cos 2x + i\sin 2x)(\frac{1}{50} - \frac{3}{200}i)$
157	左段 上 15 行目	$= x-1$. ここで, $\cdots$	$= x+1$. ここで, $\cdots$
157	左段 上 21 行目, 27 行目	$= \frac{1}{50}[\{-(10x+11)\cos x - (5x-2)\sin x\}$ $+i\{(5x-2)\cos x + (10x+11)\sin x\}]$ $\cdots\cdots\cdots$ $y = C_1e^{-x} + C_2e^{3x}$ $+\frac{1}{50}\{(5x-2)\cos x + (10x+11)\sin x\}$	$= \frac{1}{50}[\{-(10x+11)\cos x - (5x-2)\sin x\}$ $+i\{(5x-2)\cos x - (10x+11)\sin x\}]$ $\cdots\cdots\cdots$ $y = C_1e^{-x} + C_2e^{3x}$ $+\frac{1}{50}\{(5x-2)\cos x - (10x+11)\sin x\}$
157	右段 上 8 行目	$y = (C_3x+C_4)e^x - \frac{1}{2}x^2$	$y = (C_3x+C_4)e^x + \frac{1}{2}x^2$

157	右段 上 12 行目	$C_1' = \cdots = -\dfrac{2}{3}e^{-4x}\cos 2x$	$C_1' = \cdots = -\dfrac{2}{3}e^{4x}\cos 2x$
157	右段 上 14 行目	$C_1(x) = -\dfrac{1}{15}(2\cos 2x + \sin 2x) + C_3$	$C_1(x) = -\dfrac{1}{15}e^{4x}(2\cos 2x + \sin 2x) + C_3$
157	右段 下 5 行目～ 9 行目	$C_1' = \dfrac{\begin{vmatrix} 0 & e^{-x} \\ \frac{e^{-x}}{x} & -e^{-x} \end{vmatrix}}{-e^{2x}} = -\dfrac{1}{x}.$ $C_2' = \dfrac{\begin{vmatrix} xe^{-x} & 0 \\ (1-x)e^{-x} & \frac{e^{-x}}{x} \end{vmatrix}}{-e^{2x}} = -1.$ $\therefore\ C_1(x) = -\log\lvert x\rvert + C_3.\ C_2(x) = -x + C_4.$ \[I\],\[II\]より一般解は $y = (C_3x + C_4)e^{-x}$ $-x(\log\lvert x\rvert + 1)e^{-x}.$	$C_1' = \dfrac{\begin{vmatrix} 0 & e^{-x} \\ \frac{e^{-x}}{x} & -e^{-x} \end{vmatrix}}{-e^{-2x}} = \dfrac{1}{x}.$ $C_2' = \dfrac{\begin{vmatrix} xe^{-x} & 0 \\ (1-x)e^{-x} & \frac{e^{-x}}{x} \end{vmatrix}}{-e^{-2x}} = -1.$ $\therefore\ C_1(x) = \log\lvert x\rvert + C_3.\ C_2(x) = -x + C_4.$ \[I\],\[II\]より一般解は $y = (C_3x + C_4)e^{-x}$ $+x(\log\lvert x\rvert - 1)e^{-x}.$
158	左段 上 4 行目	一般解は $y = C_3e^{-x} + C_4e^{2x}$	一般解は $y = C_3\cos 2x + C_4\sin 2x$
158	左段 上 9 行目～ 13 行目	$C_1' = \dfrac{\begin{vmatrix} 0 & \sin x \\ \frac{1}{\cos x} & \cos x \end{vmatrix}}{1} = \dfrac{\sin x}{\cos x}.$ $C_2' = \cdots$ $\therefore\ C_1(x) = -\log\lvert\cos x\rvert + C_3.\ C_2(x) = x + C_4.$ \[I\],\[II\]より一般解は $y = C_3\cos x + C_4\sin x$ $-\cos x\log\lvert\cos x\rvert + x\sin x.$	$C_1' = \dfrac{\begin{vmatrix} 0 & \sin x \\ \frac{1}{\cos x} & \cos x \end{vmatrix}}{1} = -\dfrac{\sin x}{\cos x}.$ $C_2' = \cdots$ $\therefore\ C_1(x) = \log\lvert\cos x\rvert + C_3.\ C_2(x) = x + C_4.$ \[I\],\[II\]より一般解は $y = C_3\cos x + C_4\sin x$ $+\cos x\log\lvert\cos x\rvert + x\sin x.$
158	右段 上 13 行目	$\begin{cases} D^2y - Dz = 2\cos 2x \\ y + Dz = \cos 2x \end{cases}$	$\begin{cases} D^2y - Dz = 2\cos 2x \\ y - Dz = \cos 2x \end{cases}$
158	右段 下 12 行目	$y = y = \dfrac{C_2}{2}x^2 + C_3.$	$y = \dfrac{C_2}{2}x^2 + C_3.$
158	右段 下 13 行目, 14 行目	$y' = p$ とおくと，$p' - 2p = x$．これより $(D-2)p = x$	$y' = p$ とおくと，$p' - 2p = -x$．これより $(D-2)p = -x$
158	右段 下 4 行目, 5 行目	$p' + \dfrac{x}{(1-x^2)}p = \dfrac{2}{(1-x^2)}$ \[I\] $p' + \dfrac{x}{(1-x^2)}p) = 0$ より	$p' - \dfrac{x}{(1-x^2)}p = \dfrac{2}{(1-x^2)}$ \[I\] $p' - \dfrac{x}{(1-x^2)}p = 0$ より
160	左段 下 8 行目	$\triangle\mathrm{OPQ} \sim \triangle\mathrm{OP'Q'}$ (相似)	$\triangle\mathrm{OPQ} \backsim \triangle\mathrm{OP'Q'}$ (相似)
160	左段 下 3 行目	$\overline{\mathrm{OP}} + \overline{\mathrm{PQ}} > \overline{\mathrm{OQ}}$	$\overline{\mathrm{OP}} + \overline{\mathrm{PQ}} \geq \overline{\mathrm{OQ}}$
160	右段 上 7 行目	$\overrightarrow{\mathrm{PB}} = \boldsymbol{r} - \boldsymbol{p}$	$\overrightarrow{\mathrm{PB}} = \boldsymbol{b} - \boldsymbol{r}$
160	右段 上 13 行目	$y = a_2 + M,\ z = a_3 + N$	$y = a_2 + tM,\ z = a_3 + tN$
161	右段 下 1 行目	$3\boldsymbol{i} + \boldsymbol{j} + \boldsymbol{k}$	$\boldsymbol{i} - \boldsymbol{j} + 2\boldsymbol{k}$
166	左段 下 11 行目	$\boldsymbol{a}(\boldsymbol{r}(\theta, h)) = (h\sin\theta,\ h\cos\theta,\ \sin\theta\cos\theta)$	$\boldsymbol{a}(\boldsymbol{r}(\theta, h)) = (h\cos\theta\sin^2\theta,\ h\cos^2\theta\sin\theta,\ h^2)$
166	右段 下 4 行目	$\dfrac{\partial\boldsymbol{r}}{\partial x_1} \times \dfrac{\partial\boldsymbol{r}}{\partial x_1}$	$\dfrac{\partial\boldsymbol{r}}{\partial x_1} \times \dfrac{\partial\boldsymbol{r}}{\partial x_2}$
167	右段 上 19 行目	$\dfrac{\partial G}{\partial x} - \dfrac{\partial F}{\partial y} = -2\pi ab$	$\displaystyle\iint_D \left(\frac{\partial G}{\partial x} - \frac{\partial F}{\partial y}\right) dx\,dy = -2\pi ab$
168	右段 下 8 行目	$\displaystyle\int_0^{2\pi} \sin^2 u + \cos^2 u\,du$	$\displaystyle\int_0^{2\pi} (\sin^2 u + \cos^2 u)\,du$

170	右段 上 10 行目, 19 行目	$\mathcal{L}[F(t)] = \dfrac{1}{1-e^{-s}} \displaystyle\int_0^1 f(t)\,dt$	$\mathcal{L}[F(t)] = \dfrac{1}{1-e^{-s}} \displaystyle\int_0^1 e^{-st} f(t)\,dt$
171	右段 下 3 行目	$C = \dfrac{1}{2}\dfrac{d^2}{ds^2}\dfrac{1}{(s+2)^2}\Big\vert_{s=-1} = \cdots$	$A = \dfrac{1}{2}\dfrac{d^2}{ds^2}\dfrac{1}{(s+2)^2}\Big\vert_{s=-1} = \cdots$
174	右段 42.2(1) 上 3 行目～ 13 行目	$\{s^2Y(s) - sy(0) - y'(0)\} + \{sY(s) - y(0)\}$ $-6Y(s) = 0$ となり，$y(0) = a$，$y'(0) = b$ と置いて代入して，$Y(s)$ について解くと $Y(s) = \dfrac{as+a+b}{s^2+s-3}$ $= a\dfrac{s+1}{(s+3)(s-1)} + b\dfrac{1}{(s+3)(s-1)}$ $= a\left\{\dfrac{1}{2(s-1)} + \dfrac{1}{2(s+3)}\right\}$ $+b\left\{\dfrac{1}{4(s-1)} - \dfrac{1}{4(s+3)}\right\}$ $= \left(\dfrac{a}{2}+\dfrac{b}{4}\right)\dfrac{1}{s-1} + \left(\dfrac{a}{2}-\dfrac{b}{4}\right)\dfrac{1}{s+3}$ となる． $C_1 = \dfrac{a}{2}+\dfrac{b}{4}$，$C_2 = \dfrac{a}{2}-\dfrac{b}{4}$ と置いて，$\cdots$	$\{s^2Y(s) - sy(0) - y'(0)\} + 2\{sY(s) - y(0)\}$ $-3Y(s) = 0$ となり，$y(0) = a$，$y'(0) = b$ と置いて代入して，$Y(s)$ について解くと $Y(s) = \dfrac{as+2a+b}{s^2+2s-3}$ $= a\dfrac{s+2}{(s+3)(s-1)} + b\dfrac{1}{(s+3)(s-1)}$ $= a\left\{\dfrac{3}{4(s-1)} + \dfrac{1}{4(s+3)}\right\}$ $+b\left\{\dfrac{1}{4(s-1)} - \dfrac{1}{4(s+3)}\right\}$ $= \left(\dfrac{3a}{4}+\dfrac{b}{4}\right)\dfrac{1}{s-1} + \left(\dfrac{a}{4}-\dfrac{b}{4}\right)\dfrac{1}{s+3}$ となる． $C_1 = \dfrac{3a}{4}+\dfrac{b}{4}$，$C_2 = \dfrac{a}{4}-\dfrac{b}{4}$ と置いて，$\cdots$
178	左段 48.1 (2) 下 8 行目	$f(x) \sim \dfrac{4\pi}{3} + \displaystyle\sum_{n\neq 0}\dfrac{2(n\pi i+1)}{n^2}e^{inx}$	$f(x) \sim \dfrac{4\pi^2}{3} + \displaystyle\sum_{n\neq 0}\dfrac{2(n\pi i+1)}{n^2}e^{inx}$
179	左段 49.1 (2) 上 3 行目～ 6 行目	$1 = \dfrac{2}{\pi} + \displaystyle\sum_{n=1}^{\infty}\dfrac{4}{\pi\{(2n)^2-1\}}\cos n\pi$ $= \dfrac{2}{\pi} + \displaystyle\sum_{n=1}^{\infty}\dfrac{4(-1)^n}{\pi(2n-1)(2n+1)}$ よって， $\displaystyle\sum_{n=1}^{\infty}\dfrac{(-1)^n}{(2n-1)(2n+1)} = \dfrac{\pi-2}{4}$	$1 = \dfrac{2}{\pi} - \displaystyle\sum_{n=1}^{\infty}\dfrac{4}{\pi\{(2n)^2-1\}}\cos n\pi$ $= \dfrac{2}{\pi} - \displaystyle\sum_{n=1}^{\infty}\dfrac{4(-1)^n}{\pi(2n-1)(2n+1)}$ よって， $\displaystyle\sum_{n=1}^{\infty}\dfrac{(-1)^{n-1}}{(2n-1)(2n+1)} = \dfrac{\pi-2}{4}$
179	左段 49.1 (3) 上 5 行目～ 9 行目	$\dfrac{1}{2}\cdot\left(\dfrac{4}{\pi}\right)^2 + \displaystyle\sum_{n=1}^{\infty}\left\{\dfrac{4(-1)^n}{\pi(2x-1)(2n+1)}\right\}^2$ $= \dfrac{8}{\pi^2} + \displaystyle\sum_{n=1}^{\infty}\dfrac{16}{\pi^2(2x-1)^2(2n+1)^2}$ であるので， $1 = \dfrac{8}{\pi^2} + \displaystyle\sum_{n=1}^{\infty}\dfrac{16}{\pi^2(2x-1)^2(2n+1)^2}$ $\therefore \displaystyle\sum_{n=1}^{\infty}\dfrac{1}{(2x-1)^2(2n+1)^2} = \dfrac{\pi^2-8}{16}$	$\dfrac{1}{2}\cdot\left(\dfrac{4}{\pi}\right)^2 + \displaystyle\sum_{n=1}^{\infty}\left\{\dfrac{4(-1)^{n-1}}{\pi(2n-1)(2n+1)}\right\}^2$ $= \dfrac{8}{\pi^2} + \displaystyle\sum_{n=1}^{\infty}\dfrac{16}{\pi^2(2n-1)^2(2n+1)^2}$ であるので， $1 = \dfrac{8}{\pi^2} + \displaystyle\sum_{n=1}^{\infty}\dfrac{16}{\pi^2(2n-1)^2(2n+1)^2}$ $\therefore \displaystyle\sum_{n=1}^{\infty}\dfrac{1}{(2n-1)^2(2n+1)^2} = \dfrac{\pi^2-8}{16}$
181	左段 53.2 (2) 下 1 行目～ 2 行目	$\dfrac{2\{(\sin au)'\,u - u'\,\sin au\}}{u^2}$ $= \dfrac{2(au\cos au - \sin au)}{u^2}$	$\dfrac{2i\{(\sin au)'\,u - u'\,\sin au\}}{u^2}$ $= \dfrac{2i(au\cos au - \sin au)}{u^2}$
182	左段上 1 行目	$\dfrac{1}{2\pi}\displaystyle\int_{-\infty}^{\infty}\dfrac{u^2}{(u^2+1)^2}du$	$\dfrac{1}{2\pi}\displaystyle\int_{-\infty}^{\infty}\dfrac{4u^2}{(u^2+1)^2}du$
182	左段 55.2 (1) 上 1 行目	$f(x) = \dfrac{1}{x^2+10x+9}$	$f(x) = \dfrac{1}{x^4+10x^2+9}$

184	左段 58.1	(1) $\cdots = -69 - 68i$ (2) $\cdots = \dfrac{3-i}{2}$	(1) $\cdots = -69 - 68i$ 共役複素数 $-69 + 68i$, 絶対値 $\sqrt{9385}$ (2) $\cdots = \dfrac{3-i}{2}$ 共役複素数 $\dfrac{3+i}{2}$, 絶対値 $\dfrac{\sqrt{10}}{2}$
186	左段上 12 行目	$z_1 = \sqrt{2}\,e^{\frac{1}{4}\pi},\ z_2 = \sqrt{2}\,e^{\frac{11}{12}\pi},\ z_3 = \sqrt{2}\,e^{\frac{19}{12}\pi}$	$z_1 = \sqrt{2}e^{\frac{1}{4}\pi i},\ z_2 = \sqrt{2}e^{\frac{11}{12}\pi i},\ z_3 = \sqrt{2}e^{\frac{19}{12}\pi i}$
195	左段 73.1 (1) 上 7 行目～ 8 行目	$= e\Big\{(z-1) + \dfrac{1}{2!}(z-1)^2 + \dfrac{1}{3!}(z-1)^3$ $+ \dfrac{1}{4!}(z-1)^4 + \cdots\Big\}$	$= e\Big\{1 + (z-1) + \dfrac{1}{2!}(z-1)^2 + \dfrac{1}{3!}(z-1)^3$ $+ \dfrac{1}{4!}(z-1)^4 + \cdots\Big\}$
197	左段 75.1 (3) 上 3 行目～ 4 行目	$= \dfrac{1}{z^3}(1 + 2z + \dfrac{4z^2}{2!} + \dfrac{8z^2}{3!} + \dfrac{16z^4}{4!} \cdots) - \dfrac{1}{z^3}$ $= \dfrac{2}{z^2} + \dfrac{2}{z} + 4 + z + \dfrac{2}{3}z^4 + \cdots$	$= \dfrac{1}{z^3}(1 + 2z + \dfrac{4z^2}{2!} + \dfrac{8z^3}{3!} + \dfrac{16z^4}{4!} \cdots) - \dfrac{1}{z^3}$ $= \dfrac{2}{z^2} + \dfrac{2}{z} + \dfrac{4}{3} + \dfrac{2}{3}z + \dfrac{4}{15}z^2 + \cdots$
198	左段 75.2 (3) 上 1 行目	被積分関数 $\dfrac{z}{(z^2-4)}\,dz =$	被積分関数 $\dfrac{z}{(z^2-4)} =$
198	右段 上 6 行目～ 7 行目	$= 2\pi i \times \lim_{z \to \frac{i}{2}} (-2z + i)f(z) = 2\pi i \times \dfrac{1}{\frac{i}{2} - 2i}$ $= -\dfrac{4}{3}\pi$	$= 2\pi i \times \lim_{z \to \frac{i}{2}} (z - \dfrac{i}{2})f(z)$ $= 2\pi i \times (-\dfrac{1}{2}) \times \dfrac{1}{\frac{i}{2} - 2i} = \dfrac{2}{3}\pi$
198	右段 76.1 (2) 下 1 行目	$= 2\pi i \times \dfrac{-16i}{(2+\sqrt{3})^3}$	$= 2\pi i \times \dfrac{-16i}{(2\sqrt{3})^3}$
198	右段 76.2 上 9 行目	$5\theta = \pi, 3\pi, 5\pi, 7\pi$ のとき.	$4\theta = \pi, 3\pi, 5\pi, 7\pi$ のとき.
199	右段上 3 行目	$= -\dfrac{1}{z}i + \dfrac{1}{2!} + \dfrac{z}{3!}i - \dfrac{z^2}{4!}i - \dfrac{z^3}{5!}i + \cdots$	$= -\dfrac{1}{z}i + \dfrac{1}{2!} + \dfrac{z}{3!}i - \dfrac{z^2}{4!} - \dfrac{z^3}{5!}i + \cdots$

1　微分方程式　1.1　微分方程式　(1)　微分方程式とは I

微分方程式の学習に用いる用語を理解している．

- 独立変数 x と，必要な回数微分可能な未知の関数 $y(x)$ において，$x, y, y', \cdots, y^{(n)}$ の間に，関係式 $F(x, y, y', \cdots, y^{(n)}) = 0$ が成り立つとき，F を n **階常微分方程式**という．
- 微分方程式が $y, y', \cdots, y^{(n)}$ の 1 次式であるとき，微分方程式を**線形**，そうでないとき**非線形**という．
- 微分方程式を最高階 $y^{(n)}$ について解き $y^{(n)} = f(x, y, \cdots, y^{(n-1)})$ の形に書けるとき**正規形**，書けないとき**非正規形**という．
- $y = \phi(x)$ または $\psi(x, y) = 0$ の形の式が微分方程式 $F = 0$ を恒等的に満たすとき，これらを微分方程式の**解**といい，解を求めることを微分方程式を**解く**という．
- $y = \phi(x, c_1, \cdots, c_n)$ または $\psi(x, y, c_1, \cdots, c_n) = 0$　$(c_1, \cdots, c_n$;任意の定数$)$ のように，微分方程式の階数 n 個の**任意定数**を含む解を**一般解**という．一般解の任意定数に特定の値を代入して得られる解を**特殊解**または**特解**という．また，一般解に含まれない，任意定数に値を代入しても得られない解を**特異解**という．
- 独立変数 x の適当な値 $x = x_0$ における各関数値 $y(x_0) = y_0, y'(x_0) = y_1, \cdots, y^{(n-1)}(x_0) = y_{n-1}$ を**初期条件**といい，初期条件を満たす特殊解を求める問題を**初期値問題**という．

例題 1.1　[ ] 内の関数が，次の微分方程式の解であることを示せ．さらに，与えられた初期条件を満たす解を求めよ．ただし，a, b, c は任意の定数とする．

(1) $y' - y\cos x + 2\cos x = 0$　　$[y = 2 + ae^{\sin x}]$　　初期条件「$y\left(\dfrac{\pi}{2}\right) = 1$」

(2) $y''' - 6y'' + 11y' - 6y = 0$　　$[y = ae^x + be^{2x} + ce^{3x}]$
初期条件「$y(0) = 2, y'(0) = 2, y''(0) = 4$」

＜解答＞

(1) $y = 2 + ae^{\sin x}, y' = a\cos xe^{\sin x}$ を微分方程式に代入すると　$y' - y\cos x + 2\cos x = a\cos xe^{\sin x} - (2 + ae^{\sin x})\cos x + 2\cos x = 0$ となり解である．
初期条件 $y\left(\dfrac{\pi}{2}\right) = 2 + ae = 1$　より $a = -\dfrac{1}{e}$　∴　$y = 2 - e^{(\sin x - 1)}$．

(2) $y = ae^x + be^{2x} + ce^{3x}, y' = ae^x + 2be^{2x} + 3ce^{3x}, y'' = ae^x + 4be^{2x} + 9ce^{3x}, y''' = ae^x + 8be^{2x} + 27ce^{3x}$ を微分方程式に代入し，$y''' - 6y'' + 11y' - 6y$ が 0 となることを確認する．
初期条件 $y(0) = a + b + c = 2, y'(0) = a + 2b + 3c = 2, y''(0) = a + 4b + 9c = 4$ は，定数 a, b, c を変数とみなしたときの連立方程式であるから，これを解くと $a = 3, b = -2, c = 1$ を得る．　∴　$y = 3e^x - 2e^{2x} + e^{3x}$．

ドリル no.1	class	no	name

問題 1.1　[　]内の関数が，次の微分方程式の解であることを示せ．さらに，与えられた初期条件を満たす解を求めよ．ただし，C, C_1, C_2 は任意の定数とする．

(1) $y' = y(1-y)$　　$\left[y = \dfrac{e^x}{e^x - C}\right]$　　初期条件「$y(0) = \dfrac{1}{2}$」

(2) $y' = \dfrac{y}{x} + \sqrt{1 + \left(\dfrac{y}{x}\right)^2}$　　$\left[y = \dfrac{1}{2}\left(Cx^2 - \dfrac{1}{C}\right)\right]$　　初期条件「$y(0) = -\dfrac{1}{2}$」

(3) $y' - y = x$　　$[y = Ce^x - x - 1]$　　初期条件「$y(0) = 1$」

(4) $y' + y\sin x = y^2 \sin x$　　$\left[y = \dfrac{1}{1 + Ce^{-\cos x}}\right]$　　初期条件「$y\left(\dfrac{\pi}{2}\right) = \dfrac{1}{3}$」

(5) $y'' - 4y' + 3y = 0$　　$[y = C_1 e^x + C_2 e^{3x}]$　　初期条件「$y(0) = 1, y'(0) = -5$」

(6) $y'' - 4y' + 4y = 0$　　$[y = (C_1 x + C_2)\, e^{2x}]$　　初期条件「$y(0) = 1, y'(0) = 0$」

チェック項目

	月　日	月　日
微分方程式の学習に用いる用語を理解している．		

1　微分方程式　1.1　微分方程式　(2)　微分方程式とは II

微分方程式の作り方を理解している.

いくつかの任意定数を含む方程式から消去法と微分法により，すべての任意定数を消去し定数を含まない関係式を作る．この関係式が微分方程式である．任意定数を含む方程式は曲線族であるから，微分方程式は，曲線族に属するすべての曲線の共通な特徴を方程式の形で表したものである．

例題 2.1　次の方程式から [ ] 内の定数を消去して，それに対応する微分方程式を作れ．

(1) $y = x - 1 + ae^{-x}$　　$[a]$　　　(2) $y = e^{-2x}(a\cos x + b\sin x)$　　$[a, b]$

(3) $y = ax + \dfrac{b}{x} + c$　　$[a, b, c]$

＜解答＞

(1) 与式の両辺を x について微分すると，　$y' = 1 - ae^{-x}$．したがって，$a = (1 - y')e^{x}$．
これを与式に代入すると　$y = x - 1 + (1 - y')e^{x} \cdot e^{-x} = x - y'$．　よって　$y' + y = x$．

(2) a, b を消去しやすい形にするため，与式を　$e^{2x}y = a\cos x + b\sin x$　と変形し，両辺を x について続けて 2 回微分すると，

$e^{2x}(y' + 2y) = -a\sin x + b\cos x$，$e^{2x}(y'' + 4y' + 4y) = -a\cos x - b\sin x$　が得られる．

ここで，$e^{2x}(y' + 2y) = F$，$e^{2x}(y'' + 4y' + 4y) = G$　とおくと a, b についての次の連立方程式が得られる．

$$\begin{cases} (-\sin x)a + (\cos x)b = F & \cdots\cdots \quad \text{(i)} \\ (-\cos x)a + (-\sin x)b = G & \cdots\cdots \quad \text{(ii)} \end{cases}$$

この連立方程式を，a, b について解く．

まず，b を消去するため，(i)$\times\sin x$ + (ii)$\times\cos x$　より $a = -F\sin x - G\cos x$．
次に a を消去するため，(i)$\times\cos x$ − (ii)$\times\sin x$　より $b = F\cos x - G\sin x$．
これより変形した元の方程式に a, b を代入すると
$e^{2x}y = (-F\sin x - G\cos x)\cos x + (F\cos x - G\sin x)\sin x = -G$．

$\therefore$　$e^{2x}y = -e^{2x}(y'' + 4y' + 4y)$　　よって　$y'' + 4y' + 5y = 0$．

(3) 両辺を x について続けて 2 回微分すると，　$y' = a - bx^{-2}$，　　$y'' = 2bx^{-3}$．
これより，$x^3y'' = 2b$．
この両辺を x について微分すると，$3x^2y'' + x^3y''' = 0$．
$x \neq 0$ より　　$xy''' + 3y'' = 0$

ドリル no.2	class	no	name

問題 2.1　次の関数から [　] 内の定数を消去して，関数を一般解とする階数の最も低い微分方程式を作れ．

(1) $y = ax$　　$[a]$

(2) $y = ae^x$　　$[a]$

(3) $y = ax + a^2$　　$[a]$

(4) $y = ax^2 + x$　　$[a]$

問題 2.2　次の関数から [　] 内の定数を消去して，関数を一般解とする階数の最も低い微分方程式を作れ．

(1) $y = ae^{kx} + be^{\ell x}$　　$[a, b]$

(2) $y = (ax + b)\, e^{kx}$　　$[a, b]$

(3) $y = ax + be^{2x}$　　$[a, b]$

チェック項目

	月　日	月　日
微分方程式の作り方を理解している．		

1 微分方程式　1.2 　1階微分方程式　(1) 　変数分離形

変数分離形を理解している．

変数分離形　　$\dfrac{dy}{dx} = f(x)g(y) \longrightarrow \dfrac{1}{g(y)}dy = f(x)dx.$

一般解は　　$\displaystyle\int \dfrac{1}{g(y)}dy = \int f(x)dx + C$　　(C は任意定数).

例題 3.1　次の微分方程式を解け．

(1) $y' = 3x^2 y$ 　　　　　　　　　　　　　(2) $y' = \dfrac{\tan x}{\tan y}$

＜解答＞

(1) $\dfrac{dy}{dx} = 3x^2 y$ であるから　$\dfrac{1}{y}dy = 3x^2 dx$．　　これより　　$\displaystyle\int \dfrac{1}{y}dy = \int 3x^2 dx$．

したがって　　$\log|y| = x^3 + C_1$．　これより　　$|y| = e^{x^3 + C_1} = e^{C_1}e^{x^3}$．

よって，一般解は　　$y = Ce^{x^3}$　　$(C = \pm e^{C_1})$．

(2) $\dfrac{1}{\tan y}\dfrac{dy}{dx} = \tan x$　　$\therefore$　$\dfrac{\cos y}{\sin y}dy = \dfrac{\sin x}{\cos x}dx$．

$\displaystyle\int \dfrac{\cos y}{\sin y}dy = \int \dfrac{\sin x}{\cos x}dx$　　　ここで，左辺では $\sin y = t$，右辺では $\cos x = s$ とおく．

$\cos y dy = dt$ より　左辺 $= \displaystyle\int \dfrac{\cos y}{\sin y}dy = \int \dfrac{dt}{t} = \log|t| + C_1 = \log|\sin y| + C_1$．

$-\sin x dx = ds$ より　右辺 $= \displaystyle\int \dfrac{\sin x}{\cos x}dx = -\int \dfrac{ds}{s} = -\log|s| + C_2 = -\log|\cos x| + C_2$．

したがって，$\log|\sin y| = -\log|\cos x| + C_3$　$(C_3 = C_2 - C_1)$

よって，一般解は　　$\sin y \cos x = C$　　$C = e^{C_3}$．

例題 3.2　次の微分方程式を解き，与えられた初期条件を満たす解を求めよ．

$(x^2 + 1)\dfrac{dy}{dx} = y^2 + 1$　　　初期条件；$y(0) = -1$．

＜解答＞　$\dfrac{dy}{dx} = \dfrac{1+y^2}{1+x^2}$ より，$\displaystyle\int \dfrac{1}{1+y^2}dy = \int \dfrac{1}{1+x^2}dx$．

したがって，$\tan^{-1} y = \tan^{-1} x + C_1$ (C_1 は任意の定数)．

$\therefore y = \tan(\tan^{-1} x + C_1) = \dfrac{\tan(\tan^{-1} x) + \tan C_1}{1 - \tan(\tan^{-1} x)\tan C_1} = \dfrac{x + \tan C_1}{1 - x\tan C_1}$．

ここで，$\tan C_1 = C$ とおくと，解は，$y = \dfrac{x + C}{1 - Cx}$．

初期条件；$y(0) = 1$ より，$C = -1$．　よって，求める解は $y = \dfrac{x - 1}{1 + x}$．

ドリル no.3	class	no	name

問題 3.1　次の微分方程式を解け.

(1) $y' = (x+1)(y+1)$

(2) $y' = y^2 + y$

(3) $2xyy' + (y^2+1) = 0$

(4) $(\sin x)y' + (\cos x)y = 0$

問題 3.2　次の微分方程式において，初期条件を満たす解を求めよ.

(1) $(1+e^x)y' = y, \quad y(0) = 1$

(2) $y' + (\sin x)y = 0, \quad y\left(\dfrac{\pi}{2}\right) = 3$

チェック項目

	月　日	月　日
変数分離形を理解している.		

同次形を理解している．

$\dfrac{dy}{dx}=f\left(\dfrac{y}{x}\right)\longrightarrow\dfrac{y}{x}=u$ とおき，$y'=u+xu'$ を元の方程式に代入し変数分離形に帰着させて解く．

一般解は　$\displaystyle\int\frac{dx}{f(u)-u}=\log x+C$ (C は任意定数).

例題 **4.1**　次の微分方程式を解け．[同次形]

(1) $y'=f\left(\dfrac{y}{x}\right)$　　(2) $2xyy'=x^2+y^2$　　(3) $(x^2-y^2)\dfrac{dy}{dx}=2xy$

＜解答＞

(1) $\dfrac{y}{x}=u$ とおくと $y=xu$ より，$y'=u+xu'$，$xu'=f(u)-u$ (変数分離形) となる．

$$\therefore\quad \frac{du}{f(u)-u}=\frac{dx}{x}\qquad \text{よって，一般解は}\quad \int\frac{du}{f(u)-u}=\log|x|+C.$$

(2) $y'=\dfrac{1}{2}\dfrac{x^2+y^2}{xy}=\dfrac{1}{2}\left(\dfrac{x}{y}+\dfrac{y}{x}\right)$.

ここで，$\dfrac{y}{x}=u$ とおくと，$y'=u+xu'$ より　$2xu'=\dfrac{1}{u}-u$　$\therefore\quad \dfrac{du}{\dfrac{1}{u}-u}=\dfrac{dx}{2x}$.

したがって，$\displaystyle\int\frac{u}{1-u^2}du=\int\frac{dx}{2x}=\frac{1}{2}\log|x|+C_1$.

また，左辺において，$1-u^2=t$ とおくと $-2udu=dt$.

これより，$\displaystyle\int\frac{u}{1-u^2}du=\int\frac{-\frac{1}{2}dt}{t}=-\frac{1}{2}\log|t|+C_2$.

$\therefore\quad C_2-C_1=\dfrac{1}{2}\Bigl(\log|1-u^2||x|\Bigr)$.

これより，$(1-u^2)x=C\quad\left(C=e^{2(C_2-C_1)}\right)$.

$\left(1-\dfrac{y^2}{x^2}x\right)=\dfrac{1}{x}(x^2-y^2)=C$.　よって，一般解は　$x^2-y^2=Cx$　(双曲線).

(3) $\dfrac{dy}{dx}=\dfrac{2xy}{x^2-y^2}=\dfrac{2\frac{y}{x}}{1-\left(\frac{y}{x}\right)^2}$　$\cdots\cdots$　(i).

これより，$y=xu(x)$ とおき，$y'=u+xu'$ を (i) に代入すると，$u+xu'=\dfrac{2u}{1-u^2}$.

$\therefore\quad x\dfrac{du}{dx}=\dfrac{2u}{1-u^2}-u=\dfrac{u+u^3}{1-u^2}$. これより，$\dfrac{1-u^2}{u(1+u^2)}du=\dfrac{1}{x}dx$.

ここで，$\dfrac{1-u^2}{u(1+u^2)}=\dfrac{1}{u}-\dfrac{2u}{1+u^2}$ と部分分数展開する．

$\therefore$　左辺 $\displaystyle=\int\frac{1-u^2}{u(1+u^2)}du=\int\left(\frac{1}{u}-\frac{2u}{1+u^2}\right)du=\log\frac{|u|}{1+u^2}+C_0$，右辺 $=\log|x|+C_1$

(C_0,C_1 は任意の定数)．したがって，$\dfrac{u}{1+u^2}=C_2x$ ($C_2=\pm e^{C_1-C_0}$).

これより，$\dfrac{xy}{x^2+y^2}=C_2x$.　よって，一般解は，$y=C_2(x^2+y^2)$.

ドリル no.4	class	no	name

問題 4.1 次の微分方程式を解け.

(1) $y' = \dfrac{x-y}{x+y}$

(2) $y' = \dfrac{y^2}{x^2+xy}$

(3) $y' = \dfrac{y+\sqrt{x^2-y^2}}{x}$

(4) $y' = \dfrac{xy}{x^2+y^2}$

問題 4.2 微分方程式 $y' = \dfrac{x+y-5}{x-3y+7}$ $\cdots\cdots$ (i) について，次の問いに答えよ.

(1) $x = X+\alpha, y = Y+\beta$ とおき，$x+y-5 = X+Y, x-3y+7 = X-3Y$ となる α, β を求めよ.

(2) (1) で得られた α, β より $x = X+\alpha, y = Y+\beta$ とおき，微分方程式 (i) より X, Y を用いた微分方程式を作れ.

(3) (2) で得られた X, Y の微分方程式を解き，微分方程式 (i) の一般解を求めよ.

チェック項目

	月　日	月　日
同次形を理解している.		

1　微分方程式　1.2　1階微分方程式　(3)　1階線形微分方程式

1階線形微分方程式を理解している．

- **1階線形方程式**　$y' + P(x)y = Q(x)$　$\longrightarrow$　$\boxed{\mathrm{I}}$　$Q(x) \equiv 0$ のとき，$y' + P(x)y = 0$ は変数分離形であるから，その一般解は $y = Ce^{\int -P(x)dx}$　(C は任意定数)．

  $\boxed{\mathrm{II}}$　次に，定数 C を x の関数 $C(x)$ とみなし，元の方程式に代入し $C(x)$ を求めると，$C(x) = \int Q(x)e^{\int P(x)dx}dx + C$ となる．　このような解法を**定数変化法**という．

  一般解は　$y = e^{-\int P(x)dx}\{\int Q(x)e^{\int P(x)dx}dx + C\}$　(C は任意定数)．

- **ベルヌーイ (Bernoulli) の微分方程式**　$y' + P(x)y + Q(x)y^n = 0$　$(n \neq 1)$

  両辺を y^n で割り，$z = y^{1-n}$ とおく．z を x で微分すると $\dfrac{z'}{1-n} = \dfrac{y'}{y^n}$．与えられた方程式は1階線形微分方程式 $z' + (1-n)P(x)z + (1-n)Q(x) = 0$ となる．

  $\dfrac{d}{dx}\left(ze^{(1-n)\int P(x)dx}\right) + (1-n)Q(x)e^{(1-n)\int P(x)dx} = 0$．　この方程式の一般解は，

  $z = \left\{(n-1)\displaystyle\int Q(x)e^{(1-n)\int P(x)dx} + C\right\}e^{(n-1)\int P(x)dx}$．これから y が求められる．

例題 5.1　次の微分方程式を解け．

(1) $y' + 3y = x^2$　　(2) $xy' + y = x^2$　　(3) $y' + \dfrac{1}{x}y - x^2y^6 = 0$
(ベルヌーイの方程式)

＜解答＞

(1) $\boxed{\mathrm{I}}$　$y' + 3y = 0$ とみなすと，変数分離形 $y' = -3y$ となる．　したがって，$\displaystyle\int \frac{1}{y}dy = \int -3dx$ より　$\log|y| = -3x + C_1$．∴　$y = C_1e^{-3x}$．(C_1 は任意定数)

$\boxed{\mathrm{II}}$　次に $y = C_1(x)e^{-3x}$ とし，y と $y' = C_1'e^{-3x} + (-3)C_1e^{-3x}$ を与えられた方程式に代入すると $C_1'(x) = x^2e^{3x}$ が得られる．これより部分積分を2度適用すると $C_1(x) = \displaystyle\int x^2e^{3x}dx =$ $\dfrac{1}{3}e^{3x}\cdot x^2 - \dfrac{2}{3}\displaystyle\int e^{3x}\cdot xdx = \frac{1}{3}e^{3x}\cdot x^2 - \frac{2}{3}\left\{\frac{1}{3}e^{3x}\cdot x - \frac{1}{3}\int e^{3x}dx\right\} = \frac{1}{27}\left\{9x^2 - 6x + 2\right\}e^{3x} + C$．

よって一般解は　$y = \dfrac{1}{27}\left\{9x^2 - 6x + 2\right\} + Ce^{-3x}$．

(2) $\boxed{\mathrm{I}}$　$xy' + y = 0$ とみなすと，変数分離形 $\dfrac{dy}{dx} = -\dfrac{y}{x}$ となる．したがって，$\displaystyle\int \frac{1}{y}dy = -\int \frac{1}{x}dx$ より $\log|y| = -\log|x| + C_1 = -\log|x| + \log e^{C_1}$．($C_1$ は任意定数) ∴　$y = \dfrac{C_2}{x}$．$(C_2 = \pm e^{C_1})$

$\boxed{\mathrm{II}}$　次に $y = \dfrac{C_2(x)}{x}$ とし，y と $y' = \dfrac{C_2'(x)x - C_2(x)}{x^2}$ を与えられた方程式に代入すると $C_2'(x) = x^2$ が得られる．したがって　$C_2(x) = \dfrac{1}{3}x^3 + C$．　よって一般解は $y = \dfrac{1}{3}x^2 + \dfrac{C}{x}$．

(3) 与式より $\dfrac{1}{y^6}y' + \dfrac{1}{xy^5} = x^2$．$z = y^{-5}$ とおくと，$\dfrac{dz}{dx} = -5y^{-6}\dfrac{dy}{dx}$．

これを代入すると，$\dfrac{dz}{dx} - \dfrac{5}{x}z = -5x^2$．これより，$z = x^5\left\{\displaystyle\int(-5x^2)x^{-5}dx + C\right\}$

$= x^5\left(\dfrac{5}{2}x^{-2} + C\right)$．　　よって，$y^{-5} = \frac{5}{2}x^3 + Cx^5$．

ドリル no.5	class	no	name

問題 5.1 次の微分方程式を解け.

(1) $y' - 2y = e^{3x}$

(2) $y' + \dfrac{1}{x}y = 4(x^2 + 1)$

(3) $y' + \dfrac{1+x}{x}y = \dfrac{e^x}{x}$

(4) $(\cos x)y' - (\sin x)y = -e^x$

問題 5.2 次の微分方程式を解け.

(1) $y' + \dfrac{1}{x}y = y^2\dfrac{\log x}{x}$

(2) $y' + y = xy^3$

チェック項目

	月 日	月 日
1 階線形微分方程式を理解している.		

1 微分方程式　1.2　1階微分方程式　(4)　全微分方程式

完全微分形を理解している．

完全微分形　$P(x,y)dx + Q(x,y)dy = 0$　$\longrightarrow$　x,y のある関数 $U(x,y)$ があり，
$\dfrac{\partial U}{\partial x} = P(x,y), \dfrac{\partial U}{\partial y} = Q(x,y)$ が成り立つとき，**完全微分形**であるという．

$\Longleftrightarrow$　$\dfrac{\partial P}{\partial y} = \dfrac{\partial Q}{\partial x}$

一般解は　$\displaystyle\int P(x,y)dx + \int \left(Q(x,y) - \dfrac{\partial}{\partial y}\int P(x,y)dx \right) dy = C$　（C は任意定数）．

例題 6.1　次の微分方程式を解け．[完全微分形]

(1) $(4x + 3y)dx + (3x + 2y)dy = 0$

(2) $(y^2 - xy)dx + x^2 dy = 0$

(3) $(2x\cos y + y^2 \cos x)dx + (2y\sin x - x^2 \sin y)dy = 0$

＜解答＞

(1) $\dfrac{\partial}{\partial y}(4x + 3y) = 3 = \dfrac{\partial}{\partial x}(3x + 2y)$ より　完全微分形．この方程式を満たす関数を $U(x,y)$ と
すると，$U_x = 4x + 3y$ より，$U(x,y) = \displaystyle\int (4x + 3y)dx + C(y) = 2x^2 + 3xy + C(y)$．
$U_y = 3x + C'(y) = 3x + 2y$ より　$C'(y) = 2y$．　∴　$C(y) = y^2 + C_1$
よって，一般解は　$2x^2 + 3xy + y^2 = C$　（C は任意の定数）．　　　（$dU = U_x dx + U_y dy = 0$
だから $U(x,y) = C_2$ となる．$C = C_2 - C_1$　（C_1, C_2 は任意の定数）．)

(2) $\dfrac{\partial}{\partial y}(y^2 - xy) = 2y - x$, $\dfrac{\partial}{\partial x}(x^2) = 2x$ より，$\dfrac{\partial}{\partial y}(y^2 - xy) \neq \dfrac{\partial}{\partial x}(x^2)$ であるから，完全微分形ではない．
与式より，$(y^2 - xy) + x^2 \dfrac{dy}{dx} = 0$．これより，$\dfrac{dy}{dx} - \dfrac{1}{x}y + \dfrac{1}{x^2}y^2 = 0$ となる．これは，ベルヌーイの微分方程式である．

(3) $\dfrac{\partial}{\partial y}(2x\cos y + y^2 \cos x) = -2x\sin y + 2y\cos x = \dfrac{\partial}{\partial x}(2y\sin x - x^2 \sin y)$ より　完全微分形．
$U_x = 2x\cos y + y^2 \cos x$ とすると，
$U(x,y) = \displaystyle\int (2x\cos y + y^2 \cos x)dx + C(y) = x^2 \cos y + y^2 \sin x + C(y)$．
$U_y = -x^2 \sin y + 2y\sin x + C'(y) = 2y\sin x - x^2 \sin y$ より　$C'(y) = 0$．　∴　$C(y) = C_1$
よって，一般解は　$2x^2 + 3xy + y^2 = C$　（C は任意の定数）．

ドリル no.6	class	no	name

問題 6.1 次の微分方程式が完全微分形であることを示し，解を求めよ．

(1) $(3x^2+6xy^2)dx+(6x^2y+4y^2)dy=0$

(2) $(2x+e^y)dx+(1+xe^y)dy=0$

(3) $(x+y+1)dx+(x-y^2+3)dy=0$

(4) $(x^2+\log y)dx+\dfrac{x}{y}dy=0$

(5) $(\cos y+y\cos x)dx+(\sin x-x\sin y)dy=0$

(6) $(2e^{2x}y-4x)dx+e^{2x}dy=0$

チェック項目

	月　日	月　日
完全微分形を理解している．		

2 階線形微分方程式の概要を理解している．

- 一般の形は $L(y) = y'' + P(x)y' + Q(x)y = R(x)$ である．$R(x) = 0$ のとき，**斉次**線形常微分方程式といい，それ以外の $L(y) = R(x)$ を**非斉次**線形常微分方程式という．
- 2 階斉次線形常微分方程式 $L(y) = 0$ の 2 個の 1 次独立な特殊解を u_1, u_2 とすると，一般解は $C_1u_1 + C_2u_2$　$(C_1, C_2$ は任意の定数$)$ で与えられる．
  関数 u_1, u_2 が 1 次独立である．$\Longleftrightarrow$　$C_1u_1 + C_2u_2 = 0$ となるような定数 C_1, C_2 が $C_1 = C_2 = 0$ 以外には存在しない．
- 関数 u_1, u_2 が **1 次独立**であるための必要十分条件は　行列式 $W(u_1, u_2) = \begin{vmatrix} u_1 & u_2 \\ u_1' & u_2' \end{vmatrix} \not\equiv 0$ である ($\not\equiv 0$；恒等的に 0 でない)．この行列式を**ロンスキャン** (Wronskian) という．これより，$\dfrac{u_2}{u_1} \neq$ 定数 を得る．

例題 7.1　次の関数の各組は 1 次独立であることを示せ．

(1) $e^{\alpha x}, e^{\beta x}$　$(\alpha \neq \beta)$　　(2) xe^x, x^2e^x

＜解答＞

(1) ロンスキャンは，$W(e^{\alpha x}, e^{\beta x}) = \begin{vmatrix} e^{\alpha x} & e^{\beta x} \\ \alpha e^{\alpha x} & \beta e^{\beta x} \end{vmatrix} = (\beta - \alpha)e^{(\alpha+\beta)x} \not\equiv 0.$

$\therefore$　$e^{\alpha x}, e^{\beta x}$ は，1 次独立である．　$(\not\equiv 0$；恒等的に 0 でない$)$

(2) ロンスキャンは，$W(xe^x, x^2e^x) = \begin{vmatrix} xe^x & x^2e^x \\ (1+x)e^x & (2x+x^2)e^x \end{vmatrix} = x^2e^{2x} \not\equiv 0.$

$\therefore$　xe^x, x^2e^x は，1 次独立である．

例題 7.2　微分方程式 $y^{(4)} + 4y'' + 3y = 0$ は $\cos mx, \sin mx$ の形をした解をもつとして，すべての解を求め，これらの解が一次独立であることを示せ．

＜解答＞　$y = \sin mx$ とおくと，$y'' = -m^2 \sin mx, y^{(4)} = m^4 \sin mx$ より $(m^4 - 4m^2 + 3)\sin mx = 0$．したがって $m^4 - 4m^2 + 3 = 0$ より，$m = \pm 1, \pm\sqrt{3}$．ここで，$m = \pm 1$ のとき $\sin mx = \pm \sin x$ となるが，符号の違いだけなので微分方程式の解としては同一とみなせる．これより，$y = \sin x, \sin\sqrt{3}x$ が得られる．$y = \cos mx$ のときも同様にすると $y = \cos x, \cos\sqrt{3}x$ が得られる．$\therefore$　$y = \cos x, \sin x, \cos\sqrt{3}x, \sin\sqrt{3}x$

$$W(\cos x, \sin x, \cos\sqrt{3}x, \sin\sqrt{3}x) = \begin{vmatrix} \cos x & \sin x & \cos\sqrt{3}x & \sin\sqrt{3}x \\ -\sin x & \cos x & -\sqrt{3}\sin\sqrt{3}x & \sqrt{3}\cos\sqrt{3}x \\ -\cos x & -\sin x & -3\cos\sqrt{3}x & -3\sin\sqrt{3}x \\ \sin x & -\cos x & 3\sqrt{3}\sin\sqrt{3}x & -3\sqrt{3}\cos\sqrt{3}x \end{vmatrix},$$

1 列を 3 列に，2 列を 4 列に加えると，$W = \begin{vmatrix} \cos x & \sin x & \cos\sqrt{3}x & \sin\sqrt{3}x \\ -\sin x & \cos x & -\sqrt{3}\sin\sqrt{3}x & \sqrt{3}\cos\sqrt{3}x \\ 0 & 0 & -2\cos\sqrt{3}x & -2\sin\sqrt{3}x \\ 0 & 0 & 2\sqrt{3}\sin\sqrt{3}x & -2\sqrt{3}\cos\sqrt{3}x \end{vmatrix}$

$$= \begin{vmatrix} \cos x & \sin x \\ -\sin x & \cos x \end{vmatrix} \begin{vmatrix} -2\cos\sqrt{3}x & -2\sin\sqrt{3}x \\ 2\sqrt{3}\sin\sqrt{3}x & -2\sqrt{3}\cos\sqrt{3}x \end{vmatrix} = 4\sqrt{3} \neq 0.$$

$\left(\text{“}\ A, B\right.$ が正方行列 $\Rightarrow \begin{vmatrix} A & B \\ O & C \end{vmatrix} = |A||B|$ ”　を用いた．$\Bigr)$

ドリル no.7	class	no	name

問題 7.1　次の問いに答えよ．

(1) 関数 e^{2x}, xe^{2x} は 1 次独立であることを示せ．
次に，$(C_1x + C_2)\,e^{2x}$ は微分方程式 $y'' - 4y' + 4y = 0$ の解であることを示せ．
また，初期条件 $y(0) = 1, y'(0) = -1$ のとき，定数 C_1, C_2 の値を求めよ．

(2) 関数 $\cos\sqrt{2}x, \sin\sqrt{2}x$ は 1 次独立であることを示せ．
次に，$C_1\cos\sqrt{2}x + C_2\sin\sqrt{2}x$ は微分方程式 $y'' + 2y = 0$ の解であることを示せ．
また，初期条件 $y\left(\dfrac{\pi}{2\sqrt{2}}\right) = 2, y'\left(\dfrac{\pi}{2\sqrt{2}}\right) = -2$ のとき，定数 C_1, C_2 の値を求めよ．

問題 7.2　次の微分方程式は e^{mx} の形をした解をもつとして，すべての解を求め，これらの解が一次独立であることを示せ．

(1) $y'' + 4y' + 3y = 0$

(2) $y'' - y = 0$

問題 7.3　微分方程式 $y'' + 4y = 0$ は $\cos mx, \sin mx$ の形をした解をもつとして，すべての解を求め，これらの解が一次独立であることを示せ．

チェック項目

	月　日	月　日
2 階線形微分方程式の概要を理解している．		

1 微分方程式　1.3　2階線形微分方程式　(2)　定数係数斉次方程式

> 定数係数斉次方程式の解の特徴を理解している．

$P(x), Q(x)$ が定数の場合で，$y'' + py' + qy = 0$ (p, q は定数) の形である．このとき，$y \propto e^{\lambda x}$ と考えると ($y = ke^{\lambda x}, k \neq 0$)，2次方程式 $\lambda^2 + p\lambda + q = 0$ を得る．これを**特性方程式**といい，この2次方程式の解 α, β に応じて，方程式 $y'' + py' + qy = 0$ の一般解は次のようになる．

(1) α, β が実数で $\alpha \neq \beta$ のとき，　　$y = C_1 e^{\alpha x} + C_2 e^{\beta x}$．

(2) α, β が実数で $\alpha = \beta$ のとき，　　$y = (C_1 x + C_2) e^{\alpha x}$．

(3) α, β が虚数 ($\alpha = a + ib$) のとき，　　$y = e^{ax}(C_1 \cos bx + C_2 \sin bx)$．

例題 8.1　定数係数の斉次方程式 $y'' + py' + qy = 0$　(p, q は定数) において，$-p = \alpha + \beta$，$q = \alpha\beta$ とおき，解の分類を示せ．

<解答>

題意より $y'' - (\alpha + \beta)y' + \alpha\beta y = 0$．これより，$(y'' - \alpha y') - \beta(y' - \alpha y) = 0$　……(i) と書ける．次に，$y' - \alpha y = U(x)$　……(ii) とおくと，$y'' - \alpha y' = \dfrac{d}{dx}(y' - \alpha y) = \dfrac{d}{dx}U(x) = U'(x)$ であるから方程式 (i) は　$U' - \beta U = 0$　…(iii)　(変数分離形) となる．　方程式 (iii) の一般解は　$U(x) = Ae^{\beta x}$　(A は任意定数)．したがって，方程式 (ii) は $y' - \alpha y = Ae^{\beta x}$　(1階線形) となる．これより，$\boxed{\text{I}}$ $y' - \alpha y = 0$ として，$y = Be^{\alpha x}$　(B は任意定数) を得る．$\boxed{\text{II}}$ 次に，$B = B(x)$ とみなすと，$y' = B'(x)e^{\alpha x} + \alpha B(x)e^{\alpha x}$ より $B'(x) = Ae^{(\beta-\alpha)x}$　これより，

(1) $\alpha \neq \beta$ のとき　$B(x) = \dfrac{A}{\beta - \alpha} e^{(\beta-\alpha)x} + C_1$．

$\therefore \quad y = C_1 e^{\alpha x} + \dfrac{A}{\beta - \alpha} e^{\beta x} = C_1 e^{\alpha x} + C_2 e^{\beta x} \quad (C_2 = \dfrac{A}{\beta - \alpha})$

(2) $\alpha = \beta$ のとき　$B(x) = Ax + C_1$．　$\therefore \quad y = (Ax + C_1)e^{\alpha x} = (C_2 x + C_1)e^{\alpha x} \quad (C_2 = A)$

(3) また，(1) において，α, β が複素数のとき，α, β は共役であるから，$\alpha = a + ib$ とすると，$\beta = a - ib$ となり $e^{\alpha x} = e^{ax}(\cos bx + i\sin bx)$, $e^{\beta x} = e^{ax}(\cos bx - i\sin bx)$ に置き換えると $y = e^{ax}(c_1 \cos bx + c_2 \sin bx)$ を得る．ただし，$c_1 = C_1 + C_2$, $c_2 = i(C_1 - C_2)$ である．

例題 8.2　次の微分方程式を解け．

(1) $y'' - 5y' + 6y = 0$　　　　(2) $y'' + 4y' + 4y = 0$　　　　(3) $y'' + y' + y = 0$

<解答>

(1) $y = ke^{\lambda x} (k \neq 0)$ とおき，$y, y' = k\lambda e^{\lambda x}$ および $y'' = k\lambda^2 e^{\lambda x}$ を元の方程式に代入すると特性方程式 $\lambda^2 - 5\lambda + 6 = 0$ が得られる．特性方程式の解は $\lambda = 2, 3$ より，一般解は $y = C_1 e^{2x} + C_2 e^{3x}$．

(2) 特性方程式は $\lambda^2 + 4\lambda + 4 = 0$ である．特性方程式の解は $\lambda = -2$(重解) より，一般解は $y = (C_1 x + C_2)e^{-2x}$．

(3) 特性方程式は $\lambda^2 + \lambda + 1 = 0$ である．特性方程式の解は $\lambda = \dfrac{-1 \pm \sqrt{3}i}{2}$ より，一般解は $y = e^{-\frac{1}{2}x}\left(C_1 \cos \dfrac{\sqrt{3}}{2}x + C_2 \sin \dfrac{\sqrt{3}}{2}x\right)$．

ドリル no.8	class	no	name

問題 8.1 次の微分方程式を解け.

(1) $y'' - 4y' + 3y = 0$

(2) $y'' - 2y' - 3y = 0$

(3) $y'' - 2\sqrt{3}y' + 3y = 0$

(4) $y'' + 8y' + 16y = 0$

(5) $y'' - 2y' + 2y = 0$

(6) $y'' - 2\sqrt{2}y' + 5y = 0$

問題 8.2 微分方程式 $y'' + y' - 6y = 0$ の解で次の条件を満たすものを求めよ.

$$y(0) = 2 \quad , \qquad \lim_{x \to \infty} y = 0$$

チェック項目

	月　日	月　日
定数係数斉次方程式の解の特徴を理解している.		

1 微分方程式 1.3 2階線形微分方程式 (3) 定数係数非斉次方程式 I

$y'' + py' + qy = $ 多項式 の特殊解の導出を理解している．

非斉次方程式 $y'' + py' + qy = R(x)$ の一般解は，付随する斉次方程式 $y'' + py' + qy = 0$ の一般解と非斉次方程式 $y'' + py' + qy = R(x)$ の **1つの特殊解** との和である．

y も x の多項式であるとすると $y'' + py' + qy = $ 多項式 となるから，$R(x)$ における x の最高次数に着目し，y も $R(x)$ の最高次数と同じ次数の多項式であると考えられる．

- **重ね合わせの原理** $X_0(x)$ と $Y_0(x)$ がそれぞれ線形微分方程式 $y'' + P(x)y' + Q(x)y = R(x)$，$y'' + P(x)y' + Q(x)y = S(x)$ の解であれば $X_0(x) + Y_0(x)$ は線形微分方程式 $y'' + P(x)y' + Q(x)y = R(x) + S(x)$ の解である．

- 非斉次方程式 $L(y) = R(x)$ の一般解は，斉次方程式 $L(y) = 0$ の一般解と非斉次方程式 $L(y) = R(x)$ の1つの特殊解との和である．

$$\boxed{L(y) = R(x) \text{ の一般解}} = \boxed{L(y) = 0 \text{ の一般解}} + \boxed{L(y) = R(x) \text{ の特殊解}}$$

例題 9.1 次の微分方程式を解け．

(1) $y'' - 2y' + y = 2$ (2) $2y'' + y' - y = x^3$

<解答>

(1) $R(x) = 2$ であるから，特殊解の1つは高々(最高次でも)0次の多項式，定数と考えられる．
$y_0 = a_0$ とおき，$y_0' = 0$，$y_0'' = 0$ を代入すると $a_0 = 2$．
よって，特殊解の1つは $y_0 = 2$ である．
$y'' - 2y' + y = 0$ の一般解は，特性方程式 $\lambda^2 - 2\lambda + 1 = 0$ より，$\lambda = 1$ が得られる．
よって，求める一般解は $y = (C_1 x + C_2)e^x + 2$．

(2) $R(x) = x^3$ であるから，特殊解の1つは高々3次の多項式と考えられる．
$y_0 = a_3 x^3 + a_2 x^2 + a_1 x + a_0$ とおき，$y_0' = 3a_3 x^2 + 2a_2 x + a_1$，$y_0'' = 3 \cdot 2 a_3 x + 2 \cdot 1 a_2$ を代入すると $-a_3 x^3 + (3a_3 - a_2)x^2 + (12a_3 + 2a_2 - a_1)x + (4a_2 + a_1 - a_0) = x^3$．
$a_3 = -1$，$3a_3 - a_2 = 0$，$12a_3 + 2a_2 - a_1 = 0$，$4a_2 + a_1 - a_0 = 0$．
これより $a_3 = -1$，$a_2 = -3$，$a_1 = -18$，$a_0 = -30$．
よって，特殊解の1つは $y_0 = -x^3 - 3x^2 - 18x - 30$ として得られる．
$2y'' + y' - y = 0$ の一般解は，特性方程式 $2\lambda^2 + \lambda - 1 = 0$ より，$\lambda = -1, \dfrac{1}{2}$ が得られる．
よって，求める一般解は $y = C_1 e^{-x} + C_2 e^{\frac{1}{2}x} - x^3 - 3x^2 - 18x - 30$．

ドリル no.9	class	no	name

問題 9.1　次の微分方程式を解け.

(1) $y'' - 2y' + 5y = 10$

(2) $y'' - 3y' + 2y = 6$

(3) $y'' - 4y' + 4y = 8x - 12$

(4) $y'' - y' - 2y = x + 1$

(5) $y'' + y' - 2y = x^2 - x + 2$

チェック項目

	月　日	月　日
$y'' + py' + qy =$ 多項式 の特殊解の導出を理解している.		

1 微分方程式　1.3 ２階線形微分方程式　(4) 微分作用素 D の導入

D の用い方を理解している．

計算過程を見やすくするために微分作用素 $D = \dfrac{d}{dx}$ を導入する．$y' = \dfrac{d}{dx}y = Dy$ と表す．

D の基本的性質

(1) $D(y_1 + y_2) = Dy_1 + Dy_2$, $D(\alpha y(x)) = \alpha Dy$.

(2) $Dy = \dfrac{dy}{dx} = y'$,　　$yD = y(x)\dfrac{d}{dx}$　　　$\therefore$　$Dy \neq yD$.

(3) $y'' = \dfrac{d^2y}{dx^2} = \dfrac{d}{dx}\left(\dfrac{dy}{dx}\right) = D(Dy) = D^2 y$　　　$\therefore$　$D^2 = \dfrac{d^2}{dx^2}$, $D^3 = \dfrac{d^3}{dx^3}$.

(4) $(\alpha D^2 + \beta D)y = \alpha D^2 y + \beta Dy$,　　$(\alpha D^2 \cdot \beta D)y = \alpha\beta D^3 y$.

....

(5) $(\alpha D^2 + \beta D + \gamma)e^{\lambda x} = (\alpha \lambda^2 + \beta \lambda + \gamma)e^{\lambda x}$

(6) $(D - \alpha)y = Dy - \alpha y = y' - \alpha y$

(7) $D(e^{-\alpha x}y) = e^{-\alpha x}y' - \alpha e^{-\alpha x}y = e^{-\alpha x}(D - \alpha)y$

(8) $(D - \beta)(D - \alpha)y = (D - \alpha)(D - \beta)y$

(9) $y'' - (\alpha + \beta)y' + \alpha\beta y = (D^2 - (\alpha + \beta)D + \alpha\beta)y = (D - \alpha)(D - \beta)y$

例題 10.1　$D = \dfrac{d}{dx}$ であるとき，次の計算をせよ．

(1) $(D^2 + 2D)(x^2 + 3x)$　　　　　　　　(2) $(3D^2 + 2D)(xe^{\alpha x})$

< 解答 >

(1) $(D^2 + 2D)(x^2 + 3x) = D^2(x^2 + 3x) + 2D(x^2 + 3x) = 2 + 4x + 6 = 4x + 8$.

(2) $(3D^2 + 2D)(xe^{\alpha x}) = 3D^2(xe^{\alpha x}) + 2D(xe^{\alpha x}) = 3\alpha(2 + \alpha x)e^{\alpha x} + 2(1 + \alpha x)e^{\alpha x} = \left\{(3\alpha^2 + 2\alpha)x + 6\alpha + 2\right\}e^{\alpha x}$.

例題 10.2　$D = \dfrac{d}{dx}$ であるとき，等式 $e^{\alpha x}(D + \alpha)(e^{-\alpha x}y) = Dy$ が成立することを示せ．

< 解答 >　$e^{\alpha x}(D+\alpha)(e^{-\alpha x}y) = e^{\alpha x}\{D(e^{-\alpha x}y) + \alpha e^{-\alpha x}y\} = e^{\alpha x}\{-\alpha e^{-\alpha x}y + e^{-\alpha x}y' + \alpha e^{-\alpha x}y\}$
$= e^{\alpha x}\cdot e^{-\alpha x}y' = y' = Dy$.

例題 10.3　上記の性質 (6), (7) を用いて、次の微分方程式を解け．

(1) $y' - \alpha y = 0$　　　　　　　　　　　(2) $y' - \beta y = u(x)$

< 解答 >

(1) 性質 (6) より，与式は，$y' - \alpha y = (D - \alpha)y = 0$ である．両辺に $e^{-\alpha x}$ をかけると，$e^{-\alpha x}(D - \alpha)y = 0$．性質 (7) を逆にたどると，$e^{-\alpha x}(D - \alpha)y = D(e^{-\alpha x}y) = 0$．これは，$\dfrac{d}{dx}(e^{-\alpha x}y) = 0$ である．したがって，$e^{-\alpha x}y = C$ より，一般解は $y = Ce^{\alpha x}$．

(2) $y' - \beta y = (D - \beta)y = u(x)$ である．両辺に $e^{-\beta x}$ をかけると，$e^{-\beta x}(D - \beta)y = D(e^{-\beta x}y) = e^{-\beta x}u(x)$．したがって，$e^{-\beta x}y = \displaystyle\int e^{-\beta x}u(x)dx + C$ であるから，一般解は $y = e^{\beta x}\displaystyle\int e^{-\beta x}u(x)dx + Ce^{\beta x}$．

ドリル no.10　class　no　name

問題 10.1　$D = \dfrac{d}{dx}$ であるとき，次の計算をせよ．

(1) $D(x^2 + x + 1)$，$D^2(x^2 + x + 1)$

(2) $D(\cos 2x + \sin 2x)$，$D^2(\cos 2x + \sin 2x)$

(3) $(D^2 + D + 1)(x + 1)$

(4) $(D^2 + 2D + 1)(x + e^{-x})$

問題 10.2　次の問いに答えよ．

(1) $y = e^{\alpha x}(e^{-\alpha x}y) = e^{\alpha x}Y_1$ より，$y' = Dy, y'' = D^2y$ を Y_1 の微分形式で表せ．ただし，$Y_1 = e^{-\alpha x}y$.

(2) $y = e^{-\alpha x}(e^{\alpha x}y) = e^{-\alpha x}Y_2$ より，$y' = Dy, y'' = D^2y$ を Y_2 の微分形式で表せ．ただし，$Y_2 = e^{\alpha x}y$.

問題 10.3　作用素 D の性質 (6)，(7) を用いて，次の微分方程式を解け．

(1) $y' + 3y = 0$　　(2) $y' + 3y = 3x + 4$

チェック項目

	月　日	月　日
D の使い方を理解している．		

1 微分方程式 1.3 2階線形微分方程式 (5) 定数係数非斉次方程式 II

$y''+py'+qy=(x$ の多項式$)\times e^{rx}$ の特殊解の導出を理解している.

微分方程式 $y''+py'+qy=(x$ の多項式$)\times e^{rx}$ の両辺から e^{rx} を消去できれば，前出の方程式 $y''+py'+qy=(x$ の多項式$)$ に用いた手法で特殊解が得られる.
ここで，両辺から e^{rx} を見かけ上消去するため，y'', y', y から e^{rx} を析出させることを考える.
そのため，$y=e^{rx}(e^{-rx}y)=e^{rx}Y$ とおく．これより，

$$y'=D(e^{rx}Y)=e^{rx}(D+r)y, \qquad y''=e^{rx}(D+r)^2y.$$

$y'=e^{rx}(D+r)Y$，$y''=e^{rx}(D+r)^2Y$ を元の微分方程式に代入すると，

$$y''+py'+qy=e^{rx}\left\{D^2+(2r+p)D+(r^2+pr+q)\right\}Y=(x\text{ の多項式})\times e^{rx}.$$

これより，両辺から e^{rx} の項を約分すると，新しい微分方程式

$$\left\{D^2+(2r+p)D+(r^2+pr+q)\right\}Y=(x\text{ の多項式})$$

が得られる．この方程式より，$Y=P(x)$($P(x)$ は x の多項式) が求められたとすると，$Y=e^{-rx}y=P(x)$ より，特殊解として $y=e^{rx}P(x)$ が得られる.

例題 11.1 次の微分方程式の特殊解を1つ求めよ.

(1) $y''-3y'+2y=e^{3x}$ (2) $y''-2y=(x^2+x+1)e^{-x}$

＜解答＞

(1) 見かけ上 e^{3x} を消去するため，$y=e^{3x}(e^{-3x}y)=e^{3x}Y$ と変形する.
$y'=e^{3x}Y'+3e^{3x}Y=e^{3x}(Y'+3Y)=e^{3x}(D+3)Y$, $\quad y''=e^{3x}(D+3)^2Y$.
これらを元の方程式に代入すると，
$y''-3y'+2y=e^{3x}\left\{(D+3)^2-3(D+3)+2\right\}Y=e^{3x}\left\{D^2+3D+2\right\}Y=e^{3x}$.
これより e^{3x} が両辺より約分でき， $Y''+3Y'+2Y=1$ となる.
これより，$Y_0=a_0$ (定数) とおける. $\therefore\ 2a_0=1.\quad Y_0=\dfrac{1}{2}.$
したがって $Y_0=e^{-3x}y_0=\dfrac{1}{2}$ より， 特殊解の1つは $y_0=\dfrac{1}{2}e^{3x}$.

(2) $y=e^{-x}(e^{x}y)=e^{-x}Y$ と変形すると，
$y'=e^{-x}(D-1)Y$, $\quad y''=e^{-x}(D-1)^2Y$ より，
$y''-2y=e^{-x}\left\{(D-1)^2-2\right\}Y=e^{-x}\left\{D^2-2D-1\right\}Y=(x^2+x+1)e^{-x}$.
$Y''-2Y'-Y=x^2+x+1$ より $Y_0=a_2x^2+a_1x+a_0$ とおける.
$Y_0'=2a_2x+a_1$，$Y_0''=2a_2$ を代入すると
$2a_2-2(2a_2x+a_1)-(a_2x^2+a_1x+a_0)=x^2+x+1$ より $a_2=-1$，$a_1=3$，$a_0=-9$.
$\therefore Y_0=-x^2+3x-9$ よって，特殊解の1つは $y_0=e^{-x}(-x^2+3x-9)$.

ドリル no.11	class	no	name

問題 11.1　次の微分方程式を解け.

(1) $y'' + y' - 12y = 5e^{-2x}$

(2) $y'' - 2y' + y = e^{x}$

(3) $y'' - 4y' + 3y = (8x - 6)\,e^{-x}$

(4) $y'' + y' - 2y = (4x + 9)e^{2x}$

(5) $y'' - 6y' + 9y = \left(4x^2 + 4x + 6\right) e^{x}$

(6) $y'' + 3y' + 2y = (x^2 - x + 2)e^{-3x}$

チェック項目

	月　日	月　日
$y'' + py' + qy = (x\text{ の多項式}) \times e^{rx}$ の特殊解の導出を理解している.		

1　微分方程式　1.3　2 階線形微分方程式　(6)　定数係数非斉次方程式 III

$R(x)=(x$ の多項式$)\times\cos rx$ or $\sin rx$ のときの特殊解の導出を理解している．

- $R(x)=(x$ の多項式$)\times\cos rx$ のとき

  重ね合わせの原理の逆を考え，与えられた $R(x)$ を $R(x)=(x$ の多項式$)\times(\cos rx+i\sin rx)$ と拡張する．次に $R(x)=(x$ の多項式$)\times e^{rx}$ の場合と同様に考え，$y=e^{irx}(e^{-irx}y)=e^{irx}Y$ とおくと $y'=e^{irx}(D+ir)Y$，$y''=e^{irx}(D+ir)^2Y$ を元の微分方程式に代入し，両辺から e^{irx} の項を約分し，$R(x)$ が多項式の場合に帰着させ Y を求める．$y=e^{irx}Y$ であるから，y の実部 $Re(y)$ が与えられた方程式の特殊解である．

- $R(x)=(x$ の多項式$)\times\sin rx$ のとき

  与えられた $R(x)$ を $R(x)=(x$ の多項式$)\times(\cos rx+i\sin rx)$ と拡張し，上記の場合と同様に y を求める．ここでは，y の虚部 $Im(y)$ が与えられた方程式の特殊解となる．

例題 12.1　次の微分方程式の特殊解を 1 つ求めよ．

(1) $y''+y=2\cos x,\quad y''+y=2\sin x$

(2) $y''-2y'+5y=5e^x\cos 3x,\quad y''-2y'+5y=5e^x\sin 3x$

＜解答＞

(1) $y''+y=2(\cos x+i\sin x)=2e^{ix}$ と拡張する．　$y=e^{ix}(e^{-ix}y)=e^{ix}Y$ より，
$y'=e^{ix}Y'+ie^{ix}Y=e^{ix}(D+i)Y$，$y''=e^{ix}(D+i)^2Y$．代入すると
$y''+y=e^{ix}\left\{(D+i)^2+1\right\}Y=e^{ix}\left\{D^2+2iD\right\}Y=2e^{ix}$
$\therefore\quad (D^2+2iD)Y=Y''+2iY'=2.$　両辺を積分して，$Y'+2iY=2x+C_1$ (C_1 は定数)．
これより，$Y_0=a_1x+a_0$　とおき，$Y_0'=a_1$　を代入すると，$a_1+2i(a_1x+a_0)=2x+C_1$．
$2ia_1=2$，$a_1+2ia_0=C_1$ より，$a_1=-i$，(ここで $a_0=\dfrac{1-iC_1}{2}$ となり a_0 も定数となる．
このように，特殊解を求める計算過程に表れる任意定数を含む項は意味をもたないため無視することにする．したがって，$Y'+2iY=2x+C_1$ は $Y'+2iY=2x$ で十分であった．)
$\therefore\quad Y_0=-ix.$ より，$y_0=-ixe^{ix}=-ix(\cos x+i\sin x)$.
$Re\,[y_0]=x\sin x.$　　よって，$y''+y=2\cos x$ の特殊解の 1 つは　$y_0=x\sin x$.
$Im\,[y_0]=-x\cos x.$　　よって，$y''+y=2\sin x$ の特殊解の 1 つは　$y_0=-x\cos x$.

(2) $y''-2y'+5y=5e^x(\cos 3x+i\sin 3x)=5e^xe^{i3x}=5e^{(1+3i)x}$ と拡張する．
$y=e^{(1+3i)x}(e^{-(1+3i)x}y)=e^{(1+3i)x}Y$ より，$1+3i=\alpha$ とおくと，
$y=e^{\alpha x}Y$，$y'=e^{\alpha x}(D+\alpha)Y$，$y''=e^{\alpha x}(D+\alpha)^2Y$．代入すると　$y''-2y'+5y=$
$e^{\alpha x}\left\{(D+\alpha)^2-2(D+\alpha)+5\right\}Y=e^{\alpha x}\left\{D^2+(-2+2\alpha)D+(\alpha^2-2\alpha+5)\right\}Y=5e^{\alpha x}$.
$\left\{D^2+(-2+2\alpha)D+(\alpha^2-2\alpha+5)\right\}Y=5$　より，$Y_0=a_0$ とおくと，
$(\alpha^2-2\alpha+5)a_0=5.$ ここで $\alpha^2-2\alpha+5=(\alpha-1)^2+4=-5.$
$\therefore\quad a_0=-1.\qquad Y_0=e^{-(1+3i)x}y_0=-1$ より，
$y_0=-e^x(\cos 3x+i\sin 3x).\qquad Re\,[y_0]=-e^x\cos 3x$
　よって，$y''-2y'+5y=5e^x\cos 3x$ の特殊解の 1 つは　$y_0=-e^x\cos 3x$.
同様にして，$y''-2y'+5y=5e^x\sin 3x$ の特殊解の 1 つは　$y_0=-e^x\sin 3x$.

ドリル no.12	class	no	name

問題 12.1 次の微分方程式を解け.

(1) $y'' + 2y' - 8y = 4\cos 2x, \quad y'' + 2y' - 8y = 4\sin 2x$

(2) $y'' + 6y' + 9y = e^{3x}\cos 2x, \quad y'' + 6y' + 9y = e^{3x}\sin 2x$

(3) $y'' + y = x\cos x, \quad y'' + y = x\sin x$

(4) $y'' - 2y' - 3y = (x+1)\cos x, \quad y'' - 2y' - 3y = (x+1)\sin x$

チェック項目

	月 日	月 日
$R(x) = (x$ の多項式$) \times \cos rx$ or $\sin rx$ のときの特殊解の導出を理解している.		

1 微分方程式 1.3 2階線形微分方程式 (7) 定数係数非斉次方程式 Ⅳ

定数変化法を理解している.

定数変化法: $y''+py'+qy=R(x)$ において, [I] $R(x)\equiv 0$ とみなすと, $y''+py'+qy=0$. この方程式の特殊解を $u_1(x), u_2(x)$ とすると, 一般解は $y=C_1u_1(x)+C_2u_2(x)$ (C_1, C_1 は任意の定数). [II] Iで求めた一般解の任意定数を変数として扱い $y=C_1(x)u_1(x)+C_2(x)u_2(x)$ とおく. $C_1(x), C_2(x)$ の満たす条件より, 元の方程式の特殊解を1つ見出す計算法.

例題 13.1 微分方程式 $y''+py'+qy=0$ の特殊解が $u_1(x), u_2(x)$ であるとして、**定数変化法**を用いて微分方程式 $y''+py'+qy=R(x)$ の一般解を求めよ.

＜解答＞

[I] $y''+py'+qy=0$ の一般解は $y=C_1u_1(x)+C_2u_2(x)$ (C_1, C_1 は任意の定数).

[II] 一般解の任意定数を変数として扱うため $y=C_1(x)u_1(x)+C_2(x)u_2(x)$ とおく.
両辺を x で微分すると $y'=C_1'u_1+C_2'u_2+C_1u_1'+C_2u_2'$.
ここで C_1, C_2 の2階微分が表れないために, 条件 $C_1'u_1+C_2'u_2=0$ を要請する.
$\therefore\ y'=C_1u_1'+C_2u_2' \longrightarrow y''=C_1u_1''+C_2u_2''+C_1'u_1'+C_2'u_2'$
y, y', y'' を元の微分方程式に代入すると, $C_1'u_1'+C_2'u_2'=R(x)$ を得る. 要請した条件と得た式より未知関数 C_1', C_2' の連立方程式が導出される. $\begin{pmatrix} u_1 & u_2 \\ u_1' & u_2' \end{pmatrix}\begin{pmatrix} C_1' \\ C_2' \end{pmatrix}=\begin{pmatrix} 0 \\ R(x) \end{pmatrix}$.
クラーメルの公式を用いると連立方程式の解は

$$C_1'=\frac{\begin{vmatrix} 0 & u_2 \\ R(x) & u_2' \end{vmatrix}}{W(u_1,u_2)}=\frac{-R(x)u_2(x)}{W(u_1,u_2)},\qquad C_2'=\frac{\begin{vmatrix} u_1 & 0 \\ u_1' & R(x) \end{vmatrix}}{W(u_1,u_2)}=\frac{R(x)u_1(x)}{W(u_1,u_2)}.$$

$$\therefore\quad C_1(x)=\int\frac{-R(x)u_2(x)}{W(u_1,u_2)}dx,\qquad C_2(x)=\int\frac{R(x)u_1(x)}{W(u_1,u_2)}dx.$$

[I], [II]より一般解は $y=C_1u_1(x)+C_2u_2(x)+u_1(x)\displaystyle\int\frac{-R(x)u_2(x)}{W(u_1,u_2)}dx+u_2(x)\int\frac{R(x)u_1(x)}{W(u_1,u_2)}dx$.

例題 13.2 定数変化法を用いて, 微分方程式 $y''+2y'+y=e^{-x}\log x$ を解け.

＜解答＞ [I] $y''+2y'+y=0$ より, 特性方程式は $\lambda^2+2\lambda+1=0$. よって, 一般解は $y=(C_1x+C_2)e^{-x}$. [II] $y=\{C_1(x)x+C_2(x)\}e^{-x}=C_1(x)xe^{-x}+C_2(x)e^{-x}$ とおくと,

$$\begin{pmatrix} xe^{-x} & e^{-x} \\ (1-x)e^{-x} & -e^{-x} \end{pmatrix}\begin{pmatrix} C_1' \\ C_2' \end{pmatrix}=\begin{pmatrix} 0 \\ e^{-x}\log x \end{pmatrix}.$$

連立方程式の解は

$$C_1'=\frac{\begin{vmatrix} 0 & e^{-x} \\ e^{-x}\log x & -e^{-x} \end{vmatrix}}{W(xe^{-x},e^{-x})}=\frac{-e^{-2x}\log x}{-e^{-2x}}=\log x.\quad C_2'=\frac{\begin{vmatrix} xe^{-x} & 0 \\ (1-x)e^{-x} & e^{-x}\log x \end{vmatrix}}{W(xe^{-x},e^{-x})}=\frac{xe^{-2x}\log x}{-e^{-2x}}=-x\log x.$$

$\therefore\quad C_1(x)=\int\log x dx=x\log x-\int dx=x\log x-x.$

$$\therefore\quad C_2(x)=-\int x\log x dx=-\left\{\frac{x^2}{2}\log x-\frac{1}{2}\int xdx\right\}=-\frac{x^2}{2}\log x+\frac{1}{4}x^2.$$

[I], [II]より一般解は

$$\begin{aligned} y&=(C_1x+C_2)e^{-x}+(x\log x-x)xe^{-x}+\left(-\frac{x^2}{2}\log x+\frac{1}{4}x^2\right)e^{-x}\\ &=(C_1x+C_2)e^{-x}+\frac{1}{4}(2\log x-3)x^2e^{-x}. \end{aligned}$$

ドリル no.13 class no name

問題 13.1 定数変化法を用いて，次の微分方程式を解け．

(1) $y'' - y' - 2y = x + 1$

(2) $y'' - 2y' + y = e^x$

(3) $y'' + 2y' - 8y = 4\cos 2x$

問題 13.2 定数変化法を用いて，次の微分方程式を解け．

(1) $y'' + 2y' + y = \dfrac{e^{-x}}{x}$

(2) $y'' + 4y = \tan x$

(3) $y'' + y = \dfrac{1}{\cos x}$

チェック項目

	月 日	月 日
定数変化法を理解している．		

1 微分方程式　1.4　その他の微分方程式　(1)　1階連立微分方程式

1階連立微分方程式を理解している．

1つの独立変数 x と 2 個の従属変数 $y = y(x), z = z(x)$ をもつ微分方程式の組 $y' = f(x, y, z)$, $z' = g(x, y, z)$ を連立微分方程式という．

ここでは，y または z のいずれか一方，例えば z を消去して，y だけの微分方程式を作り，これを解き y を求める．この y を与えられた微分方程式の 1 つに代入して z を求める．また，微分記号 D を用いると，より形式的に一文字消去することができる．

例題 14.1　次の微分方程式を解け．ただし，$y = y(x), z = z(x)$ であるとする．

(1) $\begin{cases} y' - 3y + z = 0 \\ z' - y - z = 0 \end{cases}$
(2) $\begin{cases} y' + 3y - 2z = x^2 \\ 5y + z' - 4z = -x \end{cases}$

＜解答＞

(1) z を消去する．$z = -y' + 3y$ として，$z' = -y'' + 3y'$ を $z' - y - z = 0$ に代入すると，$y'' - 4y' + 4y = 0$．これより特性方程式は $\lambda^2 - 4\lambda + 4 = 0$ より，$\lambda = 2$(重解)．
∴ $y = (C_1 x + C_2)e^{2x}$．次に，$z = 3y - y'$ より，$z = (2C_1 x + C_1 + 2C_2)e^{2x}$．

別解　$\begin{cases} (D-3)y + z = 0 \\ -y + (D-1)z = 0 \end{cases} \longrightarrow \begin{cases} (D-1)(D-3)y + (D-1)z = 0 \\ -y + (D-1)z = 0 \end{cases}$

∴ $(D-1)(D-3)y - (-y) = (D^2 - 4D + 4)y = 0$

これより特性方程式は $\lambda^2 - 4\lambda + 4 = 0$ より，$\lambda = 2$(重解)．
∴ $y = (C_1 x + C_2)e^{2x}$．次に，$z = 3y - y'$ より，$z = (C_1 x - C_1 + C_2)e^{2x}$．

(2) $\begin{cases} (D+3)y - 2z = x^2 \\ 5y + (D-4)z = x \end{cases} \longrightarrow \begin{pmatrix} D+3 & -2 \\ 5 & D-4 \end{pmatrix} \begin{pmatrix} y \\ z \end{pmatrix} = \begin{pmatrix} x^2 \\ -x \end{pmatrix}$

ここで，形式的にクラメルの公式を適用すると $\begin{vmatrix} D+3 & -2 \\ 5 & D-4 \end{vmatrix} y = \begin{vmatrix} x^2 & -2 \\ -x & D-4 \end{vmatrix}$.

∴ $\{(D+3)(D-4) + 10\}y = (D-4)x^2 - 2x$. (作用素 D は必ず関数の前におく．)
$(D^2 - D - 2)y = y'' - y' - 2y = -4x^2$ において，$y'' - y' - 2y = 0$ の一般解および，$y'' - y' - 2y = -4x^2$ の特殊解を求める．

$y'' - y' - 2y = 0$ の一般解は $y = C_1 e^{-x} + C_2 e^{2x}$．
$y'' - y' - 2y = -4x^2$ の特殊解は $y = a_2 x^2 + a_1 x + a_0$ とおき代入すると，$a_2 = 2, a_1 = -2, a_0 = 3$ が得られる．よって，$y = C_1 e^{-x} + C_2 e^{2x} + 2x^2 - 2x + 3$．

この得られた y を $(D+3)y - 2z = x^2$ に代入して z を求めると，$z = C_1 e^{-x} + \dfrac{5}{2}C_2 e^{2x} + \dfrac{5}{2}x^2 - x + \dfrac{7}{2}$.

ドリル no.14	class	no	name

問題 14.1 次の微分方程式を解け．ただし，$y = y(x), z = z(x)$ であるとする．

(1) $\begin{cases} y' - 3y + 5z = 0 \\ 5y - z' - 7z = 0 \end{cases}$

(2) $\begin{cases} y' - 3y + 2z = 0 \\ 5y - z' - 3z = 0 \end{cases}$

(3) $\begin{cases} y' - 10y + z' + \dfrac{26}{3}z = 0 \\ y' - 4y - z' + \dfrac{14}{3}z = 0 \end{cases}$

問題 14.2 次の微分方程式を解け．ただし，$y = y(x), z = z(x)$ であるとする．

(1) $\begin{cases} y' - z = x^2 + x \\ y + z' = -1 \end{cases}$

(2) $\begin{cases} y' - z = \sin 2x \\ y - z' = \cos 2x \end{cases}$

チェック項目

	月　日	月　日
1 階連立微分方程式を理解している．		

1 微分方程式 1.4 その他の微分方程式 (2) 高階微分方程式

> 独立変数の取り換えにより，階数を1つ下げ得ることを理解している．

一般的に，微分方程式はその階数が高いほど，解くのが困難である．ある特定な形の方程式は，適切な変形，置き換えを組み合わせることにより，元の方程式の階数より低い階数の方程式に変換できる．ここでは，そのような方程式を扱ってみよう．

方程式 (1) $F(x, y', \cdots, y^{(n)}) = 0$, (2) $F(y, y', \cdots, y^{(n)}) = 0$ いずれも $y' = p$ とおくことにより，方程式の階数を1つ下げることができる．

(1) F が y を含まないとき．$y' = p$ とおけば，$y'' = \dfrac{dp}{dx}, \cdots, y^{(n)} = \dfrac{d^{n-1}p}{dx^{n-1}}$ より，

与えられた方程式は $F(x, p, \dfrac{dp}{dx}, \cdots, \dfrac{d^{n-1}p}{dx^{n-1}}) = 0$ となり階数が1つ下がる．

(2) F が x を含まないとき．$y' = p$ とおけば，

$$y'' = \frac{dy'}{dx} = \frac{dy'}{dy}\frac{dy}{dx} = \left(\frac{dp}{dy}\right)p,$$

$$y''' = \frac{dy''}{dx} = \frac{d}{dx}\left(\frac{dp}{dy}p\right) = \frac{d}{dx}\left(\frac{dp}{dy}\right) \cdot p + \left(\frac{dp}{dy}\right)\frac{dp}{dx}$$

$$= \frac{d}{dy}\left(\frac{dp}{dy}\right)\frac{dy}{dx} \cdot p + \left(\frac{dp}{dy}\right)\frac{dp}{dy}\frac{dy}{dx} = \left(\frac{d^2p}{dy^2}\right)p^2 + \left(\frac{dp}{dy}\right)^2 p$$

$\cdots\cdots\cdots$

となり，独立変数を y に取り換えることにより，階数を1つ下げることができる．

例題 15.1 次の微分方程式を解け．

(1) $(1+x^2)y'' + 1 + (y')^2 = 0$ (2) $y^2 y'' - (y')^3 = 0$

＜解答＞

(1) $y' = p$ とおくと，$(1+x^2)p' + 1 + p^2 = 0$．これより $(1+x^2)p' = -(1+p^2) = 0$

$\dfrac{1}{1+p^2}\dfrac{dp}{dx} = -\dfrac{1}{1+x^2}$ より $\dfrac{1}{1+p^2}dp = -\dfrac{1}{1+x^2}dx$．両辺を p と x で，それぞれ積分すると，

$\displaystyle\int \dfrac{1}{1+p^2}dp = -\int \dfrac{1}{1+x^2}dx$．したがって，$\tan^{-1} p = -\tan^{-1} x + C$．

$p = \tan(C - \tan^{-1}) = \dfrac{\tan C - x}{1 + x\tan C}$ ここで，$C_1 = \tan C$ とおくと，

$\dfrac{dy}{dx} = \dfrac{C_1 - x}{1 + C_1 x} = -\dfrac{1}{C_1} + \dfrac{1 + \frac{1}{C_1^2}}{x + \frac{1}{C_1}}$ となる．

よって，$y = -\dfrac{1}{C_1}x + \left(1 + \dfrac{1}{C_1^2}\right)\log\left|x + \dfrac{1}{C_1}\right| + C_2$．

(2) $y' = p$, $y'' = \dfrac{dp}{dx} = \dfrac{dp}{dy}\dfrac{dy}{dx} = p'p$ に変換すると，元の方程式は，$p(y^2 p' - p^2) = 0$. ただし，

$p' = \dfrac{dp}{dy}$．　∴　$p = 0$ または，$\dfrac{1}{p^2}\dfrac{dp}{dy} = \dfrac{1}{y^2}$．

・$p = 0$ のとき，$y = C_1$．

・$p \neq 0$ のとき，$\displaystyle\int \dfrac{dp}{p^2} = \int \dfrac{dy}{y^2}$ より，$\dfrac{1}{p} = \dfrac{dx}{dy} = \dfrac{1}{y} + C_2$．　∴　$\displaystyle\int \left(\dfrac{1}{y} + C_2\right)dy = x + C_3$．

したがって，$C_2 y + \log|y| = x + C_3$．

よって，$(y - C_1)(C_2 y + \log|y| - x - C_3) = 0$．

ドリル no.15	class	no	name

問題 15.1　次の問いに答えよ.

(1) $xy'' - y' = 0$

(2) $y'' - 2y' = -x$

(3) $(1 - x^2)y'' - xy' = 2$

問題 15.2　次の問いに答えよ.

(1) $3y'' = 2\sqrt{y'}$

(2) $yy'' = (y')^2$

(3) $2yy'' - (y')^2 - 1 = 0$

チェック項目

	月　日	月　日
独立変数の取り換えにより，階数を１つ下げ得ることを理解している.		

2　ベクトル解析　2.1　ベクトルの代数　(1)　ベクトルとその演算

ベクトルとその演算を理解している.

スカラー　時間，長さ，温度，エネルギーのように測る単位が決まると，その大きさを特徴づけることができる量をスカラー量といい，無名数のときスカラーという.

ベクトル　速度，加速度，力のように方向と長さを合わせもつ量をベクトル量といい，その大きさが無名数のときベクトルという．ベクトルは，太文字 $\boldsymbol{a}, \boldsymbol{b}, \cdots$，　$\boldsymbol{A}, \boldsymbol{B}, \cdots$ で表す.

矢印　ベクトルを表すため，平面あるいは空間の 2 点 P，Q に対して，P から Q の向かう向きを付けた矢印 $\overrightarrow{\mathrm{PQ}}$ $(= \boldsymbol{a})$ を用いる．ベクトルは位置と無関係なので，同じ向き同じ長さの別の矢印 $\overrightarrow{\mathrm{P'Q'}}$ も同じベクトルを表している ($\overrightarrow{\mathrm{P'Q'}} = \boldsymbol{a}$).

ベクトル は，長さ ($|\boldsymbol{a}| = |\overrightarrow{\mathrm{PQ}}|$ ；線分 PQ の長さ) と方向をもつ量である．向きと長さの等しい矢印は，すべて同じベクトルと考える.

- 長さが $1(|\boldsymbol{a}| = 1)$ のベクトルを**単位ベクトル**という.
- 長さが 0 のベクトルを**零ベクトル**といい，$\vec{0}, \boldsymbol{0}$ で表す. (始点と終点が一致した矢印 $|\overrightarrow{\mathrm{PP}}| = 0$)
- ベクトル $\boldsymbol{a}$ と方向が逆で同じ長さをもつベクトルを $\boldsymbol{a}$ の**逆ベクトル**といい $-\boldsymbol{a}$ で表す.
- ベクトル $\boldsymbol{a}$ と $\boldsymbol{b}$ が**等しい**とは，方向と長さが等しいことであり，$\boldsymbol{a} = \boldsymbol{b}$ で表す.
- ベクトル $\boldsymbol{a}$ と $\boldsymbol{b}$ の**和** $\boldsymbol{a} + \boldsymbol{b}$ は，$\boldsymbol{a}$ の終点に $\boldsymbol{b}$ の始点をおき，$\boldsymbol{a}$ の始点と $\boldsymbol{b}$ の終点を結ぶベクトルである.
- ベクトル $\boldsymbol{a}$ の**スカラー** α **倍**は $\alpha\boldsymbol{a}$ と表され，長さは $\boldsymbol{a}$ の $|\alpha|$ 倍で，方向は (i) $\alpha > 0$ のとき $\boldsymbol{a}$ と同じ向き，(ii) $\alpha = 0$ のとき $0\boldsymbol{a} = \boldsymbol{0}$，(iii) $\alpha < 0$ のとき $\boldsymbol{a}$ と反対の向きである.
- ベクトル $\boldsymbol{a}$ と $\boldsymbol{b}$ の**差** $\boldsymbol{a} - \boldsymbol{b}$ は，$\boldsymbol{a} - \boldsymbol{b} = \boldsymbol{a} + (-\boldsymbol{b})$ より $\boldsymbol{a}$ の終点に $-\boldsymbol{b}$ の始点をおき，$\boldsymbol{a}$ の始点と $-\boldsymbol{b}$ の終点を結ぶベクトルである.

ベクトルの代数

○ $\boldsymbol{a} + \boldsymbol{b} = \boldsymbol{b} + \boldsymbol{a}$	○ $(\boldsymbol{a} + \boldsymbol{b}) + \boldsymbol{c} = \boldsymbol{a} + (\boldsymbol{b} + \boldsymbol{c})$
○ $\boldsymbol{a} + \boldsymbol{0} = \boldsymbol{0} + \boldsymbol{a} = \boldsymbol{a}$	○ $\boldsymbol{a} + (-\boldsymbol{a}) = \boldsymbol{0}$
○ $\alpha(\boldsymbol{a} + \boldsymbol{b}) = \alpha\boldsymbol{a} + \alpha\boldsymbol{b}$	○ $(\alpha + \beta)\boldsymbol{a} = \alpha\boldsymbol{a} + \beta\boldsymbol{a}$
○ $(\alpha\beta)\boldsymbol{a} = \alpha(\beta\boldsymbol{a})$	○ $1\boldsymbol{a} = \boldsymbol{a}$，$-1\boldsymbol{a} = -\boldsymbol{a}$，$0\boldsymbol{a} = \boldsymbol{0}$

例題 16.1　式 $\boldsymbol{a} + \boldsymbol{b} = \boldsymbol{b} + \boldsymbol{a}$ が成り立つことを示せ.

<解答>　△OPQ において，$\overrightarrow{\mathrm{OP}} = \boldsymbol{a}$，$\overrightarrow{\mathrm{PQ}} = \boldsymbol{b}$ とすると，$\boldsymbol{a} + \boldsymbol{b} = \overrightarrow{\mathrm{OQ}}$ である．また，$\overrightarrow{\mathrm{PQ}}$ の始点を点 O に重なるように平行移動して，その終点を新たに Q′ とすると □OPQQ′ は平行四辺形である．これより，$\overrightarrow{\mathrm{OQ'}} = \boldsymbol{b}$，$\overrightarrow{\mathrm{Q'Q}} = \boldsymbol{a}$ であるから，$\overrightarrow{\mathrm{OQ}} = \boldsymbol{b} + \boldsymbol{a}$ である．よって，上式が示せた. (自分で図を描いて確認せよ．)

例題 16.2　ベクトル $\boldsymbol{a}(\neq \boldsymbol{0})$ において，$\dfrac{1}{|\boldsymbol{a}|}\boldsymbol{a}$ は $\boldsymbol{a}$ と同じ向きの単位ベクトルであることを示せ.

<解答>　$|\boldsymbol{a}| > 0$ より，$\dfrac{1}{|\boldsymbol{a}|}\boldsymbol{a}$ は $\boldsymbol{a}$ と同じ向きのベクトルである．次に，$\left|\dfrac{1}{|\boldsymbol{a}|}\boldsymbol{a}\right| = \dfrac{1}{|\boldsymbol{a}|}|\boldsymbol{a}| = 1.$ よって，同じ向きの単位ベクトルである.

ドリル no.16　class　no　name

問題 16.1　2 つのベクトル $\boldsymbol{a}$, $\boldsymbol{b}$ が同じ向き，または逆向きであるとき，$\boldsymbol{a}$ と $\boldsymbol{b}$ は**平行**であるといい，$\boldsymbol{a} \parallel \boldsymbol{b}$ と表す．(ただし $\boldsymbol{0}$ は任意のベクトルと平行であるとする．) このとき，次のことを示せ．

$$\boldsymbol{a} \parallel \boldsymbol{b} \quad \Leftrightarrow \quad \boldsymbol{a} = \beta \boldsymbol{b} \text{ または } \boldsymbol{b} = \alpha \boldsymbol{a}$$

問題 16.2　次の式が成り立つことを図形を用いて確認せよ ($\boldsymbol{a}$, $\boldsymbol{b}$, $\boldsymbol{c}$ はベクトル，α, β は実数)．

(1) $\boldsymbol{a} + (-\boldsymbol{a}) = \boldsymbol{0}$

(2) $(\boldsymbol{a} + \boldsymbol{b}) + \boldsymbol{c} = \boldsymbol{a} + (\boldsymbol{b} + \boldsymbol{c})$

(3) $(\alpha + \beta)\boldsymbol{a} = \alpha \boldsymbol{a} + \beta \boldsymbol{a}$

(4) $\alpha(\boldsymbol{a} + \boldsymbol{b}) = \alpha \boldsymbol{a} + \alpha \boldsymbol{b}$

問題 16.3　三角形の性質を用いて，次の三角不等式 $|\boldsymbol{a} + \boldsymbol{b}| \leq |\boldsymbol{a}| + |\boldsymbol{b}|$ を示せ．

問題 16.4　ベクトル $\boldsymbol{x}$, $\boldsymbol{y}$, $\boldsymbol{a}$, $\boldsymbol{b}$ が，$2\boldsymbol{x} + \boldsymbol{y} = \boldsymbol{a}$, $3\boldsymbol{x} + 2\boldsymbol{y} = \boldsymbol{b}$ であるとき，ベクトル $\boldsymbol{x}$, $\boldsymbol{y}$ をベクトル $\boldsymbol{a}$, $\boldsymbol{b}$ を用いて表せ．

チェック項目

	月　日	月　日
ベクトルとその演算を理解している．		

2 ベクトル解析 2.1 ベクトルの代数 (2) ベクトルの1次結合とベクトルの成分

ベクトルの1次独立，1次従属とベクトルの成分を理解している．

1次結合 ベクトル $\boldsymbol{a}_1, \boldsymbol{a}_2, \cdots, \boldsymbol{a}_n$，スカラー $k_1, k_2, \cdots, k_n$ に対してベクトル $k_1\boldsymbol{a}_1 + k_2\boldsymbol{a}_2 + \cdots + k_n\boldsymbol{a}_n$ を $\boldsymbol{a}_1, \boldsymbol{a}_2, \cdots, \boldsymbol{a}_n$ の1次結合という．

1次独立，1次従属 ベクトル $\boldsymbol{a}_1, \boldsymbol{a}_2, \cdots, \boldsymbol{a}_n$ は $k_1\boldsymbol{a}_1 + k_2\boldsymbol{a}_2 + k_n\boldsymbol{a}_n = 0 \Rightarrow k_1 = k_2 = \cdots = k_n = 0$ であるとき1次独立であるという．

少なくとも1つは0でないスカラー $k_1, k_2, \cdots, k_n$ に対して $k_1\boldsymbol{a}_1 + k_2\boldsymbol{a}_2 + k_n\boldsymbol{a}_n = 0$ となるとき，$\boldsymbol{a}_1, \boldsymbol{a}_2, \cdots, \boldsymbol{a}_n$ は1次従属であるという．

- 座標平面でベクトル $\boldsymbol{a}_1, \boldsymbol{a}_2$ が1次独立である． ⇒ 平面上の任意のベクトル $\boldsymbol{a}$ は $\boldsymbol{a}_1$ と $\boldsymbol{a}_2$ の1次結合 $\boldsymbol{a} = \alpha\boldsymbol{a}_1 + \beta\boldsymbol{a}_2$ の形にただ1通りに表される．
- 座標空間でベクトル $\boldsymbol{a}_1, \boldsymbol{a}_2, \boldsymbol{a}_3$ が1次独立である． ⇒ 平面上の任意のベクトル $\boldsymbol{a}$ は $\boldsymbol{a}_1$，$\boldsymbol{a}_2$ と $\boldsymbol{a}_3$ の1次結合 $\boldsymbol{a} = \alpha\boldsymbol{a}_1 + \beta\boldsymbol{a}_2 + \gamma\boldsymbol{a}_3$ の形にただ1通りに表される．

ベクトルの成分 座標空間において，Oを原点とし，$\boldsymbol{a} = \overrightarrow{\mathrm{OA}}$ とするとき，ベクトル $\boldsymbol{a}$ を点Aの位置ベクトルという．点Aの座標が $(a_1,\ a_2,\ a_3)$ のとき，(a_1, a_2, a_3) を $\boldsymbol{a}$ の成分といい，$\boldsymbol{a} = (a_1,\ a_2,\ a_3)$ と表す．a_1, a_2, a_3 をそれぞれ $\boldsymbol{a}$ の x 成分，y 成分，z 成分という．

$\boldsymbol{i} = (1, 0, 0)$，$\boldsymbol{j} = (0, 1, 0)$，$\boldsymbol{k} = (0, 0, 1)$，はそれぞれ x 軸，y 軸，z 軸上の単位ベクトルで，これを座標空間の**基本ベクトル**という．（$\boldsymbol{i}, \boldsymbol{j}, \boldsymbol{k}$ を $\boldsymbol{e}_1, \boldsymbol{e}_2, \boldsymbol{e}_3$ とも表す．）

$\boldsymbol{a} = (a_1,\ a_2,\ a_3)$ のとき　$\boldsymbol{a} = a_1\boldsymbol{i} + a_2\boldsymbol{j} + a_3\boldsymbol{k}$

和，差，スカラー倍，絶対値の成分表示 $\boldsymbol{a} = (a_1,\ a_2,\ a_3)$, $\boldsymbol{b} = (b_1,\ b_2,\ b_3)$, スカラー α

$\Rightarrow \quad \boldsymbol{a} \pm \boldsymbol{b} = (a_1 \pm b_1,\ a_2 \pm b_2,\ a_3 \pm b_3)$ （複号同順）

$\Rightarrow \quad \alpha\boldsymbol{a} = (\alpha a_1,\ \alpha a_2,\ \alpha a_3)$

$\Rightarrow \quad |\boldsymbol{a}| = \sqrt{a_1^2 + a_2^2 + a_3^2}$

位置ベクトル 空間の点Pの座標 $(x,\ y,\ z)$ とすると，原点Oから点Pに至るベクトル $\overrightarrow{\mathrm{OP}}$ を点Pの**位置ベクトル**という．　$\overrightarrow{\mathrm{OP}} = \boldsymbol{r} = x\boldsymbol{i} + y\boldsymbol{j} + z\boldsymbol{k}$

直線の方程式 定点Aを通り，ベクトル $\boldsymbol{b}$ に平行な直線のベクトル方程式は，点A, Pの位置ベクトルを $\boldsymbol{a}, \boldsymbol{r}$ とすると $\boldsymbol{r} = \boldsymbol{a} + t\boldsymbol{b}$ (t はスカラー) となる．

2点A, Bを通る直線のベクトル方程式は2点A, Bの位置ベクトルを $\boldsymbol{a}, \boldsymbol{b}$ とし，直線上の点Pの位置ベクトルを $\boldsymbol{r}$ とすると $\boldsymbol{r} = \boldsymbol{a} + t(\boldsymbol{b} - \boldsymbol{a}) = (1 - t)\boldsymbol{a} + t\boldsymbol{b}$ (t はスカラー) である．

例題 17.1 平行四辺形ABCDにおいて，$\overrightarrow{\mathrm{AB}} = \boldsymbol{a}$, $\overrightarrow{\mathrm{AD}} = \boldsymbol{b}$, $\overrightarrow{\mathrm{AC}} = \boldsymbol{c}$, $\overrightarrow{\mathrm{BD}} = \boldsymbol{d}$ とするとき，ベクトル $\boldsymbol{a}$, $\boldsymbol{b}$ をベクトル $\boldsymbol{c}$, $\boldsymbol{d}$ の1次結合で表せ．

＜解答＞　$\boldsymbol{c} = \boldsymbol{a} + \boldsymbol{b}$, $\boldsymbol{d} = \boldsymbol{b} - \boldsymbol{a}$ より，$\boldsymbol{a} = \dfrac{1}{2}\boldsymbol{c} - \dfrac{1}{2}\boldsymbol{d}$,　$\boldsymbol{b} = \dfrac{1}{2}\boldsymbol{c} + \dfrac{1}{2}\boldsymbol{d}$.

例題 17.2

点A$(a_1,\ a_2,\ a_3)$ を始点，点B$(b_1,\ b_2,\ b_3)$ を終点とするベクトルの x, y, z 成分を求めよ．

＜解答＞　各点の位置ベクトルから $\overrightarrow{\mathrm{OB}} = \overrightarrow{\mathrm{OA}} + \overrightarrow{\mathrm{AB}}$. これより $\overrightarrow{\mathrm{AB}} = \overrightarrow{\mathrm{OB}} - \overrightarrow{\mathrm{OA}} = (b_1,\ b_2,\ b_3) - (a_1,\ a_2,\ a_3) = (b_1 - a_1,\ b_2 - a_2,\ b_3 - a_3)$.

ドリル no.17　class　　no　　name

問題 17.1　三角形OABにおいて，$\overrightarrow{\mathrm{OA}}=\boldsymbol{a}$, $\overrightarrow{\mathrm{OB}}=\boldsymbol{b}$ とするとき，辺ABを $m:n$ に内分する点をPとする．ベクトル $\boldsymbol{r}=\overrightarrow{\mathrm{OP}}$ を $\boldsymbol{a}$, $\boldsymbol{b}$ の1次結合で表せ．

問題 17.2　点Aの座標を $(a_1,\ a_2,\ a_3)$，直線上の任意の点Pの座標を $(x,\ y,\ z)$，ベクトル $\boldsymbol{b}$ の成分を $(L,\ M,\ N)$ とするとき，直線のベクトル方程式 $\boldsymbol{r}=\boldsymbol{a}+t\boldsymbol{b}$ を座標と成分を用いて表せ．

問題 17.3　$\boldsymbol{a}=-\boldsymbol{i}+2\boldsymbol{j}+3\boldsymbol{k}$, $\boldsymbol{b}=-3\boldsymbol{j}+2\boldsymbol{k}$ について，次の計算をせよ．

(1) $2\boldsymbol{b}-3\boldsymbol{a}$

(2) $|\boldsymbol{a}|$, $|\boldsymbol{b}|$

(3) $|\boldsymbol{a}+\boldsymbol{b}|$

(4) $\boldsymbol{a}$ と反対向きの単位ベクトル

問題 17.4　点 $\mathrm{P}(x_0,\ y_0,\ z_0)$ を通り，2つの独立なベクトル $\boldsymbol{a}=a_1\boldsymbol{i}+a_2\boldsymbol{j}+a_3\boldsymbol{k}$, $\boldsymbol{b}=b_1\boldsymbol{i}+b_2\boldsymbol{j}+b_3\boldsymbol{k}$ の張る**平面の方程式**は次の式で与えられる．これを示せ．

$$\begin{vmatrix} x-x_0 & y-y_0 & z-z_0 \\ a_1 & a_2 & a_3 \\ b_1 & b_2 & b_3 \end{vmatrix}=0$$

チェック項目

	月　日	月　日
ベクトルの1次独立，1次従属とベクトルの成分を理解している．		

2 ベクトル解析　2.1 ベクトルの代数　(3) ベクトルの内積

ベクトルの内積を理解している．

2つのベクトル $a \neq 0, b \neq 0$ に対して，(a, b の長さの積に2つのベクトルのなす角 θ の余弦をかけた) **内積**というスカラー (実数) を定める．
$$a \cdot b = |a||b|\cos\theta \quad 0 \leq \theta \leq \pi$$
θ は $a = \overrightarrow{OA}, b = \overrightarrow{OB}$ のとき，$\angle AOB = \theta$ でベクトル a, b のなす角という．

- $\mathbf{0} \cdot \mathbf{0} = 0, a \cdot \mathbf{0} = \mathbf{0} \cdot a = 0$ とする．
- $|a|^2 = a \cdot a, \quad \cos\theta = \dfrac{a \cdot b}{|a||b|} \quad (a \neq 0, b \neq 0)$

内積の性質
- $a \cdot b = b \cdot a$
- $a \cdot (b + c) = a \cdot b + a \cdot c, \quad (a + b) \cdot c = a \cdot c + b \cdot c$
- $(\alpha a) \cdot b = a \cdot (\alpha b) = \alpha (a \cdot b)$
- $(a + b) \cdot (a - b) = (a - b) \cdot (a + b) = |a|^2 - |b|^2$
- $a \cdot b = 0, (a \neq 0, b \neq 0) \quad \Rightarrow \quad a \perp b$
- $i \cdot i = j \cdot j = k \cdot k = 1, \quad i \cdot j = j \cdot k = k \cdot i = 0$
- $a = a_1 i + a_2 j + a_3 k, \quad b = b_1 i + b_2 j + b_3 k$
  - $\Rightarrow \quad a \cdot a = a_1^2 + a_2^2 + a_3^2$
  - $\Rightarrow \quad a \cdot b = a_1 b_1 + a_2 b_2 + a_3 b_3$

例題 18.1 次のベクトル a, b の内積 $a \cdot b$ を求めよ．

(1) $a = 5i + 3j - k, b = -i + 2j - 2k$　　(2) $a = (7, -2, 4), b = (-2, -3, 5)$

＜解答＞

(1) $a \cdot b = 5 \times (-1) + 3 \times 2 + (-1) \times (-2) = 3$

(2) $a \cdot b = 7 \times (-2) + (-2) \times (-3) + 4 \times 5 = 12$

例題 18.2 次のベクトル a, b のなす角 θ を求めよ．

(1) $a = i - 3j + 2k, b = -3i + 2j + k$　　(2) $a = (-2, 7, 4), b = (3, -2, 5)$

＜解答＞

(1) $\cos\theta = \dfrac{-3 - 6 + 2}{\sqrt{1+9+4}\sqrt{9+4+1}} = -\dfrac{1}{2}. \qquad \therefore \quad \theta = \dfrac{2\pi}{3}$

(2) $\cos\theta = \dfrac{-6 - 14 + 20}{\sqrt{4+49+16}\sqrt{9+4+25}} = 0. \qquad \therefore \quad \theta = \dfrac{\pi}{2}$

ドリル no.18　　class　　　no　　　name

問題 18.1　次のベクトル $\boldsymbol{a}$, $\boldsymbol{b}$ のなす角 θ を求めよ．

(1) $\boldsymbol{a} = \boldsymbol{i} + 2\boldsymbol{j} - \boldsymbol{k}$, $\boldsymbol{b} = \boldsymbol{j} - \boldsymbol{k}$

(2) $\boldsymbol{a} = \boldsymbol{i} + \boldsymbol{j} + \boldsymbol{k}$,
$\boldsymbol{b} = (\sqrt{2} - \sqrt{3})\boldsymbol{i} + (\sqrt{2} + \sqrt{3})\boldsymbol{j} + \sqrt{2}\boldsymbol{k}$

(3) $\boldsymbol{a} = \boldsymbol{i} + \boldsymbol{j} + 2\boldsymbol{k}$, $\boldsymbol{b} = -\boldsymbol{i} + 2\boldsymbol{j} + \boldsymbol{k}$

(4) $\boldsymbol{a} = \boldsymbol{i} - 2\boldsymbol{j} + \boldsymbol{k}$, $\boldsymbol{b} = \boldsymbol{i} + \sqrt{6}\boldsymbol{j} - \boldsymbol{k}$

問題 18.2　ベクトル $\boldsymbol{a} = (1,\ 1,\ 1)$ となす角が $\dfrac{\pi}{6}$, ベクトル $\boldsymbol{b} = (1,\ 1,\ 4)$ となす角が $\dfrac{\pi}{4}$ であるような単位ベクトル $\boldsymbol{e} = (x,\ y,\ z)$ を求めよ．

問題 18.3　ベクトル $\boldsymbol{a} = (4,\ -a,\ -2a)$，$\boldsymbol{b} = (1,\ -2a,\ 3)$ が垂直になる a を求めよ．

問題 18.4　ベクトル $\boldsymbol{a} = \overrightarrow{\mathrm{OA}}$, $\boldsymbol{b} = \overrightarrow{\mathrm{OB}}$ のとき，$\boldsymbol{a} + \boldsymbol{b} = \overrightarrow{\mathrm{OC}}$ とすると，平行四辺形 OACB の面積 S は $S = \sqrt{|\boldsymbol{a}|^2|\boldsymbol{b}|^2 - (\boldsymbol{a} \cdot \boldsymbol{b})^2}$ となることを示せ．

問題 18.5　1 次独立なベクトル $\boldsymbol{a}$, $\boldsymbol{b}$, $\boldsymbol{c}$ について，次の問いに答えよ．

(1) ベクトル $\boldsymbol{b} - \alpha\boldsymbol{a} = \boldsymbol{b_1}$ と $\boldsymbol{a}$ が垂直になるようにスカラー α を定めよ．

(2) ベクトル $\boldsymbol{c} - \beta\boldsymbol{a} - \gamma\boldsymbol{b_1}$ と $\boldsymbol{a}$, $\boldsymbol{b_1}$ が垂直になるようにスカラー β, γ を定めよ．

チェック項目

	月　日	月　日
ベクトルの内積を理解している．		

2 ベクトル解析　2.1　ベクトルの代数　(4)　ベクトルの外積

ベクトルの外積を理解している．

空間ベクトルで，同一直線上にない 2 つのベクトル $\boldsymbol{a}=\overrightarrow{\mathrm{OA}}, \boldsymbol{b}=\overrightarrow{\mathrm{OB}}$ において，隣り合う 2 辺 OA,OB から平行四辺形をつくり，その面積を S とする．

次に $\boldsymbol{a}$ を $\boldsymbol{b}$ に重ねるように回転するとき，右ネジの進む方向に長さ S の**ベクトル**をつくる．このベクトルを**外積**といい，$\boldsymbol{a}\times\boldsymbol{b}$ で表し，ベクトル積とも呼ばれる．

- $\boldsymbol{0}\times\boldsymbol{0}=\boldsymbol{0},\ \boldsymbol{0}\times\boldsymbol{a}=\boldsymbol{a}\times\boldsymbol{0}=\boldsymbol{0}$
- $\boldsymbol{a},\boldsymbol{b}$ が同一直線上にあるとき $(\boldsymbol{b}=\alpha\boldsymbol{a})$ は，$S=0$ より $\boldsymbol{a}\times\boldsymbol{b}=\boldsymbol{0}$ とする．
- $\boldsymbol{a}\times\boldsymbol{b}\perp\boldsymbol{a},\ \boldsymbol{a}\times\boldsymbol{b}\perp\boldsymbol{b}$

外積の性質

- $\boldsymbol{a}\times\boldsymbol{b}=-\boldsymbol{b}\times\boldsymbol{a}$
- $\alpha\boldsymbol{a}\times\boldsymbol{b}=\boldsymbol{a}\times\alpha\boldsymbol{b}=\alpha(\boldsymbol{a}\times\boldsymbol{b})$
- $\boldsymbol{a}\times(\boldsymbol{b}+\boldsymbol{c})=\boldsymbol{a}\times\boldsymbol{b}+\boldsymbol{a}\times\boldsymbol{c},\ (\boldsymbol{b}+\boldsymbol{c})\times\boldsymbol{a}=\boldsymbol{b}\times\boldsymbol{a}+\boldsymbol{c}\times\boldsymbol{a}$
- $\boldsymbol{i}\times\boldsymbol{j}=\boldsymbol{k},\ \boldsymbol{j}\times\boldsymbol{k}=\boldsymbol{i},\ \boldsymbol{k}\times\boldsymbol{i}=\boldsymbol{j}$
  $\boldsymbol{i}\times\boldsymbol{i}=\boldsymbol{0},\ \boldsymbol{j}\times\boldsymbol{j}=\boldsymbol{0},\ \boldsymbol{k}\times\boldsymbol{k}=\boldsymbol{0}$
- $\boldsymbol{a}=(a_1,a_2,a_3),\ \boldsymbol{b}=(b_1,b_2,b_3)$

$$\Rightarrow\quad \boldsymbol{a}\times\boldsymbol{b}=\left(\begin{vmatrix}a_2&a_3\\b_2&b_3\end{vmatrix},\ -\begin{vmatrix}a_1&a_3\\b_1&b_3\end{vmatrix},\ \begin{vmatrix}a_1&a_2\\b_1&b_2\end{vmatrix}\right)$$
$$=(a_2b_3-a_3b_2,\ a_3b_1-a_1b_3,\ a_1b_2-a_2b_1)$$

$$\Rightarrow\quad \text{形式的に}\quad \boldsymbol{a}\times\boldsymbol{b}=\begin{vmatrix}\boldsymbol{i}&\boldsymbol{j}&\boldsymbol{k}\\a_1&a_2&a_3\\b_1&b_2&b_3\end{vmatrix}=\begin{vmatrix}a_2&a_3\\b_2&b_3\end{vmatrix}\boldsymbol{i}-\begin{vmatrix}a_1&a_3\\b_1&b_3\end{vmatrix}\boldsymbol{j}+\begin{vmatrix}a_1&a_2\\b_1&b_2\end{vmatrix}\boldsymbol{k}$$

- $\boldsymbol{a}\times\boldsymbol{b}=\boldsymbol{0}$ かつ $\boldsymbol{a}\neq\boldsymbol{0},\ \boldsymbol{b}\neq\boldsymbol{0}$ $\quad\Rightarrow\quad \boldsymbol{a}\parallel\boldsymbol{b}$

例題 19.1　次のベクトル $\boldsymbol{a},\boldsymbol{b}$ のとき，$\boldsymbol{a}\times\boldsymbol{b},\ (\boldsymbol{a}+\boldsymbol{b})\times(\boldsymbol{a}-\boldsymbol{b})$ を求めよ．

(1) $\boldsymbol{a}=\boldsymbol{i}-4\boldsymbol{j}-2\boldsymbol{k},\ \boldsymbol{b}=2\boldsymbol{i}+5\boldsymbol{j}+\boldsymbol{k}$　　　　(2) $\boldsymbol{a}=2\boldsymbol{i}-5\boldsymbol{j}+7\boldsymbol{k},\ \boldsymbol{b}=\boldsymbol{i}-3\boldsymbol{j}+4\boldsymbol{k}$

＜解答＞

(1) $\boldsymbol{a}\times\boldsymbol{b}=\begin{vmatrix}\boldsymbol{i}&\boldsymbol{j}&\boldsymbol{k}\\1&-4&-2\\2&5&1\end{vmatrix}=\begin{vmatrix}-4&-2\\5&1\end{vmatrix}\boldsymbol{i}-\begin{vmatrix}1&-2\\2&4\end{vmatrix}\boldsymbol{j}+\begin{vmatrix}1&-4\\2&5\end{vmatrix}\boldsymbol{k}=6\boldsymbol{i}-5\boldsymbol{j}+13\boldsymbol{k}$

$(\boldsymbol{a}+\boldsymbol{b})\times(\boldsymbol{a}-\boldsymbol{b})=\boldsymbol{a}\times\boldsymbol{a}+\boldsymbol{b}\times\boldsymbol{a}-\boldsymbol{a}\times\boldsymbol{b}-\boldsymbol{b}\times\boldsymbol{b}=-2\boldsymbol{a}\times\boldsymbol{b}.$

$\therefore\ (\boldsymbol{a}+\boldsymbol{b})\times(\boldsymbol{a}-\boldsymbol{b})=-2(6\boldsymbol{i}-5\boldsymbol{j}+13\boldsymbol{k})=-12\boldsymbol{i}+10\boldsymbol{j}-26\boldsymbol{k}$

(2) $\boldsymbol{a}\times\boldsymbol{b}=\begin{vmatrix}\boldsymbol{i}&\boldsymbol{j}&\boldsymbol{k}\\2&-5&7\\1&-3&4\end{vmatrix}=\begin{vmatrix}-5&7\\-3&4\end{vmatrix}\boldsymbol{i}-\begin{vmatrix}2&7\\1&4\end{vmatrix}\boldsymbol{j}+\begin{vmatrix}2&-5\\1&-3\end{vmatrix}\boldsymbol{k}=\boldsymbol{i}-\boldsymbol{j}-\boldsymbol{k}$

$\therefore\ (\boldsymbol{a}+\boldsymbol{b})\times(\boldsymbol{a}-\boldsymbol{b})=2\boldsymbol{i}-2\boldsymbol{j}-2\boldsymbol{k}$

ドリル no.19 class no name

問題 19.1 次のベクトル $\boldsymbol{a}$, $\boldsymbol{b}$ のとき，$\boldsymbol{a}\times\boldsymbol{b}$, $(2\boldsymbol{a}-3\boldsymbol{b})\times(\boldsymbol{a}+2\boldsymbol{b})$ を求めよ．

(1) $\boldsymbol{a}=2\boldsymbol{i}+\boldsymbol{j}+\boldsymbol{k}$, $\boldsymbol{b}=-\boldsymbol{i}+\boldsymbol{j}+2\boldsymbol{k}$

(2) $\boldsymbol{a}=2\boldsymbol{i}-\boldsymbol{j}+3\boldsymbol{k}$, $\boldsymbol{b}=4\boldsymbol{i}+\boldsymbol{j}+2\boldsymbol{k}$

(3) $\boldsymbol{a}=(-1,\ 3,\ 6)$, $\boldsymbol{b}=(1,\ -1,\ 2)$

(4) $\boldsymbol{a}=(1,\ 7,\ 8)$, $\boldsymbol{b}=(-1,\ 3,\ 1)$

問題 19.2 ベクトル $\boldsymbol{a}=(1,\ -1,\ -1)$, $\boldsymbol{b}=(1,\ -1,\ 2)$, $\boldsymbol{c}=(3,\ 1,\ 1)$ のとき，次の連立方程式を満たすベクトル $\boldsymbol{x}$ を求よ．

$$\boldsymbol{a}\times\boldsymbol{x}=\boldsymbol{b},\qquad \boldsymbol{c}\cdot\boldsymbol{x}=0$$

問題 19.3 ベクトル $\boldsymbol{a}=(1,\ 2,\ -1)$, $\boldsymbol{b}=(2,\ 1,\ 1)$, $\boldsymbol{c}=(1,\ -1,\ -2)$ のとき，次の計算をせよ．

(1) $(\boldsymbol{a}\times\boldsymbol{b})\times\boldsymbol{c}$

(2) $\boldsymbol{a}\cdot(\boldsymbol{b}\times\boldsymbol{c})$

問題 19.4 ベクトル $\boldsymbol{a}=(a_1,\ a_2,\ a_3)$, $\boldsymbol{b}=(b_1,\ b_2,\ b_3)$, $\boldsymbol{c}=(c_1,\ c_2,\ c_3)$ のとき，$(\boldsymbol{a}\times\boldsymbol{b})\times\boldsymbol{c}$ と $(\boldsymbol{a}\cdot\boldsymbol{c})\boldsymbol{b}-(\boldsymbol{b}\cdot\boldsymbol{c})\boldsymbol{a}$ の x 成分を求め，等しいことを確認せよ．

チェック項目

	月 日	月 日
ベクトルの外積を理解している．		

2 ベクトル解析　2.2 ベクトルの微分と積分　(1) ベクトルの微分

ベクトル関数の微分を理解している.

ベクトル関数の微分
- 変数 u の各値に対応してベクトル $\boldsymbol{a}(u)$ が定まるとき, $\boldsymbol{a}(u)$ を u の**ベクトル関数**という.
- ベクトル関数 $\boldsymbol{a}(u) = a_1(u)\boldsymbol{i} + a_2(u)\boldsymbol{j} + a_3(u)\boldsymbol{k}$ であるとき, $\lim_{u \to u_0} a_i(u) = a_i \ (i=1,2,3)$

    $\Rightarrow \quad \lim_{u \to u_0} \boldsymbol{a}(u) = a_1 \boldsymbol{i} + a_2 \boldsymbol{j} + a_3 \boldsymbol{k}$

- u の増分 Δu に対応するベクトル関数の増分は $\Delta \boldsymbol{a} = \boldsymbol{a}(u + \Delta u) - \boldsymbol{a}(u)$ である.
- ベクトル関数 $\boldsymbol{a}(u) = a_1(u)\boldsymbol{i} + a_2(u)\boldsymbol{j} + a_3(u)\boldsymbol{k}$ であるとき, ベクトル $\boldsymbol{a}$ の変数 u についての微分係数は次式で定義される. これを, $\boldsymbol{a}(u)$ の**導関数**という.

$$\frac{d\boldsymbol{a}(u)}{du} = \lim_{\Delta u \to 0} \frac{\Delta \boldsymbol{a}}{\Delta u} = \lim_{\Delta u \to 0} \frac{\boldsymbol{a}(u + \Delta u) - \boldsymbol{a}(u)}{\Delta u} = \frac{da_1(u)}{du}\boldsymbol{i} + \frac{da_2(u)}{du}\boldsymbol{j} + \frac{da_3(u)}{du}\boldsymbol{k}$$

微分の性質　$\boldsymbol{a}, \boldsymbol{b}$ ベクトル関数, f スカラー関数とする.

- $\dfrac{d}{du}(f\boldsymbol{a}) = \dfrac{df}{du}\boldsymbol{a} + f\dfrac{d\boldsymbol{a}}{du}$
- $\dfrac{d}{du}(\boldsymbol{a} \cdot \boldsymbol{b}) = \dfrac{d\boldsymbol{a}}{du} \cdot \boldsymbol{b} + \boldsymbol{a} \cdot \dfrac{d\boldsymbol{b}}{du}$
- $\dfrac{d}{du}(\boldsymbol{a} \cdot \boldsymbol{a}) = 2\boldsymbol{a} \cdot \dfrac{d\boldsymbol{a}}{du}$
- $\dfrac{d}{du}(\boldsymbol{a} \times \boldsymbol{b}) = \dfrac{d\boldsymbol{a}}{du} \times \boldsymbol{b} + \boldsymbol{a} \times \dfrac{d\boldsymbol{b}}{du}$

高次微分

$$\boldsymbol{a}(u) = a_1(u)\boldsymbol{i} + a_2(u)\boldsymbol{j} + a_3(u)\boldsymbol{k} \quad \Rightarrow \quad \frac{d^2\boldsymbol{a}(u)}{du^2} = \frac{d^2a_1(u)}{du^2}\boldsymbol{i} + \frac{d^2a_2(u)}{du^2}\boldsymbol{j} + \frac{d^2a_3(u)}{du^2}\boldsymbol{k}$$

偏微分

$$\boldsymbol{a}(u, v) = a_1(u, v)\boldsymbol{i} + a_2(u, v)\boldsymbol{j} + a_3(u, v)\boldsymbol{k} \quad \Rightarrow$$

$$\frac{\partial \boldsymbol{a}(u, v)}{\partial u} = \lim_{\Delta u \to 0} \frac{\boldsymbol{a}(u + \Delta u, v) - \boldsymbol{a}(u, v)}{\Delta u} = \frac{\partial a_1(u, v)}{\partial u}\boldsymbol{i} + \frac{\partial a_2(u, v)}{\partial u}\boldsymbol{j} + \frac{\partial a_3(u, v)}{\partial u}\boldsymbol{k}$$

$$\frac{\partial \boldsymbol{a}(u, v)}{\partial v} = \lim_{\Delta v \to 0} \frac{\boldsymbol{a}(u, v + \Delta v) - \boldsymbol{a}(u, v)}{\Delta v} = \frac{\partial a_1(u, v)}{\partial v}\boldsymbol{i} + \frac{\partial a_2(u, v)}{\partial v}\boldsymbol{j} + \frac{\partial a_3(u, v)}{\partial v}\boldsymbol{k}$$

空間曲線

原点から任意の点 (x, y, z) を結ぶ位置ベクトルを $\boldsymbol{r}(u) = x(u)\boldsymbol{i} + y(u)\boldsymbol{j} + z(u)\boldsymbol{k}$ とする. $\boldsymbol{r}$ の終点は u が変化すると曲線を描く. これより, $\dfrac{d\boldsymbol{r}}{du} = \dfrac{dx(u)}{du}\boldsymbol{i} + \dfrac{dy(u)}{du}\boldsymbol{j} + \dfrac{dz(u)}{du}\boldsymbol{k}$ は曲線の接線方向のベクトルである.

例題 20.1　次のベクトル関数 $\boldsymbol{a}(u)$ の各導関数 $\boldsymbol{a}'(u)$, $\boldsymbol{a}''(u)$ を求めよ.

(1) $\boldsymbol{a}(u) = \sin u \boldsymbol{i} + e^{-u}\boldsymbol{j} + 3\boldsymbol{k}$
(2) $\boldsymbol{a}(u) = \sin u \cos u \boldsymbol{i} + e^{\pi u}\boldsymbol{j} + 3u^5\boldsymbol{k}$
(3) $\boldsymbol{a}(u) = e^{3u}\boldsymbol{i} + \log(1 + u^2)\boldsymbol{j} + \tan 2u \boldsymbol{k}$

＜解答＞

(1) $\boldsymbol{a}'(u) = \cos u \boldsymbol{i} - e^{-u}\boldsymbol{j}$,　$\boldsymbol{a}''(u) = -\sin u \boldsymbol{i} + e^{-u}\boldsymbol{j}$

(2) $\boldsymbol{a}'(u) = \cos 2u \boldsymbol{i} + \pi e^{\pi u}\boldsymbol{j} + 15u^4 \boldsymbol{k}$,　$\boldsymbol{a}''(u) = -2\sin 2u \boldsymbol{i} + \pi^2 e^{\pi u}\boldsymbol{j} + 60u^3 \boldsymbol{k}$

(3) $\boldsymbol{a}'(u) = 3e^{3u}\boldsymbol{i} + \dfrac{2u}{1+u^2}\boldsymbol{j} + \dfrac{2}{\cos^2 2u}\boldsymbol{k}$,　$\boldsymbol{a}''(u) = 9e^{3u}\boldsymbol{i} + \dfrac{2(1-u^2)}{(1+u^2)^2}\boldsymbol{j} + \dfrac{8\sin 2u}{\cos^3 2u}\boldsymbol{k}$

ドリル no.20	class	no	name

問題 20.1　次のベクトル関数 $\boldsymbol{a}(u)$ の定義域，$\boldsymbol{a}'(u)$，$\boldsymbol{a}''(u)$ を求めよ．

(1) $\boldsymbol{a}(u) = u\boldsymbol{i} + u^2\boldsymbol{j} + \sqrt{1-2u^2}\boldsymbol{k}$

(2) $\boldsymbol{a}(u) = 4\log(5-u)\boldsymbol{i} + 12\sqrt{u-3}\boldsymbol{j} + 3u^4\boldsymbol{k}$

問題 20.2　ベクトル関数 $\boldsymbol{a}(u) = 5u^2\boldsymbol{i} + u\boldsymbol{j} - u^3\boldsymbol{k}$，$\boldsymbol{b}(u) = \sin u\boldsymbol{i} - \cos u\boldsymbol{j}$ のとき，次の計算をせよ．

(1) $\dfrac{d}{du}(\boldsymbol{a}\cdot\boldsymbol{b})$

(2) $\dfrac{d}{du}(\boldsymbol{a}\cdot\boldsymbol{a})$

(3) $\dfrac{d}{du}(\boldsymbol{a}\times\boldsymbol{b})$

問題 20.3　ベクトル関数 $\boldsymbol{a}(u)$ の長さが一定のとき，$\boldsymbol{a}(u)$ と $\dfrac{d\boldsymbol{a}(u)}{du}$ は直交することを示せ．

問題 20.4　曲線 $\boldsymbol{r}(u) = (\,3\cos u,\ 3\sin u,\ 4u\,)$ において，単位接線ベクトルを求めよ．

チェック項目

	月　日	月　日
ベクトル関数の微分を理解している．		

ベクトル関数の積分を理解している．

ベクトル関数の積分

● ベクトル関数 $\boldsymbol{a}(u)$ がベクトル関数 $\boldsymbol{d}(u)$ の導関数であるとき，$\boldsymbol{d}(u)$ を $\boldsymbol{a}(u)$ の**不定積分**といい次式で表す．$\boldsymbol{c}$ は任意の定ベクトルとする．

$$\boldsymbol{d}(u)=\int \boldsymbol{a}(u)du=\int(a_1(u)\,\boldsymbol{i}+a_2(u)\,\boldsymbol{j}+a_3(u)\,\boldsymbol{k})\,du$$

$$=\int a_1(u)du\,\boldsymbol{i}+\int a_2(u)du\,\boldsymbol{j}+\int a_3(u)du\,\boldsymbol{k}+\boldsymbol{c}$$

● $\boldsymbol{a}(u)$ の $u=\alpha$ から $u=\beta$ までの**定積分**は次式で表される．

$$\int_\alpha^\beta \boldsymbol{a}(u)du=[\boldsymbol{d}(u)]_\alpha^\beta=\boldsymbol{d}(\beta)-\boldsymbol{d}(\alpha)=\int_\alpha^\beta a_1(u)du\,\boldsymbol{i}+\int_\alpha^\beta a_2(u)du\,\boldsymbol{j}+\int_\alpha^\beta a_3(u)du\,\boldsymbol{k}$$

積分の性質　$\boldsymbol{a}(u)$，$\boldsymbol{b}(u)$ をベクトル関数，$f(u)$ スカラー関数，$\boldsymbol{c}$ を定ベクトルとする．

○ $\displaystyle\int(\boldsymbol{a}+\boldsymbol{b})\,du=\int\boldsymbol{a}\,du+\int\boldsymbol{b}\,du$　　○ $\displaystyle\int f\frac{d\boldsymbol{a}}{du}\,du=f\,\boldsymbol{a}-\int\frac{df}{du}\,\boldsymbol{a}\,du$

○ $\displaystyle\int\boldsymbol{c}\cdot\boldsymbol{a}\,du=\boldsymbol{c}\cdot\int\boldsymbol{a}\,du$　　○ $\int\boldsymbol{c}\times\boldsymbol{a}\,du=\boldsymbol{c}\times\int\boldsymbol{a}\,du$

○ $\displaystyle\int\boldsymbol{a}\cdot\frac{d\boldsymbol{b}}{du}\,du=\boldsymbol{a}\cdot\boldsymbol{b}-\int\frac{d\boldsymbol{a}}{du}\cdot\boldsymbol{b}\,du$　　○ $\displaystyle\int\boldsymbol{a}\times\frac{d\boldsymbol{b}}{du}\,du=\boldsymbol{a}\times\boldsymbol{b}-\int\frac{d\boldsymbol{a}}{du}\times\boldsymbol{b}\,du$

曲線の長さ

曲線 $\boldsymbol{r}(u)=x(u)\boldsymbol{i}+y(u)\boldsymbol{j}+z(u)\boldsymbol{k}$，$\alpha\leqq u\leqq\beta$ の長さは次式で与えられる．

$$s=\int_\alpha^\beta\left|\frac{d\boldsymbol{r}(u)}{du}\right|du=\int_\alpha^\beta\sqrt{\left(\frac{dx(u)}{du}\right)^2+\left(\frac{dy(u)}{du}\right)^2+\left(\frac{dz(u)}{du}\right)^2}du$$

例題 **21.1**　次の計算をせよ．

(1) $\displaystyle\int\left(\frac{1}{u}\boldsymbol{i}+\cos 2u\boldsymbol{j}+e^{3u}\boldsymbol{k}\right)du$　　(2) $\displaystyle\int_4^9\left(5u^2\boldsymbol{i}-3\sqrt{u}\boldsymbol{j}+2u\boldsymbol{k}\right)du$

＜解答＞

(1) 与式 $\displaystyle=\log u\boldsymbol{i}+\frac{1}{2}\sin 2u\boldsymbol{j}+\frac{1}{3}e^{3u}\boldsymbol{k}+\boldsymbol{c}$　（$\boldsymbol{c}$ は任意の定ベクトル）

(2) 与式 $\displaystyle=\left.\frac{5}{3}u^3\boldsymbol{i}-2u^{\frac{3}{2}}\boldsymbol{j}+u^2\boldsymbol{k}\right|_4^9=(15\times 81\boldsymbol{i}-2\times 27\boldsymbol{j}+81\boldsymbol{k})-\left(\frac{5}{3}\times 64\boldsymbol{i}-2\times 8\boldsymbol{j}+16\boldsymbol{k}\right)$

$\displaystyle=\frac{3325}{3}\boldsymbol{i}-38\boldsymbol{j}+65\boldsymbol{k}$

例題 **21.2**　曲線 $\displaystyle\boldsymbol{r}(u)=\left(u-\sin u,\ 1-\cos u,\ 4\sin\frac{u}{2}\right)$ において，$0\leqq u\leqq t$ における曲線長さ s を求めよ．

＜解答＞ $\displaystyle\frac{d\boldsymbol{r}(u)}{du}=\left(1-\cos u,\ \sin u,\ 2\cos\frac{u}{2}\right)$．$\displaystyle\left|\frac{d\boldsymbol{r}(u)}{du}\right|=\sqrt{(1-\cos u)^2+\sin^2 u+4\cos^2\frac{u}{2}}$

$\displaystyle=\sqrt{2-2\cos u+2(1+\cos u)}=2$　　$\displaystyle\therefore\quad\int_0^t\left|\frac{d\boldsymbol{r}(u)}{du}\right|du=\int_0^t 2du=2u\Big|_0^t=2t$

ドリル no.21　class　no　name

問題 21.1　次の計算をせよ．

(1) $\displaystyle\int \left(5\boldsymbol{i} + 3u^2\boldsymbol{j} + 4u\boldsymbol{k}\right) du$　　(2) $\displaystyle\int \left(\cos 2u\boldsymbol{i} + \sin u\boldsymbol{j} + e^{3u}\boldsymbol{k}\right) du$

(3) $\displaystyle\int_1^9 \left(3u\boldsymbol{i} - 5\sqrt{u}\boldsymbol{j}\right) du$　　(4) $\displaystyle\int_0^2 \left(3u^2\boldsymbol{i} + e^u\boldsymbol{j} + \cos u\boldsymbol{k}\right) du$

問題 21.2　$\boldsymbol{a}'(u) = 3u^2\boldsymbol{i} + e^u\boldsymbol{j} + \cos u\boldsymbol{k}$，$\boldsymbol{a}(0) = \boldsymbol{i} + 2\boldsymbol{j} + 3\boldsymbol{k}$ であるとき，$\boldsymbol{a}(u)$ を求めよ．

問題 21.3　任意のベクトル関数 $\boldsymbol{a}(u)$ において，$\displaystyle\int \boldsymbol{a}\cdot\boldsymbol{a}'du = \frac{1}{2}\boldsymbol{a}\cdot\boldsymbol{a} + \boldsymbol{c} = \frac{1}{2}|\boldsymbol{a}|^2 + \boldsymbol{c}$ であることを示せ．ただし，ベクトル $\boldsymbol{c}$ は任意の定ベクトルとする．

問題 21.4　$\boldsymbol{a}(2) = 2\boldsymbol{i} - \boldsymbol{j} + 2\boldsymbol{k}$，$\boldsymbol{a}(3) = 4\boldsymbol{i} - 2\boldsymbol{j} + 3\boldsymbol{k}$ のとき，$\displaystyle\int_2^3 \boldsymbol{a}\cdot\boldsymbol{a}'du$ を求めよ．

問題 21.5　曲線 $\boldsymbol{r}(u) = (\,3\cos u,\ 3\sin u,\ 4u\,)$ において，$0 \leqq u \leqq t$ における曲線長さ s を求めよ．

チェック項目

	月　日	月　日
ベクトル関数の積分を理解している．		

スカラー場とベクトル場を理解している．

- 空間のある領域 D の各点 $\boldsymbol{r} = (x_1, x_2, x_3)$ に実数 φ(または複素数) が対応しているとき，関数 $\varphi(\boldsymbol{r}) = \varphi(x_1, x_2, x_3)$ を**スカラー場**という．

例　空間における温度分布，電荷密度の分布，電位の分布，質量密度の分布

　スカラー場 φ の値が一定である点は，方程式 $\varphi(x_1, x_2, x_3) = C$ で表され，一般に空間中の曲面を表す．この曲面を φ の**等位面**という．2 次元ではスカラー場は φ の値を高さにとりグラフを書くことができる．このとき等位面は等高線に対応する．

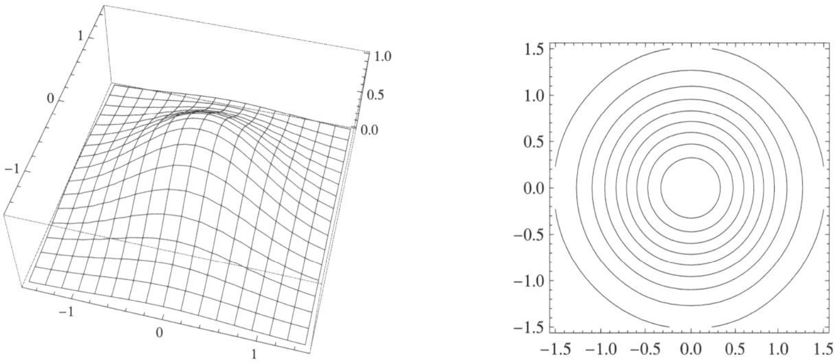

図：$\varphi(x_1, x_2) = e^{-({x_1}^2 + {x_2}^2)}$ の φ を高さにして書いたグラフとその等高線

- 空間のある領域 D の各点 $\boldsymbol{r} = (x_1, x_2, x_3)$ にベクトル $\boldsymbol{a}$ が対応しているとき，

$$\boldsymbol{a}(\boldsymbol{r}) = \boldsymbol{a}(x_1, x_2, x_3) = a_1(\boldsymbol{r})\boldsymbol{i} + a_2(\boldsymbol{r})\boldsymbol{j} + a_3(\boldsymbol{r})\boldsymbol{k} = (\,a_1(\boldsymbol{r}),\ a_2(\boldsymbol{r}),\ a_3(\boldsymbol{r})\,)$$

を**ベクトル場**という．

例　空間における重力場の分布，電場の分布，磁場の分布，流体の速度分布

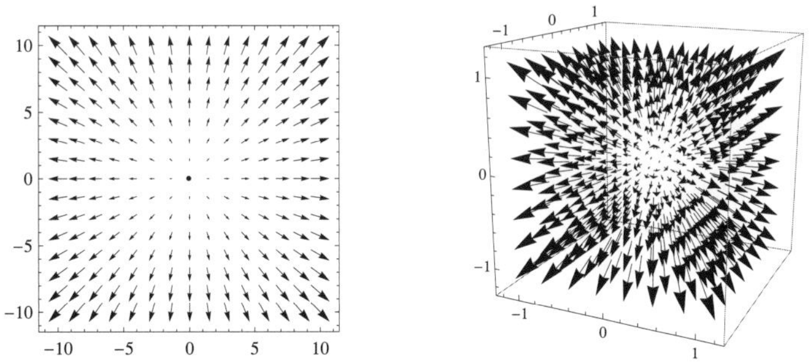

図：ベクトル場 $\boldsymbol{a} = (\,x_1,\ x_2\,)$ と $\boldsymbol{a} = (\,x_1,\ x_2,\ x_3\,)$

例題 22.1　スカラー場 $\varphi(x_1, x_2, x_3) = \sin x_1 \sin x_2 \sin x_3$ の値が 0 となる等位面を求めよ．

＜解答＞　$\sin x_1 \sin x_2 \sin x_3 = 0$ となるのは，
$\sin x_1 = 0,\ \sin x_2 = 0,\ \sin x_3 = 0$
のいずれかを満たすときであるので，
平面 $x_1 = n_1\pi,\ x_2 = n_2\pi,\ x_3 = n_3\pi$ (n_1, n_2, n_3 は整数)
が等位面となる (右の図のようになる)．

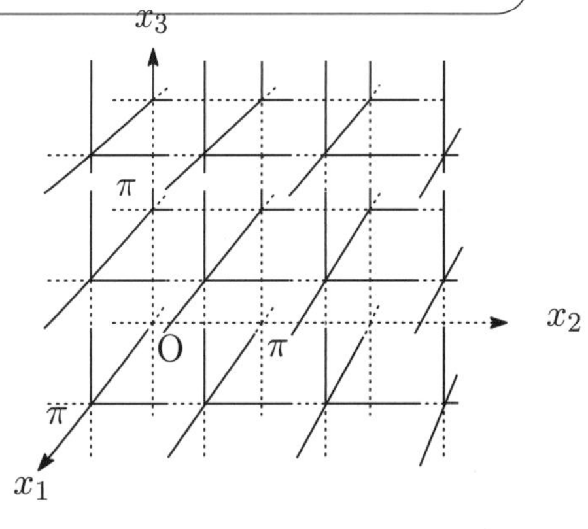

ドリル no.22	class	no	name

問題 22.1　$\boldsymbol{r}$ を位置ベクトル，$\boldsymbol{a}$ を定数ベクトルとするとき，スカラー場 $\varphi(\boldsymbol{r}) = |\boldsymbol{r}|^2 - 2\boldsymbol{a}\cdot\boldsymbol{r}$ について，次の問いに答えよ．

(1) スカラー場 φ の値を最小にする点を求めよ．

(2) スカラー場 φ の値が 0 になる等位面を求めよ．

問題 22.2　次の 2 次元のベクトル場を図示せよ (点の所にベクトルを書け)．

(1) $\boldsymbol{a}(x_1, x_2) = \left(\frac{x_1}{2\sqrt{{x_1}^2+{x_2}^2}}, \frac{x_2}{2\sqrt{{x_1}^2+{x_2}^2}}\right)$　　(2) $\boldsymbol{a}(x_1, x_2) = \left(-\frac{1}{2}x_2, \frac{1}{2}x_1\right)$

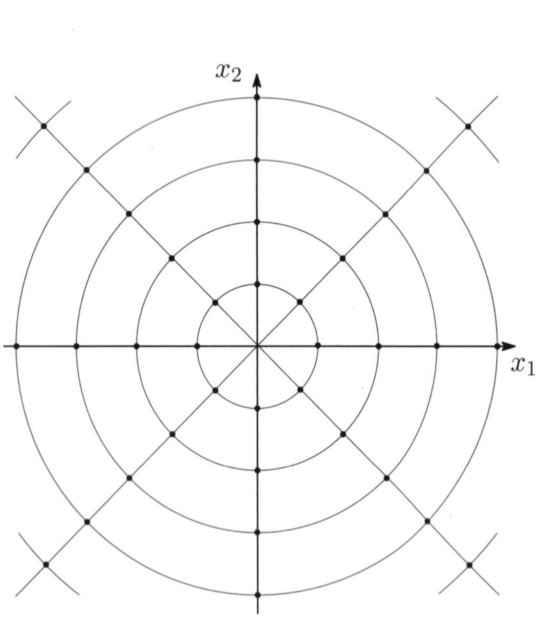

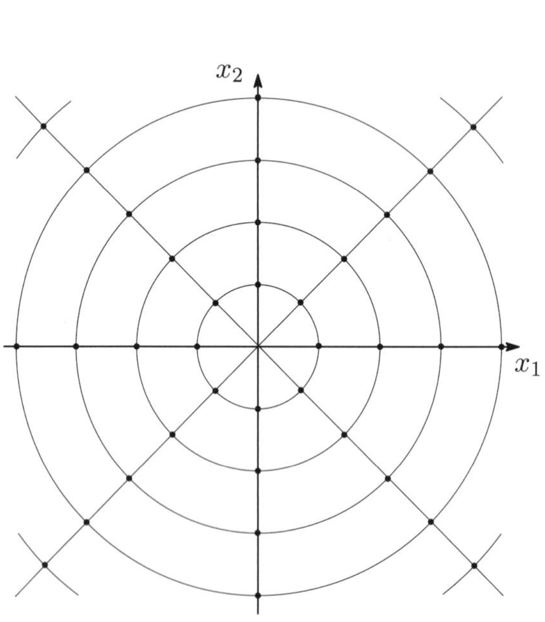

チェック項目　　月　日　月　日

スカラー場とベクトル場を理解している．		

スカラー場の勾配と方向微分係数を理解している．

- スカラー場 $\varphi(\boldsymbol{r})=\varphi(x_1,x_2,x_3)$ に対して，次のベクトル場をスカラー場の**勾配**(gradient)という．

$$\operatorname{grad}\varphi=\nabla\varphi=\frac{\partial\varphi}{\partial x_1}\boldsymbol{i}+\frac{\partial\varphi}{\partial x_2}\boldsymbol{j}+\frac{\partial\varphi}{\partial x_3}\boldsymbol{k}=\left(\frac{\partial\varphi}{\partial x_1},\ \frac{\partial\varphi}{\partial x_2},\ \frac{\partial\varphi}{\partial x_3}\right)$$

ここで演算子 ∇(**ナブラ**) は次のように定義される．

$$\nabla=\boldsymbol{i}\frac{\partial}{\partial x_1}+\boldsymbol{j}\frac{\partial}{\partial x_2}+\boldsymbol{k}\frac{\partial}{\partial x_3}=\left(\frac{\partial}{\partial x_1},\ \frac{\partial}{\partial x_2},\ \frac{\partial}{\partial x_3}\right)$$

- スカラー場 $\varphi(\boldsymbol{r})$ に対して，$\boldsymbol{u}$ を単位ベクトルとすると，$\dfrac{d\varphi}{d\boldsymbol{u}}=\lim\limits_{t\to 0}\dfrac{\varphi(\boldsymbol{r}+t\boldsymbol{u})-\varphi(\boldsymbol{r})}{t}$ を $\boldsymbol{u}$ 方向の**方向微分係数**という．∇ をもちいて，$\dfrac{d\varphi}{d\boldsymbol{u}}=\boldsymbol{u}\cdot\nabla\varphi$ と表される．

- $\nabla\varphi\neq 0$ である点 P では，$\nabla\varphi$ はその点 P を通る φ の等位面に垂直で，$\boldsymbol{n}$ を点 P における単位法線ベクトルとすると，

$$\nabla\varphi=\frac{d\varphi}{d\boldsymbol{n}}\boldsymbol{n}$$

となり，$\boldsymbol{n}$ は φ の値が増加する向き．

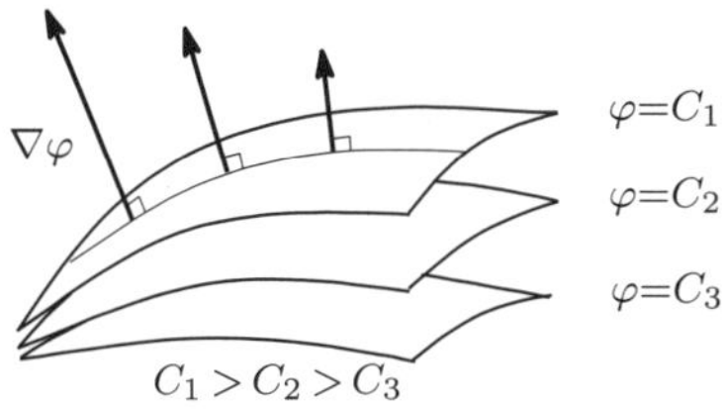

- **勾配の性質**　φ，ψ をスカラー場，f を 1 変数関数とするとき，
  - $\nabla(\varphi+\psi)=\nabla\varphi+\nabla\psi$
  - $\nabla(\varphi\psi)=(\nabla\varphi)\psi+\varphi(\nabla\psi)$
  - $\nabla f(\varphi)=\dfrac{df}{d\varphi}\nabla\varphi$
  - $\nabla\left(\dfrac{\varphi}{\psi}\right)=\dfrac{(\nabla\varphi)\psi-\varphi(\nabla\psi)}{\psi^2}$

例題 23.1　スカラー場 $\varphi=x_1{x_2}^3x_3+3\,{x_1}^2{x_3}^3$ について，次のものを求めよ．

(1) 勾配 $\nabla\varphi$

(2) 点 P$(1,\,-2,\,1)$ における $\nabla\varphi$ の値 $(\nabla\varphi)_{\mathrm{P}}$

(3) 点 P における単位ベクトル $\boldsymbol{u}=\left(\dfrac{2}{3},\,\dfrac{1}{3},\,-\dfrac{2}{3}\right)$ の方向への方向微分係数

＜解答＞

(1) $\nabla\varphi=\left(\dfrac{\partial}{\partial x_1}(x_1{x_2}^3x_3+3\,{x_1}^2{x_3}^3),\ \dfrac{\partial}{\partial x_2}(x_1{x_2}^3x_3+3\,{x_1}^2{x_3}^3),\ \dfrac{\partial}{\partial x_3}(x_1{x_2}^3x_3+3\,{x_1}^2{x_3}^3)\right)$

$=\left({x_2}^3x_3+6\,x_1{x_3}^3,\ 3\,x_1{x_2}^2x_3,\ x_1{x_2}^3+9\,{x_1}^2{x_3}^2\right)$

(2) $(\nabla\varphi)_{\mathrm{P}}=\left((-2)^3\cdot 1+6\cdot 1\cdot 1^3,\ 3\cdot 1\cdot(-2)^2\cdot 1,\ 1\cdot(-2)^3+9\cdot 1^2\cdot 1^2\right)=(-2,\,12,\,1)$

(3) $\dfrac{d\varphi}{d\boldsymbol{u}}=\boldsymbol{u}\cdot\nabla\varphi=\left(\dfrac{2}{3},\,\dfrac{1}{3},\,-\dfrac{2}{3}\right)\cdot(-2,\,12,\,1)=\dfrac{-4+12-2}{3}=2$

例題 23.2　$\nabla(\varphi\psi)=(\nabla\varphi)\psi+\varphi(\nabla\psi)$ を証明せよ．

＜解答＞　$\dfrac{\partial(\varphi\psi)}{\partial x_i}=\dfrac{\partial\varphi}{\partial x_i}\psi+\varphi\dfrac{\partial\psi}{\partial x_i}$　$(i=1,\,2,\,3)$ が成り立つので，

$$\nabla(\varphi\psi)=\left(\frac{\partial\varphi}{\partial x_1}\psi+\varphi\frac{\partial\psi}{\partial x_1},\ \frac{\partial\varphi}{\partial x_2}\psi+\varphi\frac{\partial\psi}{\partial x_2},\ \frac{\partial\varphi}{\partial x_3}\psi+\varphi\frac{\partial\psi}{\partial x_3}\right)$$

$$=\left(\frac{\partial\varphi}{\partial x_1},\ \frac{\partial\varphi}{\partial x_2},\ \frac{\partial\varphi}{\partial x_3}\right)\psi+\varphi\left(\frac{\partial\psi}{\partial x_1},\ \frac{\partial\psi}{\partial x_2},\ \frac{\partial\psi}{\partial x_3}\right)=(\nabla\varphi)\psi+\varphi(\nabla\psi)$$

ドリル no.23	class	no	name

問題 23.1　スカラー場 $\varphi = {x_1}^3{x_2}^2 - x_2\,{x_3}^3$ について，次のものを求めよ．

(1) 勾配 $\nabla\varphi$

(2) 点 $\mathrm{P}(-1,\,2,\,-1)$ における $\nabla\varphi$ の値 $(\nabla\varphi)_{\mathrm{P}}$

(3) 点 P における単位ベクトル $\boldsymbol{u} = \left(\dfrac{3}{7},\,-\dfrac{6}{7},\,\dfrac{2}{7}\right)$ の方向への方向微分係数

(4) 点 $\mathrm{P}(-1,\,2,\,-1)$ における，等位面 ${x_1}^3{x_2}^2 - x_2\,{x_3}^3 = -2$ の接平面の方程式

問題 23.2　$\nabla f(\varphi) = \dfrac{df}{d\varphi}\nabla\varphi$ を証明せよ．

問題 23.3　$r = |\boldsymbol{r}| = \sqrt{{x_1}^2 + {x_2}^2 + {x_3}^2}$ とするとき，次のものを求めよ．

(1) ∇r

(2) $\nabla\left(\dfrac{1}{r}\right)$

チェック項目

	月　日	月　日
スカラー場の勾配と方向微分係数を理解している．		

2 ベクトル解析　2.3 勾配, 発散, 回転　(3) ベクトルの発散

ベクトル場の発散を理解している.

- ベクトル場 $\boldsymbol{a}(\boldsymbol{r}) = \boldsymbol{a}(x_1, x_2, x_3)$ に対して, 次のスカラー場

$$\mathrm{div}\,\boldsymbol{a} = \nabla \cdot \boldsymbol{a} = \left(\boldsymbol{i}\frac{\partial}{\partial x_1} + \boldsymbol{j}\frac{\partial}{\partial x_2} + \boldsymbol{k}\frac{\partial}{\partial x_3}\right) \cdot \left(a_1\boldsymbol{i} + a_2\boldsymbol{j} + a_3\boldsymbol{k}\right)$$

$$= \frac{\partial}{\partial x_1}a_1 + \frac{\partial}{\partial x_2}a_2 + \frac{\partial}{\partial x_3}a_3 = \frac{\partial a_1}{\partial x_1} + \frac{\partial a_2}{\partial x_2} + \frac{\partial a_3}{\partial x_3}$$

  をベクトル場の**発散**(divergence) という. ベクトル場 $\boldsymbol{v}$ が流体の速度分布であるとき, $\nabla \cdot \boldsymbol{v}$ は単位時間あたりの湧き出す水量の空間的な密度の意味をもつ.

- 次の微分演算子 ∇ の 2 乗を**ラプラシアン**(Laplacian) という.

$$\nabla^2 = \nabla \cdot \nabla = \left(\boldsymbol{i}\frac{\partial}{\partial x_1} + \boldsymbol{j}\frac{\partial}{\partial x_2} + \boldsymbol{k}\frac{\partial}{\partial x_3}\right) \cdot \left(\boldsymbol{i}\frac{\partial}{\partial x_1} + \boldsymbol{j}\frac{\partial}{\partial x_2} + \boldsymbol{k}\frac{\partial}{\partial x_3}\right)$$

$$= \frac{\partial^2}{\partial x_1{}^2} + \frac{\partial^2}{\partial x_2{}^2} + \frac{\partial^2}{\partial x_3{}^2}$$

  したがって, $\nabla^2 \varphi = \mathrm{div}(\mathrm{grad}\,\varphi)$ である.

- **発散の性質**　$\boldsymbol{a},\,\boldsymbol{b}$ をベクトル場, φ をスカラー場とするとき,
  - $\nabla \cdot (\boldsymbol{a} + \boldsymbol{b}) = \nabla \cdot \boldsymbol{a} + \nabla \cdot \boldsymbol{b}$
  - $\nabla \cdot (\varphi\boldsymbol{a}) = (\nabla \varphi) \cdot \boldsymbol{a} + \varphi (\nabla \cdot \boldsymbol{a})$

例題 24.1 次のベクトル場の発散を求めよ.

(1) $\boldsymbol{r} = (x_1, x_2, x_3)$ 　　　　(2) $\boldsymbol{a} = (x_1{}^2 x_2,\ x_1 x_3,\ x_1 x_2{}^2 x_3{}^3)$

< 解答 >

(1) $\nabla \cdot \boldsymbol{r} = \dfrac{\partial}{\partial x_1}x_1 + \dfrac{\partial}{\partial x_2}x_2 + \dfrac{\partial}{\partial x_3}x_3 = 3$

(2) $\nabla \cdot \boldsymbol{a} = \dfrac{\partial}{\partial x_1}(x_1{}^2 x_2) + \dfrac{\partial}{\partial x_2}(x_1 x_3) + \dfrac{\partial}{\partial x_3}(x_2{}^2 x_3{}^3) = 2x_1 x_2 + 3x_1 x_2{}^2 x_3{}^2$

例題 24.2 $r = \sqrt{x_1{}^2 + x_2{}^2 + x_3{}^2}$ のとき, $\nabla^2 r$ を求めよ.

< 解答 >
$$\frac{\partial^2 r}{\partial x_1} = \frac{\partial}{\partial x_1}\left\{\frac{x_1}{(x_1{}^2 + x_2{}^2 + x_3{}^2)^{\frac{1}{2}}}\right\} = \frac{1}{(x_1{}^2 + x_2{}^2 + x_3{}^2)^{\frac{1}{2}}} - \frac{x_1{}^2}{(x_1{}^2 + x_2{}^2 + x_3{}^2)^{\frac{3}{2}}} = \frac{1}{r} - \frac{x_1{}^2}{r^3}$$

同様に, $\dfrac{\partial^2 r}{\partial x_2} = \dfrac{1}{r} - \dfrac{x_2{}^2}{r^3},\ \dfrac{\partial^2 r}{\partial x_3} = \dfrac{1}{r} - \dfrac{x_3{}^2}{r^3}$ となるので,

$\nabla^2 r = \dfrac{\partial^2 r}{\partial x_1{}^2} + \dfrac{\partial^2 r}{\partial x_2{}^2} + \dfrac{\partial^2 r}{\partial x_3{}^2} = \dfrac{3}{r} - \dfrac{x_1{}^2 + x_2{}^2 + x_3{}^2}{r^3} = \dfrac{3}{r} - \dfrac{1}{r} = \dfrac{2}{r}$

例題 24.3 $\nabla \cdot (\varphi \boldsymbol{a}) = (\nabla \varphi) \cdot \boldsymbol{a} + \varphi(\nabla \cdot \boldsymbol{a})$ を証明せよ.

< 解答 >　$\dfrac{\partial}{\partial x_i}(\varphi a_i) = \dfrac{\partial \varphi}{\partial x_i}a_i + \varphi \dfrac{\partial a_i}{\partial x_i}\ \ (i = 1, 2, 3)$ が成り立つので,

$\nabla \cdot (\varphi \boldsymbol{a}) = \dfrac{\partial}{\partial x_1}(\varphi a_1) + \dfrac{\partial}{\partial x_2}(\varphi a_2) + \dfrac{\partial}{\partial x_3}(\varphi a_3) = \dfrac{\partial \varphi}{\partial x_1}a_1 + \dfrac{\partial \varphi}{\partial x_2}a_2 + \dfrac{\partial \varphi}{\partial x_3}a_3 + \varphi\left(\dfrac{\partial a_1}{\partial x_1} + \dfrac{\partial a_2}{\partial x_2} + \dfrac{\partial a_3}{\partial x_3}\right)$

$= (\nabla \varphi) \cdot \boldsymbol{a} + \varphi(\nabla \cdot \boldsymbol{a})$

ドリル no.24　class　　no　　name

問題 24.1　次のベクトル場の発散を求めよ．

(1) $\boldsymbol{a} = ({x_1}^2 - x_1 x_2 x_3,\ {x_2}^2 - x_1 x_2 x_3,\ {x_3}^2 - x_1 x_2 x_3)$

(2) $\boldsymbol{a} = ({x_1}^2 x_2 + {x_1}^2 x_3,\ {x_2}^2 x_3 + {x_2}^2 x_1,\ {x_3}^2 x_1 + {x_3}^2 x_2)$

問題 24.2　$r = \sqrt{{x_1}^2 + {x_2}^2 + {x_3}^2}$ のとき，$\nabla^2 \left(\dfrac{1}{r}\right)$ を計算せよ．

問題 24.3　$\boldsymbol{c}$ を定数ベクトルとし，$\boldsymbol{r} = (x_1,\ x_2,\ x_3)$ とするとき，$\nabla \cdot (\boldsymbol{c} \times \boldsymbol{r})$ を計算せよ．

問題 24.4　$\boldsymbol{r} = (x_1,\ x_2,\ x_3)$，$r = |\boldsymbol{r}|$ とするとき，次のものを計算せよ．

(1) $\nabla \cdot \left(\dfrac{\boldsymbol{r}}{r^3}\right)$

(2) $\nabla \cdot (f(r)\boldsymbol{r})$

チェック項目

	月　日	月　日
ベクトル場の発散を理解している．		

2　ベクトル解析　2.3　勾配，発散，回転　(4)　ベクトルの回転

ベクトル場の回転を理解している．

- ベクトル場 $\boldsymbol{a}(\boldsymbol{r}) = \boldsymbol{a}(x_1, x_2, x_3)$ に対して，次のベクトル場をベクトル場の**回転**(rotation)という．

$$\mathrm{rot}\,\boldsymbol{a} = \nabla \times \boldsymbol{a} = \left(\boldsymbol{i}\frac{\partial}{\partial x_1} + \boldsymbol{j}\frac{\partial}{\partial x_2} + \boldsymbol{k}\frac{\partial}{\partial x_3}\right) \times \left(a_1\boldsymbol{i} + a_2\boldsymbol{j} + a_3\boldsymbol{k}\right)$$

$$= \begin{vmatrix} \boldsymbol{i} & \boldsymbol{j} & \boldsymbol{k} \\ \frac{\partial}{\partial x_1} & \frac{\partial}{\partial x_2} & \frac{\partial}{\partial x_3} \\ a_1 & a_2 & a_3 \end{vmatrix} = \begin{vmatrix} \frac{\partial}{\partial x_2} & \frac{\partial}{\partial x_3} \\ a_2 & a_3 \end{vmatrix} \boldsymbol{i} - \begin{vmatrix} \frac{\partial}{\partial x_1} & \frac{\partial}{\partial x_3} \\ a_1 & a_3 \end{vmatrix} \boldsymbol{j} + \begin{vmatrix} \frac{\partial}{\partial x_1} & \frac{\partial}{\partial x_2} \\ a_1 & a_2 \end{vmatrix} \boldsymbol{i}$$

$$= \left(\frac{\partial a_3}{\partial x_2} - \frac{\partial a_2}{\partial x_3},\ \frac{\partial a_1}{\partial x_3} - \frac{\partial a_3}{\partial x_1},\ \frac{\partial a_2}{\partial x_1} - \frac{\partial a_1}{\partial x_2}\right)$$

- **回転の性質**　$\boldsymbol{a}$，$\boldsymbol{b}$ をベクトル場，φ をスカラー場とするとき，
  - ∘ $\nabla \times (\boldsymbol{a} + \boldsymbol{b}) = \nabla \times \boldsymbol{a} + \nabla \times \boldsymbol{b}$
  - ∘ $\nabla \times (\varphi\boldsymbol{a}) = (\nabla\varphi) \times \boldsymbol{a} + \varphi(\nabla \times \boldsymbol{a})$
  - ∘ $\nabla \times \nabla\varphi = \boldsymbol{0}$　$(\mathrm{rot\,grad}\,\varphi = 0)$
  - ∘ $\nabla \cdot (\nabla \times \boldsymbol{a}) = 0$　$(\mathrm{div\,rot}\,\boldsymbol{a} = 0)$

例題 25.1　次のベクトル場の回転を求めよ．

(1) $\boldsymbol{r} = (x_1, x_2, x_3)$　　(2) $\boldsymbol{a} = ({x_1}^2x_2, x_1x_3, x_1{x_2}^2{x_3}^3)$

＜解答＞

(1) $$\nabla \times \boldsymbol{r} = \begin{vmatrix} \boldsymbol{i} & \boldsymbol{j} & \boldsymbol{k} \\ \frac{\partial}{\partial x_1} & \frac{\partial}{\partial x_2} & \frac{\partial}{\partial x_3} \\ x_1 & x_2 & x_3 \end{vmatrix} = \left(\frac{\partial x_3}{\partial x_2} - \frac{\partial x_2}{\partial x_3},\ \frac{\partial x_1}{\partial x_3} - \frac{\partial x_3}{\partial x_1},\ \frac{\partial x_2}{\partial x_1} - \frac{\partial x_1}{\partial x_2}\right) = (0, 0, 0)$$

(2) $$\nabla \times \boldsymbol{a} = \begin{vmatrix} \boldsymbol{i} & \boldsymbol{j} & \boldsymbol{k} \\ \frac{\partial}{\partial x_1} & \frac{\partial}{\partial x_2} & \frac{\partial}{\partial x_3} \\ {x_1}^2x_2 & x_1x_3 & x_1{x_2}^2{x_3}^3 \end{vmatrix} = (2x_1x_2{x_3}^3 - x_1,\ -{x_2}^2{x_3}^3,\ x_3 - {x_1}^2)$$

例題 25.2　$\nabla \times \nabla\varphi = \boldsymbol{0}$ を証明せよ．

＜解答＞

$$\nabla\times\nabla\varphi = \begin{vmatrix} \boldsymbol{i} & \boldsymbol{j} & \boldsymbol{k} \\ \frac{\partial}{\partial x_1} & \frac{\partial}{\partial x_2} & \frac{\partial}{\partial x_3} \\ \frac{\partial\varphi}{\partial x_1} & \frac{\partial\varphi}{\partial x_2} & \frac{\partial\varphi}{\partial x_3} \end{vmatrix} = \left(\frac{\partial^2\varphi}{\partial x_2\partial x_3} - \frac{\partial^2\varphi}{\partial x_3\partial x_2},\ \frac{\partial^2\varphi}{\partial x_3\partial x_1} - \frac{\partial^2\varphi}{\partial x_1\partial x_3},\ \frac{\partial^2\varphi}{\partial x_1\partial x_2} - \frac{\partial^2\varphi}{\partial x_2\partial x_1}\right)$$
$$= (0, 0, 0)$$

参考　力学において，保存力 $\boldsymbol{F}$ は位置エネルギー φ の勾配によって $\boldsymbol{F} = -\nabla\varphi$ と表される．したがって，$\nabla \times \nabla\varphi = \boldsymbol{0}$ の性質より，保存力の発散は $\nabla \times \boldsymbol{F} = \boldsymbol{0}$ となる．また，逆に $\nabla \times \boldsymbol{F} = \boldsymbol{0}$ が成立するとき $\boldsymbol{F}$ は保存力となり，$\boldsymbol{F} = -\nabla\varphi$ となる位置エネルギー φ が存在する．

また，勾配，発散，回転に対しては，他に以下のような性質が成立する．

- ∘ $\nabla \cdot (\boldsymbol{a} \times \boldsymbol{b}) = \boldsymbol{b} \cdot (\nabla \times \boldsymbol{a}) - \boldsymbol{a} \cdot (\nabla \times \boldsymbol{b})$
- ∘ $\nabla \times (\boldsymbol{a} \times \boldsymbol{b}) = (\boldsymbol{b} \cdot \nabla)\boldsymbol{a} - (\boldsymbol{a} \cdot \nabla)\boldsymbol{b} + \boldsymbol{a}(\nabla \cdot \boldsymbol{b}) - \boldsymbol{b}(\nabla \cdot \boldsymbol{a})$
- ∘ $\nabla(\boldsymbol{a} \cdot \boldsymbol{b}) = (\boldsymbol{a} \cdot \nabla)\boldsymbol{b} + (\boldsymbol{b} \cdot \nabla)\boldsymbol{a} + \boldsymbol{a} \times (\nabla \times \boldsymbol{b}) + \boldsymbol{b} \times (\nabla \times \boldsymbol{a})$
- ∘ $\nabla \times (\nabla \times \boldsymbol{a}) = \nabla(\nabla \cdot \boldsymbol{a}) - \nabla^2\boldsymbol{a}$

ドリル no.25　　class　　no　　name

問題 25.1　次のベクトル場の回転を求めよ．

(1) $\boldsymbol{a} = (\,{x_1}^2 - x_1\,x_2\,x_3,\ {x_2}^2 - x_1\,x_2\,x_3,\ {x_3}^2 - x_1\,x_2\,x_3\,)$

(2) $\boldsymbol{a} = (\,{x_1}^2 x_2 + {x_1}^2 x_3,\ {x_2}^2 x_3 + {x_2}^2 x_1,\ {x_3}^2 x_1 + {x_3}^2 x_2\,)$

問題 25.2　$\boldsymbol{c}$を定数ベクトルとし，$\boldsymbol{r} = (\,x_1,\,x_2,\,x_3\,)$とするとき，$\nabla \times (\boldsymbol{c} \times \boldsymbol{r})$を計算せよ．

問題 25.3　$\boldsymbol{r} = (\,x_1,\,x_2,\,x_3\,)$，$r = |\boldsymbol{r}|$とするとき，$\nabla \cdot (f(r)\boldsymbol{r})$を計算せよ．

問題 25.4　$\nabla \cdot (\nabla \times \boldsymbol{a}) = 0$を証明せよ．

チェック項目

	月　日	月　日
ベクトル場の回転を理解している．		

2 ベクトル解析　2.4 積分公式 (1) スカラー場，ベクトル場の線積分

スカラー場，ベクトル場の線積分を理解している．

- 空間曲線 C が媒介変数 t により，

$$\boldsymbol{r}(u) = x_1(u)\boldsymbol{i} + x_2(u)\boldsymbol{j} + x_3(u)\boldsymbol{k} = (x_1(u),\, x_2(u),\, x_3(u)) \qquad (a \leqq u \leqq b)$$

と表されているとき，スカラー場 φ の曲線 C に沿っての線積分は

$$\int_C \varphi(\boldsymbol{r})\,ds = \int_a^b \varphi(x_1(u),\, x_2(u),\, x_3(u)) \left|\frac{d\boldsymbol{r}}{du}\right| du$$

と表される．ベクトル場 $\boldsymbol{a}$ の曲線 C に沿っての線積分は次のように表される．

$$\int_C \boldsymbol{a}\cdot d\boldsymbol{r} = \int_C \boldsymbol{a}\cdot\boldsymbol{t}\,ds = \int_C (a_1\,dx_1 + a_2\,dx_2 + a_3\,dx_3)$$

$$= \int_a^b \left(a_1\frac{dx_1}{du} + a_2\frac{dx_2}{du} + a_3\frac{dx_3}{du}\right) du$$

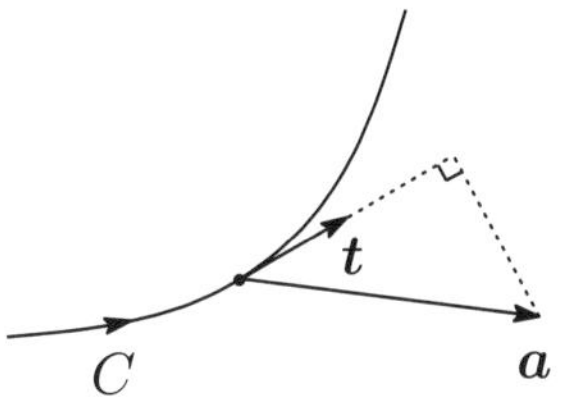

- ベクトル場がスカラー場の勾配で $\boldsymbol{a} = \nabla\varphi$ と表されているとき，

点 A から点 B に至る曲線を C とすると，次の関係が成立する．

$$\int_C \nabla\varphi\cdot d\boldsymbol{r} = \varphi(\boldsymbol{r}_{\mathrm{B}}) - \varphi(\boldsymbol{r}_{\mathrm{A}})$$

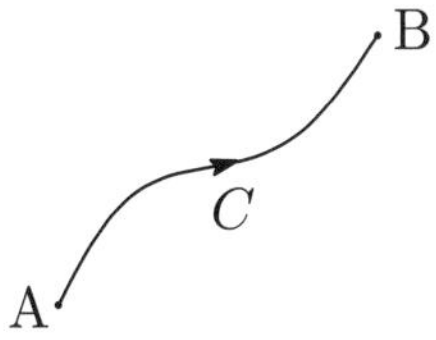

例題 26.1　スカラー場 $\varphi = x_1x_3 + x_2x_3$ の空間曲線 $C : \boldsymbol{r}(u) = (\cos u,\, \sin u,\, u)$ $(0 \leqq u \leqq 2\pi)$ に沿っての線積分を求めよ．

＜解答＞　$\dfrac{d\boldsymbol{r}}{du} = (-\sin u,\, \cos u,\, 1)$ であるので，$\left|\dfrac{d\boldsymbol{r}}{du}\right| = \sqrt{(-\sin u)^2 + \cos^2 u + 1} = \sqrt{2}$ となり，$\varphi(\boldsymbol{r}(u)) = u\cos u + u\sin u$ となるので，

$$\int_C \varphi(\boldsymbol{r})\,ds = \int_0^{2\pi} (u\cos u + u\sin u)\sqrt{2}\,du = \sqrt{2}\left\{\Big[u\sin u - u\cos u\Big]_0^{2\pi} - \int_0^{2\pi}(\sin u - \cos u)du\right\}$$

$$= \sqrt{2}\left\{-2\pi - \Big[-\cos u - \sin u\Big]_0^{2\pi}\right\} = -2\sqrt{2}\pi$$

例題 26.2　ベクトル場 $\boldsymbol{a} = (x_1x_3,\, {x_1}^2x_2,\, x_3)$ の空間曲線 $C : \boldsymbol{r}(t) = (u,\, u^2,\, u^3)$ $(0 \leqq u \leqq 1)$ に沿っての線積分を求めよ．

＜解答＞　$\dfrac{d\boldsymbol{r}}{du} = (1,\, 2u,\, 3u^2)$，$\boldsymbol{a}(\boldsymbol{r}(u)) = (u\cdot u^3,\, u^2\cdot u^2,\, u^3) = (u^4,\, u^4,\, u^3)$ となるので，

$$\int_C \boldsymbol{a}\cdot d\boldsymbol{r} = \int_0^1 (u^4,\, u^4,\, u^3)\cdot(1,\, 2u,\, 3u^2)\,du = \int_0^1 (u^4 + 2u^5 + 3u^5)\,dt = \left[\frac{1}{5}u^5 + \frac{5}{6}u^6\right]_0^1 = \frac{31}{30}$$

例題 26.3　$\displaystyle\int_C \nabla\varphi\cdot d\boldsymbol{r} = \varphi(\boldsymbol{r}_{\mathrm{B}}) - \varphi(\boldsymbol{r}_{\mathrm{A}})$ を証明せよ．

＜解答＞　$\nabla\varphi = \left(\dfrac{\partial\varphi}{\partial x_1},\, \dfrac{\partial\varphi}{\partial x_2},\, \dfrac{\partial\varphi}{\partial x_3}\right)$，$d\boldsymbol{r} = \left(\dfrac{dx_1}{du},\, \dfrac{dx_2}{du},\, \dfrac{dx_3}{du}\right)dt$ であるので，$u = a$ で $\boldsymbol{r}_{\mathrm{A}}$，$u = b$ で $\boldsymbol{r}_{\mathrm{B}}$ とすると，

$$\int_C \nabla\varphi\cdot d\boldsymbol{r} = \int_a^b \left(\frac{\partial\varphi}{\partial x_1},\, \frac{\partial\varphi}{\partial x_2},\, \frac{\partial\varphi}{\partial x_3}\right)\cdot\left(\frac{dx_1}{du},\, \frac{dx_2}{du},\, \frac{dx_3}{du}\right)du$$

$$= \int_a^b \left(\frac{\partial\varphi}{\partial x_1}\frac{dx_1}{du} + \frac{\partial\varphi}{\partial x_2}\frac{dx_2}{du} + \frac{\partial\varphi}{\partial x_3}\frac{dx_3}{du}\right)du = \int_a^b \frac{d\varphi(\boldsymbol{r}(u))}{du}du = \varphi(\boldsymbol{r}_{\mathrm{B}}) - \varphi(\boldsymbol{r}_{\mathrm{A}})$$

ドリル no.26　class　　no　　name

問題 26.1　原点 O から点 A(2, 2, 1) に至る線分に沿って，次の線積分を求めよ．

(1) スカラー場 $\varphi = x_1 x_2 x_3$

(2) ベクトル場 $\boldsymbol{a} = (\, x_2 + x_3,\ 2\,x_1 - x_3,\ x_1 + 3\,x_2 \,)$

問題 26.2　空間曲線 $\boldsymbol{r}(u) = \left(u,\ \frac{1}{\sqrt{2}}\,u^2,\ \frac{1}{3}\,u^3\right)$ $(0 \leqq u \leqq 1)$ に沿って，次の線積分を求めよ．

(1) スカラー場 $\varphi = x_1 x_3 - {x_2}^2$

(2) ベクトル場 $\boldsymbol{a} = (\, {x_2}^2 x_3,\ {x_2}^3,\ {x_1}^2 x_3 \,)$

問題 26.3　$r = \sqrt{{x_1}^2 + {x_2}^2 + {x_3}^2}$ について，スカラー場を $\varphi = \dfrac{1}{r}$ とするとき，空間曲線 C : $\boldsymbol{r}(u) = (\, \cos u,\, \sin u,\, u \,)$ $(0 \leqq u \leqq 1)$ について，線積分を実行することにより，

$\displaystyle\int_C \nabla\varphi \cdot d\boldsymbol{r} = \varphi(\boldsymbol{r}(1)) - \varphi(\boldsymbol{r}(0))$ が成立することを確かめなさい．

チェック項目

	月　日	月　日
スカラー場，ベクトル場の線積分を理解している．		

スカラー場，ベクトル場の面積分を理解している．

uv 平面上の領域 D のベクトル値関数 $\boldsymbol{r}(u,v)$ で表される曲面 S について，
スカラー場 φ の曲面 S に沿っての面積分は

$$\int_S \varphi\, dS = \iint_D \varphi(\boldsymbol{r}(u,v)) \left|\frac{\partial \boldsymbol{r}}{\partial u} \times \frac{\partial \boldsymbol{r}}{\partial v}\right| du\, dv$$

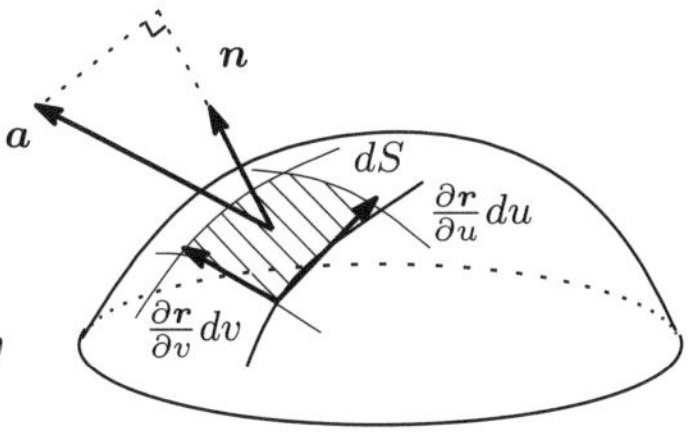

と表される．ベクトル場 $\boldsymbol{a}$ の曲面 S に沿っての面積分は

$$\int_S \boldsymbol{a}\cdot\boldsymbol{n}\, dS = \iint_D \boldsymbol{a}(\boldsymbol{r}(u,v))\cdot\boldsymbol{n} \left|\frac{\partial \boldsymbol{r}}{\partial u} \times \frac{\partial \boldsymbol{r}}{\partial v}\right| du\, dv$$

と表される．曲面の単位法線ベクトルは $\boldsymbol{n} = \pm\dfrac{\frac{\partial \boldsymbol{r}}{\partial u}\times\frac{\partial \boldsymbol{r}}{\partial v}}{\left|\frac{\partial \boldsymbol{r}}{\partial u}\times\frac{\partial \boldsymbol{r}}{\partial v}\right|}$ となり，符号は向きによって選ぶ．

例題 27.1　平面 $4x_1 + 2x_2 + x_3 = 4$ $(x_1 \geqq 0,\ x_2 \geqq 0,\ x_3 \geqq 0)$ について，次の面積分を計算せよ．ただし，単位法線ベクトル $\boldsymbol{n}$ は x_3 成分が正とする．

(1) スカラー場 $\varphi = x_1 + x_2 + x_3$　　(2) ベクトル場 $\boldsymbol{a} = (x_1,\ x_2,\ x_3)$

＜解答＞

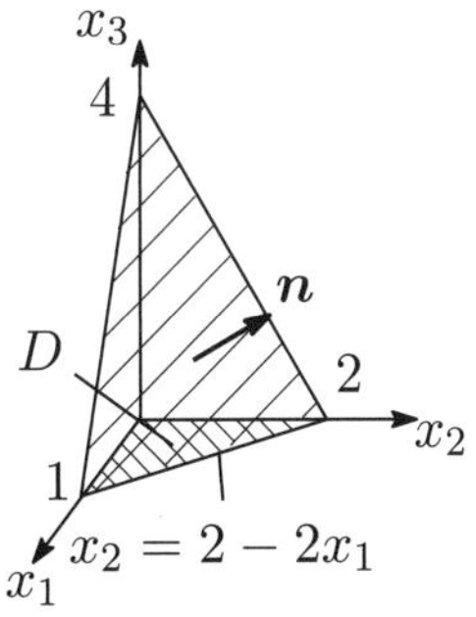

(1) $x_3 = 4 - 4x_1 - 2x_2$ であるので，この面は
$\boldsymbol{r}(x_1, x_2) = (x_1,\ x_2,\ 4 - 4x_1 - 2x_2)$
$(D : 0 \leqq x_1 \leqq 1,\ 0 \leqq x_2 \leqq 2 - 2x_1)$ と表されるので，
$\dfrac{\partial \boldsymbol{r}}{\partial x_1} = (1,\ 0,\ -4)$，$\dfrac{\partial \boldsymbol{r}}{\partial x_2} = (0,\ 1,\ 2)$ より，$\dfrac{\partial \boldsymbol{r}}{\partial x_1} \times \dfrac{\partial \boldsymbol{r}}{\partial x_2} = (4,\ 2,\ 1)$
(法線ベクトルは平面の方程式からも読み取れる．)
したがって，$\left|\dfrac{\partial \boldsymbol{r}}{\partial x_1} \times \dfrac{\partial \boldsymbol{r}}{\partial x_2}\right| = \sqrt{4^2 + 2^2 + 1} = \sqrt{21}$

$$\int_S \varphi\, dS = \int_0^1 \left[\int_0^{2-2x_1} \sqrt{21}\,\{x_1 + x_2 + (4 - 4x_1 - 2x_2)\}\, dx_2\right] dx_1$$

$$= \sqrt{21}\int_0^1 \left[(4 - 3x_1)x_2 - \frac{1}{2}{x_2}^2\right]_0^{2-2x_1} dx_1 = \sqrt{21}\int_0^1 (4{x_1}^2 - 10x_1 + 6)dx_1 = \frac{7\sqrt{21}}{3}$$

(2) $\boldsymbol{n}$ は x_3 成分を正としているので，$\dfrac{\partial \boldsymbol{r}}{\partial x_1} \times \dfrac{\partial \boldsymbol{r}}{\partial x_2} = (4,\ 2,\ 1)$ の x_3 成分が正であるので，$\dfrac{\partial \boldsymbol{r}}{\partial x_1} \times \dfrac{\partial \boldsymbol{r}}{\partial x_2} = \boldsymbol{n}\left|\dfrac{\partial \boldsymbol{r}}{\partial x_1} \times \dfrac{\partial \boldsymbol{r}}{\partial x_2}\right|$ である．よって，

$$\int_S \boldsymbol{a}\cdot\boldsymbol{n}\, dS = \int_0^1 \left\{\int_0^{2-2x_1} (x_1,\ x_2,\ 4 - 4x_1 - 2x_1)\cdot(4,\ 2,\ 1)dx_2\right\} dx_1 = 4$$

例題 27.2　原点を中心とする半径 r の球面を S とするとき，
$\displaystyle\int_S \frac{\boldsymbol{r}}{r^3}\cdot\boldsymbol{n}\, dS = 4\pi$ となることを示せ．

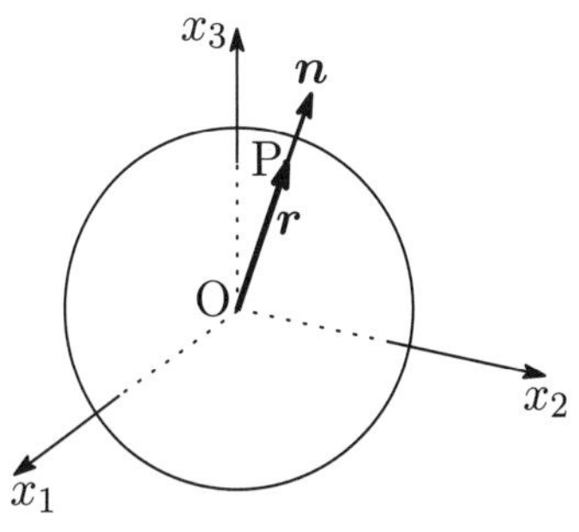

＜解答＞　右の図にように，球面上の点 P での単位法線ベクトルは $\boldsymbol{n} = \dfrac{\boldsymbol{r}}{r}$ と表せるので，

$$\int_S \frac{\boldsymbol{r}}{r^3}\cdot\boldsymbol{n}\, dS = \int_S \frac{\boldsymbol{r}\cdot\boldsymbol{r}}{r^4}\, dS = \frac{1}{r^2}\int_S dS = 4\pi$$

ドリル no.27	class	no	name

問題 27.1 図のような，半径と高さが 1 の円柱の側面 S について，次の面積分を計算せよ．ただし S は $\boldsymbol{r}(\theta, h) = (\cos\theta,\, \sin\theta,\, h)$, $(D : 0 \leqq \theta \leqq 2\pi,\ 0 \leqq h \leqq 1)$ と表される．また単位法線ベクトル $\boldsymbol{n}$ は図の向きにとる．

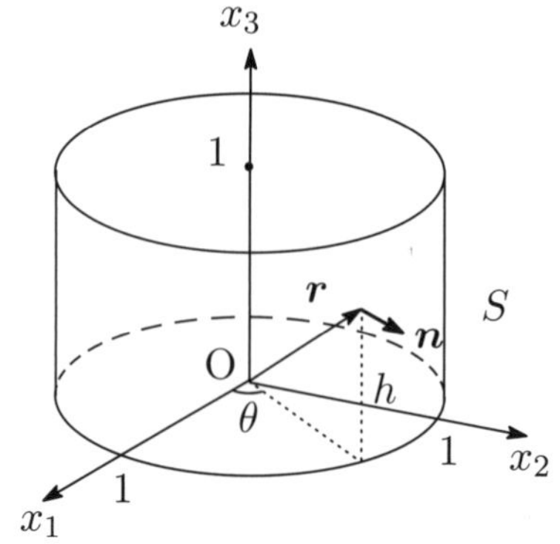

(1) スカラー場 $\varphi = \dfrac{1}{{x_1}^2 + {x_2}^2 + {x_3}^2}$

(2) ベクトル場 $\boldsymbol{a} = (\, x_1\, {x_2}^2 x_3,\, {x_1}^2 x_2\, x_3,\, {x_3}^2\,)$

問題 27.2 図のような，半球 ${x_1}^2 + {x_2}^2 + {x_3}^2 = 1,\ x_3 \geqq 0$ の表面 S について，次の面積分を計算せよ．ただし S は $\boldsymbol{r}(x_1, x_2) = (\, x_1,\, x_2,\, \sqrt{1 - {x_1}^2 - {x_2}^2}\,)$ $(D : -1 \leqq x_1 \leqq 1, -\sqrt{1 - {x_1}^2} \leqq x_2 \leqq \sqrt{1 - {x_1}^2}\,)$ と表される．また単位法線ベクトル $\boldsymbol{n}$ は図の向きにとる．

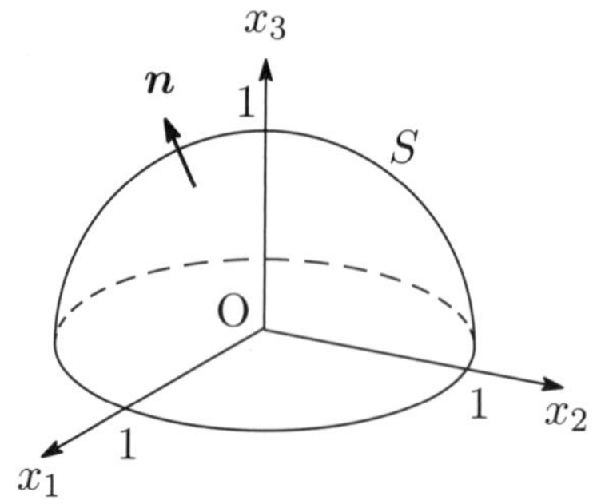

(1) スカラー場 $\varphi = {x_1}^2 x_3 + {x_2}^2 x_3$

(2) ベクトル場 $\boldsymbol{a} = (\, x_1\, x_3,\, x_2\, x_3,\, x_1\, x_2\,)$

問題 27.3 曲面が $x_3 = f(x_1, x_2)$ と表されているとき，$\left| \dfrac{\partial \boldsymbol{r}}{\partial x_1} \times \dfrac{\partial \boldsymbol{r}}{\partial x_2} \right| = \sqrt{I + f_{x_1}^2 + f_{x_2}^2}$ と表されることを示せ．

チェック項目

	月　日	月　日
スカラー場，ベクトル場の面積分を理解している．		

2　ベクトル解析　2.4　積分公式　(3)　グリーンの定理

グリーンの定理を理解している．

$x\,y$ 平面内の単一閉曲線 C（向きは反時計まわり）の内部領域を D とし，$F(x,y)$，$G(x,y)$ が D で連続な偏導関数をもつとき，

$$\int_C (F\,dx + G\,dy) = \iint_D \left(\frac{\partial G}{\partial x} - \frac{\partial F}{\partial y}\right) dx\,dy$$

が成立する．これを**グリーンの定理**という．

また，この式で $F(x,y) = -y$，$G(x,y) = x$ とおくことにより，領域 D の面積 S は

$$S = \frac{1}{2}\int_C (x\,dy - y\,dx)$$

と表すことができる．

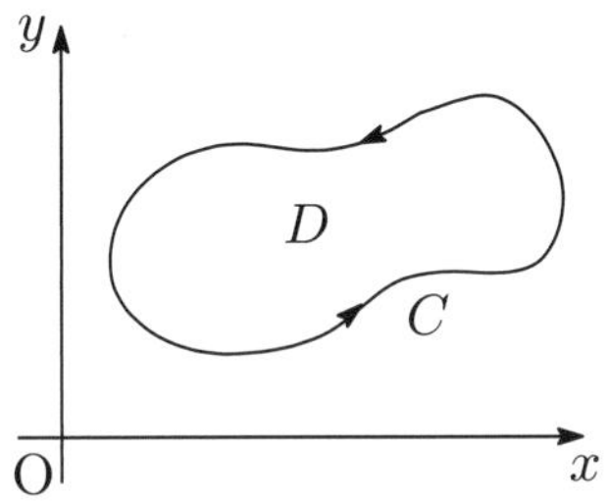

例題 **28.1**　図のように閉曲線 C をとったとき，$F(x,y) = x^2 - y^2$，$G(x,y) = x\,y$ に対してグリーンの定理が成立することを確かめよ．

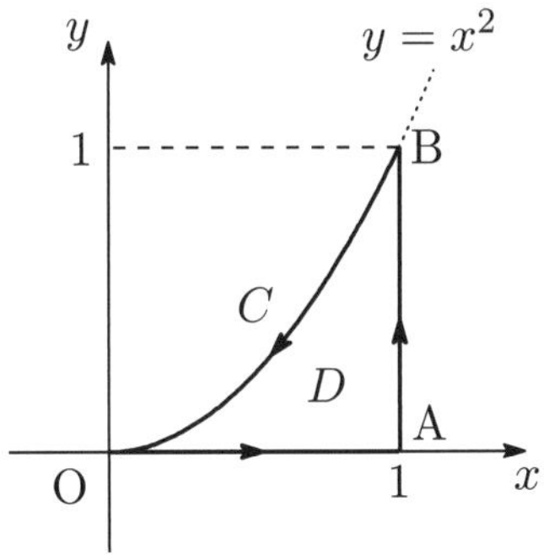

＜解答＞　線分 OA は $(u,\,0)$ $(0 \leqq u \leqq 1)$ と表されるので，

$F(u,0) = u^2$，$G(u,0) = 0$，$dx = du$，$dy = 0$ より，

$$\int_{\mathrm{OA}} (F\,dx + G\,dy) = \int_0^1 u^2\,du = \frac{1}{3}$$

線分 AB は $(1,\,u)$ $(0 \leqq u \leqq 1)$ と表されるので，

$F(1,u) = 1 - u^2$，$G(1,u) = u$，$dx = 0$，$dy = du$ より，

$$\int_{\mathrm{AB}} (F\,dx + G\,dy) = \int_0^1 u\,du = \frac{1}{2}$$

$y = x^2$ に沿った曲線を逆向きに C_{OB} とすると，曲線は $(u,\,u^2)$ $(0 \leqq u \leqq 1)$ と表されるので，

$F(u,u^2) = u^2 - u^4$，$G(u,u^2) = u^3$，$dx = du$，$dy = 2\,u\,du$ より，

$$\int_{C_{\mathrm{OB}}} (F\,dx + G\,dy) = \int_0^1 \{(u^2 - u^4)\,du + u^3 \cdot 2\,u\,du\} = \frac{8}{15}$$

C_{OB} を逆向きに定義したことを考慮すると，線積分は $\displaystyle\int_C (F\,dx + G\,dy) = \frac{1}{3} + \frac{1}{2} - \frac{8}{15} = \frac{3}{10}$ となる．面積分については $\displaystyle\frac{\partial G}{\partial x} - \frac{\partial F}{\partial y} = \frac{\partial}{\partial x}x\,y - \frac{\partial}{\partial y}(x^2 - y^2) = 3\,y$ であるので，

$$\iint_D \left(\frac{\partial G}{\partial x} - \frac{\partial F}{\partial y}\right) dx\,dy = \int_0^1 \int_0^{x^2} 3\,y\,dy\,dx = \frac{3}{2}\int_0^1 x^4 dx = \frac{3}{10}$$

となり，グリーンの定理が成立している．

例題 **28.2**　楕円 $\dfrac{x^2}{a^2} + \dfrac{y^2}{b^2} = 1$ を媒介変数で表した曲線 $x = a\,\cos\theta$，$y = b\,\sin\theta$　$(0 \leqq \theta \leqq 2\pi)$ の線積分より，楕円の面積を求めよ．

＜解答＞　$dx = -a\,\sin\theta d\theta$，$dy = b\,\cos\theta d\theta$ より，

$$S = \frac{1}{2}\int_C (x\,dy - y\,dx) = \frac{1}{2}\int_0^{2\pi} \{\,a\,\cos\theta \cdot b\,\cos\theta d\theta - b\,\sin\theta(-a\,\sin\theta d\theta\,)\}$$

$$= \frac{a\,b}{2}\int_0^{2\pi} (\,\sin^2\theta + \cos^2\theta\,)\,d\theta = \pi\,a\,b$$

ドリル no.28	class	no	name

問題 28.1　図のように，座標軸に平行にひいた直線と C が 2 点で交わる場合に
$\displaystyle\int_C F\,dx = -\iint_D \frac{\partial F}{\partial y}\,dx\,dy$ を示せ．ただし，領域 D は
$D = \{\,(x, y)\,|\,x_1 \leqq x \leqq x_2,\ \ f(x) \leqq y \leqq g(x)\,\}$ と表せる．

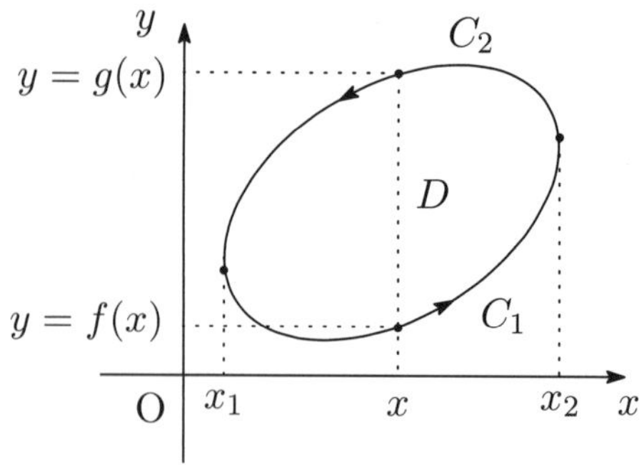

問題 28.2　図のように，曲線 C として楕円 $\dfrac{x^2}{a^2} + \dfrac{y^2}{b^2} = 1$ をとったとき，
$F(x, y) = x^2 + y$，$G(x, y) = -x + y^2$
に対してグリーンの定理が成立することを確かめよ．

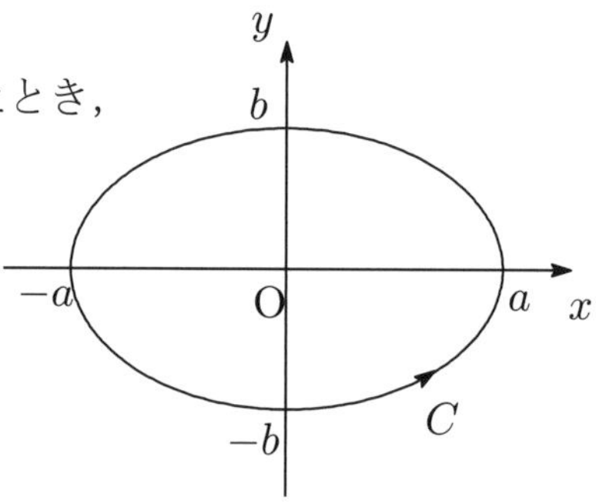

問題 28.3　図のような，アステロイド曲線 ($x^{\frac{2}{3}} + y^{\frac{2}{3}} = 1$) は媒介変数表示で
$x = \cos^3\theta$，$y = \sin^3\theta$　$(0 \leqq \theta \leqq 2\pi)$
と表される．線積分より，アステロイドの面積を求めよ．

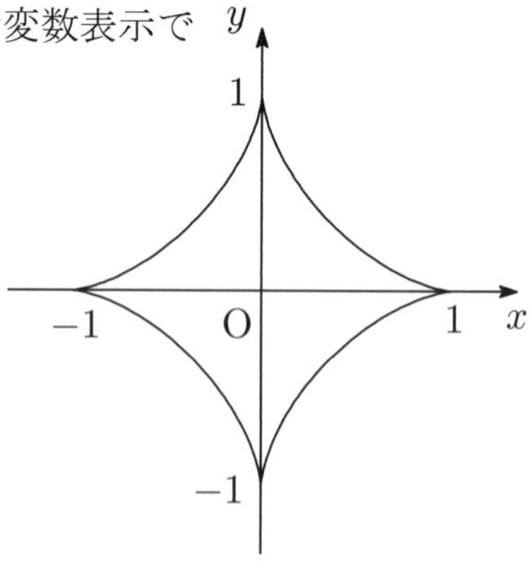

チェック項目

	月　日	月　日
グリーンの定理を理解している．		

2　ベクトル解析　2.4　積分公式　(4)　ガウスの発散定理

ガウスの発散定理を理解している．

閉曲面 S を表面とする立体 V について，S の単位法線ベクトルを $\boldsymbol{n}$ を V の外側向きに定義すると

$$\int_V \nabla\cdot\boldsymbol{a}\,dV = \int_S \boldsymbol{a}\cdot\boldsymbol{n}\,dS$$

が成立する．これを**ガウスの発散定理**という．

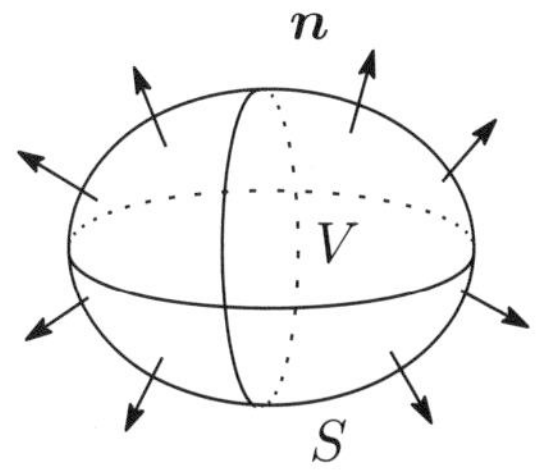

例題 **29.1**　$\boldsymbol{a} = (x_1,\, x_2,\, 0)$ のとき，図のような立方体についてガウスの発散定理が成立していることを確かめよ．

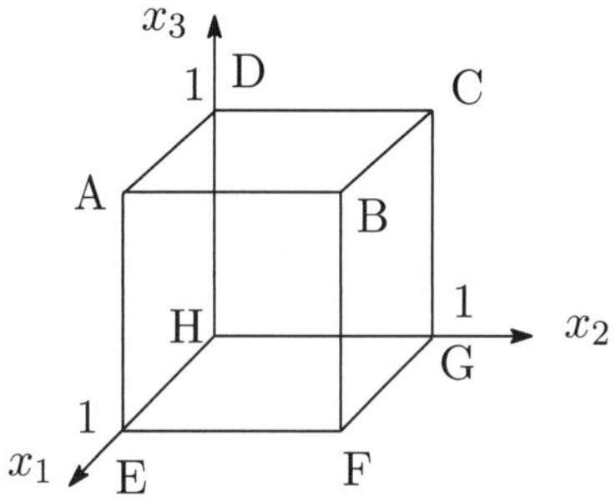

＜解答＞　$\nabla\cdot\boldsymbol{a} = \dfrac{\partial}{\partial x_1}x_1 + \dfrac{\partial}{\partial x_2}x_2 + \dfrac{\partial}{\partial x_3}0 = 2$ より，

$$\int_V \nabla\cdot\boldsymbol{a}\,dV = 2\int_V dV = 2$$

面積分については，それぞれの面に対して下表のようになる．

面	ABCD	EHGF	ADHE	BFGC	AEFB	CGHD
$\boldsymbol{a}$	$(x_1,\, x_2,\, 0)$	$(x_1,\, x_2,\, 0)$	$(x_1,\, 0,\, 0)$	$(x_1,\, 1,\, 0)$	$(1,\, x_2,\, 0)$	$(0,\, x_2,\, 0)$
$\boldsymbol{n}$	$(0,\, 0,\, 1)$	$(0,\, 0,\, -1)$	$(0,\, -1,\, 0)$	$(0,\, 1,\, 0)$	$(1,\, 0,\, 0)$	$(-1,\, 0,\, 0)$
$\boldsymbol{a}\cdot\boldsymbol{n}$	0	0	0	1	1	0
$\int_S \boldsymbol{a}\cdot\boldsymbol{n}\,dS$	0	0	0	1	1	0

この立方体の面積分は表の一番下の行の和になるので，$\displaystyle\int_S \boldsymbol{a}\cdot\boldsymbol{n}\,dS = 2$ となり，ガウスの定理が成立している．

(注) この例題からわかるように，ガウスの発散定理はベクトル場 $\boldsymbol{a}$ を流線と考えるとき，立体 V の内部から湧き出してくる総量が，表面 S を通して外に流出する量に等しいことを意味する．

例題 **29.2**　閉曲面 S について，$\displaystyle\int_S \frac{\boldsymbol{r}}{r^3}\cdot\boldsymbol{n}\,dS = \begin{cases} 0 & (\text{原点 O が } S \text{ の外部}) \\ 4\pi & (\text{原点 O が } S \text{ の内部}) \end{cases}$ を示せ．

＜解答＞　原点 O が閉曲面 S の外部にあるとき，**問題 24.4** より，$\nabla\cdot\left(\dfrac{\boldsymbol{r}}{r^3}\right) = 0$ が原点 O 以外では成立する．よって，ガウスの発散定理により，次の式が成立する．

$$\int_S \frac{\boldsymbol{r}}{r^3}\cdot\boldsymbol{n}\,dS = \int_V \nabla\cdot\left(\frac{\boldsymbol{r}}{r^3}\right)dV = 0$$

原点 O が閉曲面 S の内部にあるとき，下図のように，十分に半径を小さくとれば，閉曲面 S の内部 V に原点 O を中心とする球が含まれるようにできる．立体 V からこの球を取り除いた立体 V' を考えると，この立体の表面は S と S' になる．ただし，S' については内側に法線ベクトルが向いている．ガウスの定理をこの立体 V' に適用すると V' 内部では $\nabla\cdot\left(\dfrac{\boldsymbol{r}}{r^3}\right) = 0$ であるので，

$$\int_S \frac{\boldsymbol{r}}{r^3}\cdot\boldsymbol{n}\,dS + \int_{S'} \frac{\boldsymbol{r}}{r^3}\cdot\boldsymbol{n}\,dS = \int_{V'} \nabla\cdot\left(\frac{\boldsymbol{r}}{r^3}\right)dV = 0$$

となる．球の外側に向いた法線ベクトルを $\boldsymbol{n}'$ とすると $\boldsymbol{n}' = -\boldsymbol{n}$ であり，球に対するこの積分は**例題 27.2** より，4π となるので，

$$\int_S \frac{\boldsymbol{r}}{r^3}\cdot\boldsymbol{n}\,dS = -\int_{S'} \frac{\boldsymbol{r}}{r^3}\cdot\boldsymbol{n}\,dS = \int_{S'} \frac{\boldsymbol{r}}{r^3}\cdot\boldsymbol{n}'\,dS = 4\pi$$

が成立する．

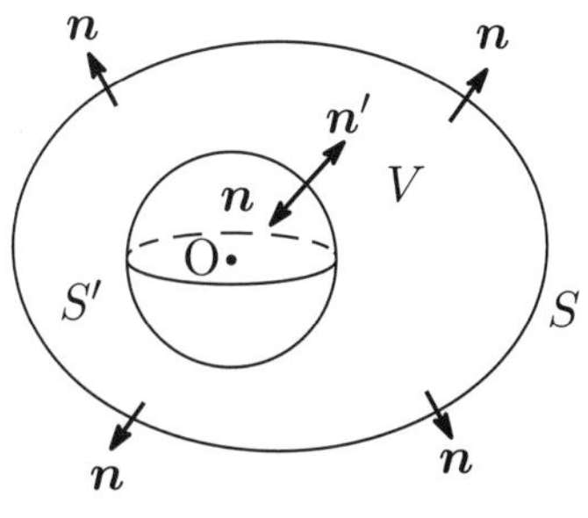

ドリル no.29　class　no　name

問題 29.1　図のような，半径と高さが1の円柱について，$\boldsymbol{a} = (x_1{}^3, x_2{}^3, x_3{}^3)$ のとき，ガウスの発散定理が成立していることを確かめよ．

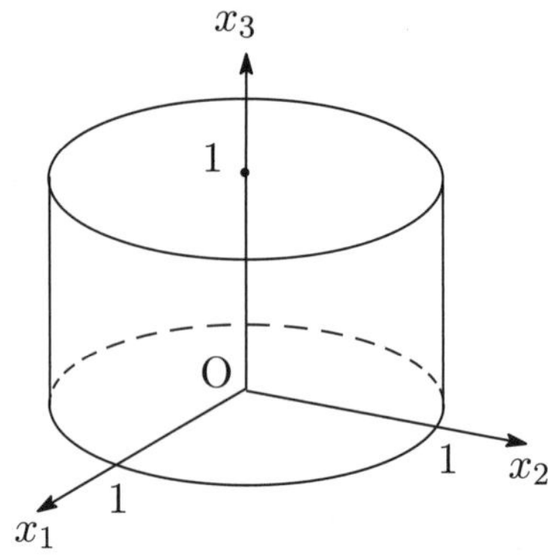

問題 29.2　次の問いに答えよ．

(1) ガウスの発散定理より，立体の体積が $V = \dfrac{1}{3}\displaystyle\int_S \boldsymbol{r}\cdot\boldsymbol{n}\,dS$ と表されることを示せ．

(2) (1) をもちいて，球の体積を面積分より求めよ．(球の表面積 $4\pi r^2$ はもちいてよい．)

チェック項目

	月　日	月　日
ガウスの発散定理を理解している．		

2　ベクトル解析　2.4　積分公式　(5)　ストークスの定理

ストークスの定理を理解している．

閉曲線 C を境界とする曲面 S について，S の単位法線ベクトルを $\boldsymbol{n}$ を曲線 C の向きに対して図の向きに定義すると

$$\int_C \boldsymbol{a}\cdot d\boldsymbol{r} = \int_S (\nabla\times\boldsymbol{a})\cdot\boldsymbol{n}\,dS$$

が成立する．これを**ストークスの定理**という．

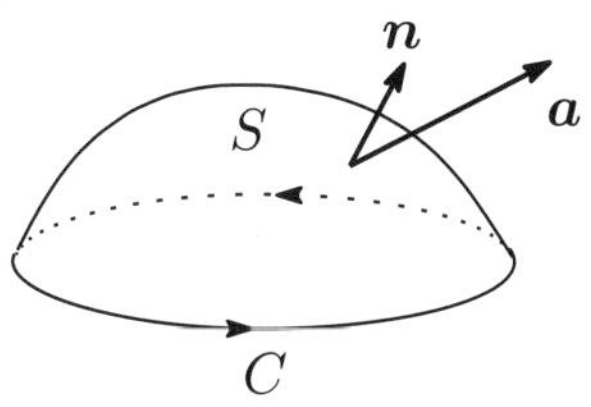

例題 30.1　図のような，半球 ${x_1}^2+{x_2}^2+{x_3}^2=1$，$x_3 \geqq 0$ の表面 S，境界の閉曲線 C について，ベクトル場 $\boldsymbol{a}=(\,2\,x_1x_3,\ x_1{x_2}^2,\ {x_1}^2\,)$ に対してストークスの定理が成立していることを確かめよ．

＜解答＞　この半球は $\boldsymbol{r}(x_1,x_2)=(\,x_1,\ x_2,\ \sqrt{1-{x_1}^2-{x_2}^2}\,)$

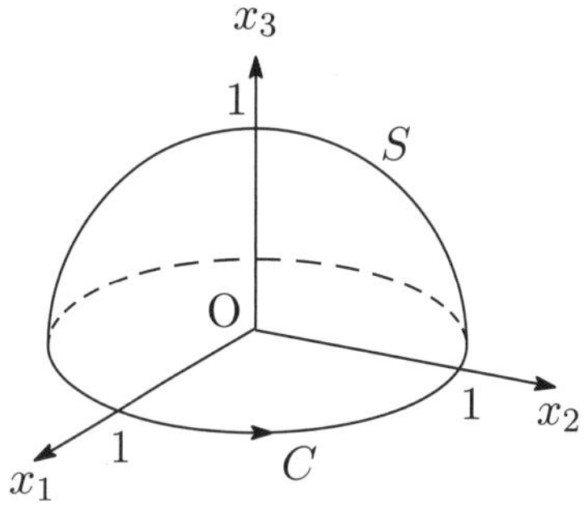

$(\,D:\,-1\leqq x_1\leqq 1,\ -\sqrt{1-{x_1}^2}\leqq x_2\leqq\sqrt{1-{x_1}^2}\,)$

と表されるので，$\dfrac{\partial\boldsymbol{r}}{\partial x_1}=\left(1,\ 0,\ -\dfrac{x_1}{\sqrt{1-{x_1}^2-{x_2}^2}}\right)$

$\dfrac{\partial\boldsymbol{r}}{\partial x_2}=\left(0,\ 1,\ -\dfrac{x_2}{\sqrt{1-{x_1}^2-{x_2}^2}}\right)$ より，

$\dfrac{\partial\boldsymbol{r}}{\partial x_1}\times\dfrac{\partial\boldsymbol{r}}{\partial x_2}=\left(\dfrac{x_1}{\sqrt{1-{x_1}^2-{x_2}^2}},\ \dfrac{x_2}{\sqrt{1-{x_1}^2-{x_2}^2}},\ 1\right)$

x_3 成分が正であるので，$\dfrac{\partial\boldsymbol{r}}{\partial x_1}\times\dfrac{\partial\boldsymbol{r}}{\partial x_1}=\boldsymbol{n}\left|\dfrac{\partial\boldsymbol{r}}{\partial x_1}\times\dfrac{\partial\boldsymbol{r}}{\partial x_2}\right|$ である．

$\nabla\times\boldsymbol{a}=\bigl(0,\ 0,\ {x_2}^2\bigr)$ より，$(\nabla\times\boldsymbol{a})\cdot\boldsymbol{n}\,dS=(\nabla\times\boldsymbol{a})\cdot\left(\dfrac{\partial\boldsymbol{r}}{\partial x_1}\times\dfrac{\partial\boldsymbol{r}}{\partial x_2}\right)dx_1\,dx_2={x_2}^2\,dx_1\,dx_2$

となる．したがって，面積分は平面の極座標にすると

$$\int_S(\nabla\times\boldsymbol{a})\cdot\boldsymbol{n}\,dS=\iint_D {x_2}^2\,dx_1\,dx_2=\int_0^{2\pi}\int_1^0 r^2\cos^2\theta\cdot r\,dr\,d\theta=\frac{\pi}{4}$$

曲線 C は $\boldsymbol{r}(u)=(\,\cos u,\ \sin u,\ 0\,)$　$(0\leqq u\leqq 2\pi)$ と表され，したがって，$d\boldsymbol{r}=(\,-\sin u,\ \cos u,\ 0\,)\,du$ であり，また，$\boldsymbol{a}(\boldsymbol{r}(u))=(\,0,\ \sin^2 u\,\cos u,\ \cos^2 u\,)$ となるので，

$$\int_C\boldsymbol{a}\cdot d\boldsymbol{r}=\int_0^{2\pi}(\,0,\ \sin^2 u\,\cos u,\ \cos^2 u\,)\cdot(\,-\sin u,\ \cos u,\ 0\,)\,du=\int_0^{2\pi}\sin^2 u\,\cos^2 u\,du$$

$$=\frac{1}{4}\int_0^{2\pi}\sin^2 2u\,du=\frac{1}{8}\int_0^{2\pi}(1-\cos 4u)\,du=\frac{1}{8}\left[t-\frac{1}{4}\sin 4u\right]_0^{2\pi}=\frac{\pi}{4}$$

よって，ストークスの定理が成立している．

(注) この例題からわかるように，ストークスの定理はベクトル場 $\boldsymbol{a}$ を流線と考えるとき，曲面 S における渦の強さの総和が，曲線 C に沿っての循環に等しいということを意味している．

例題 30.2　閉曲線 C について，$\displaystyle\int_C\nabla\varphi\cdot d\boldsymbol{r}=0$ となることを示せ．

＜解答＞　ストークスの定理より，$\displaystyle\int_C\nabla\varphi\cdot d\boldsymbol{r}=\int_S(\nabla\times\nabla\varphi)\cdot\boldsymbol{n}\,dS$ となる．

任意のスカラー場に対して $\nabla\times\nabla\varphi=0$ (**例題 25.2**) であったので，$\displaystyle\int_C\nabla\varphi\cdot d\boldsymbol{r}=0$ が成立する．

参考　これはまた，**例題 26.3** で点 A と B を同じ点にとることにより示すこともできる．保存力 $\boldsymbol{F}$ は位置エネルギー φ をもちいて $\boldsymbol{F}=-\nabla\varphi$ と表せるので，保存力に対して $\int_C\boldsymbol{F}\cdot d\boldsymbol{r}=0$ が成立する．

ドリル no.30　class　　no　　name

問題 30.1　図のような，半球 $x_1{}^2+x_2{}^2+x_3{}^2=1,\ x_3 \geqq 0$ の表面を S，境界の閉曲線 C について，ベクトル場 $\boldsymbol{a}=(-x_2,\ x_1,\ x_3)$ に対してストークスの定理が成立していることを確かめよ．

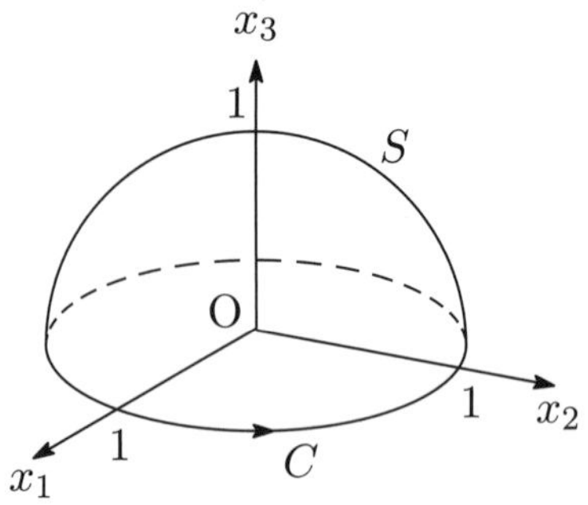

問題 30.2　閉曲線 C について，$\displaystyle\int_C \boldsymbol{r}\cdot d\boldsymbol{r}=0$ となることを示せ．

チェック項目　月　日　月　日

ストークスの定理を理解している．		

3　ラプラス変換　3.1　ラプラス変換　(1)　ラプラス変換の定義

ラプラス変換の定義を理解している.

関数 $f(t)$ が $t > 0$ で定義されており，次の積分が存在するとき，

$$\mathcal{L}[f(t)] = F(s) = \int_0^\infty e^{-st} f(t) dt$$

$F(s)$ を $f(t)$ の**ラプラス変換**という.

ラプラス変換の主な応用は **3.3** で見るように微分方程式を解くことである. **3.1**, **3.2** では，それに必要な基本事項を学ぶ.

例題 31.1　次の関数のラプラス変換を求めよ.

(1) $f(t) = 1$　　(2) $f(t) = t$　　(3) $f(t) = e^t$　　(4) $f(t) = \sin t$

＜解答＞

(1) $\mathcal{L}[1] = \displaystyle\int_0^\infty e^{-st} dt$ は $s \leqq 0$ のとき存在しない.

$s > 0$ のとき $\mathcal{L}[1] = \displaystyle\int_0^\infty e^{-st} dt = \left[-\frac{1}{s} e^{-st} \right]_0^\infty = \frac{1}{s}(1 - \lim_{t\to\infty} e^{-st}) = \frac{1}{s}$

(2) $\mathcal{L}[t] = \displaystyle\int_0^\infty e^{-st} t dt$ を部分積分すると，$s > 0$ のとき

$$\mathcal{L}[t] = \left[-\frac{t}{s} e^{-st} \right]_0^\infty + \frac{1}{s}\int_0^\infty e^{-st} dt = \frac{1}{s}\mathcal{L}[1] = \frac{1}{s^2}$$

(3) $\mathcal{L}[e^t] = \displaystyle\int_0^\infty e^{-st} e^t dt = \int_0^\infty e^{(1-s)t} dt$ となるので，

$s > 1$ のとき，$\mathcal{L}[e^t] = \left[\dfrac{1}{1-s} e^{(1-s)t} \right]_0^\infty = \dfrac{1}{s-1}$

(4) $s > 0$ のとき，$\displaystyle\lim_{t\to\infty} e^{-st} \sin t = \lim_{t\to\infty} e^{-st} \cos t = 0$ であるので，

$F(s) = \mathcal{L}[\sin t] = \displaystyle\int_0^\infty e^{-st} \sin t dt$ で 2 回部分積分をすると，

$$\begin{aligned} F(s) &= \left[-e^{-st}\cos t \right]_0^\infty - s\int_0^\infty e^{-st}\cos t dt = 1 - s\left\{ \left[e^{-st}\sin t \right]_0^\infty + s\int_0^\infty e^{-st}\sin t dt \right\} \\ &= 1 - s^2 F(s) \end{aligned}$$

この式を $F(s)$ について解くと $F(s) = \dfrac{1}{s^2+1}$

例題 31.2　次のように定義された関数のラプラス変換を求めよ.

$$U(t-a) = \begin{cases} 0 & (t < a) \\ 1 & (t \geqq a) \end{cases}$$

ただし，$a \geqq 0$ とする.

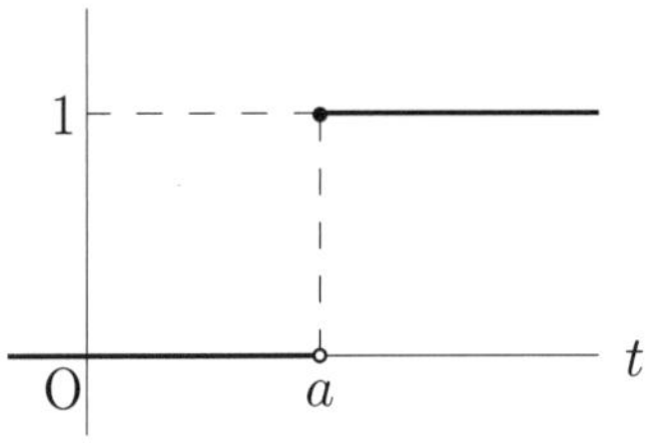

＜解答＞

$$\mathcal{L}[U(t-a)] = \int_0^\infty U(t-a) e^{-st} dt = \int_a^\infty e^{-st} dt = \left[-\frac{1}{s} e^{-st} \right]_a^\infty = \frac{e^{-as}}{s}$$

ドリル no.31	class	no	name

問題 31.1 次の関数のラプラス変換を求めよ.

(1) $f(t) = t^2$

(2) $f(t) = e^{\alpha t}$

(3) $f(t) = \cos t$

(4) $f(t) = \cosh t$

チェック項目

	月　日	月　日
ラプラス変換の定義を理解している.		

3　ラプラス変換　3.1　ラプラス変換　(2)　ラプラス変換の性質

ラプラス変換の性質を理解している.

ラプラス変換の性質

$\mathcal{L}[f(t)] = F(s)$ とするとき，次の性質が成立する.

- $\mathcal{L}[c_1 f_1(t) + c_2 f_2(t)] = c_1 \mathcal{L}[f_1(t)] + c_2 \mathcal{L}[f_2(t)]$
- $\mathcal{L}[f(at)] = \dfrac{1}{a} F\left(\dfrac{s}{a}\right)$　($a > 0$)
- $\mathcal{L}[e^{\alpha t} f(t)] = F(s - \alpha)$
- $\mathcal{L}[f'(t)] = sF(s) - f(0)$
- $\mathcal{L}[f^{(n)}(t)] = s^n F(s) - s^{n-1} f(0) - s^{n-2} f'(0) - \cdots - f^{(n-1)}(0)$
- $\mathcal{L}[tf(t)] = -\dfrac{dF(s)}{ds}$
- $\mathcal{L}[t^n f(t)] = (-1)^n \dfrac{d^n F(s)}{ds^n}$
- $\mathcal{L}\left[\displaystyle\int_0^t f(\tau) d\tau\right] = \dfrac{F(s)}{s}$
- $\mathcal{L}\left[\dfrac{f(t)}{t}\right] = \displaystyle\int_s^\infty F(\sigma) d\sigma$

例題 32.1　$\mathcal{L}[f(t)] = F(s)$ とするとき，次の問いに答えよ.

(1) $\mathcal{L}[f(at)] = \dfrac{1}{a} F\left(\dfrac{s}{a}\right)$ を証明せよ.

(2) $\mathcal{L}[\sin t] = \dfrac{1}{s^2+1}$ をもちいて，$\mathcal{L}[\sin \omega t]$ を求めよ.

＜解答＞

(1) $\mathcal{L}[f(at)] = \displaystyle\int_0^\infty e^{-st} f(at) dt$ で $t' = at$ と置くと

$$\mathcal{L}[f(at)] = \int_0^\infty e^{-s\frac{t'}{a}} f(t') \frac{1}{a} dt' = \frac{1}{a} \int_0^\infty e^{-\frac{s}{a}t'} f(t') dt' = \frac{1}{a} F\left(\frac{s}{a}\right)$$

(2) $\mathcal{L}[\sin \omega t] = \dfrac{1}{\omega} \dfrac{1}{\left(\frac{s}{\omega}\right)^2 + 1} = \dfrac{\omega}{s^2 + \omega^2}$

例題 32.2　次の問いに答えよ.

(1) $\mathcal{L}[f(t)] = F(s)$ とするとき，$\mathcal{L}[tf(t)] = -\dfrac{dF(s)}{ds}$ を証明せよ.

(2) $\mathcal{L}[\sin t] = \dfrac{1}{s^2+1}$ をもちいて，$\mathcal{L}[t \sin t]$ を求めよ.

＜解答＞

(1) $\displaystyle\int_0^\infty e^{-st} f(t) dt = F(s)$ の両辺を s で微分すると，$\displaystyle\int_0^\infty (-t) e^{-st} f(t) dt = \dfrac{dF(s)}{ds}$

左辺は $-\mathcal{L}[tf(t)]$ であるので，$\mathcal{L}[tf(t)] = -\dfrac{dF(s)}{ds}$

(2) $\mathcal{L}[t \sin t] = -\dfrac{d}{ds}\left(\dfrac{1}{s^2+1}\right) = \dfrac{2s}{(s^2+1)^2}$

ドリル no.32 class no name

問題 32.1 次の問いに答えよ．

(1) $\mathcal{L}[\cos t] = \dfrac{s}{s^2+1}$ より，$\mathcal{L}[\cos \omega t]$ を求めよ．

(2) $\mathcal{L}[\cos t] = \dfrac{s}{s^2+1}$ より，$\mathcal{L}[t \cos t]$ を求めよ．

問題 32.2 次の問いに答えよ．

(1) $\mathcal{L}[f(t)] = F(s)$ のとき，$\mathcal{L}[e^{\alpha t} f(t)] = F(s-\alpha)$ が成立することを証明せよ．

(2) $\mathcal{L}[\sin t] = \dfrac{1}{s^2+1}$ より，$\mathcal{L}[e^{\alpha t} \sin t]$ を求めよ．

問題 32.3 次の問いに答えよ．

(1) $\mathcal{L}[f(t)] = F(s)$ のとき，$\mathcal{L}[f'(t)] = sF(s) - f(0)$ が成立することを証明せよ．

(2) $\mathcal{L}[f(t)] = F(s)$ のとき，$\mathcal{L}[f''(t)] = s^2F(s) - sf(0) - f'(0)$ が成立することを (1) を用いて証明せよ．

問題 32.4 次の関数のラプラス変換を求めよ．

(1) $f(t) = \displaystyle\int_0^t \sin \tau d\tau$

(2) $f(t) = \dfrac{\sin t}{t}$

チェック項目

	月　日	月　日
ラプラス変換の性質を理解している．		

3 ラプラス変換 3.1 ラプラス変換 (3) ラプラス変換の計算

> ラプラス変換の公式を利用して計算できる．

ラプラス変換の公式

$f(t)$	$F(s)$	$f(t)$	$F(s)$
1	$\dfrac{1}{s}$	$\sin \omega t$	$\dfrac{\omega}{s^2+\omega^2}$
t	$\dfrac{1}{s^2}$	$\cos \omega t$	$\dfrac{s}{s^2+\omega^2}$
t^n	$\dfrac{n!}{s^{n+1}}$	$\sinh \omega t$	$\dfrac{\omega}{s^2-\omega^2}$
$e^{\alpha t}$	$\dfrac{1}{s-\alpha}$	$\cosh \omega t$	$\dfrac{s}{s^2-\omega^2}$

例題 33.1 次の関数のラプラス変換を求めよ．

(1) $f(t)=t^4$
(2) $f(t)=3t^2+2$
(3) $f(t)=t^3 e^{2t}$
(4) $f(t)=e^{3t}\sin 5t$
(5) $f(t)=t^2 \cos 2t$
(6) $f(t)=\sin^2 t$

＜解答＞

(1) $\mathcal{L}[t^4] = \dfrac{4!}{s^{4+1}} = \dfrac{24}{s^5}$

(2) $\mathcal{L}[3t^2+2] = 3\mathcal{L}[t^2]+2\mathcal{L}[1] = 3 \cdot \dfrac{2}{s^3} + 2 \cdot \dfrac{1}{s} = \dfrac{6}{s^3}+\dfrac{2}{s}$

(3) $\mathcal{L}[t^3] = \dfrac{3!}{s^{3+1}} = \dfrac{6}{s^4}$ であるので，$\mathcal{L}[t^3 e^{2t}] = \dfrac{6}{(s-2)^4}$

　　別解：$\mathcal{L}[e^{2t}]=\dfrac{1}{s-2}$ であるので，$\mathcal{L}[t^3 e^{2t}]= -\dfrac{d^3}{ds^3}\dfrac{1}{s-2} = \dfrac{6}{(s-2)^4}$

(4) $\mathcal{L}[\sin 5t]=\dfrac{5}{s^2+5^2}$ であるので，$\mathcal{L}[e^{3t}\sin 5t]=\dfrac{5}{(s-3)^2+25}=\dfrac{5}{s^2-6s+34}$

(5) $\mathcal{L}[\cos 2t]=\dfrac{s}{s^2+2^2}$ より，$\mathcal{L}[t^2\cos 2t]=\dfrac{d^2}{ds^2}\left(\dfrac{s}{s^2+2^2}\right)=-\dfrac{d}{ds}\left\{\dfrac{s^2-4}{(s^2+4)^2}\right\}=\dfrac{2s^3-24s}{(s^2+4)^3}$

(6) $\sin^2 t = \dfrac{1-\cos 2t}{2}$ より，$\mathcal{L}[\sin^2 t] = \dfrac{1}{2}(\mathcal{L}[1]-\mathcal{L}[\cos 2t]) = \dfrac{1}{2}\left(\dfrac{1}{s}-\dfrac{s}{s^2+4}\right)=\dfrac{2}{s(s^2+4)}$

上の表に，さらにラプラス変換の性質を使うと次の表の公式が成立する．

$f(t)$	$F(s)$	$f(t)$	$F(s)$
$te^{\alpha t}$	$\dfrac{1}{(s-\alpha)^2}$	$t\sin \omega t$	$\dfrac{2\omega s}{(s^2+\omega^2)^2}$
$t^n e^{\alpha t}$	$\dfrac{n!}{(s-\alpha)^{n+1}}$	$t\cos \omega t$	$\dfrac{s^2-\omega^2}{(s^2+\omega^2)^2}$
$e^{\alpha t}\sin \omega t$	$\dfrac{\omega}{(s-\alpha)^2+\omega^2}$	$e^{\alpha t}\sinh \omega t$	$\dfrac{\omega}{(s-\alpha)^2-\omega^2}$
$e^{\alpha t}\cos \omega t$	$\dfrac{s-\alpha}{(s-\alpha)^2+\omega^2}$	$e^{\alpha t}\cosh \omega t$	$\dfrac{s-\alpha}{(s-\alpha)^2-\omega^2}$

ドリル no.33	class	no	name

問題 33.1 ラプラス変換の公式を利用して，次の関数のラプラス変換を求めよ．

(1) $f(t) = t^3$

(2) $f(t) = 2t^2 + 3t - 1$

(3) $f(t) = t^2 e^{-3t}$

(4) $f(t) = e^{-2t} \cos 3t$

(5) $f(t) = t \sin 3t$

(6) $f(t) = \cos^2 2t$

(7) $f(t) = e^t \sinh t$

(8) $f(t) = t \cosh t$

チェック項目

	月　日	月　日
ラプラス変換の公式を利用して計算できる．		

3 ラプラス変換 3.1 ラプラス変換 (4) 単位階段関数とデルタ関数

単位階段関数とデルタ関数の性質を理解している.

- 関数 $U(t)$ を
$$U(t) = \begin{cases} 0 & (t < 0) \\ 1 & (t \geq 0) \end{cases}$$
と定義するとき，関数 $U(t-a)$ は次のようになる．
$$U(t-a) = \begin{cases} 0 & (t < a) \\ 1 & (t \geq a) \end{cases}$$
この関数 $U(t-a)$ を **単位階段関数** という．
この関数のラプラス変換は **例題 31.2** より，
$$\mathcal{L}[U(t-a)] = \frac{e^{-as}}{s}$$

- ふつうの意味での関数ではないが，$x \neq 0$ では，$\delta(x) = 0$ で，次の性質を満たすものをディラックの **デルタ関数** という．
$$\int_0^\infty \delta(x)dx = 1, \quad \int_0^\infty f(x)\delta(x-a)dx = f(a) \ (a > 0)$$

例題 34.1 右の図の関数について，次の各問に答えよ．
(1) 右の図の関数を単位階段関数で表せ．
(2) この関数のラプラス変換を求めよ．

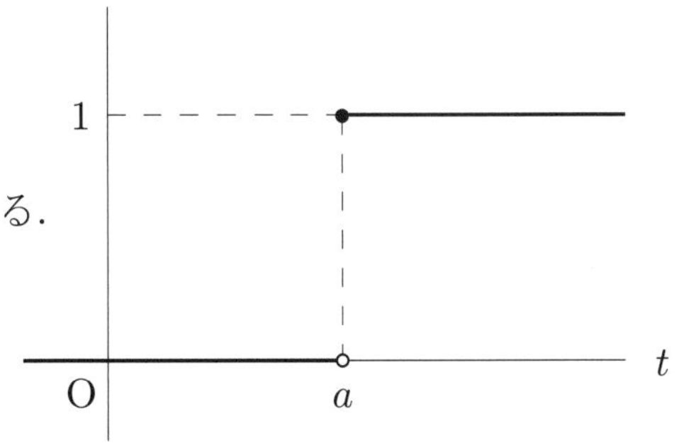

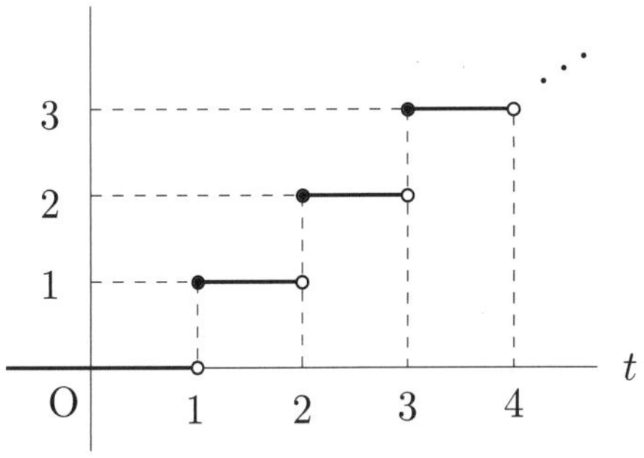

< 解答 >

(1) $U(t-1) + U(t-2) + U(t-3) + \cdots = \sum_{k=1}^\infty U(t-k)$

(2) $\mathcal{L}[U(t-a)] = \dfrac{e^{-as}}{s}$ であるので，
$$\mathcal{L}\left[\sum_{k=1}^\infty U(t-k)\right] = \mathcal{L}[U(t-1)] + \mathcal{L}[U(t-2)] + \mathcal{L}[U(t-3)] + \cdots = \frac{e^{-s}}{s} + \frac{e^{-2s}}{s} + \frac{e^{-3s}}{s} + \cdots$$
$$= \frac{e^{-s} + e^{-2s} + e^{-3s} + \cdots}{s} = \frac{e^{-s}}{s(1-e^{-s})} = \frac{1}{s(e^s - 1)}$$

例題 34.2 次の各問に答えよ．
(1) 次の関数 $f_\epsilon(t)$ のラプラス変換を求めよ．
$$f_\epsilon(t) \begin{cases} \dfrac{1}{\epsilon} & (0 \leq t \leq \epsilon) \\ 0 & (t > \epsilon) \end{cases}$$
(2) このラプラス変換の $\epsilon \to 0$ 極限を求めよ．

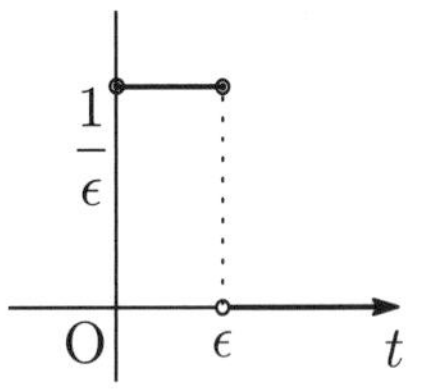

< 解答 >

(1) $\mathcal{L}[f_\epsilon(t)] = \displaystyle\int_0^\infty e^{-st} f_\epsilon(t) dt = \int_0^\epsilon e^{-st} \frac{1}{\epsilon} dt = \frac{1}{\epsilon}\left[-\frac{1}{s}e^{-st}\right]_0^\epsilon = \frac{1-e^{-s\epsilon}}{s\epsilon}$

(2) $\displaystyle\lim_{\epsilon \to 0} \mathcal{L}[f_\epsilon(t)] = \lim_{\epsilon \to 0} \frac{1-e^{-s\epsilon}}{s\epsilon} = \lim_{\epsilon \to 0} \frac{se^{-s\epsilon}}{s} = 1$

ドリル no.34　class　no　name

問題 34.1　次の問いに答えよ．

(1) 右の図の関数について，次の各問に答えよ．

(a) 右の図の関数を単位階段関数で表せ．

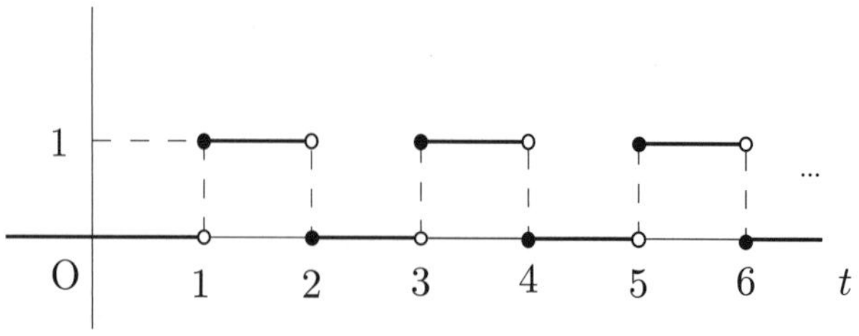

(b) この関数のラプラス変換を求めよ．

(2) デルタ関数 $\delta(t-a)$ $(a>0)$ の性質，$\displaystyle\int_0^\infty f(x)\delta(x-a)dx = f(a)$ をもちいて，デルタ関数 $\delta(t-a)$ のラプラス変換を求めよ．

チェック項目

	月　日	月　日
単位階段関数とデルタ関数の性質を理解している．		

3 ラプラス変換　3.1 ラプラス変換　(5) 周期関数のラプラス変換

周期関数のラプラス変換を理解している．

周期 T の関数 ($f(t+T) = f(t)$) のラプラス変換の積分区間を周期 T で分ける．

$$\mathcal{L}[f(t)] = \int_0^\infty e^{-st} f(t) dt = \int_0^T e^{-st} f(t) dt + \int_T^{2T} e^{-st} f(t) dt + \int_{2T}^{3T} e^{-st} f(t) dt + \cdots$$

それぞれの項で $t = u$, $t = u+T$, $t = u+2T$, $t = u+3T, \cdots$ と置くと，変数 u の積分区間はすべて $0 \leqq u \leqq T$ となる．周期関数より，$f(t+nT) = f(t)$ (n は整数) を満たすので，

$$\mathcal{L}[f(t)] = \int_0^T e^{-su} f(u) du + \int_0^T e^{-s(u+T)} f(u+T) du + \int_0^T e^{-s(u+2T)} f(u+2T) f du + \cdots$$

$$= \int_0^T e^{-su} f(u) du + e^{-sT} \int_0^T e^{-su} f(u) du + e^{-2sT} \int_0^T e^{-su} f(u) du + \cdots$$

$$= (1 + e^{-sT} + e^{-2sT} + \cdots) \int_0^\pi e^{-su} f(u) du$$

ここで，括弧の中は初項 1, 公比 e^{-sT} の等比級数の和であるので，$\dfrac{1}{1-e^{-Ts}}$ となり，
周期 T の関数のラプラス変換は次のようになる．

$$\mathcal{L}[f(t)] = \frac{1}{1-e^{-Ts}} \int_0^T e^{-st} f(t) dt$$

例題 35.1　$f(t) = |\sin t|$ のラプラス変換を求めよ．

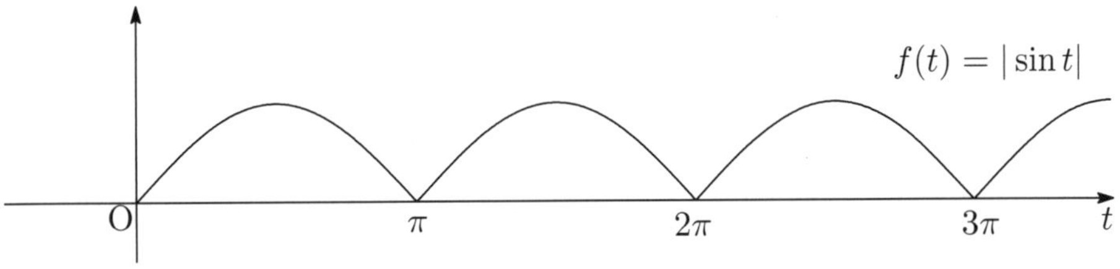

<解答>

$|\sin t|$ は周期 π の周期関数である．1 周期の積分は部分積分を 2 回すると，

$$I = \int_0^\pi e^{-su} \sin u \, du = -\left[e^{-su} \cos u \right]_0^\pi + \int_0^\pi (-se^{-su}) \cos u \, du$$

$$= e^{-s\pi} + 1 - s \left\{ \left[e^{-su} \sin u \right]_0^\pi - \int_0^\pi (-se^{-su}) \sin u \, du \right\} = e^{-s\pi} + 1 - s^2 I$$

となるので，$I = \dfrac{1+e^{-s\pi}}{s^2+1}$．したがって，

$$\mathcal{L}[|\sin t|] = \frac{1}{1-e^{-s\pi}} \int_0^\pi e^{-su} \sin u \, du = \frac{1}{1-e^{-s\pi}} \frac{1+e^{-s\pi}}{s^2+1} = \frac{1}{s^2+1} \left(\frac{1+e^{-s\pi}}{1-e^{-s\pi}} \right)$$

ドリル no.35　class　no　name

問題 35.1　次の問いに答えよ．

(1) 右の図の関数のラプラス変換を求めよ．

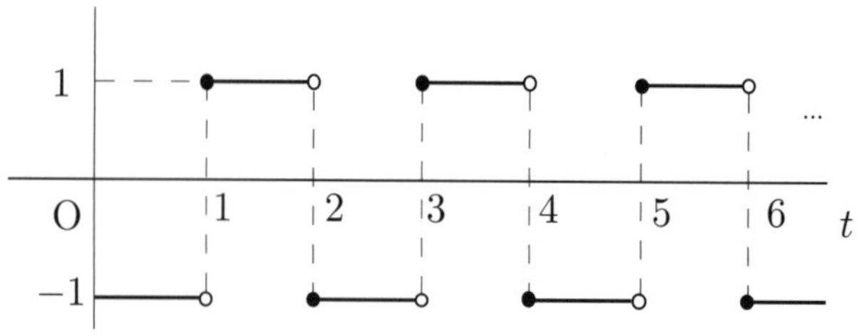

(2) 右の図の関数のラプラス変換を求めよ．

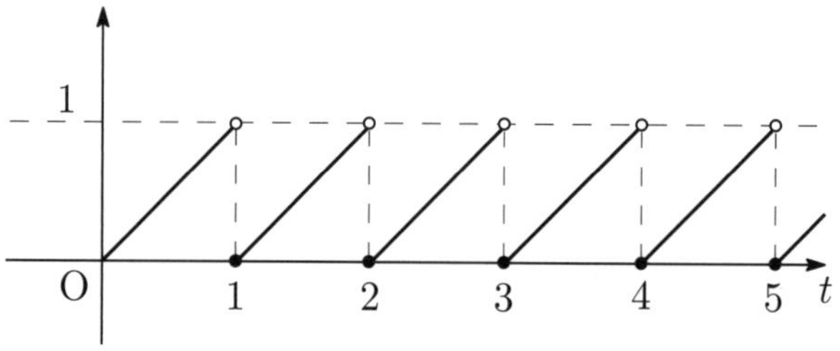

(3) 右の図の関数のラプラス変換を求めよ．

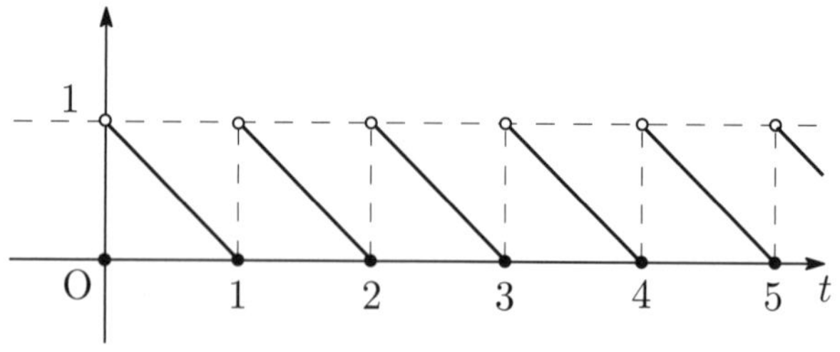

チェック項目

	月　日	月　日
周期関数のラプラス変換を理解している．		

3 ラプラス変換 3.2 逆ラプラス変換 (1) 逆ラプラス変換

逆ラプラス変換の定義を理解している．

- $f(t)$ が区間 $[a,b]$ で**区分的に連続**であるとは，次の条件を満たすときである．
  - $f(t)$ が $[a,b]$ の有限個の点を除いて連続である．
  - 不連続な点 t_0 では，右側極限 $f(t_0 + 0) = \lim_{t_0 \to +0} f(t)$，左側極限 $f(t_0 - 0) = \lim_{t_0 \to -0} f(t)$ が存在する．

- 2つの関数 $f_1(t)$, $f_2(t)$ が $t > 0$ で区分的に連続で，$\mathcal{L}[f_1(t)] = \mathcal{L}[f_2(t)]$ ならば，$f_1(t)$ と $f_2(t)$ は，不連続な点における違いを除き一致する．したがって，$F(s)$ に対して $\mathcal{L}[f(t)] = F(s)$ を満たす $f(t)$ は不連続な点を除き一意的に決まる．この $f(t)$ を $F(s)$ の**逆ラプラス変換**といい，$\mathcal{L}^{-1}[F(s)]$ と表す．

- **逆ラプラス変換の性質**
  $\mathcal{L}^{-1}[F(s)] = f(t)$ とするとき，次の性質が成立する．

  - $\mathcal{L}^{-1}[c_1 F_1(s) + c_2 F_2(s)]$
    $= c_1 \mathcal{L}^{-1}[F_1(s)] + c_2 \mathcal{L}^{-1}[F_2(s)]$
  - $\mathcal{L}^{-1}[F(as)] = \dfrac{1}{a} f\left(\dfrac{t}{a}\right)$
  - $\mathcal{L}^{-1}[F(s - \alpha)] = e^{\alpha t} \mathcal{L}^{-1}[F(s)]$
  - $\mathcal{L}^{-1}[F'(s)] = -t \mathcal{L}^{-1}[F(s)]$
  - $\mathcal{L}^{-1}[F^{(n)}(s)] = (-t)^n \mathcal{L}^{-1}[F(s)]$

例題 36.1 ラプラス変換の性質をもちいて，$\mathcal{L}^{-1}[c_1 F_1(s) + c_2 F_2(s)] = c_1 \mathcal{L}^{-1}[F_1(s)] + c_2 \mathcal{L}^{-1}[F_2(s)]$ を証明せよ．

<解答> $\mathcal{L}[f_1(t)] = F_1(s)$, $\mathcal{L}[f_2(t)] = F_2(s)$ とすると，ラプラス変換の線形性

$$\mathcal{L}[c_1 f_1(t) + c_2 f_2(t)] = c_1 \mathcal{L}[f_1(t)] + c_2 \mathcal{L}[f_2(t)] = c_1 F_1(s) + c_2 F_2(s)$$

より，

$$c_1 f_1(t) + c_2 f_2(t) = \mathcal{L}^{-1}[c_1 F_1(s) + c_2 F_2(s)]$$

$\mathcal{L}^{-1}[F_1(s)] = f_1(t)$, $\mathcal{L}^{-1}[F_2(s)] = f_2(t)$ であるので，

$$\mathcal{L}^{-1}[c_1 F_1(s) + c_2 F_2(s)] = c_1 \mathcal{L}^{-1}[F_1(s)] + c_2 \mathcal{L}^{-1}[F_2(s)]$$

例題 36.2 ラプラス変換の性質をもちいて，$\mathcal{L}^{-1}[F'(s)] = -tf(t)$ を証明せよ．

<解答> ラプラス変換の性質 $\mathcal{L}[tf(t)] = -\dfrac{dF(s)}{ds}$ より，$tf(t) = \mathcal{L}^{-1}[-F'(s)] = -\mathcal{L}^{-1}[F'(s)]$
したがって，$\mathcal{L}^{-1}[F'(s)] = -t \mathcal{L}^{-1}[F(s)]$

ドリル no.36　class　no　name

問題 36.1　ラプラス変換の性質をもちいて，次の逆ラプラス変換の性質を証明せよ．

(1) $\mathcal{L}^{-1}[F(as)] = \dfrac{1}{a}f\left(\dfrac{t}{a}\right)$

(2) $\mathcal{L}^{-1}[F(s-\alpha)] = e^{\alpha t}\mathcal{L}^{-1}[F(s)]$

(3) $\mathcal{L}^{-1}[F^{(n)}(s)] = (-t)^n f(t)$

チェック項目

	月　日	月　日
逆ラプラス変換の定義を理解している．		

3 ラプラス変換 3.2 逆ラプラス変換 (2) 逆ラプラス変換の計算 I

逆ラプラス変換の計算ができる.

ラプラス変換の公式を逆に読み取ることにより，次の逆ラプラス変換の表を得る.

逆ラプラス変換の表

$F(s)$	$f(t)$	$F(s)$	$f(t)$
$\dfrac{1}{s}$	1	$\dfrac{1}{s^2+\omega^2}$	$\dfrac{\sin\omega t}{\omega}$
$\dfrac{1}{s^2}$	t	$\dfrac{s}{s^2+\omega^2}$	$\cos\omega t$
$\dfrac{1}{s^n}$	$\dfrac{t^{n-1}}{(n-1)!}$	$\dfrac{1}{s^2-\omega^2}$	$\dfrac{\sinh\omega t}{\omega}$
$\dfrac{1}{s-\alpha}$	$e^{\alpha t}$	$\dfrac{s}{s^2-\omega^2}$	$\cosh\omega t$

例題 37.1 公式を用いて，次の関数の逆ラプラス変換を求めよ.

(1) $F(s) = \dfrac{1}{s-3}$ 　　(2) $F(s) = \dfrac{1}{(s+2)^3}$

(3) $F(s) = \dfrac{s}{s^2+2}$ 　　(4) $F(s) = \dfrac{1}{s^2-4}$

(5) $F(s) = \dfrac{s}{(s+1)^2+9}$ 　　(6) $F(s) = \dfrac{1}{s^2+4s+5}$

(7) $F(s) = \dfrac{s}{(s^2+3)^2}$

＜解答＞

(1) $\mathcal{L}^{-1}\left[\dfrac{1}{s-3}\right] = e^{3t}\mathcal{L}^{-1}\left[\dfrac{1}{s}\right] = e^{3t}$

(2) $\mathcal{L}^{-1}\left[\dfrac{1}{(s+2)^3}\right] = e^{-2t}\mathcal{L}^{-1}\left[\dfrac{1}{s^3}\right] = e^{-2t}\dfrac{t^2}{2!} = \dfrac{1}{2}t^2 e^{-2t}$

(3) $\mathcal{L}^{-1}\left[\dfrac{s}{s^2+2}\right] = \mathcal{L}^{-1}\left[\dfrac{s}{s^2+(\sqrt{2})^2}\right] = \cos\sqrt{2}\,t$

(4) $\mathcal{L}^{-1}\left[\dfrac{1}{s^2-4}\right] = \mathcal{L}^{-1}\left[\dfrac{1}{s^2-2^2}\right] = \dfrac{1}{2}\sinh 2t$

(5) $\mathcal{L}^{-1}\left[\dfrac{s}{(s+1)^2+9}\right] = \mathcal{L}^{-1}\left[\dfrac{(s+1)-1}{(s+1)^2+9}\right] = \mathcal{L}^{-1}\left[\dfrac{s+1}{(s+1)^2+3^2}\right] - \mathcal{L}^{-1}\left[\dfrac{1}{(s+1)^2+3^2}\right]$

$\qquad = e^{-t}\left(\mathcal{L}^{-1}\left[\dfrac{s}{s^2+3^2}\right] - \mathcal{L}^{-1}\left[\dfrac{1}{s^2+3^2}\right]\right) = e^{-t}\left(\cos 3t - \dfrac{1}{3}\sin 3t\right)$

(6) $\mathcal{L}^{-1}\left[\dfrac{1}{s^2+4s+5}\right] = \mathcal{L}^{-1}\left[\dfrac{1}{(s+2)^2+1}\right] = e^{-2t}\mathcal{L}^{-1}\left[\dfrac{1}{s^2+1}\right] = e^{-2t}\sin t$

(7) $\mathcal{L}^{-1}\left[\dfrac{s}{(s^2+3)^2}\right] = \dfrac{1}{2}\mathcal{L}^{-1}\left[\dfrac{2s}{(s^2+3)^2}\right] = \dfrac{1}{2}\mathcal{L}^{-1}\left[-\left(\dfrac{1}{s^2+3}\right)'\right]$

$\qquad = \dfrac{1}{2}(-t)\mathcal{L}^{-1}\left[-\dfrac{1}{s^2+(\sqrt{3})^2}\right] = \dfrac{1}{2}t\dfrac{\sin\sqrt{3}\,t}{\sqrt{3}} = \dfrac{1}{2\sqrt{3}}t\sin\sqrt{3}\,t$

ドリル no.37　class　no　name

問題 37.1　公式を用いて，次の関数の逆ラプラス変換を求めよ．

(1) $F(s) = \dfrac{1}{s+4}$

(2) $F(s) = \dfrac{1}{(s-1)^2}$

(3) $F(s) = \dfrac{s}{s^2-4}$

(4) $F(s) = \dfrac{s+3}{s^2+9}$

(5) $F(s) = \dfrac{s}{(s-2)^2+1}$

(6) $F(s) = \dfrac{1}{s^2+2s+10}$

(7) $F(s) = \dfrac{s+4}{s^2-4s}$

(8) $F(s) = \dfrac{s+1}{(s^2+2s+2)^2}$

チェック項目

	月　日	月　日
逆ラプラス変換の計算ができる．		

部分分数分解の計算ができる．

$P(s)$，$Q(s)$ は s の整式で，$P(s)$ の次数が $Q(s)$ の次数より低く，$Q(s)$ の因数分解が

$$Q(s) = C(s-a)^k(s-b)^l \cdots \{(s-c)^2+d^2\}^m \cdots \qquad (1\text{次式と判別式が負の}2\text{次式})$$

となるとき，分数関数は次のように部分分数分解される．

$$\begin{aligned} F(s) = \frac{P(s)}{Q(s)} &= \frac{A_1}{s-a} + \frac{A_2}{(s-a)^2} + \cdots + \frac{A_k}{(s-a)^k} \\ &+ \frac{B_1}{s-b} + \frac{B_2}{(s-b)^2} + \cdots + \frac{B_l}{(s-b)^l} \\ &+ \cdots \\ &+ \frac{C_1 s + D_1}{(s-c)^2+d^2} + \frac{C_2 s + D_2}{\{(s-c)^2+d^2\}^2} + \cdots + \frac{C_m s + D_m}{\{(s-c)^2+d^2\}^m} \\ &+ \cdots \end{aligned}$$

分母 $Q(s)$ を両辺にかけて，s の恒等式となるように係数を決める．

また，両辺に $(s-a)^k$ をかけて，s で $k-r$ 階微分した後，$s=a$ とすると，係数 A_r だけが残る．よって，

$$A_r = \frac{1}{(k-r)!}\frac{d^{k-r}}{ds^{k-r}}\left\{(s-a)^k F(s)\right\}\Big|_{s=a} \qquad \text{特に } k=1 \text{ のとき } A_1 = (s-a)F(s)\Big|_{s=a}$$

例題 38.1　次の関数を部分分数分解せよ．

(1) $\dfrac{1}{(s+1)(s+2)}$　　(2) $\dfrac{s+1}{(s-3)(s-2)}$　　(3) $\dfrac{1}{(s-1)(s^2+2s+2)}$

＜解答＞

(1) $\dfrac{1}{(s+1)(s+2)} = \dfrac{A}{s+1} + \dfrac{B}{s+2}$ と置き，両辺に $(s+1)(s+2)$ をかけると，
$1 = (s+2)A + (s+1)B$ となり，これが s の恒等式になるので，$s=-1,\ -2$ でも成立するので，これらを代入すると，$A=1,\ B=-1$ となる．よって，$\dfrac{1}{(s+1)(s+2)} = \dfrac{1}{s+1} - \dfrac{1}{s+2}$

別解：$A = \dfrac{1}{s+2}\Big|_{s=-1} = 1,\ B = \dfrac{1}{s+1}\Big|_{s=-2} = -1$

(2) $\dfrac{s+1}{(s-3)(s-2)} = \dfrac{A}{s-3} + \dfrac{B}{s-2}$ と置き，両辺に $(s-3)(s-2)$ をかけると，
$s+1 = (s-2)A + (s-3)B$ となり，これが s の恒等式になるので，$s=2,\ 3$ でも成立するので，これらを代入すると，$A=4,\ B=-3$．よって，$\dfrac{s+1}{(s-3)(s-2)} = \dfrac{4}{s-3} - \dfrac{3}{s-2}$

別解：$A = \dfrac{s+1}{s-2}\Big|_{s=3} = 4,\ B = \dfrac{s+1}{s-3}\Big|_{s=2} = -3$

(3) $\dfrac{1}{(s-1)(s^2+2s+2)} = \dfrac{A}{s-1} + \dfrac{Bs+C}{s^2+2s+2}$ と置き，両辺に $(s-1)(s^2+2s+2)$ をかけると，
$1 = (s^2+2s+2)A + (s-1)(Bs+C) = (A+B)s^2 + (C-B+2)s + 2A - C$
これが s の恒等式になるので，連立方程式を解くと

$$\begin{cases} A+B=0 \\ 2A-B+C=0 \\ 2A-C=1 \end{cases} \longrightarrow \begin{cases} A=\frac{1}{5} \\ B=-\frac{1}{5} \\ C=-\frac{3}{5} \end{cases}$$

$$\therefore\ \frac{1}{(s-1)(s^2+2s+2)} = \frac{1}{5(s-1)} - \frac{s+3}{5(s^2+2s+2)}$$

ドリル no.38 class no name

問題 38.1 次の関数を部分分数分解せよ.

(1) $\dfrac{1}{(s-1)(s-2)}$

(2) $\dfrac{2s+3}{(s+3)(s+4)}$

(3) $\dfrac{1}{(s+2)(s^2+4s+5)}$

(4) $\dfrac{1}{(s+1)^3(s+2)^2}$

チェック項目

	月 日	月 日
部分分数分解の計算ができる.		

3　ラプラス変換　3.2　逆ラプラス変換　(4)　逆ラプラス変換の計算 II

部分分数分解を利用して逆ラプラス変換の計算ができる．

有理関数で，分子の次数が分母の次数より低いものは，次のように部分分数分解された．

$$F(s)=\frac{A_1}{s-a}+\frac{A_2}{(s-a)^2}+\cdots+\frac{A_k}{(s-a)^k}$$
$$+\frac{B_1}{s-b}+\frac{B_2}{(s-b)^2}+\cdots+\frac{B_l}{(s-b)^l}$$
$$+\cdots$$
$$+\frac{C_1s+D_1}{(s-c)^2+d^2}+\frac{C_2s+D_2}{\{(s-c)^2+d^2\}^2}+\cdots+\frac{C_ms+D_m}{\{(s-c)^2+d^2\}^m}$$
$$+\cdots$$

典型的な項のラプラス変換は次のようになる．

- $\dfrac{A_r}{(s-a)^r}$ は $\mathcal{L}^{-1}[F(s-\alpha)]=e^{\alpha t}\mathcal{L}^{-1}[F(s)]$ と $\mathcal{L}^{-1}\left[\frac{1}{s^n}\right]=\frac{t^{n-1}}{(n-1)!}$ を使うと

$$\therefore\ \mathcal{L}^{-1}\left[\frac{A_r}{(s-a)^r}\right]=A_r\,e^{at}\mathcal{L}^{-1}\left[\frac{1}{s^r}\right]=\frac{A_r}{(r-1)!}\,e^{at}\,t^{r-1}$$

- $\dfrac{C_1s+D_1}{(s-c)^2+d^2}$ は $\dfrac{C_1s+D_1}{(s-c)^2+d^2}=\dfrac{C_1(s-c)}{(s-c)^2+d^2}+\dfrac{D_1-C_1c}{(s-c)^2+d^2}$ と変形し，

$\mathcal{L}^{-1}[F(s-\alpha)]=e^{\alpha t}\mathcal{L}^{-1}[F(s)]$ と $\mathcal{L}^{-1}\left[\frac{s}{s^2+\omega^2}\right]=\cos\omega t,\ \mathcal{L}^{-1}\left[\frac{1}{s^2+\omega^2}\right]=\frac{\sin\omega t}{\omega}$ を使うと

$$\therefore\ \mathcal{L}^{-1}\left[\frac{C_1s+D_1}{(s-c)^2+d^2}\right]=C_1e^{ct}\cos d\,t+\frac{D_1-C_1c}{d}\,e^{ct}\sin d\,t$$

例題 39.1　次の関数の逆ラプラス変換を求めよ．(**例題 38.1** と同じ問題)

(1) $\dfrac{1}{(s+1)(s+2)}$　　(2) $\dfrac{s+1}{(s-3)(s-2)}$　　(3) $\dfrac{1}{(s-1)(s^2+2s+2)}$

＜解答＞

(1) 上の例題の部分分数分解より $\dfrac{1}{(s+1)(s+2)}=\dfrac{1}{s+1}-\dfrac{1}{s+2}$ となる．したがって，

$$\mathcal{L}^{-1}\left[\frac{1}{(s+1)(s+2)}\right]=\mathcal{L}^{-1}\left[\frac{1}{s+1}\right]-\mathcal{L}^{-1}\left[\frac{1}{s+2}\right]=e^{-t}-e^{-2t}$$

(2) 部分分数分解より $\dfrac{s+1}{(s-3)(s-2)}=\dfrac{4}{s-3}-\dfrac{3}{s-2}$ となる．したがって，

$$\mathcal{L}^{-1}\left[\frac{s+1}{(s-3)(s+2)}\right]=\mathcal{L}^{-1}\left[\frac{4}{s-3}\right]-\mathcal{L}^{-1}\left[\frac{3}{s-2}\right]=4e^{3t}-3e^{2t}$$

(3) 部分分数分解より $\dfrac{1}{(s-1)(s^2+2s+2)}=\dfrac{1}{5(s-1)}-\dfrac{s+3}{5(s^2+2s+1)}$

$$\mathcal{L}^{-1}\left[\frac{1}{(s-1)(s^2+2s+2)}\right]=\frac{1}{5}\mathcal{L}^{-1}\left[\frac{1}{s-1}\right]-\frac{1}{5}\mathcal{L}^{-1}\left[\frac{(s+1)+2}{(s+1)^2+1}\right]$$
$$=\frac{1}{5}e^t\mathcal{L}^{-1}\left[\frac{1}{s}\right]-\frac{1}{5}e^{-t}\mathcal{L}^{-1}\left[\frac{s+2}{s^2+1}\right]=\frac{1}{5}e^t-\frac{1}{5}e^{-t}\left(\mathcal{L}^{-1}\left[\frac{s}{s^2+1}\right]+2\mathcal{L}^{-1}\left[\frac{1}{s^2+1}\right]\right)$$
$$=\frac{1}{5}\left\{e^t-e^{-t}\left(\cos t+2\sin t\right)\right\}$$

ドリル no.39 class no name	

問題 39.1 次の関数の逆ラプラス変換を求めよ. (**問題 38.1** と同じ問題)

(1) $\dfrac{1}{(s-1)(s-2)}$

(2) $\dfrac{2s+3}{(s+3)(s+4)}$

(3) $\dfrac{1}{(s+2)(s^2+4s+5)}$

(4) $\dfrac{1}{(s+1)^3(s+2)^2}$

チェック項目

	月 日	月 日
部分分数分解を利用して逆ラプラス変換の計算ができる.		

3 ラプラス変換　3.2 逆ラプラス変換　(5) たたみこみのラプラス変換

たたみこみのラプラス変換の計算ができる．

$t > 0$ で定義された 2 つの関数 $f(t)$, $g(t)$ について，**たたみこみ** $(f * g)(t)$ を次のように定義する．

$$(f * g)(t) = \int_0^t f(t-\tau)g(\tau)d\tau = \int_0^t f(\tau)g(t-\tau)d\tau$$

たたみこみのラプラス変換について，次の関係が成立する．

$$\mathcal{L}[(f * g)(t)] = \mathcal{L}[f(t)]\mathcal{L}[g(t)]$$

したがって，$F(s) = \mathcal{L}[f(t)]$, $G(s) = \mathcal{L}[g(t)]$ とすると，この関係より

$$\mathcal{L}^{-1}[F(s)\,G(s)] = \mathcal{L}^{-1}[F(s)] * \mathcal{L}^{-1}[G(s)]$$

が成立する．

例題 40.1　次の 2 つの関数のたたみこみを求めよ．

(1) $t * t^2$　　(2) $\sin t * \cos t$

＜解答＞

(1) $t * t^2 = \displaystyle\int_0^t (t-\tau)\tau^2 d\tau = \int_0^t (t\tau^2 - \tau^3)d\tau = \left[\frac{1}{3}t\tau^3 - \frac{1}{4}\tau^4\right]_0^t = \frac{1}{12}t^4$

(2) $\sin t * \cos t = \displaystyle\int_0^t \sin(t-\tau)\cos\tau d\tau = \int_0^t \frac{1}{2}\left\{\sin(t-\tau+\tau) + \sin(t-\tau-\tau)\right\}d\tau$

$= \displaystyle\frac{1}{2}\int_0^t \left\{\sin t + \sin(t-2\tau)\right\}d\tau = \frac{1}{2}\left[\tau\sin t + \frac{1}{2}\cos(t-2\tau)\right]_0^t = \frac{1}{2}t\sin t$

例題 40.2　次の関数の逆ラプラス変換をたたみこみをもちいて求めよ．

(1) $\dfrac{1}{(s+1)(s+2)}$　　(2) $\dfrac{1}{s^4-1}$

＜解答＞

(1) $\mathcal{L}^{-1}\left[\dfrac{1}{(s+1)(s+2)}\right] = \mathcal{L}^{-1}\left[\dfrac{1}{s+1}\right] * \mathcal{L}^{-1}\left[\dfrac{1}{s+2}\right] = e^{-t} * e^{-2t} = \displaystyle\int_0^t e^{-(t-\tau)}e^{-2\tau}d\tau$

$= e^{-t}\displaystyle\int_0^t e^{-\tau}d\tau = e^{-t}\left[-e^{-\tau}\right]_0^t = e^{-t} - e^{-2t}$

※ 部分分数分解 $\dfrac{1}{(s+1)(s+2)} = \dfrac{1}{s+1} - \dfrac{1}{s+2}$ より求めることもできる．

(2) $\mathcal{L}^{-1}\left[\dfrac{1}{s^4-1}\right] = \mathcal{L}^{-1}\left[\dfrac{1}{(s^2-1)(s^2+1)}\right] = \mathcal{L}^{-1}\left[\dfrac{1}{s^2-1}\right] * \mathcal{L}^{-1}\left[\dfrac{1}{s^2+1}\right] = \sinh t * \sin t$

$\sinh t * \sin t = \displaystyle\int_0^t \sinh(t-\tau)\sin\tau d\tau = -\left[\sinh(t-\tau)\cos\tau\right]_0^t - \int_0^t \cosh(t-\tau)\cos\tau d\tau$

$= \sinh t - \left[\cosh(t-\tau)\sin\tau\right]_0^t - \displaystyle\int_0^t \sinh(t-\tau)\sin\tau d\tau = \sinh t - \sin t - \sinh t * \sin t$

よって，$\sinh t * \sin t$ について解くと $\mathcal{L}^{-1}\left[\dfrac{1}{s^4-1}\right] = \sinh t * \sin t = \dfrac{1}{2}(\sinh t - \sin t)$

ドリル no.40　class　no　name

問題 40.1　積分変数 τ を $\tau' = t - \tau$ と変数変換をすることにより，$(f * g)(t) = (g * f)(t)$ であることを証明せよ.

問題 40.2　次の 2 つの関数のたたみこみを求めよ.

(1) $t * e^t$　　(2) $e^t * e^{2t}$

問題 40.3　次の関数の逆ラプラス変換をたたみこみをもちいて求めよ.

(1) $\dfrac{1}{(s-1)(s+3)}$　　(2) $\dfrac{1}{s^3(s-2)}$

(3) $\dfrac{1}{(s^2+4)^2}$　　(4) $\dfrac{s^2}{(s^2+1)^2}$

チェック項目

	月　日	月　日
たたみこみのラプラス変換の計算ができる.		

3 ラプラス変換 3.3 ラプラス変換の応用 (1) 微分方程式への応用 I

ラプラス変換の微分方程式への応用を理解している．

ラプラス変換をもちいた常微分方程式の解法は，次の図式のように与えられる．

常微分方程式と初期条件	$\xrightarrow{\text{ラプラス変換}}$	代数方程式
		↓
常微分方程式の解	$\xleftarrow[\text{ラプラス逆変換}]{}$	代数方程式の解

1 階の定数係数常微分方程式

$$a_0\, y' + a_1\, y = f(x)$$

において，$\mathcal{L}[y(x)] = Y(s)$，$\mathcal{L}[f(x)] = F(s)$ としてラプラス変換すると

$$a_0\{sY(s) - y(0)\} + a_1 Y(s) = F(s)$$

となり，$Y(s)$ について整理すると $(a_0 s + a_1)Y(s) = a_0\, y(0) + F(s)$ となり，これを $Y(s)$ について解くと

$$Y(s) = \frac{a_0\, y(0) + F(s)}{a_0 s + a_1}$$

この両辺の逆ラプラス変換を行うと，解 $y(x) = \mathcal{L}^{-1}[Y(s)]$ が求められる．

例題 41.1 次の微分方程式を解け．

(1) $y' - 3y = 0$，$y(0) = 2$ (2) $y' - 2y = e^{2x}$，$y(0) = 3$

(3) $y' - y = 2\sin x$，$y(0) = 1$

＜解答＞

(1) $\mathcal{L}[y(x)] = Y(s)$ とする．$y' - 3y = 0$ をラプラス変換すると

$\{sY(s) - y(0)\} - 3Y(s) = 0$ となり，

$y(0) = 2$ を代入して，$Y(s)$ について解くと $Y(s) = \dfrac{2}{s-3}$ となる．

これを逆ラプラス変換すると $y(x) = \mathcal{L}^{-1}[Y(s)] = \mathcal{L}^{-1}\left[\dfrac{2}{s-3}\right] = 2\,e^{3x}$

(2) $\mathcal{L}[y(x)] = Y(s)$ とする．$y' - 2y = e^{2x}$ をラプラス変換すると

$\{sY(s) - y(0)\} - 2Y(s) = \dfrac{1}{s-2}$ となり，

$y(0) = 3$ を代入して，$Y(s)$ について解くと $Y(s) = \dfrac{3}{s-2} + \dfrac{1}{(s-2)^2}$ となる．

これを逆ラプラス変換すると $y(x) = \mathcal{L}^{-1}[Y(s)] = \mathcal{L}^{-1}\left[\dfrac{3}{s-2}\right] + \mathcal{L}^{-1}\left[\dfrac{1}{(s-2)^2}\right]$

$= 3e^{2x} + e^{2x}\mathcal{L}^{-1}\left[\dfrac{1}{s^2}\right] = (3+x)e^{2x}$

(3) $\mathcal{L}[y(x)] = Y(s)$ とする．$y' - y = 2\sin x$ をラプラス変換すると

$\{sY(s) - y(0)\} - Y(s) = \dfrac{2}{s^2+1}$ となり，$y(0) = 1$ を代入して，$Y(s)$ について解くと

$Y(s) = \dfrac{1}{s-1} + \dfrac{2}{(s-1)(s^2+1)} = \dfrac{2}{s-1} - \dfrac{s+1}{s^2+1}$ となる．これを逆ラプラス変換すると

$y(x) = \mathcal{L}^{-1}[Y(s)] = \mathcal{L}^{-1}\left[\dfrac{2}{s-1}\right] - \mathcal{L}^{-1}\left[\dfrac{1}{s^2+1}\right] - \mathcal{L}^{-1}\left[\dfrac{s}{s^2+1}\right] = 2e^x - \sin x - \cos x$

ドリル no.41	class	no	name

問題 41.1　次の微分方程式を解け.

(1) $y' - 2y = 0,\ y(0) = 3$

(2) $y' + y = e^{-x},\ y(0) = 1$

(3) $y' + 3y = 2\,e^{-x},\ y(0) = 1$

(4) $y' + 2y = e^{-3x},\ y(0) = 3$

(5) $y' - 2y = 5\cos x,\ y(0) = 2$

(6) $y' - y = x,\ y(0) = 2$

チェック項目

	月　日	月　日
ラプラス変換の微分方程式への応用が理解している.		

3　ラプラス変換　3.3　ラプラス変換の応用　(2)　微分方程式への応用 II

ラプラス変換の微分方程式への応用を理解している．

2 階の定数係数常微分方程式

$$a_0\, y'' + a_1\, y' + a_2\, y = f(x)$$

において，$\mathcal{L}[y(x)] = Y(s)$，$\mathcal{L}[f(x)] = F(s)$ としてラプラス変換すると

$$a_0\{s^2Y(s) - s\,y(0) - y'(0)\} + a_1\{sY(s) - y(0)\} + a_2Y(s) = F(s)$$

となり，$Y(s)$ について整理すると

$$(a_0s^2 + a_1s + a_2)Y(s) = a_0\, y(0)s + \{a_0y'(0) + a_1y(0)\} + F(s) = b_0\, s + b_1 + F(s)$$

となる．ここで $b_0 = a_0\, y(0)$，$b_1 = a_0y'(0) + a_1y(0)$ としている．

これを $Y(s)$ について解くと

$$Y(s) = \frac{b_0\, s + b_1 + F(s)}{a_0s^2 + a_1s + a_2}$$

この両辺の逆ラプラス変換を行うと，解 $y(x) = \mathcal{L}^{-1}[Y(s)]$ が求められる．

例題 42.1　次の微分方程式を解け．

$$y'' + y' - 2y = 12x,\quad y(0) = 0,\ y'(0) = 6$$

＜解答＞

$\mathcal{L}[y(x)] = Y(s)$ とする．$y'' + y' - 2y = 12x$ をラプラス変換すると

$\{s^2Y(s) - sy(0) - y'(0)\} + \{sY(s) - y(0)\} - 2Y(s) = \dfrac{12}{s^2}$ となり，$y(0) = 0$，$y'(0) = 6$ を代入して，$Y(s)$ について解くと $Y(s) = \dfrac{6}{s^2+s-2} + \dfrac{12}{s^2(s^2+s-2)} = -\dfrac{3}{s} - \dfrac{6}{s^2} + \dfrac{6}{s-1} - \dfrac{3}{s+2}$ となる．これを逆ラプラス変換すると

$$y(x) = \mathcal{L}^{-1}[Y(s)] = \mathcal{L}^{-1}\left[-\frac{3}{s} - \frac{6}{s^2} + \frac{6}{s-1} - \frac{3}{s+2}\right] = -3 - 6x + 6e^{x} - 3e^{-2x}\ ,$$

例題 42.2　次の微分方程式を解け．

$$y'' + 2y' + y = e^{-x}$$

＜解答＞　$\mathcal{L}[y(x)] = Y(s)$ とする．$y'' + 2y' + y = e^{-x}$ をラプラス変換すると

$\{s^2Y(s) - sy(0) - y'(0)\} + 2\{sY(s) - y(0)\} + Y(s) = \dfrac{1}{s+1}$ となり，$y(0) = a$，$y'(0) = b$ と置いて代入して，$Y(s)$ について解くと

$$Y(s) = \frac{as + 2a + b}{(s+1)^2} + \frac{1}{(s+1)^3} = a\frac{s+2}{(s+1)^2} + b\frac{1}{(s+1)^2} + \frac{1}{(s+1)^3}$$

$$= a\left\{\frac{1}{s+1} + \frac{1}{(s+1)^2}\right\} + b\frac{1}{(s+1)^2} + \frac{1}{(s+1)^3} = \frac{a}{s+1} + \frac{a+b}{(s+1)^2} + \frac{1}{(s+1)^3}$$

これを逆ラプラス変換すると

$$y(x) = \mathcal{L}^{-1}[Y(s)] = a\mathcal{L}^{-1}\left[\frac{1}{s+1}\right] + (a+b)\mathcal{L}^{-1}\left[\frac{1}{(s+1)^2}\right] + \mathcal{L}^{-1}\left[\frac{1}{(s+1)^3}\right]$$

$$= ae^{-x} + (a+b)xe^{-x} + \frac{1}{2}x^2e^{-x}$$

$C_1 = a$，$C_2 = a + b$ と置くと，解は $y(x) = \left(C_1 + C_2x + \frac{1}{2}x^2\right)e^{-x}$

ドリル no.42	class	no	name

問題 42.1 次の微分方程式を解け.

(1) $y'' + 9y = 0,\ y(0) = 2,\ y'(0) = 3$

(2) $y'' - 4y = \cos x,\ y(0) = 0,\ y'(0) = 0$

(3) $y'' + y' - 2y = 3\,e^x,\ y(0) = 1,\ y'(0) = -1$

問題 42.2 次の微分方程式を解け.

(1) $y'' + 2y' - 3y = 0$

(2) $y'' - y' = e^x \sin x$

チェック項目

	月 日	月 日
ラプラス変換の微分方程式への応用を理解している.		

3 ラプラス変換　3.3 ラプラス変換の応用　(3) 積分方程式への応用

ラプラス変換の積分方程式への応用を理解している．

○ 第 1 種ヴォルテラ型積分方程式
$$\int_0^x g(x-\tau)y(\tau)d\tau = f(x)$$
$\int_0^x g(x-\tau)y(\tau)d\tau = (g*f)(x)$ であるので，$\mathcal{L}[y(x)] = Y(s)$，$\mathcal{L}[g(x)] = G(s)$，$\mathcal{L}[f(x)] = F(s)$ とすると，両辺のラプラス変換は $G(s)Y(s) = F(s)$ となる．$Y(s)$ について解いて
$Y(s) = \dfrac{F(s)}{G(s)}$ の逆ラプラス変換をすると，解は $y(x) = \mathcal{L}^{-1}\left[\dfrac{F(s)}{G(s)}\right]$

○ 第 2 種ヴォルテラ型積分方程式
$$y(x) + \int_0^x g(x-\tau)y(\tau)d\tau = f(x)$$
両辺のラプラス変換は $Y(s) + G(s)Y(s) = F(s)$ となる．$Y(s)$ について解いて
$Y(s) = \dfrac{F(s)}{1+G(s)}$ の逆ラプラス変換をすると，解は $y(x) = \mathcal{L}^{-1}\left[\dfrac{F(s)}{1+G(s)}\right]$

[例題] **43.1**　次の積分方程式を解け．
$$\int_0^x \cos(x-\tau)y(\tau)d\tau = x$$

< 解答 >
$\mathcal{L}[y(x)] = Y(s)$ として左辺のラプラス変換は
$\mathcal{L}\left[\int_0^x \cos(x-\tau)y(\tau)d\tau\right] = \mathcal{L}[(\cos x) * y(x)] = \mathcal{L}[\cos x]\mathcal{L}[y(x)] = \dfrac{s}{s^2+1}Y(s)$
となるので，積分方程式のラプラス変換は $\dfrac{s}{s^2+1}Y(s) = \dfrac{1}{s^2}$ となる．よって，
$Y(s) = \dfrac{1}{s} + \dfrac{1}{s^3}$ となり，逆ラプラス変換をすると，解は $y(x) = \mathcal{L}^{-1}[Y(s)] = 1 + \dfrac{x^2}{2}$

[例題] **43.2**　次の積分方程式を解け．
$$y(x) + \int_0^x e^{x-\tau}y(\tau)d\tau = e^{-x}$$

< 解答 >
$\mathcal{L}\left[\int_0^x e^{x-\tau}y(\tau)d\tau\right] = \mathcal{L}[(e^x) * y(x)] = \mathcal{L}[e^x]\mathcal{L}[y(x)] = \dfrac{1}{s-1}Y(s)$ となるので，
積分方程式のラプラス変換は $Y(s) + \dfrac{1}{s-1}Y(s) = \dfrac{1}{s+1}$ となる．よって，
$Y(s) = \dfrac{s-1}{s(s+1)} = \dfrac{2}{s+1} - \dfrac{1}{s}$ となり，逆ラプラス変換をすると，
解は $y(x) = \mathcal{L}^{-1}[Y(s)] = 2e^{-x} - 1$

ドリル no.43　class　no　name

問題 43.1　次の積分方程式を解け.

(1) $\displaystyle\int_0^x (x-\tau)^2 y(\tau)d\tau = x^4$

(2) $\displaystyle\int_0^x \sin(x-\tau)y(\tau)d\tau = x^3$

問題 43.2　次の積分方程式を解け.

(1) $\displaystyle y(x) + \int_0^x (x-\tau)y(\tau)d\tau = x$

(2) $\displaystyle y(x) - \int_0^x \sin(x-\tau)y(\tau)d\tau = e^x$

チェック項目

	月　日	月　日
ラプラス変換の積分方程式への応用を理解している.		

4 フーリエ解析　4.1　フーリエ級数　(1)　三角関数の積分公式

三角関数の積分公式を理解している．

2つの任意の自然数 m, n について，次の式が成立する．

$$\int_{-\pi}^{\pi} dx = 2\pi, \qquad \int_{-\pi}^{\pi} \sin nx \, dx = \int_{-\pi}^{\pi} \cos nx \, dx = \int_{-\pi}^{\pi} \sin mx \cos nx \, dx = 0$$

$$\int_{-\pi}^{\pi} \sin mx \sin nx \, dx = \int_{-\pi}^{\pi} \cos mx \cos nx \, dx = \pi \delta_{mn} = \begin{cases} 0 \ (m \neq n) \\ \pi \ (m = n) \end{cases}$$

ここで，δ_{mn} はクロネッカーのデルタといい，$\delta_{mn} = \begin{cases} 0 \ (m \neq n) \\ 1 \ (m = n) \end{cases}$ と定義される．

また，次の関係も成立する．

$$\int_{-L}^{L} dx = 2L, \qquad \int_{-L}^{L} \sin \frac{n\pi x}{L} dx = \int_{-\pi}^{\pi} \cos \frac{n\pi x}{L} dx = \int_{-L}^{L} \sin \frac{m\pi x}{L} \cos \frac{n\pi x}{L} dx = 0$$

$$\int_{-L}^{L} \sin \frac{m\pi x}{L} \sin \frac{n\pi x}{L} dx = \int_{-L}^{L} \cos \frac{m\pi x}{L} \cos \frac{n\pi x}{L} dx = L \delta_{mn} = \begin{cases} 0 \ (m \neq n) \\ L \ (m = n) \end{cases}$$

例題 44.1 2つの任意の自然数 m, n について，次の式を示せ．

(1) $\int_{-\pi}^{\pi} \sin mx \sin nx \, dx = \begin{cases} 0 \ (m \neq n) \\ \pi \ (m = n) \end{cases}$ 　(2) $\int_{-\pi}^{\pi} e^{imx} e^{-inx} dx = \begin{cases} 0 \ (m \neq n) \\ 2\pi \ (m = n) \end{cases}$

＜解答＞

(1) $m = n$ のとき，半角の公式より

$$\int_{-\pi}^{\pi} \sin^2 mx \, dx = \int_{-\pi}^{\pi} \frac{1}{2}(1 - \cos 2mx) dx = \frac{1}{2}\left[x - \frac{1}{2m} \sin 2m \right]_{-\pi}^{\pi} = \pi$$

$m \neq n$ のとき，積を和に直す公式より，

$$\int_{-\pi}^{\pi} \sin mx \sin nx \, dx = -\frac{1}{2} \int_{-\pi}^{\pi} \{\cos(m+n)x - \cos(m-n)x\} dx$$

$$= -\frac{1}{2}\left[\frac{1}{m+n} \sin(m+n)x - \frac{1}{m-n} \sin(m-n)x \right]_{-\pi}^{\pi} = 0$$

(2) $m = n$ のとき，$\int_{-\pi}^{\pi} e^{imx} e^{-inx} dx = \int_{-\pi}^{\pi} dx = 2\pi$

$m \neq n$ のとき，$\int_{-\pi}^{\pi} e^{imx} e^{-inx} dx = \left[\frac{1}{(m-n)i} e^{i(m-n)x} \right]_{-\pi}^{\pi} = \frac{1}{(m-n)i} \{(-1)^{m-n} - (-1)^{m-n}\} = 0$

参考 周期 2π である2つの関数 $f(x), g(x)$ について，内積を $(f, g) = \frac{1}{\pi} \int_{-\pi}^{\pi} f(x)g(x) dx$ と定義し，$\phi_0 = \frac{1}{\sqrt{2}}$, $\phi_n = \cos nx$, $\psi_n = \sin nx$ と置くと，上の関係式は

$(\phi_0, \phi_0) = 1$, $(\phi_0, \phi_n) = (\phi_0, \psi_m) = (\phi_n, \psi_m) = 0$, $(\phi_n, \phi_m) = (\psi_n, \psi_m) = \delta_{nm}$

となり，この内積について $\{\phi_0, \phi_n, \psi_n \ (n = 1, 2, \cdots)\}$ は直交している．

$$f(x) = \frac{a_0}{2} + \sum_{n=1}^{\infty}(a_n \cos nx + b_n \sin nx) = \frac{1}{\sqrt{2}} a_0 \phi_0 + \sum_{n=1}^{\infty}(a_n \phi_n + b_n \psi_n)$$

と表せるとすると，展開係数は，上の内積の関係式より，$a_0 = \sqrt{2}(f, \phi_0)$, $a_n = (f, \phi_n)$, $b_n = (f, \psi_n)$ と表せる．

ドリル no.44	class	no	name

問題 44.1　2 つの任意の自然数 m, n について，次の式を示せ．

(1) $\displaystyle\int_{-\pi}^{\pi} \sin nx dx = \int_{-\pi}^{\pi} \cos nx dx = 0$

(2) $\displaystyle\int_{-\pi}^{\pi} \sin mx \cos nx dx = 0$

(3) $\displaystyle\int_{-\pi}^{\pi} \cos mx \cos nx dx = \begin{cases} 0 \ (m \neq n) \\ \pi \ (m = n) \end{cases}$

(4) $\displaystyle\int_{-\pi}^{\pi} \sin mx \sin nx dx = \begin{cases} 0 \ (m \neq n) \\ \pi \ (m = n) \end{cases}$ を変数変換することにより，

$\displaystyle\int_{-L}^{L} \sin \frac{m\pi x}{L} \sin \frac{n\pi x}{L} dx = \begin{cases} 0 \ (m \neq n) \\ L \ (m = n) \end{cases}$ を示せ．

チェック項目

	月　日	月　日
三角関数の積分公式を理解している．		

4　フーリエ解析　4.1　フーリエ級数　(2)　2π 周期関数のフーリエ級数

2π 周期関数のフーリエ級数を理解している.

周期が 2π の関数 $f(x)$ について，**フーリエ級数**は

$$f(x) \sim \frac{a_0}{2} + \sum_{n=1}^{\infty}(a_n \cos nx + b_n \sin nx),$$

$$a_n = \frac{1}{\pi}\int_{-\pi}^{\pi} f(x)\cos nx dx, \quad b_n = \frac{1}{\pi}\int_{-\pi}^{\pi} f(x)\sin nx dx$$

となり，a_n, b_n を $f(x)$ の**フーリエ係数**という．この級数は収束するとも限らないし，収束しても $f(x)$ と一致するとは限らないので，等号 $=$ の代わりに $\sim$ を使っている．

例題 **45.1**　次の周期 2π の関数 $f(x)$ のフーリエ級数を求めよ．

$$f(x) = \begin{cases} 0 & (-\pi \leqq x < 0) \\ \sin x & (0 \leqq x < \pi) \end{cases}$$

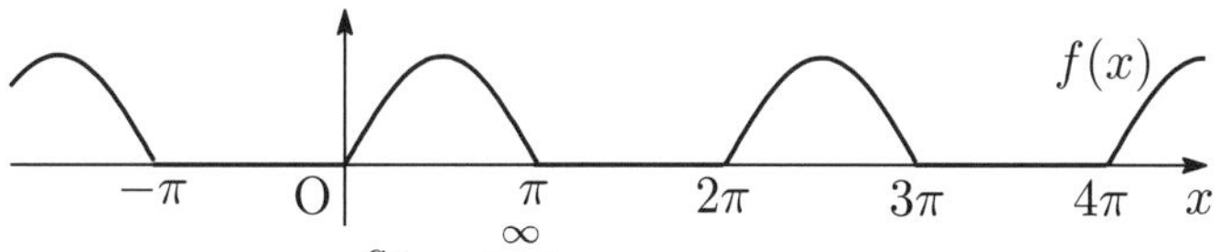

＜解答＞　周期 2π の関数 $f(x)$ のフーリエ級数 $f(x) \sim \dfrac{a_0}{2} + \displaystyle\sum_{n=1}^{\infty}(a_n \cos nx + b_n \sin nx)$ について，係数は

$$a_0 = \frac{1}{\pi}\int_{-\pi}^{\pi} f(x)dx = \frac{1}{\pi}\int_{-\pi}^{0} 0\,dx + \frac{1}{\pi}\int_{0}^{\pi}\sin x dx = \frac{1}{\pi}\left[-\cos x\right]_0^{\pi} = \frac{2}{\pi}$$

$$a_n = \frac{1}{\pi}\int_{-\pi}^{\pi} f(x)\cos nx dx = \frac{1}{\pi}\int_{0}^{\pi}\sin x \cos nx dx = \frac{1}{2\pi}\int_{0}^{\pi}\{\sin(1+n)x + \sin(1-n)x\}dx$$

$n = 1$ のとき $a_1 = \dfrac{1}{2\pi}\displaystyle\int_{0}^{\pi}\sin 2x dx = \dfrac{1}{4\pi}\left[-\cos 2x\right]_0^{\pi} = 0$

$n \neq 1$ のとき

$$a_n = \frac{1}{2\pi}\left[-\frac{1}{1+n}\cos(1+n)x - \frac{1}{1-n}\cos(1-n)x\right]_0^{\pi} = \frac{1}{2\pi}\left\{\frac{1-\cos(n+1)\pi}{n+1} + \frac{\cos(1-n)\pi - 1}{n-1}\right\}$$

$$= \frac{1}{\pi(n^2-1)}\{(-1)^{n+1} - 1\} = -\frac{1+(-1)^n}{\pi(n^2-1)}$$

$$b_n = \frac{1}{\pi}\int_{-\pi}^{\pi} f(x)\sin nx dx = \frac{1}{\pi}\int_{0}^{\pi}\sin x \sin nx dx = -\frac{1}{2\pi}\int_{0}^{\pi}\{\cos(1+n)x - \cos(1-n)x\}dx$$

$n = 1$ のとき $b_1 = \dfrac{1}{\pi}\displaystyle\int_{0}^{\pi}\sin^2 x dx = \dfrac{1}{2\pi}\int_{0}^{\pi}(1-\cos 2x)dx = \dfrac{1}{2\pi}\left[x - \dfrac{1}{2}\sin 2x\right]_0^{\pi} = \dfrac{1}{2}$

$n \neq 1$ のとき

$$b_n = -\frac{1}{2\pi}\left[\frac{1}{1+n}\sin(1+n)x - \frac{1}{1-n}\sin(1-n)x\right]_0^{\pi} = 0$$

したがって，

$$f(x) = \frac{1}{\pi} + \frac{1}{2}\sin x - \sum_{n=2}^{\infty}\frac{1+(-1)^n}{\pi(n^2-1)}\cos nx = \frac{1}{\pi} + \frac{1}{2}\sin x - \frac{2}{\pi}\left(\frac{\cos 2x}{2^2-1} + \frac{\cos 4x}{4^2-1} + \cdots\right).$$

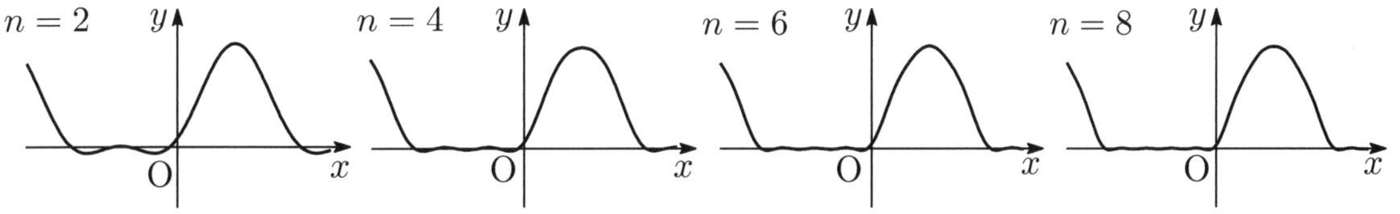

次数を上げていくと，グラフが元のグラフの形に近づいていくのがわかる．

ドリル no.45　class　no　name

問題 45.1　次の周期 2π の関数 $f(x)$ のフーリエ級数を求めよ．

(1) $f(x) = \begin{cases} 0 & (-\pi \leqq x < 0) \\ 1 & (0 \leqq x < \pi) \end{cases}$

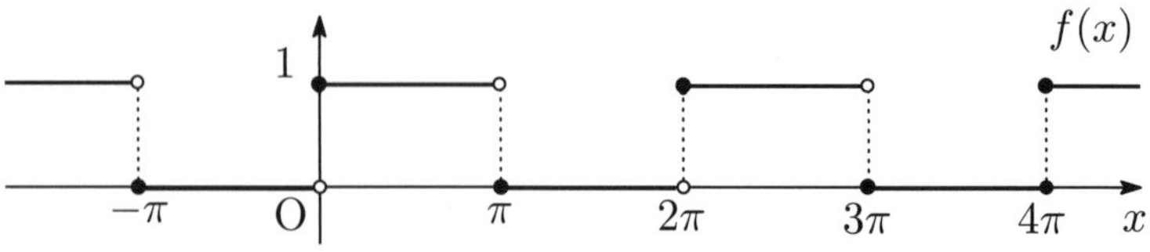

(2) $f(x) = x^2 \quad (0 \leqq x < 2\pi)$

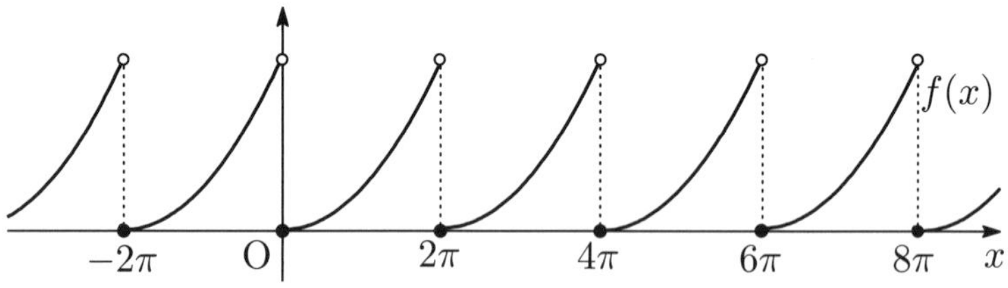

チェック項目　月　日　月　日

2π 周期関数のフーリエ級数を理解している．		

$2L$ 周期関数のフーリエ級数を理解している．

周期が $2L$ の関数 $f(x)$ について，フーリエ級数は

$$f(x) \sim \frac{a_0}{2} + \sum_{n=1}^{\infty}\left(a_n \cos\frac{n\pi x}{L} + b_n \sin\frac{n\pi x}{L}\right),$$

$$a_n = \frac{1}{L}\int_{-L}^{L} f(x)\cos\frac{n\pi x}{L}dx, \quad b_n = \frac{1}{L}\int_{-L}^{L} f(x)\sin\frac{n\pi x}{L}dx$$

となる．周期が $2L$ の関数で $x' = \dfrac{\pi}{L}x$ と変数をとると，この変数 x' について 2π 周期となるので，x' について周期が 2π のフーリエ級数を x の変数に書き直すと，周期が $2L$ フーリエ級数が得られる．

例題 46.1　次の周期 2 の関数 $f(x)$ のフーリエ級数を求めよ．

$$f(x) = \begin{cases} 0 & (-1 \leqq x < 0) \\ x & (0 \leqq x < 1) \end{cases}$$

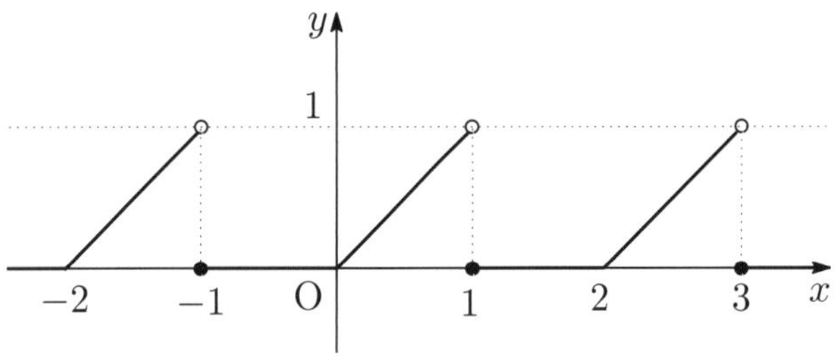

＜解答＞　周期 2 の関数 $f(x)$ のフーリエ級数は $f(x) \sim \dfrac{a_0}{2} + \displaystyle\sum_{n=1}^{\infty}(a_n \cos n\pi x + b_n \sin n\pi x)$

$$a_0 = \int_{-1}^{1} f(x)dx = \int_{-1}^{0} 0\,dx + \int_0^1 xdx = \left[\frac{1}{2}x^2\right]_0^1 = \frac{1}{2}$$

$$a_n = \int_{-1}^{1} f(x)\cos n\pi x dx = \int_0^1 x\cos n\pi x dx = \left[\frac{1}{n\pi}x\sin n\pi x\right]_0^1 - \frac{1}{n\pi}\int_0^1 \sin n\pi x dx$$

$$= \left[\frac{1}{n^2\pi^2}\cos n\pi x\right]_0^1 = \frac{\cos n\pi - 1}{n^2\pi^2} = \frac{(-1)^n - 1}{n^2\pi^2}$$

$$b_n = \int_{-1}^{1} f(x)\sin n\pi x dx = \int_0^1 x\sin n\pi x dx = -\left[\frac{1}{n\pi}x\cos n\pi x\right]_0^1 + \frac{1}{n\pi}\int_0^1 \cos n\pi x dx$$

$$= -\frac{\cos n\pi}{n\pi} + \left[\frac{1}{n^2\pi^2}\sin n\pi x\right]_0^1 = -\frac{(-1)^n}{n\pi}$$

したがって，

$$f(x) = \frac{1}{4} + \sum_{n=1}^{\infty}\left(\frac{(-1)^n - 1}{n^2\pi^2}\cos n\pi x - \frac{(-1)^n}{n\pi}\sin n\pi x\right)$$

$$= \frac{1}{4} - \frac{2}{\pi^2}\left(\cos\pi x + \frac{\cos 3\pi x}{3^2} + \cdots\right) + \frac{1}{\pi}\left(\sin\pi x - \frac{1}{2}\sin 2\pi x + \cdots\right).$$

$n = 5$ のとき，グラフは図のようになり，不連続な関数のグラフを近似している．

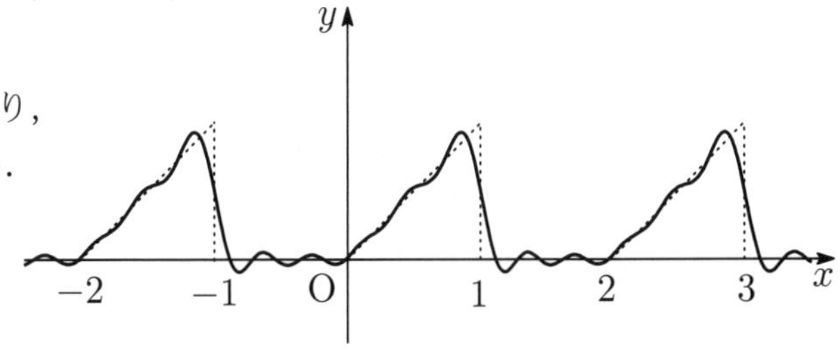

ドリル no.46	class	no	name

問題 46.1 次の問いに答えよ.

(1) 次の周期 1 の関数 $f(x)$ のフーリエ級数を求めよ.

$$f(x) = x \quad (0 \leqq x < 1)$$

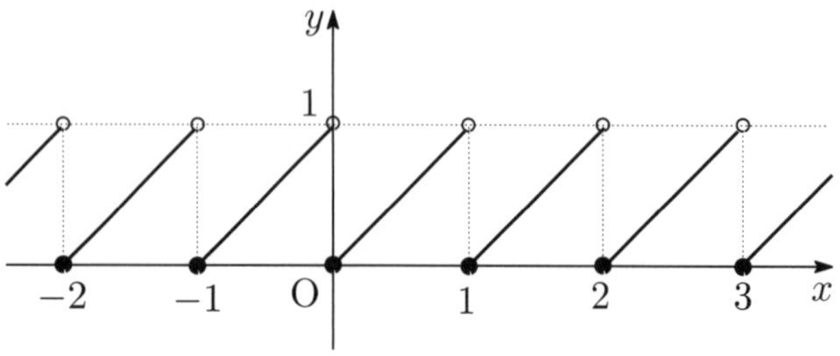

(2) 次の周期 1 の関数 $f(x)$ のフーリエ級数を求めよ.

$$f(x) = 1 - x \quad (0 \leqq x < 1)$$

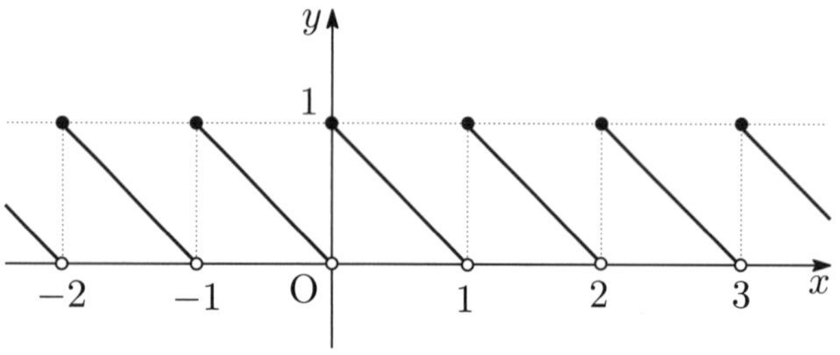

チェック項目

	月　日	月　日
$2L$ 周期関数のフーリエ級数を理解している.		

偶関数，奇関数のフーリエ級数を理解している．

- 周期が $2L$ の**偶関数** $f(x)$ のフーリエ級数は

$$f(x) \sim \frac{a_0}{2} + \sum_{n=1}^{\infty} a_n \cos\frac{n\pi x}{L}, \quad a_n = \frac{2}{L}\int_0^L f(x)\cos\frac{n\pi x}{L}dx$$

- 周期が $2L$ の**奇関数** $f(x)$ のフーリエ級数は

$$f(x) \sim \sum_{n=1}^{\infty} b_n \sin\frac{n\pi x}{L}, \quad b_n = \frac{2}{L}\int_0^L f(x)\sin\frac{n\pi x}{L}dx$$

例題 47.1　次の関数 $f(x)$ のフーリエ級数を求めよ．

(1)

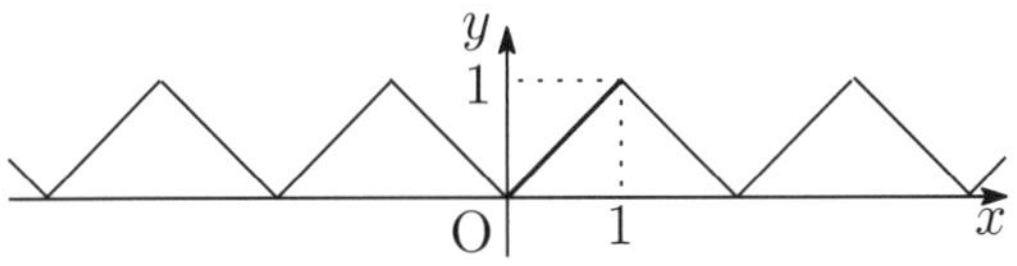

(2)

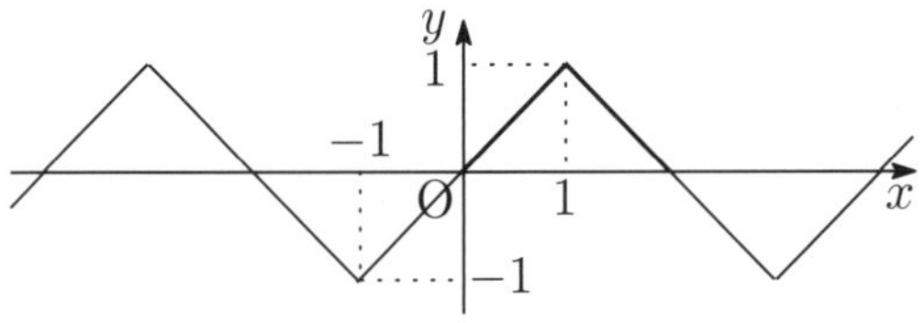

＜解答＞

(1) $f(x)$ は周期 2 の偶関数であるので $b_n = 0$，$f(x)$ のフーリエ級数は $f(x) \sim \dfrac{a_0}{2} + \displaystyle\sum_{n=1}^{\infty} a_n \cos n\pi x$

$$a_0 = 2\int_0^1 f(x)dx = 2\int_0^1 xdx = \left[x^2\right]_0^1 = 1$$

$$a_n = 2\int_0^1 f(x)\cos n\pi x dx = 2\int_0^1 x\cos n\pi x dx = \left[\frac{2}{n\pi}x\sin n\pi x\right]_0^1 - \frac{2}{n\pi}\int_0^1 \sin n\pi x dx$$

$$= \left[\frac{2}{n^2\pi^2}\cos n\pi x\right]_0^1 = \frac{2(\cos n\pi - 1)}{n^2\pi^2} = \frac{2\{(-1)^n - 1\}}{n^2\pi^2}$$

したがって，

$$f(x) = \frac{1}{2} + \sum_{n=1}^{\infty}\frac{2\{(-1)^n - 1\}}{n^2\pi^2}\cos n\pi x = \frac{1}{2} - \frac{4}{\pi^2}\left(\cos\pi x + \frac{\cos 3\pi x}{3^2} + \cdots\right)$$

(2) $f(x)$ は周期 4 の奇関数であるので $a_n = 0$，$f(x)$ のフーリエ級数は $f(x) \sim \displaystyle\sum_{n=1}^{\infty} b_n \sin\frac{n\pi}{2}x$

$$b_n = \int_0^2 f(x)\sin\frac{n\pi x}{2}dx = \int_0^1 x\sin\frac{n\pi x}{2}dx + \int_1^2 (2-x)\sin\frac{n\pi x}{2}dx$$

$$= \left[-\frac{2}{n\pi}x\cos\frac{n\pi x}{2}\right]_0^1 + \frac{2}{n\pi}\int_0^1\cos\frac{n\pi x}{2}dx + \left[-\frac{2}{n\pi}(2-x)\cos\frac{n\pi x}{2}\right]_1^2 - \frac{2}{n\pi}\int_1^2\cos\frac{n\pi x}{2}dx$$

$$= -\frac{2}{n\pi}\cos\frac{n\pi}{2} + \left(\frac{2}{n\pi}\right)^2\left[\sin\frac{n\pi x}{2}\right]_0^1 + \frac{2}{n\pi}\cos\frac{n\pi}{2} - \left(\frac{2}{n\pi}\right)^2\left[\sin\frac{n\pi x}{2}\right]_1^2 = \frac{8}{n^2\pi^2}\sin\frac{n\pi}{2}$$

したがって，

$$f(x) = \sum_{n=1}^{\infty}\frac{8}{n^2\pi^2}\sin\frac{n\pi}{2}\sin n\pi x = \frac{8}{\pi^2}\left(\sin\frac{\pi x}{2} - \frac{1}{3^2}\sin\frac{3\pi x}{2} + \frac{1}{5^2}\sin\frac{5\pi x}{2} + \cdots\right)$$

ドリル no.47　class　no　name

問題 47.1　関数 $f(x)$ のフーリエ級数を求めよ.

(1) 図の周期 2π の関数 $f(x)$

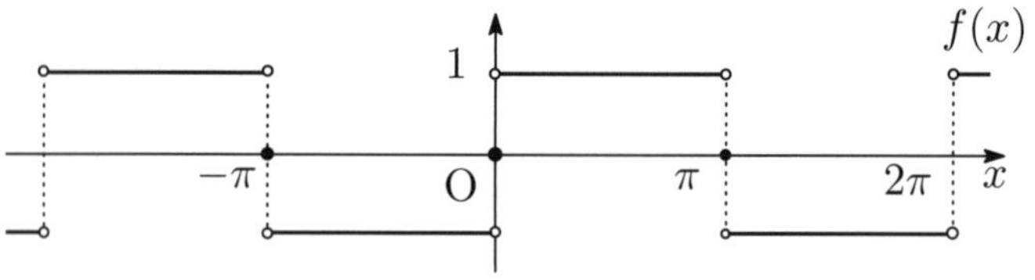

(2) 図の周期 2 の関数 $f(x) = -x(x-2)$ $(0 \leqq x \leqq 2)$

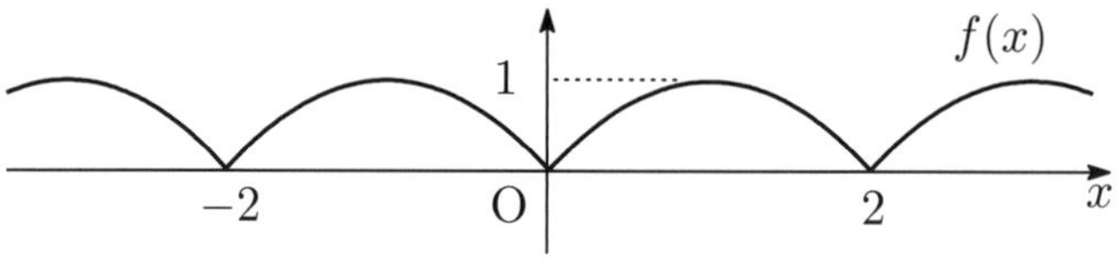

チェック項目

	月　日	月　日
偶関数，奇関数のフーリエ級数を理解している.		

4　フーリエ解析　4.1　フーリエ級数　(5)　複素フーリエ級数

複素フーリエ級数を理解している.

周期が $2L$ の関数 $f(x)$ の**複素フーリエ級数**は

$$f(x) \sim \sum_{n=-\infty}^{\infty} c_n e^{i\frac{n\pi x}{L}},\quad c_n = \frac{1}{2L}\int_{-L}^{L} f(x) e^{-i\frac{n\pi x}{L}} dx$$

例題 **48.1**　次の周期 2π の関数 $f(x)$ の複素フーリエ級数を求め，前に求めた結果 (**例題 45.1**) と比較せよ.

$$f(x) = \begin{cases} 0 & (-\pi \leqq x < 0) \\ \sin x & (0 \leqq x < \pi) \end{cases}$$

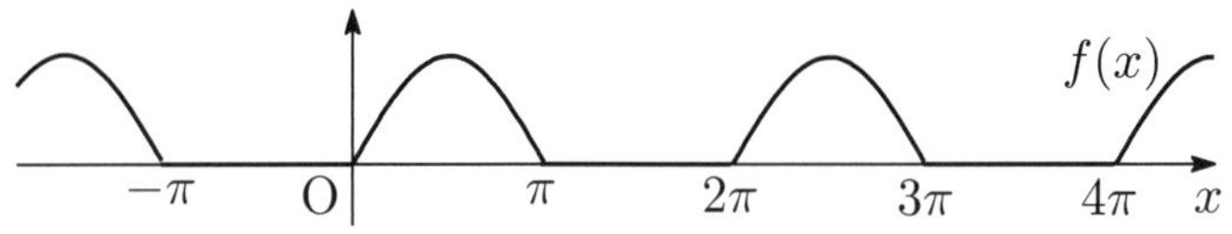

＜解答＞　$f(x)$ の複素フーリエ級数は $f(x) \sim \displaystyle\sum_{n=-\infty}^{\infty} c_n e^{inx}$

$c_n = \dfrac{1}{2\pi}\displaystyle\int_{-\pi}^{\pi} f(x)e^{-inx}dx = \dfrac{1}{2\pi}\int_0^{\pi} e^{-inx}\sin x dx$ となり，積分は

$$\int_0^{\pi} e^{-inx}\sin x dx = \left[-e^{-inx}\cos x\right]_0^{\pi} - in\int_0^{\pi} e^{-inx}\cos x dx$$

$$= (-1)^n + 1 - in\left[e^{-inx}\sin x\right]_0^{\pi} - (in)^2\int_0^{\pi} e^{-inx}\sin x dx = (-1)^n + 1 + n^2\int_0^{\pi} e^{-inx}\sin x dx$$

したがって，$n \neq \pm 1$ のとき，$\displaystyle\int_0^{\pi} e^{-inx}\sin x dx = -\frac{(-1)^n+1}{n^2-1}$　$\therefore\ c_n = -\dfrac{1+(-1)^n}{2\pi(n^2-1)}$

$n = \pm 1$ のときは，$\sin x = \dfrac{e^{ix} - e^{-ix}}{2i}$ より，

$$c_{\pm 1} = \frac{1}{2\pi}\int_0^{\pi} e^{\mp inx}\sin x dx = \pm\frac{1}{4\pi i}\int_0^{\pi}(1 - e^{\mp 2ix})dx = \pm\frac{1}{4\pi i}\left[x \pm \frac{1}{2i}e^{\mp 2ix}\right]_0^{\pi} = \pm\frac{1}{4i}$$

$n \neq 0, \pm 1$ のとき，$c_n = c_{-n}$ であるので，

$$f(x) = c_0 + c_1 + c_{-1} + \sum_{n=2}^{\infty} c_n e^{inx} + \sum_{n=-\infty}^{-2} c_n e^{inx} = c_0 + c_1 + c_{-1} + \sum_{n=2}^{\infty} c_n(e^{inx} + e^{-inx})$$

$$= \frac{1}{\pi} + \frac{1}{4i}e^{ix} - \frac{1}{4i}e^{-ix} - \sum_{n=2}^{\infty}\frac{1+(-1)^n}{2\pi(n^2-1)}(e^{inx} + e^{-inx})$$

これは，

$$f(x) = \frac{1}{\pi} + \frac{1}{2}\sin x - \sum_{n=2}^{\infty}\frac{1+(-1)^n}{\pi(n^2-1)}\cos nx$$

となり，**例題 45.1** の結果と一致する.

参考　$f(x) \sim \dfrac{a_0}{2} + \displaystyle\sum_{n=1}^{\infty}(a_n\cos nx + b_n\sin nx) = \frac{a_0}{2} + \sum_{n=1}^{\infty}\left\{a_n\frac{1}{2}(e^{inx} + e^{-inx}) + b_n\frac{1}{2i}(e^{inx} - e^{-inx})\right\}$

$$= \frac{a_0}{2} + \sum_{n=1}^{\infty}\left\{\frac{1}{2}(a_n - ib_n)e^{inx} + \frac{1}{2}(a_n + ib_n)e^{-inx}\right\} = \sum_{n=-\infty}^{\infty} c_n e^{inx}$$ よって，

$c_0 = \dfrac{a_0}{2}$，$c_n = \dfrac{1}{2}(a_n - ib_n)$，$c_{-n} = \dfrac{1}{2}(a_n + ib_n)$ $(n = 1, 2, 3, \cdots)$ また，逆に解くと

$a_0 = 2c_0$，$a_n = c_n + c_{-n}$，$b_n = i(c_n - c_{-n})$ $(n = 1, 2, 3, \cdots)$

実数値関数に対しては a_n, b_n が実数になるので，$c_n^* = c_{-n}$ を満たす.

ドリル no.48	class	no	name

問題 48.1　次の周期 2π の関数 $f(x)$ の複素フーリエ級数を求め，前に求めた結果 (**問題 45.1**) と比較せよ．

(1) $f(x) = \begin{cases} 0 & (-\pi \leqq x < 0) \\ 1 & (0 \leqq x < \pi) \end{cases}$

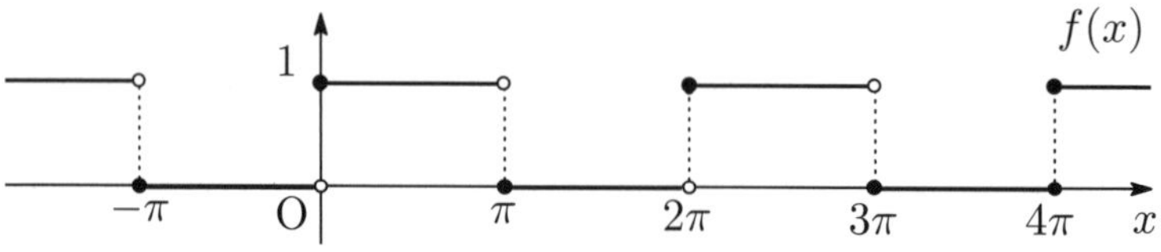

(2) $f(x) = x^2 \qquad (0 \leqq x < 2\pi)$

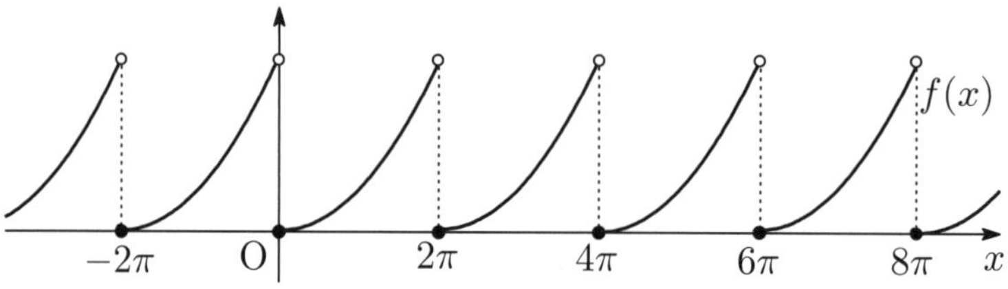

問題 48.2　次の周期 2 の関数 $f(x)$ の複素フーリエ級数を求め，前に求めた結果 (**例題 46.1**) と比較せよ．

$f(x) = \begin{cases} 0 & (-1 \leqq x < 0) \\ x & (0 \leqq x < 1) \end{cases}$

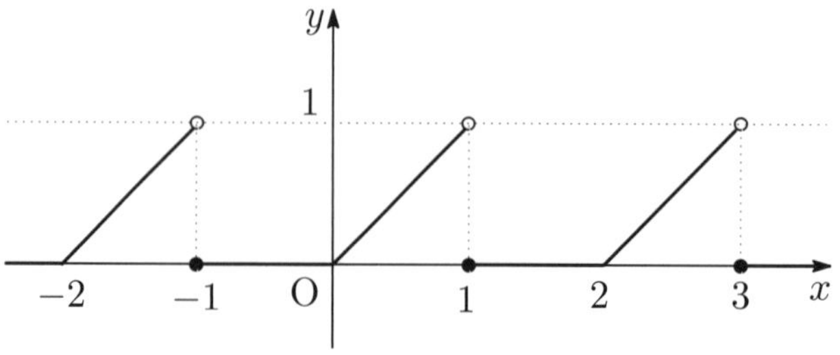

チェック項目

チェック項目	月　日	月　日
複素フーリエ級数を理解している．		

4 フーリエ解析　4.1 フーリエ級数　(6) フーリエ級数の収束定理

> フーリエ級数の収束定理とパーセバルの等式を理解している.

- **フーリエ級数の収束定理**

  周期関数 $f(x)$ が区分的に滑らかな関数であれば，$f(x)$ のフーリエ級数は

  ◦ $f(x)$ が連続な点では $f(x)$ に収束する.

  ◦ $f(x)$ が連続な点では $\dfrac{f(x-0)+f(x+0)}{2}$ に収束する.

- **パーセバルの等式**

  $f(x)$ が区間 $[-L, L]$ で連続で，区分的に滑らかであれば，次の等式が成立する.

$$\frac{1}{L}\int_{-L}^{L}\{f(x)\}^2 dx = \frac{a_0^2}{2} + \sum_{n=1}^{\infty}(a_n^2 + b_n^2)$$

例題 49.1　次の各問いに答えよ.

(1) $f(x) = x^2$ （$\pi \leqq x < \pi$）で周期が 2π の関数 $f(x)$ のフーリエ級数を求めよ.

(2) $\dfrac{1}{1^2} + \dfrac{1}{2^2} + \cdots + \dfrac{1}{n^2} + \cdots = \dfrac{\pi^2}{6}$ を証明せよ.

(3) $\dfrac{1}{1^4} + \dfrac{1}{2^4} + \cdots + \dfrac{1}{n^4} + \cdots = \dfrac{\pi^4}{90}$ を証明せよ.

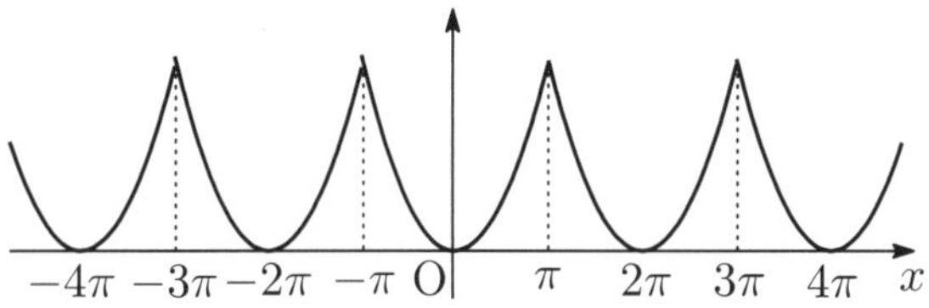

＜解答＞

(1) $f(x)$ は周期 2π の偶関数であるので，$f(x)$ のフーリエ級数は $f(x) \sim \dfrac{a_0}{2} + \displaystyle\sum_{n=1}^{\infty} a_n \cos nx$

$$a_0 = \frac{2}{\pi}\int_0^{\pi} f(x)dx = \frac{2}{\pi}\int_0^{\pi} x^2 dx = \frac{2}{\pi}\left[\frac{1}{3}x^2\right]_0^{\pi} = \frac{2}{3}\pi^2$$

$$a_n = \frac{2}{\pi}\int_0^{\pi} f(x)\cos nx dx = \frac{2}{\pi}\int_0^{\pi} x^2 \cos nx dx = \left[\frac{2}{n\pi}x^2 \sin nx\right]_0^{\pi} - \frac{4}{n\pi}\int_0^{\pi} x \sin nx dx$$

$$= \frac{4}{n^2\pi}\left[x\cos nx\right]_0^{\pi} - \frac{4}{n^2\pi}\int_0^{\pi}\cos nx dx = \frac{4(-1)^n}{n^2} - \frac{4}{n^3\pi}\left[\sin nx\right]_0^{\pi} = \frac{4(-1)^n}{n^2}$$

したがって,

$$f(x) = \frac{\pi^2}{3} + 4\sum_{n=1}^{\infty}\frac{(-1)^n}{n^2}\cos nx = \frac{\pi^2}{3} + 4\left(-\cos x + \frac{\cos 2x}{2^2} - \frac{\cos 3x}{3^2} + \cdots\right)$$

(2) $\cos n\pi = (-1)^n$ であるので，$f(x)$ で $x = \pi$ と置くと (1) より,

$\pi^2 = \dfrac{\pi^2}{3} + 4\left(1 + \dfrac{1}{2^2} + \dfrac{1}{3^2} + \cdots\right)$ となり，$\dfrac{1}{1^2} + \dfrac{1}{2^2} + \dfrac{1}{3^2} + \cdots + \dfrac{1}{n^2} + \cdots = \dfrac{\pi^2}{6}$

(3) パーセバルの等式より，左辺は $\dfrac{1}{\pi}\displaystyle\int_{-\pi}^{\pi} x^4 dx = \dfrac{1}{\pi}\left[\dfrac{1}{5}x^5\right]_{-\pi}^{\pi} = \dfrac{2\pi^4}{5}$

右辺は $\dfrac{1}{2}\left(\dfrac{2}{3}\pi^2\right)^2 + \displaystyle\sum_{n=1}^{\infty}\left\{\dfrac{4(-1)^n}{n^2}\right\}^2 = \dfrac{2\pi^4}{9} + 16\displaystyle\sum_{n=1}^{\infty}\dfrac{1}{n^4}$ であるので,

$$\frac{2\pi^4}{5} = \frac{2\pi^4}{9} + 16\sum_{n=1}^{\infty}\frac{1}{n^4} \qquad \therefore \sum_{n=1}^{\infty}\frac{1}{n^4} = \frac{\pi^4}{90}$$

ドリル no.49	class	no	name

問題 49.1 次の各問いに答えよ.

(1) $f(x) = |\sin x|$ のフーリエ級数を求めよ.

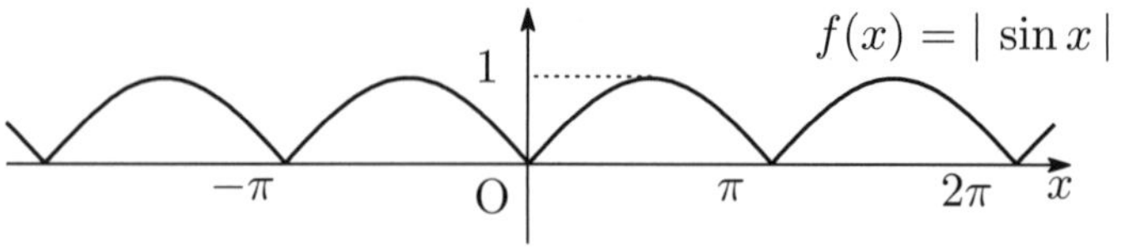

(2) $\dfrac{1}{1\cdot 3} - \dfrac{1}{3\cdot 5} + \cdots + \dfrac{(-1)^{n-1}}{(2n-1)(2n+1)} + \cdots = \dfrac{\pi - 2}{4}$ を証明せよ.

(3) $\dfrac{1}{1^2\cdot 3^2} + \dfrac{1}{3^2\cdot 5^2} + \cdots + \dfrac{1}{(2n-1)^2(2n+1)^2} + \cdots = \dfrac{\pi^2 - 8}{16}$ を証明せよ.

チェック項目

	月　日	月　日
フーリエ級数の収束定理とパーセバルの等式を理解している.		

4 フーリエ解析　4.1 フーリエ級数　(7) フーリエ級数の偏微分方程式への応用

偏微分方程式への応用を理解している．

1つの独立変数に関する関数とそれらの導関数を含む微分方程式を**常微分方程式**といい，2つ以上の独立変数に関する多変数関数とそれらの偏導関数を含む微分方程式を**偏微分方程式**という．

ここでは x と t についての2変数関数に対して，$u(x,t) = X(x)T(t)$ と置くことにより，偏微分方程式を常微分方程式にして微分方程式を解く．これを変数分離法という．

例題 50.1 次の偏微分方程式の解で，

$$\frac{\partial^2 u}{\partial t^2} = v^2 \frac{\partial^2 u}{\partial x^2} \quad (0 < x < 2,\ t > 0)$$

次の条件を満たすものを，変数分離法をもちいて求めよ．

$$u(0,t) = u(2,t) = \frac{du}{dt}(x,0) = 0, \quad u(x,0) = \begin{cases} x & (0 \leqq x < 1) \\ 2-x & (1 \leqq x < 2) \end{cases}$$

＜解答＞ 変数分離法より，$u(x,t) = X(x)T(t)$ とおくと，偏微分方程式は $X(x)T''(t) = v^2 X''(x)T(t)$ となるので，$\dfrac{1}{v^2}\dfrac{T''(t)}{T(t)} = \dfrac{X''(x)}{X(x)} = \lambda$ とすると，λ は定数となる．よって，

$X''(x) = \lambda X(x),\ T''(t) = v^2 \lambda T(t)$ の2つの微分方程式を解く．X の方程式は

$\lambda > 0$ のとき，$X = Ae^{\sqrt{\lambda}x} + Be^{-\sqrt{\lambda}x}$

$\lambda = 0$ のとき，$X = Ax + B$

$\lambda < 0$ のとき，$X = A\cos\sqrt{-\lambda}x + B\sin\sqrt{-\lambda}x$

となるので，$u(0,t) = u(2,t) = 0$ より，$X(0) = X(2) = 0$ で恒等的に 0 でない解は $\lambda < 0$ の場合のみで，$A = 0, \sin 2\sqrt{-\lambda} = 0$ であるので，$\sqrt{-\lambda} = \dfrac{n\pi}{2}$　∴ $X = B\sin\dfrac{n\pi x}{2}$

T の方程式は $\lambda = -\left(\dfrac{n\pi}{2}\right)^2 < 0$ で $\dfrac{du}{dt}(x,0) = 0$ より，$T'(0) = 0$ であるので，$T = C\cos\dfrac{n\pi vt}{2}$

よって，偏微分方程式の解は $u_n(x,t) = c_n \sin\dfrac{n\pi x}{2}\cos\dfrac{n\pi vt}{2}$ となるが，$t = 0$ での条件を満たさないので，$u_n(x,t)$ の線形結合を考える．$u(x,t) = \displaystyle\sum_{n=1}^{\infty} c_n \sin\dfrac{n\pi x}{2}\cos\dfrac{n\pi vt}{2}$

$t = 0$ のとき，$u(x,0) = \displaystyle\sum_{n=1}^{\infty} c_n \sin\dfrac{n\pi x}{2}$ となるので，周期 4 の奇関数のフーリエ級数になる．

例題 47.1(2) より，$c_n = \dfrac{8}{n^2\pi^2}\sin\dfrac{n\pi}{2}$ となるので，解は $u(x,t) = \displaystyle\sum_{n=1}^{\infty} \dfrac{8}{n^2\pi^2}\sin\dfrac{n\pi}{2}\sin\dfrac{n\pi x}{2}\cos\dfrac{n\pi vt}{2}$

参考 偏微分方程式 $\dfrac{\partial^2 u}{\partial t^2} = v^2 \dfrac{\partial^2 u}{\partial x^2}$ は1次元の波動方程式であり，速さ v で伝播する波を表す方程式である．偏微分方程式の解は，三角関数の積を和に直す公式 $\sin A\cos B = \dfrac{1}{2}\{\sin(A+B) + \sin(A-B)\}$ より，$u_n(x,t) = c_n \sin\dfrac{n\pi x}{2}\cos\dfrac{n\pi vt}{2} = \dfrac{c_n}{2}\left\{\sin\dfrac{n\pi}{2}(x+vt) + \sin\dfrac{n\pi}{2}(x-vt)\right\}$ となり，この2つの項はそれぞれ x の負の方向と正の方向に速さ v で伝播する波を表している．

ドリル no.50 class no name

問題 50.1 次の偏微分方程式の解で,

$$\frac{\partial u}{\partial t} = \frac{\partial^2 u}{\partial x^2} \quad (0 < x < 2\pi,\ t > 0)$$

次の条件を満たすものを，変数分離法をもちいて求めよ．

(1) $u(0,t) = u(2\pi,t) = 0, \quad u(x,0) = \sin x$

(2) $u(0,t) = u(2\pi,t) = 0, \quad u(x,0) = -x(x-2\pi)$

チェック項目 月 日 月 日

偏微分方程式への応用を理解している．		

4 フーリエ解析　4.2　フーリエ変換　(1)　フーリエ積分，正弦変換，余弦変換

> フーリエ積分，正弦変換，余弦変換を理解している．

- 関数 $f(x)$ の**フーリエ積分**は
$$f(x) \sim \frac{1}{\pi} \int_0^\infty \{A(u)\cos ux + B(u)\sin ux\}\, du,$$
$$A(u) = \int_{-\infty}^\infty f(x)\cos ux\, dx, \quad B(u) = \int_{-\infty}^\infty f(x)\sin ux\, dx$$

- 偶関数に対しては $B(u)=0$ となるので，$F_c(u) = A(u)$ とすると，**フーリエ余弦変換**は
$$f(x) \sim \frac{1}{\pi} \int_0^\infty F_c(u)\cos ux\, du, \quad F_c(u) = 2\int_0^\infty f(x)\cos ux\, dx$$

- 奇関数に対しては $A(u)=0$ となるので，$F_s(u) = B(u)$ とすると，**フーリエ正弦変換**は
$$f(x) \sim \frac{1}{\pi} \int_0^\infty F_s(u)\sin ux\, du, \quad F_s(u) = 2\int_0^\infty f(x)\sin ux\, dx$$

例題 51.1　次の関数のフーリエ積分を求めよ．
$$f(x) = \begin{cases} 1 & (0 < x \leq a) \\ 0 & (x \leq 0,\ x > a) \end{cases}$$

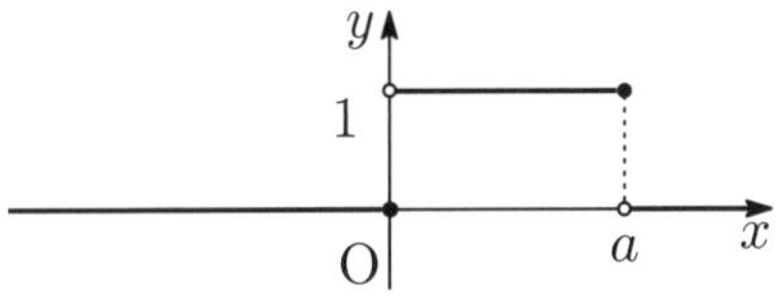

＜解答＞
$$A(u) = \int_{-\infty}^\infty f(x)\cos ux\, dx = \int_0^a \cos ux\, dx = \left[\frac{1}{u}\sin ux\right]_0^a = \frac{\sin au}{u}$$
$$B(u) = \int_{-\infty}^\infty f(x)\sin ux\, dx = \int_0^a \sin ux\, dx = \left[-\frac{1}{u}\cos ux\right]_0^a = \frac{1-\cos au}{u}$$
したがって，$f(x) \sim \dfrac{1}{\pi}\displaystyle\int_0^\infty \left\{\dfrac{\sin au}{u}\cos ux + \dfrac{1-\cos au}{u}\sin ux\right\} du,$

例題 51.2　次の偶関数のフーリエ余弦変換を求めよ．

$f(x) = e^{-|x|}$

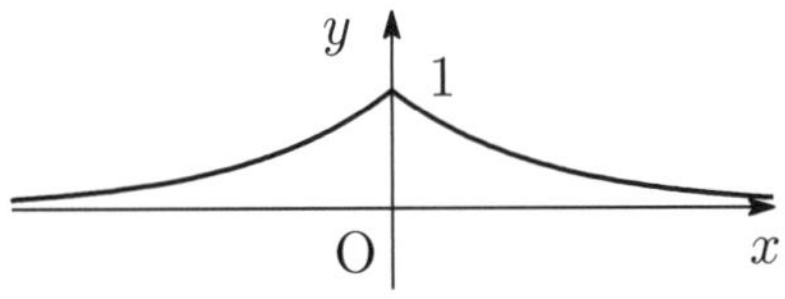

＜解答＞　偶関数であるので，
$$F_c(u) = 2\int_0^\infty f(x)\cos ux\, dx = 2\int_0^\infty e^{-x}\cos ux\, dx$$
この積分は $\displaystyle\int_0^\infty e^{-x}\cos ux\, dx = \left[-e^{-x}\cos ux\right]_0^\infty - u\int_0^\infty e^{-x}\sin ux\, dx$
$= 1 + u\left[-e^{-x}\sin ux\right]_0^\infty - u^2\int_0^\infty e^{-x}\cos ux\, dx = 1 - u^2 \int_0^\infty e^{-x}\cos ux\, dx$

よって，$\displaystyle\int_0^\infty e^{-x}\cos ux\, dx = \frac{1}{u^2+1}$　$\therefore F_c(u) = \dfrac{2}{u^2+1}$

このグラフは次のようになる．

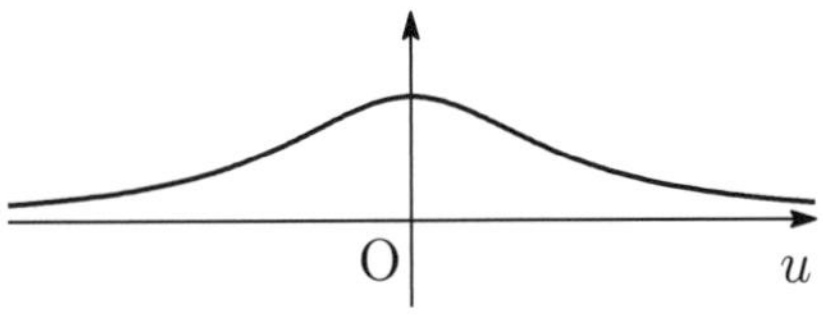

ドリル no.51	class	no	name

問題 51.1　次の関数のフーリエ積分を求めよ．

$$f(x)=\begin{cases}\sin x & (0<x\leqq \pi)\\ 0 & (x\leqq 0,\ x>\pi)\end{cases}$$

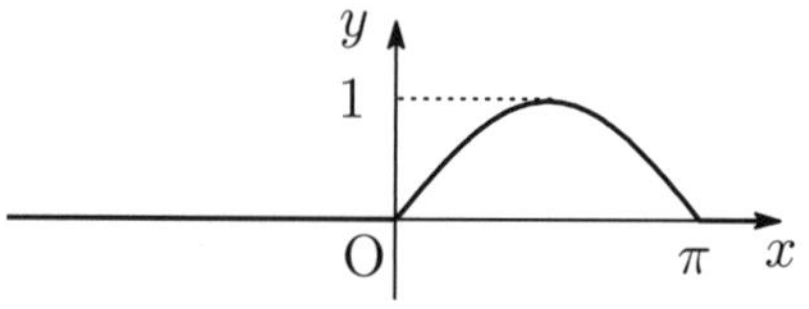

問題 51.2　次の関数が，奇関数であればフーリエ正弦変換を，偶関数であればフーリエ余弦変換を求めよ．

(1) $f(x)=\begin{cases}1 & (|x|\leqq a)\\ 0 & (|x|>a)\end{cases}$

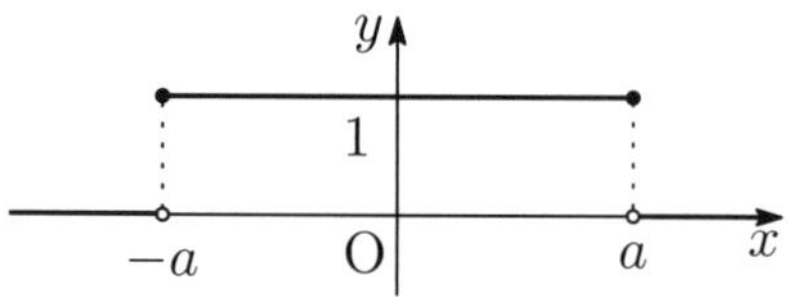

(2) $f(x)=\begin{cases}1 & (0<x\leqq a)\\ -1 & (-a\leqq x<0)\\ 0 & (x<-a,\ x=0,\ x>a)\end{cases}$

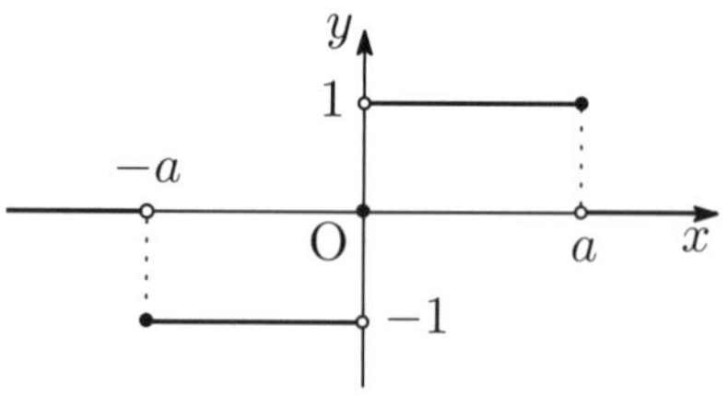

(3) $f(x)=\begin{cases}1-x^2 & (|x|\leqq 1)\\ 0 & (|x|>1)\end{cases}$

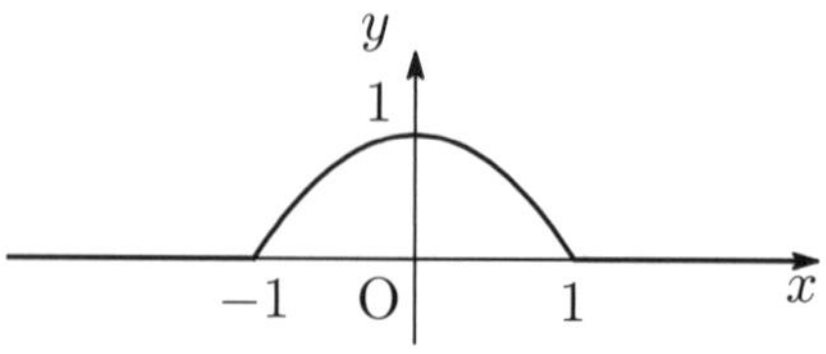

チェック項目

	月　日	月　日
フーリエ積分，正弦変換，余弦変換を理解している．		

4　フーリエ解析　4.2　フーリエ変換　(2)　フーリエ変換

フーリエ変換を理解している．

関数 $f(x)$ に対して積分

$$\mathcal{F}[f(x)] = F(u) = \int_{-\infty}^{\infty} f(x)e^{-iux}dx$$

が存在するとき，これを $f(x)$ の**フーリエ変換**という．

例題 52.1　次の関数のフーリエ変換を求めよ．

(1) $f(x) = \begin{cases} 1 & (0 < x \leqq a) \\ 0 & (x \leqq 0,\ x > a) \end{cases}$

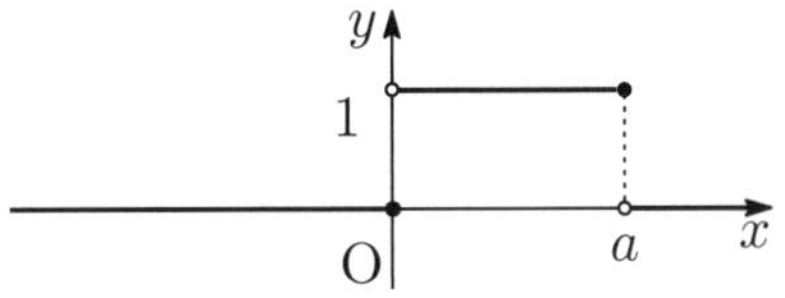

(2) $f(x) = e^{-|x|}$

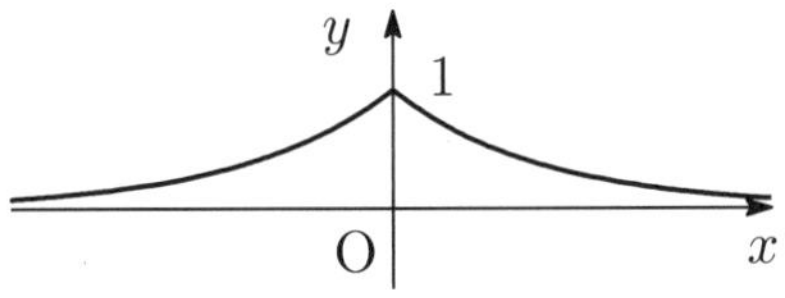

(3) $f(x) = e^{-\frac{x^2}{2}}$

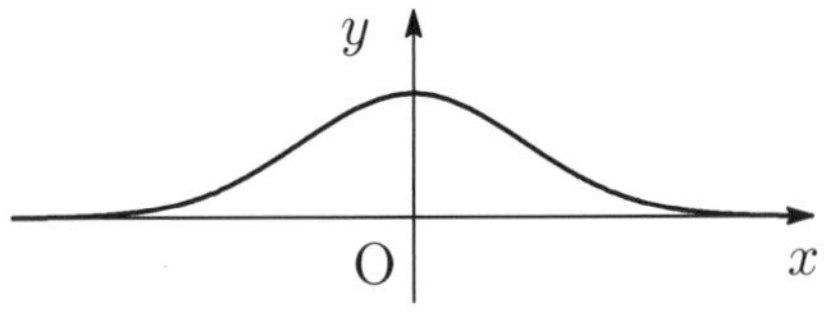

＜解答＞

(1) $F(u) = \displaystyle\int_{-\infty}^{\infty} f(x)e^{-iux}dx = \int_0^a e^{-iux}dx = \left[-\frac{1}{iu}e^{-iux}\right]_0^a = \frac{1}{iu}(1-e^{-iau})$

(2) $F(u) = \displaystyle\int_{-\infty}^{\infty} e^{-|x|}e^{-iux}dx = \int_{-\infty}^{0} e^{x}e^{-iux}dx + \int_0^{\infty} e^{-x}e^{-iux}dx$

$\displaystyle = \left[\frac{1}{1-iu}e^{(1-iu)x}\right]_{-\infty}^{0} - \left[\frac{1}{1+iu}e^{-(1+iu)x}\right]_0^{\infty} = \frac{1}{1-iu} + \frac{1}{1+iu} = \frac{2}{u^2+1}$

(3) $F(u) = \displaystyle\int_{-\infty}^{\infty} f(x)e^{-iux}dx = \int_{-\infty}^{\infty} e^{-\frac{x^2}{2}}e^{-iux}dx = \int_{-\infty}^{\infty} e^{-\frac{1}{2}(x^2+2iux)}dx$

平方完成すると $x^2+2iux = (x+iu)^2+u^2$ となるので，$x' = \dfrac{1}{\sqrt{2}}x$ と置換すると，ガウス積分 $\displaystyle\int_{-\infty}^{\infty} e^{-(x'+ai)^2}dx' = \sqrt{\pi}$ より，$F(u) = e^{-\frac{u^2}{2}}\displaystyle\int_{-\infty}^{\infty} e^{-(x'+\sqrt{2}ui)^2}dx' = \sqrt{\pi}e^{-\frac{u^2}{2}}$

参考 $f(x) = \dfrac{1}{\pi}\displaystyle\int_0^{\infty}\{A(u)\cos ux + B(u)\sin ux\}du$

$\displaystyle = \frac{1}{\pi}\int_0^{\infty}\left\{A(u)\frac{1}{2}(e^{iux}+e^{-iux}) + B(u)\frac{1}{2i}(e^{iux}-e^{-iux})\right\}du$

$\displaystyle = \frac{1}{2\pi}\left[\int_0^{\infty}\{A(u)-iB(u)\}e^{iux}du + \int_{-\infty}^{0}\{A(-u)+iB(-u)\}e^{iux}du\right] = \frac{1}{2\pi}\int_{-\infty}^{\infty} F(u)e^{iux}du$

$\therefore\ F(u) = A(u) - iB(u)\ (u>0)$，$F(u) = A(-u) + iB(-u)\ (u<0)$

よって，偶関数のとき $F(u) = F_c(u)$，奇関数のとき $F(u) = -iF_s(u)$ となる．

　実際に (1) は**例題 51.1** より，

$F(u) = A(u) - iB(u) = \dfrac{\sin au}{u} + \dfrac{1-\cos au}{iu} = \dfrac{1-\cos au + i\sin au}{iu} = \dfrac{1}{iu}(1-e^{-iau})$

となり，また，(2) では**例題 51.2** より，$F(u) = F_c(u)$ となっている．

ドリル no.52	class	no	name

問題 52.1　次の関数のフーリエ変換を求めよ.

(1) $f(x) = \begin{cases} \sin x & (0 < x \leqq \pi) \\ 0 & (x \leqq 0,\ x > \pi) \end{cases}$

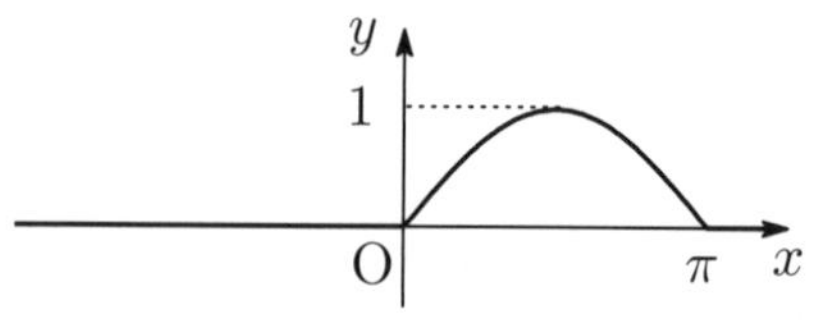

(2) $f(x) = \begin{cases} 1 & (|x| \leqq a) \\ 0 & (|x| > a) \end{cases}$

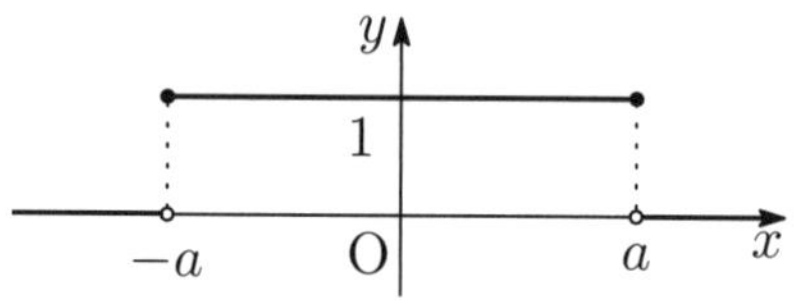

(3) $f(x) = \begin{cases} 1 & (0 < x \leqq a) \\ -1 & (-a \leqq x < 0) \\ 0 & (x < -a,\ x = 0,\ x > a) \end{cases}$

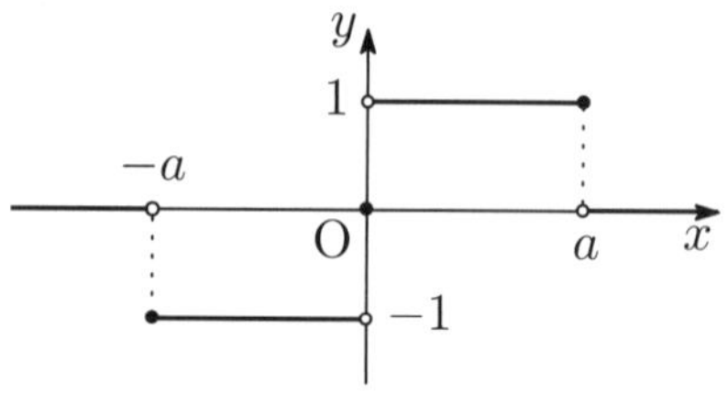

(4) $f(x) = \begin{cases} 1 - x^2 & (|x| \leqq 1) \\ 0 & (|x| > 1) \end{cases}$

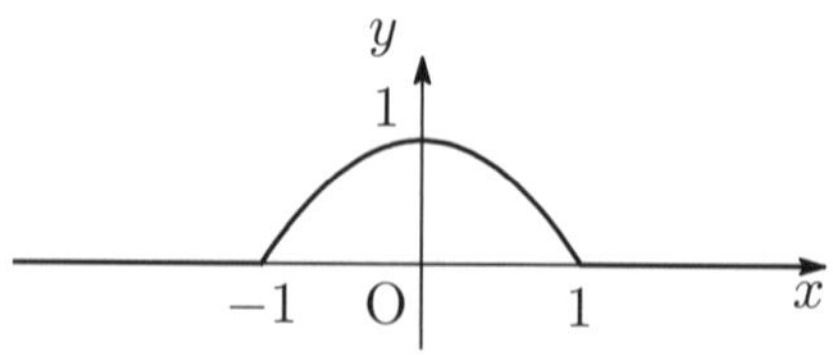

チェック項目

	月　日	月　日
フーリエ変換を理解している.		

フーリエ変換の性質を理解している.

フーリエ変換の性質

$\mathcal{F}[f(x)] = F(s)$ とするとき，次の性質が成立する.

- $\mathcal{F}[c_1 f_1(x) + c_2 f_2(x)]$
  $= c_1\mathcal{F}[f_1(x)] + c_2\mathcal{F}[f_2(x)]$
- $\mathcal{F}[f(ax)] = \dfrac{1}{|a|}F\left(\dfrac{u}{a}\right), \quad (a \neq 0)$
- $\mathcal{F}[e^{i\alpha x}f(x)] = F(u-\alpha)$
- $\mathcal{F}[f(x+\alpha)] = e^{i\alpha u}\mathcal{F}[f(x)]$
- $\mathcal{F}[f^{(n)}(x)] = (iu)^n\mathcal{F}[f(x)]$
- $\mathcal{F}[x^n f(x)] = i^n\dfrac{d^nF(u)}{du^n}$

例題 53.1 次の各問いに答えよ.

(1) $\mathcal{F}[f(x+\alpha)] = e^{i\alpha u}\mathcal{F}[f(x)]$ を証明せよ.

(2) **例題 52.1**(1) より，次の $f(x)$ のフーリエ変換が $F(u) = \dfrac{1}{iu}(1-e^{-2iau})$ となることをもちいて，$g(x)$ のフーリエ変換を求めよ.

$$f(x) = \begin{cases} 1 & (0 < x \leqq 2a) \\ 0 & (x \leqq 0,\ x > 2a) \end{cases}, \quad g(x) = \begin{cases} 1 & (|x| \leqq a) \\ 0 & (|x| > a) \end{cases}$$

＜解答＞

(1) $x' = x + \alpha$ とすると，$dx' = dx$，$x = \pm\infty$ のとき $x' = \pm\infty$ であるので,

$$\mathcal{F}[f(x+\alpha)] = \int_{-\infty}^{\infty} f(x+\alpha)e^{-iux}dx = \int_{-\infty}^{\infty} f(x')e^{-iu(x'-\alpha)}dx' = e^{i\alpha u}\int_{-\infty}^{\infty} f(x')e^{-iux'}dx'$$
$$= e^{i\alpha u}\mathcal{F}[f(x)]$$

(2) $g(x) = f(x+a)$ であるので，$\mathcal{F}[g(x)] = e^{i\alpha u}\cdot\dfrac{1}{iu}(1-e^{-2iau}) = \dfrac{1}{iu}(e^{iua}-e^{-iua}) = \dfrac{2\sin ua}{u}$

となり，**問題 52.1**(1) の結果と一致する.

例題 53.2 次の各問いに答えよ.

(1) $\mathcal{F}[f(ax)] = \dfrac{1}{|a|}F\left(\dfrac{u}{a}\right)$ を証明せよ.

(2) $\mathcal{F}[e^{-|x|}] = \dfrac{2}{u^2+1}$ より，$\mathcal{F}[e^{-a|x|}]$ $(a > 0)$ を求めよ.

＜解答＞

(1) $\mathcal{F}[f(x)] = F(u)$ とすると，$a > 0$ のとき $x' = ax$ とおくと，$x = \pm\infty$ のとき，$x' = \pm\infty$ であるので,

$$\mathcal{F}[f(ax)] = \int_{-\infty}^{\infty} f(ax)e^{-iux}dx = \int_{-\infty}^{\infty} f(x')e^{-i\frac{u}{a}x'}\frac{1}{a}dx' = \frac{1}{a}F\left(\frac{u}{a}\right)$$

$a < 0$ のとき $x' = ax = -|a|x$ とおくと，$x = \pm\infty$ のとき，$x' = \mp\infty$ であるので,

$$\mathcal{F}[f(ax)] = \int_{\infty}^{-\infty} f(x')e^{-i\frac{u}{a}x'}\frac{1}{a}dx' = -\int_{-\infty}^{\infty} f(x')e^{-i\frac{u}{a}x'}\frac{1}{a}dx' = -\frac{1}{a}F\left(\frac{u}{a}\right)$$

よって，$\mathcal{F}[f(ax)] = \dfrac{1}{|a|}F\left(\dfrac{u}{a}\right)$

(2) $\mathcal{F}[e^{-a|x|}] = \dfrac{1}{|a|}\dfrac{2}{\left(\frac{u}{a}\right)^2+1} = \dfrac{2a}{u^2+a^2}$

ドリル no.53　class　　no　　name

問題 53.1　次の問いに答えよ．

(1) $\mathcal{F}[f'(x)] = iu\,\mathcal{F}[f(x)]$ を証明せよ．

(2) 次の $f(x)$ のフーリエ変換 (**問題 52.1**(4)) の結果 $\mathcal{F}[f(x)] = \dfrac{4(\sin u - u\cos u)}{u^3}$ をもちいて，$g(x)$ のフーリエ変換を求めよ．

$$f(x) = \begin{cases} 1 - x^2 & (\,|x| \leqq 1\,) \\ 0 & (\,|x| > 1\,) \end{cases}, \quad g(x) = \begin{cases} x & (\,|x| \leqq 1\,) \\ 0 & (\,|x| > 1\,) \end{cases}$$

問題 53.2　次の問いに答えよ．

(1) $\mathcal{F}[xf(x)] = i\,\dfrac{dF(u)}{du}$ を証明せよ．

(2) 次の $f(x)$ のフーリエ変換 (**問題 52.1**(2)) の結果 $\mathcal{F}[f(x)] = \dfrac{2\sin au}{u}$ をもちいて，$g(x)$ のフーリエ変換を求めよ．

$$f(x) = \begin{cases} 1 & (\,|x| \leqq a\,) \\ 0 & (\,|x| > a\,) \end{cases}, \quad g(x) = \begin{cases} x & (\,|x| \leqq a\,) \\ 0 & (\,|x| > a\,) \end{cases}$$

チェック項目

	月　日	月　日
フーリエ変換の性質を理解している．		

4 フーリエ解析　4.2 フーリエ変換　(4) フーリエの積分定理

フーリエの積分定理を理解している.

- **パーセバルの等式**

$\mathcal{F}[f(x)] = F(u)$ とするとき,

$$\int_{-\infty}^{\infty} |f(x)|^2 dx = \frac{1}{2\pi}\int_{-\infty}^{\infty} |F(u)|^2 du$$

- **フーリエの積分定理**

関数 $f(x)$ が区分的に滑らかで, $\displaystyle\int_{-\infty}^{\infty} |f(x)| dx$ が存在するとき, $\mathcal{F}[f(x)] = F(u)$ とすると

$$\frac{1}{2}(f(x+0) + f(x-0)) = \frac{1}{2\pi}\int_{-\infty}^{\infty} F(u) e^{iux} du$$

が成立する.

$f(x)$ が連続であれば, $f(x) = \displaystyle\frac{1}{2\pi}\int_{-\infty}^{\infty} F(u)e^{iux} du = \mathcal{F}^{-1}[F(u)]$ となり, $F(u)$ のフーリエ逆変換という.

例題 **54.1**　$f(x) = e^{-|x|}$ のフーリエ変換, フーリエ余弦変換は $F(u) = F_c(u) = \dfrac{2}{u^2+1}$ である. 次の等式を証明せよ.

(1) $\displaystyle\int_0^{\infty} \frac{\cos ux}{u^2+1} du = \frac{\pi}{2} e^{-|x|}$ を証明せよ.

(2) $\displaystyle\int_0^{\infty} \frac{1}{(u^2+1)^2} du = \frac{\pi}{4}$ を証明せよ.

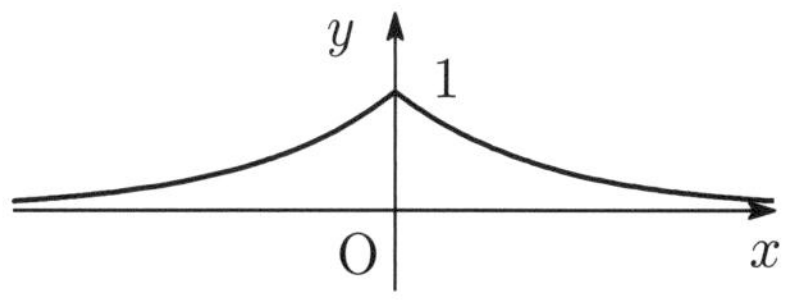

＜解答＞

(1) フーリエの積分定理より, $\displaystyle\frac{1}{2}(f(x+0) + f(x-0)) = \frac{1}{\pi}\int_0^{\infty} F_c(u)\cos ux du$ であるので,

$\displaystyle\frac{1}{\pi}\int_0^{\infty} \frac{2\cos ux}{u^2+1} du = e^{-|x|}$　　したがって, $\displaystyle\int_0^{\infty} \frac{\cos ux}{u^2+1} du = \frac{\pi}{2} e^{-|x|}$

(2) パーセバルの等式より, $\displaystyle\int_{-\infty}^{\infty} |f(x)|^2 dx = \frac{1}{2\pi}\int_{-\infty}^{\infty} |F(u)|^2 du$ が成立する.

左辺は $\displaystyle\int_{-\infty}^{\infty} |e^{-|x|}|^2 dx = 2\int_0^{\infty} e^{-2x} dx = \left[-e^{-2x}\right]_0^{\infty} = 1$

右辺は $\displaystyle\frac{1}{2\pi}\int_{-\infty}^{\infty} |F(u)|^2 du = \frac{1}{2\pi}\int_{-\infty}^{\infty} \left(\frac{2}{u^2+1}\right)^2 du = \frac{2}{\pi}\int_{-\infty}^{\infty} \frac{1}{(u^2+1)^2} du$

したがって, $\displaystyle\int_{-\infty}^{\infty} \frac{1}{(u^2+1)^2} du = \frac{\pi}{2}$　　$\displaystyle\therefore \int_0^{\infty} \frac{1}{(u^2+1)^2} du = \frac{\pi}{4}$

参考 x と u を入れ替えると $\displaystyle\int_0^{\infty} \frac{\cos ux}{x^2+1} dx = \frac{\pi}{2} e^{-|u|}$ となるので, $f(x) = \dfrac{1}{x^2+1}$ に対するフーリエ余弦変換は $F_c(u) = \pi e^{-|u|}$ となる. $f(x)$ は偶関数であるので, $\mathcal{F}\left[\frac{1}{x^2+1}\right] = F(u) = F_c(u) = \pi e^{-|u|}$ でもある.

ドリル no.54　class　no　name

問題 54.1

$$f(x)=\begin{cases}1 & (|x|\leqq a)\\ 0 & (|x|>a)\end{cases}$$

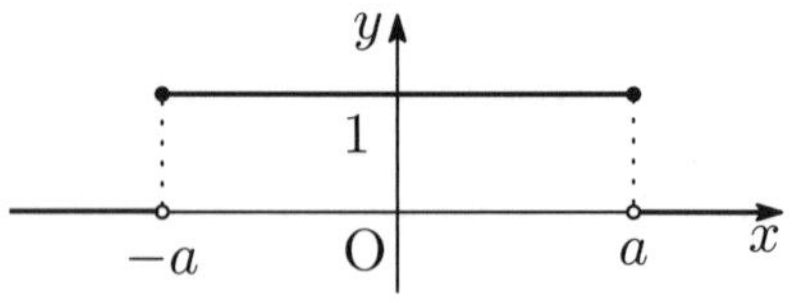

のフーリエ変換，フーリエ余弦変換は $F(u)=F_c(u)=\dfrac{2\sin au}{u}$ である．(**例題 52.1**(2))
次の等式を証明せよ．

(1) $\displaystyle\int_0^\infty \frac{\sin u}{u}du=\frac{\pi}{2}$ を証明せよ．

(2) $\displaystyle\int_0^\infty \frac{\sin^2 u}{u^2}du=\frac{\pi}{2}$ を証明せよ．

問題 54.2　次の問いに答えよ．

(1) 次の $f(x)$ のフーリエ変換を求めよ．

$$f(x)=\begin{cases}e^{-x} & (x>0)\\ 0 & (x=0)\\ -e^{x} & (x<0)\end{cases}$$

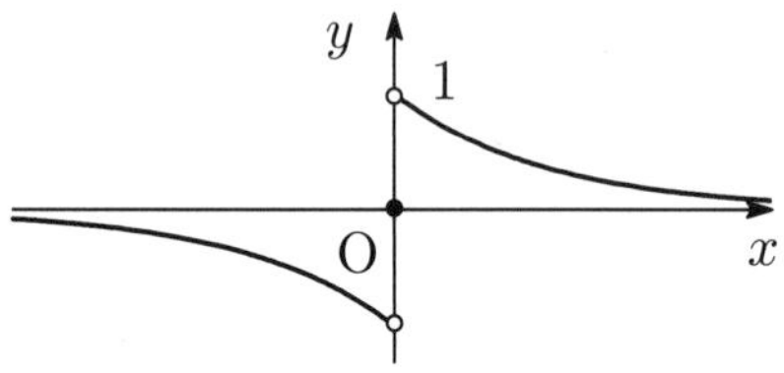

(2) $\displaystyle\int_0^\infty \frac{u^2}{(u^2+1)^2}du=\frac{\pi}{4}$ を証明せよ．

チェック項目

	月　日	月　日
フーリエの積分定理を理解している．		

4 フーリエ解析　4.2　フーリエ変換　(5)　たたみこみのフーリエ変換

> たたみこみのフーリエ変換を理解している．

実数全体で定義された2つの関数 $f(x)$, $g(x)$ について，**たたみこみ** $(f*g)(x)$ を次のように定義する．

$$(f*g)(x) = \int_{-\infty}^{\infty} f(x-y)g(y)dy = \int_{-\infty}^{\infty} f(y)g(x-y)dy$$

たたみこみのフーリエ変換について，次の関係が成立する．

$$\mathcal{F}[f(x)*g(x)] = \mathcal{F}[f(x)]\mathcal{F}[g(x)]$$

また，逆に

$$\mathcal{F}[f(x)g(x)] = \frac{1}{2\pi}\mathcal{F}[f(x)]*\mathcal{F}[g(x)]$$

の関係が成立する．

例題 55.1　たたみこみを利用して $f(x) = \dfrac{1}{x^4 + 5x^2 + 4}$ のフーリエ変換を求めよ．

＜解答＞ $f(x) = \dfrac{1}{x^4 + 5x^2 + 4} = \dfrac{1}{(x^2+1)(x^2+4)}$ と分母を因数分解し，

また，$\mathcal{F}\left[\dfrac{1}{x^2 + a^2}\right] = \dfrac{\pi}{a}e^{-a|u|}$ であるので，

$$\mathcal{F}[f(x)] = \mathcal{F}\left[\frac{1}{x^2+1}\frac{1}{x^2+4}\right] = \frac{1}{2\pi}\mathcal{F}\left[\frac{1}{x^2+1}\right]*\mathcal{F}\left[\frac{1}{x^2+4}\right] = \frac{1}{2\pi}\frac{\pi^2}{2}e^{-|u|}*e^{-2|u|}$$

$$= \frac{\pi}{4}\int_{-\infty}^{\infty} e^{-|w|}e^{-2|u-w|}dw = \frac{\pi}{4}\left(\int_{-\infty}^{0} e^{w}e^{-2|u-w|}dw + \int_{0}^{\infty} e^{-w}e^{-2|u-w|}dw\right)$$

$u > 0$ のとき，

$$\mathcal{F}[f(x)] = \frac{\pi}{4}\left(\int_{-\infty}^{0} e^{-2u+3w}dw + \int_{0}^{u} e^{-2u+w}dw + \int_{u}^{\infty} e^{2u-3w}dw\right)$$

$$= \frac{\pi}{4}\left(\frac{1}{3}e^{-2u} + e^{-u} - e^{-2u} + \frac{1}{3}e^{-u}\right) = \frac{\pi}{3}e^{-u} - \frac{\pi}{6}e^{-2u}$$

$u < 0$ のとき，

$$\mathcal{F}[f(x)] = \frac{\pi}{4}\left(\int_{-\infty}^{u} e^{-2u+3w}dw + \int_{u}^{0} e^{2u-w}dw + \int_{0}^{\infty} e^{2u-3w}dw\right)$$

$$= \frac{\pi}{4}\left(\frac{1}{3}e^{u} - e^{2u} + e^{u} + \frac{1}{3}e^{2u}\right) = \frac{\pi}{3}e^{u} - \frac{\pi}{6}e^{2u}$$

よって，
$\mathcal{F}[f(x)] = \dfrac{\pi}{3}e^{-|u|} - \dfrac{\pi}{6}e^{-2|u|}$

別解：$f(x) = \dfrac{1}{(x^2+1)(x^2+4)} = \dfrac{1}{3}\left(\dfrac{1}{x^2+1} - \dfrac{1}{x^2+4}\right)$ と部分分数分解されるので，

$$\mathcal{F}[f(x)] = \frac{1}{3}\left(\mathcal{F}\left[\frac{1}{x^2+1}\right] - \mathcal{F}\left[\frac{1}{x^2+4}\right]\right) = \frac{1}{3}\left(\pi e^{-|u|} - \frac{\pi}{2}e^{-2|u|}\right) = \frac{\pi}{3}e^{-|u|} - \frac{\pi}{6}e^{-2|u|}$$

ドリル no.55　class　　no　　name

問題 55.1　積分順序の変更ができるとして，たたみこみのフーリエ変換の関係

$$\int_{-\infty}^{\infty}\left\{\int_{-\infty}^{\infty}f(x-y)g(y)dy\right\}e^{-iux}dx=\left(\int_{-\infty}^{\infty}f(x')e^{-iux'}dx'\right)\left(\int_{-\infty}^{\infty}g(y)e^{-iuy}dy\right)$$

を証明せよ．(ヒント：$x'=x-y$ と変数変換する．)

問題 55.2　たたみこみを利用して次のフーリエ変換を求めよ．

(1) $f(x)=\dfrac{1}{x^4+10x^2+9}$

(2) $f(x)=\dfrac{1}{(x^2+1)^2}$

チェック項目

	月　日	月　日
たたみこみのフーリエ変換を理解している．		

デルタ関数のフーリエ変換を理解している.

ふつうの意味での関数ではないが，$x \neq 0$ では，$\delta(x) = 0$ で，次の性質を満たすものをディラックの**デルタ関数**という.

$$\int_{-\infty}^{\infty} \delta(x)dx = 1, \qquad \int_{-\infty}^{\infty} f(x)\delta(x-a)dx = f(a)$$

デルタ関数は $x = 0$ に局在し積分が 1 となる性質により，質点の質量密度の分布や，点電荷の電荷分布を表現する関数としてもちいられる.

デルタ関数のフーリエ変換は下の例題より，　$\mathcal{F}[\delta(x)] = 1$　となる.

また，たたみこみの定義により，$(\delta * f)(x) = f(x)$ となり，$\mathcal{F}[\delta(x)] = 1$ と矛盾しない.

例題 56.1 次の各問いに答えよ.

(1) 次の関数 $f_\epsilon(x)$ のフーリエ変換を求めよ.

$$f_\epsilon(x)\begin{cases} -\frac{1}{\epsilon^2}x + \frac{1}{\epsilon} & (0 \leqq x \leqq \epsilon) \\ \frac{1}{\epsilon^2}x + \frac{1}{\epsilon} & (-\epsilon \leqq x < 0) \\ 0 & (|x| > \epsilon) \end{cases}$$

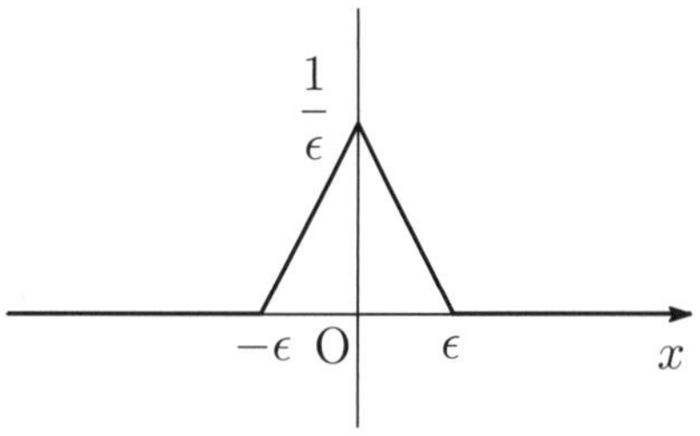

(2) このフーリエ変換の $\epsilon \to 0$ 極限を求めよ.

＜解答＞

(1) $$\mathcal{F}[f_\epsilon(x)] = \int_0^\epsilon \left(-\frac{1}{\epsilon^2}x + \frac{1}{\epsilon}\right)e^{-iux}dx + \int_{-\epsilon}^0 \left(\frac{1}{\epsilon^2}x + \frac{1}{\epsilon}\right)e^{-iux}dx$$

$$= \left[\left(\frac{1}{\epsilon^2}x - \frac{1}{\epsilon}\right)\frac{1}{iu}e^{-iux}\right]_0^\epsilon - \int_0^\epsilon \frac{1}{iu\epsilon^2}e^{-iux}dx - \left[\left(\frac{1}{\epsilon^2}x + \frac{1}{\epsilon}\right)\frac{1}{iu}e^{-iux}\right]_{-\epsilon}^0 + \int_{-\epsilon}^0 \frac{1}{iu\epsilon^2}e^{-iux}dx$$

$$= \frac{1}{iu\epsilon} - \left[\frac{1}{u^2\epsilon^2}e^{-iux}\right]_0^\epsilon - \frac{1}{iu\epsilon} + \left[\frac{1}{u^2\epsilon^2}e^{-iux}\right]_{-\epsilon}^0 = \frac{1}{u^2\epsilon^2}(1 - e^{-iu\epsilon}) + \frac{1}{u^2\epsilon^2}(1 - e^{iu\epsilon})$$

$$= \frac{2(1-\cos u\epsilon)}{u^2\epsilon^2}$$

(2) ロピタルの定理と $\displaystyle\lim_{\theta \to 0}\frac{\sin\theta}{\theta} = 1$ を用いると，

$$\lim_{\epsilon \to 0}\frac{2(1-\cos u\epsilon)}{u^2\epsilon^2} = \lim_{\epsilon \to 0}\frac{2u\sin u\epsilon}{2u^2\epsilon} = \lim_{\epsilon \to 0}\frac{\sin u\epsilon}{u\epsilon} = 1$$

参考 $f_\epsilon(x)$ の三角形の面積は 1 であるので，ϵ を 0 にする極限ではデルタ関数と考えられる.（$\displaystyle\lim_{\epsilon \to 0} f_\epsilon(x) = \delta(x)$）　よって，上の例題より，デルタ関数のフーリエ変換は $\mathcal{F}[\delta(x)] = 1$ と考えられる．また，これは $\delta(x)$ の性質をもちいて，

$$\mathcal{F}[\delta(x)] = \int_{-\infty}^{\infty} e^{-iux}\delta(x)dx = e^{-iu\times 0} = 1$$

と求められる．したがって，デルタ関数は次のように表すことができる.

$$\delta(x) = \frac{1}{2\pi}\int_{-\infty}^{\infty} e^{iux}du$$

ドリル no.56	class	no	name

問題 56.1 次の問いに答えよ．

(1) 次の関数 $f_\epsilon(x)$ のフーリエ変換を求めよ．

$$f_\epsilon(x)\begin{cases} \frac{1}{2\epsilon} & (\,|x| \leqq \epsilon\,) \\ 0 & (\,|x| > \epsilon\,) \end{cases}$$

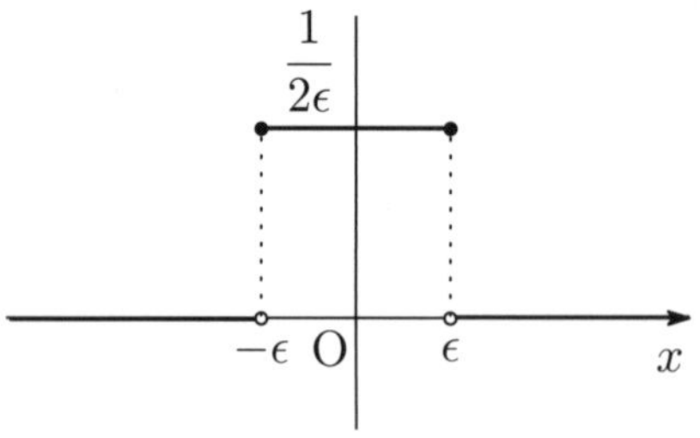

(2) このフーリエ変換の $\epsilon \to 0$ 極限を求めよ．

問題 56.2 $(\delta * f)(x) = f(x)$ を示せ．

チェック項目

	月 日	月 日
デルタ関数のフーリエ変換を理解している．		

フーリエ変換の偏微分方程式への応用を理解している．

x と t についての 2 変数関数に対して，$u(x,t) = X(x)T(t)$ と置く変数分離法により，偏微分方程式を常微分方程式にして微分方程式を解く．

例題 57.1 次の偏微分方程式の解で，

$$\frac{\partial^2 u}{\partial t^2} = v^2 \frac{\partial^2 u}{\partial x^2}$$

次の条件 $u(x,0) = f(x)$，$\dfrac{du}{dt}(x,0) = 0$ を満たすものを求めよ．

＜解答＞ 変数分離法より，$u(x,t) = X(x)T(t)$ とおくと，偏微分方程式は

$X(x)T''(t) = v^2 X''(x)T(t)$ となるので，$\dfrac{1}{v^2}\dfrac{T''(t)}{T(t)} = \dfrac{X''(x)}{X(x)} = \lambda$ とすると，λ は定数となる．

よって，$X''(x) = \lambda X(x)$，$T''(t) = v^2 \lambda T(t)$ の 2 つの微分方程式を解く．X の方程式は

$\lambda > 0$ のとき，$X = Ae^{\sqrt{\lambda}x} + Be^{-\sqrt{\lambda}x}$

$\lambda = 0$ のとき，$X = Ax + B$

$\lambda < 0$ のとき，$X = A\cos\sqrt{-\lambda}x + B\sin\sqrt{-\lambda}x$

となるので，$x = \pm\infty$ で有界な解は $\lambda < 0$ の場合のみである．$\sqrt{-\lambda} = u$ とすると，$X = A\cos ux + B\sin ux$ となる．T の方程式の解は $T = C\cos uvt + D\sin uvt$ で $\dfrac{du}{dt}(x,0) = 0$ より，$T'(0) = 0$ であるので，$T = C\cos uvt$ よって，偏微分方程式の解は $u(x,t) = (A\cos ux + B\sin ux)C\cos uvt$ となる．$t = 0$ での条件を満たすには，A, B, C は u の関数でなければならない．

$$u(x,t) = \int_0^\infty \{A(u)C(u)\cos ux + B(u)C(u)\sin ux\}\cos uvt du$$

$t = 0$ のとき，$u(x,0) = f(x)$ となるので，$f(x) = \displaystyle\int_0^\infty \{A(u)C(u)\cos ux + B(u)C(u)\sin ux\}\,du$

ここで，三角関数の積を和に直す公式をもちいると

$$u(x,t) = \frac{1}{2}\int_0^\infty \{A(u)C(u)\cos u(x+vt) + B(u)C(u)\sin u(x+vt)\}\,du$$

$$+\frac{1}{2}\int_0^\infty \{A(u)C(u)\cos u(x-vt) + B(u)C(u)\sin u(x-vt)\}\,du = \frac{1}{2}\{f(x+vt) + f(x-vt)\}$$

別解：$u(x,t)$ の x についてのフーリエ変換を $F(u,t) = \mathcal{F}[u(x,t)]$ とすると，

$\mathcal{F}\left[\dfrac{\partial^2 u(x,t)}{\partial x^2}\right] = (iu)^2 F(u,t), \mathcal{F}\left[\dfrac{\partial^2 u(x,t)}{\partial t^2}\right] = \dfrac{\partial^2 F(u,t)}{\partial t^2}$ となるので，偏微分方程式は

$\dfrac{\partial^2 F(u,t)}{\partial t^2} = -v^2 u^2 F(u,t)$ となり，解は $F(u,t) = C(u)e^{iuvt} + D(u)e^{-iuvt}$ となる．

$$u(x,t) = \frac{1}{2\pi}\int_{-\infty}^\infty \left\{C(u)e^{iuvt} + D(u)e^{-iuvt}\right\} e^{iux} du$$

$t = 0$ で $\dfrac{du}{dt}(x,0) = 0$ より，$C(u) = D(u)$ となる．また，$t = 0$ で $u(x,0) = f(x)$ より，

$f(x) = \dfrac{1}{\pi}\displaystyle\int_{-\infty}^\infty C(u)e^{iux}du$ であるので，

$$u(x,t) = \frac{1}{2\pi}\int_{-\infty}^\infty C(u)\left\{e^{iuvt} + e^{-iuvt}\right\} e^{iux}du$$

$$= \frac{1}{2\pi}\int_{-\infty}^\infty C(u)e^{iu(x+vt)}du + \frac{1}{2\pi}\int_{-\infty}^\infty C(u)e^{iu(x-vt)}du = \frac{1}{2}\{f(x+vt) + f(x-vt)\}$$

ドリル no.57　class　no　name

問題 57.1　次の偏微分方程式の解で，

$$\frac{\partial u}{\partial t} = \frac{\partial^2 u}{\partial x^2}$$

次の条件 $u(x,0) = f(x)$ を満たすものが

$$u(x,t) = \frac{1}{2\sqrt{\pi t}} \int_{-\infty}^{\infty} f(x')\, e^{-\frac{(x'-x)^2}{4t}} dx'$$

と表されることを示せ．ただし $f(x)$ は連続関数とする．次の積分公式をもちいてよい。

$$\int_0^{\infty} e^{-a\,x^2} \cos bx dx = \frac{1}{2}\sqrt{\frac{\pi}{a}} e^{-\frac{b^2}{4a}}, \qquad \int_{-\infty}^{\infty} e^{-a\,x^2 - ibx} dx = \sqrt{\frac{\pi}{a}} e^{-\frac{b^2}{4a}} \qquad (a > 0)$$

チェック項目

	月　日	月　日
フーリエ変換の偏微分方程式への応用を理解している．		

5 複素解析　5.1 複素数と複素平面　(1) 複素数

複素数の四則演算ができる.

- **虚数単位, 複素数**　$a+bi$ $(a, b$ は実数) という形の数を**複素数**という．ここで，i は**虚数単位**とよばれ，$i^2=-1$ を満たす.
- **実部, 虚部**　複素数 $z=a+bi$ について，a と b をそれぞれ複素数 z の**実部**と**虚部**といい，それぞれ記号 $\mathrm{Re}(z)$，$\mathrm{Im}(z)$ で表す.
- **複素数の相当**　$a+bi=c+di \Longleftrightarrow a=c$ かつ $b=d$ ，$a+bi=0 \Longleftrightarrow a=0$ かつ $b=0$
- **共役複素数**　$z=a+bi$ に対して，$a-bi$ を z の**共役複素数**といい，$\overline{z}$ で表す.

  $\overline{z_1 \pm z_2}=\overline{z_1} \pm \overline{z_2}$ (複合同順) ，$\overline{z_1 z_2}=\overline{z_1}\,\overline{z_2}$ ，$\overline{\left(\dfrac{z_2}{z_1}\right)}=\dfrac{\overline{z_2}}{\overline{z_1}}$ $(z_1 \neq 0)$

  $\overline{(\overline{z})}=z$ ，$z+\overline{z}=2\,\mathrm{Re}(z)$ ，$z-\overline{z}=2i\,\mathrm{Im}(z)$
- **複素数の四則演算**

  加法　$(a+bi)+(c+di)=(a+c)+(b+d)i$

  減法　$(a+bi)-(c+di)=(a-c)+(b-d)i$

  乗法　$(a+bi)(c+di)=(ac-bd)+(ad+bc)i$

  除法　$\dfrac{a+bi}{c+di}=\dfrac{ac+bd}{c^2+d^2}+\dfrac{bc-ad}{c^2+d^2}i$ $(c^2+d^2 \neq 0)$
- **複素平面**　複素数 $z=x+yi$ と平面上の点 (x, y) とを同一視する．この平面を**複素平面** (または**ガウス平面**) といい，x 軸を**実軸**，y 軸を**虚軸**とよぶ.
- **絶対値**　$z=a+bi$ について，$\sqrt{a^2+b^2}$ を z の**絶対値** (**大きさ**) といい，$|z|$ で表す.

  $|z| \geqq 0$ ，$z\overline{z}=|z|^2$ ，$|\overline{z}|=|z|$

  $\big||z_1|-|z_2|\big| \leqq |\,z_1 \pm z_2\,| \leqq |z_1|+|z_2|$　(**三角不等式**)

例題 58.1　右の複素平面上に示された複素数 α ，β ，γ について，

$\dfrac{\beta}{\alpha}+\dfrac{\beta}{\gamma}$ の実部，虚部，絶対値，共役複素数を求めよ.

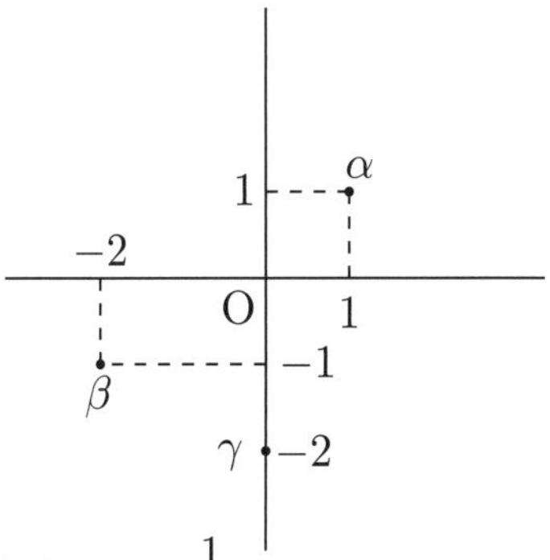

＜解答＞　$\dfrac{1}{\alpha}=\dfrac{1-i}{(1+i)(1-i)}=\dfrac{1-i}{2}=\dfrac{1}{2}-\dfrac{1}{2}i$,

$\dfrac{1}{\gamma}=\dfrac{i}{-2i \times i}=\dfrac{1}{2}i$ より，$\dfrac{\beta}{\alpha}+\dfrac{\beta}{\gamma}=\beta\left(\dfrac{1}{\alpha}+\dfrac{1}{\gamma}\right)$

$=(-2-i)\left(\dfrac{1}{2}-\dfrac{1}{2}i+\dfrac{1}{2}i\right)=-1-\dfrac{1}{2}i$ ．以上より，

実部 -1 , 虚部 $-\dfrac{1}{2}$, 絶対値 $\sqrt{(-1)^2+\left(-\dfrac{1}{2}\right)^2}=\dfrac{\sqrt{5}}{2}$, 共役複素数 $-1+\dfrac{1}{2}i$

例題 58.2　$z_1=x_1+iy_1$ ，$z_2=x_2+iy_2$ について，次の不等式を示せ.

$|x_1x_2+y_1y_2| \leqq |z_1| \cdot |z_2|$　(**Schwarz の不等式**)

＜解答＞　複素平面上の 2 点 z_1 ，z_2 を，$z_1=(x_1, y_1)$ ，$z_2=(x_2, y_2)$ と位置ベクトル表示し内積をとる．$x_1x_2+y_1y_2=\sqrt{x_1^2+y_1^2} \cdot \sqrt{x_2^2+y_2^2}\cos\theta$ (θは 2 つの位置ベクトルの成す角) において，$|\cos\theta| \leqq 1$ であるから，$|x_1x_2+y_1y_2| \leqq \sqrt{x_1^2+y_1^2} \cdot \sqrt{x_2^2+y_2^2}=|z_1| \cdot |z_2|$ が成り立つ.

ドリル no.58	class	no	name

問題 58.1　次の複素数を $x+iy$ の形に表せ．また，共役複素数，絶対値を求めよ．

(1) $3(2-5i)^2-2(3+4i)$　　(2) $\dfrac{i}{1+i}+\dfrac{1+i}{i}$

問題 58.2　等式 $(1-2i)(x+yi)=8-i$ を満たす実数 x,y の値を求めよ．

問題 58.3　次の関係が成り立つことを示せ．

(1) $z\overline{z}=|z|^2$

(2) $\mathrm{Re}(z)=\dfrac{1}{2}(z+\overline{z})$　，　$\mathrm{Im}(z)=\dfrac{1}{2i}(z-\overline{z})$

(3) $\dfrac{1}{2}\left(\overline{z_1}z_2+z_1\overline{z_2}\right)=\mathrm{Re}\left(\overline{z_1}z_2\right)$

(4) $\Big||z_1|-|z_2|\Big| \leqq |\,z_1 \pm z_2\,| \leqq |z_1|+|z_2|$　（**三角不等式**）

チェック項目

	月　日	月　日
複素数の四則演算ができる．		

5 複素解析　5.1 複素数と複素平面 (2) 複素数の極形式と演算

複素数を極形式と演算を理解している.

- **複素数の極形式**

$z=x+yi$ に対して，点 (x,y) の極座標を (r,θ) とすると，

$$z=x+iy=r\cos\theta+ir\sin\theta=r(\cos\theta+i\sin\theta)$$

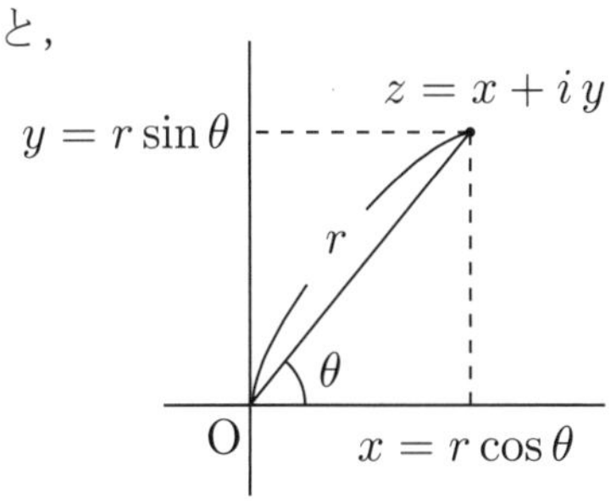

と表せる．この形を，複素数 z の**極形式**という.

ここで，$r=|\,z\,|$ であり，θ を z の偏角といい，

$\theta=\arg\,z$ で表す.

- **オイラーの公式**

$e^{i\theta}=\cos\theta+i\sin\theta$ より，複素数 z は $z=x+iy=r(\cos\theta+i\sin\theta)=re^{i\theta}$

- **指数法則**

複素数 z_1,z_2 について $e^{z_1}e^{z_2}=e^{(z_1+z_2)}$ が成り立つ．特に，$z_1=i\theta_1,z_2=i\theta_2$ のとき，$e^{i\theta_1}e^{i\theta_2}=e^{i(\theta_1+\theta_2)}$.

- **複素平面上での複素数の積，商の表し方**

$z_1=r_1(\cos\theta_1+i\sin\theta_1)$，$z_2=r_2(\cos\theta_2+i\sin\theta_2)$ とする．このとき，z_1,z_2 の積，商およびその絶対値，偏角について次の関係が成り立つ.

(1) $z_1z_2=r_1r_2\Big\{\cos(\theta_1+\theta_2)+i\sin(\theta_1+\theta_2)\Big\}$

(2) $\dfrac{z_1}{z_2}=\dfrac{r_1}{r_2}\Big\{\cos(\theta_1-\theta_2)+i\sin(\theta_1-\theta_2)\Big\}$

(3) $|z_1z_2|=|z_1||z_2|$，$\arg(z_1z_2)=\arg z_1+\arg z_2$

(4) $\left|\dfrac{z_1}{z_2}\right|=\dfrac{|z_1|}{|z_2|}$，$\arg\left(\dfrac{z_1}{z_2}\right)=\arg z_1-\arg z_2$

例題 59.1　複素数 $z_1=-3+\sqrt{3}i$，$z_2=1+\sqrt{3}\,i$ をそれぞれ極形式で表せ．また，それを用いて積 z_1z_2 を求めよ.

＜解答＞　$|z_1|=|-3+\sqrt{3}i|=2\sqrt{3}$，$\arg z_1=\frac{5}{6}\pi$ より

$z_1=2\sqrt{3}e^{\frac{5}{6}\pi i}$, $|z_2|=|1+\sqrt{3}i|=2$，$\arg z_2=\frac{1}{3}\pi$ より

$z_2=2e^{\frac{1}{3}\pi i}$ とそれぞれ極形式で表せる．よって，

$z_1z_2=2\sqrt{3}e^{\frac{5}{6}\pi i}\cdot 2e^{\frac{1}{3}\pi i}=4\sqrt{3}e^{(\frac{5}{6}+\frac{1}{3})\pi i}=4\sqrt{3}e^{\frac{7}{6}\pi i}$

$4\sqrt{3}e^{\frac{7}{6}\pi i}=4\sqrt{3}\left(\cos\frac{7}{6}\pi+i\sin\frac{7}{6}\pi\right)=-6-2\sqrt{3}i$

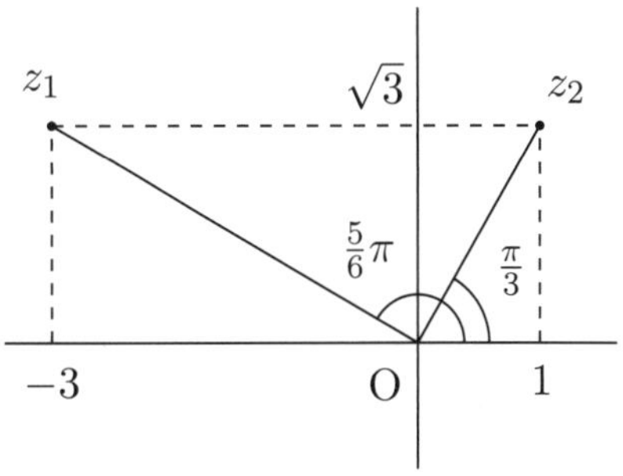

例題 59.2　複素数 $z=r(\cos\theta+i\sin\theta)$，$w=\rho(\cos\psi+i\sin\psi)$ について，$|zw|=|z||w|$，$\arg(zw)=\arg(z)+\arg(w)$ を証明せよ.

＜解答＞　$zw=r\rho\{\cos\theta\cos\psi-\sin\theta\sin\psi+i(\cos\theta\sin\psi+\sin\theta\cos\psi)\}$

$=r\rho\{\cos(\theta+\psi)+i\sin(\theta+\psi)\}$

よって，$|zw|=r\rho=|z||w|$，$\arg(zw)=\theta+\psi=\arg(z)+\arg(w)$

ドリル no.59	class	no	name

問題 59.1　次の複素数 z を極形式で表せ．ただし，$0 \leqq \arg z < 2\pi$ とする．

(1) $-2i$　　　(2) $-3-3i$

問題 59.2　絶対値と偏角が次で与えられた複素数 z を $x+iy$ の形で表せ．

(1) $|z| = 2$, $\arg = \dfrac{4}{3}\pi$　　　(2) $|z| = 4$, $\arg = \dfrac{\pi}{4} + \dfrac{\pi}{6}$

問題 59.3　複素数 $z_1 = 1+i$, $z_2 = -\dfrac{1}{\sqrt{2}} + \dfrac{1}{\sqrt{2}}i$, $z_3 = -\dfrac{\sqrt{3}}{2} - \dfrac{1}{2}i$ をそれぞれ極形式で表せ．また，それを用いて積 $z_1z_2z_3$ を求めよ．

問題 59.4　複素平面上の点 z に対して，次の複素数はどんな点を表すか．

(1) iz　　　(2) $(\sqrt{3}+i)^2 z$　　　(3) $\dfrac{z}{1+i}$

問題 59.5　複素数 $z = r(\cos\theta + i\sin\theta)$, $w = \rho(\cos\psi + i\sin\psi)$ について，次の式を証明せよ．

(1) $\left|\dfrac{z}{w}\right| = \dfrac{|z|}{|w|}$　　　(2) $\arg\left(\dfrac{z}{w}\right) = \arg z - \arg w \quad (w \neq 0)$

チェック項目

	月　日	月　日
複素数を極形式と演算を理解している．		

ド・モアブルの定理と複素数の n 乗根を理解している．

- **ド・モアブルの定理**

$(\cos\theta + i\sin\theta)^n = \cos n\theta + i\sin n\theta \quad (n \in \mathbb{Z})$

オイラーの公式 $e^{i\theta} = \cos\theta + i\sin\theta$ を用いると，

$\{r(\cos\theta + i\sin\theta)\}^n = r^n(\cos n\theta + i\sin n\theta) = r^n e^{in\theta}$ と表せる．

- **複素数の n 乗根**

n を 2 以上の自然数，$z^n = \alpha$ の解を複素数 α の n **乗根**という．

α を $|\alpha| = r$ ，$\arg\alpha = \theta \quad (0 \leqq \theta < 2\pi)$ である複素数とする．α の n 乗根は n 個あり，それらの解を z_k ($k = 0, 1, 2, \cdots, n-1$) とすると，

$$z_k^n = \alpha \iff z_k = r^{\frac{1}{n}} e^{i\frac{\theta+2k\pi}{n}} = \sqrt[n]{r}\left(\cos\frac{\theta+2k\pi}{n} + i\sin\frac{\theta+2k\pi}{n}\right)$$

複素平面上において z_k を表す点は，原点が中心, 半径 $\sqrt[n]{r}$ の円周を n 等分する点となる．

例題 60.1　ド・モアブルの定理を使って，$(1+\sqrt{3}i)^5$ の値を求めよ．

＜解答＞　$\left|1+\sqrt{3}i\right| = \sqrt{1^2 + (\sqrt{3})^2} = 2, \arg(1+\sqrt{3}i) = \frac{\pi}{3}$ だから，$1+\sqrt{3}i$ を極形式で表すと，$2\left(\cos\frac{\pi}{3} + i\sin\frac{\pi}{3}\right)$ となる．ド・モアブルの定理より，

$$(1+\sqrt{3}i)^5 = \left\{2\left(\cos\frac{\pi}{3} + i\sin\frac{\pi}{3}\right)\right\}^5 = 2^5\left(\cos\frac{5}{3}\pi + i\sin\frac{5}{3}\pi\right) = 32\left(\frac{1}{2} - \frac{\sqrt{3}}{2}i\right) = 16 - 16\sqrt{3}i$$

例題 60.2　$z^4 = -16$ を満たす複素数 z を求め，解を複素平面上に図示せよ．

＜解答＞　$z = re^{i\theta}$ とおく．但し，($0 \leqq \theta < 2\pi$)．

$z^4 = r^4 e^{i(4\theta)} = r^4(\cos 4\theta + i\sin 4\theta) = -16$ より両辺を比較して，r, θ は，

$$\begin{cases} r^4 = 16 & \cdots\cdots \text{(i)} \\ \cos 4\theta = -1 \text{ , } \sin 4\theta = 0 & \cdots\cdots \text{(ii)} \end{cases}$$

を満たす．ここで，r は正の実数であるから，$r = 2$．

また，4θ は，($0 \leqq 4\theta < 8\pi$) の範囲の偏角であり，

式 (ii) を満たす角度は $4\theta = \pi, 3\pi, 5\pi, 7\pi$ のとき．したがって，

$$\theta = \frac{\pi}{4}, \frac{3\pi}{4}, \frac{5\pi}{4}, \frac{7\pi}{4}$$

と求まり，解 $z = re^{i\theta}$ は

$$z = 2e^{\frac{\pi}{4}}, 2e^{\frac{3\pi}{4}}, 2e^{\frac{5\pi}{4}}, 2e^{\frac{7\pi}{4}}$$

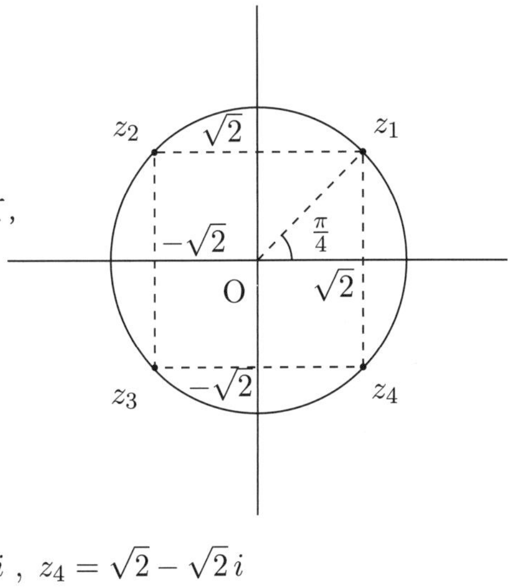

である．すなわち，

$$z_1 = \sqrt{2} + \sqrt{2}i \text{ , } z_2 = -\sqrt{2} + \sqrt{2}i \text{ , } z_3 = -\sqrt{2} - \sqrt{2}i \text{ , } z_4 = \sqrt{2} - \sqrt{2}i$$

の 4 つである．

ドリル no.60　class　no　name

問題 60.1　ド・モアブルの定理を使って，次の各値を求めよ．

(1) $(1+i)^{10}$　　(2) $(-1+\sqrt{3}\,i)^{-6}$

問題 60.2　次の方程式の解を求め，解を複素平面上に図示せよ．

(1) $z^5 = 32$　　(2) $z^3 = -2+2i$

問題 60.3　次の等式を証明せよ．$z = \cos\theta + i\sin\theta$ とする．

$$\frac{1}{z^n} = \cos n\theta - i\sin n\theta \quad (n = 1, 2, \cdots)$$

問題 60.4　ド・モアブルの定理を用いて，三角関数の三倍角の公式を証明せよ．

$$\cos 3\theta = 4\cos^3\theta - 3\cos\theta \quad , \quad \sin 3\theta = 3\sin\theta - 4\sin^3\theta$$

チェック項目

	月　日	月　日
ド・モアブルの定理と複素数の n 乗根を理解している．		

5 複素解析　5.2 ベキ級数から生みだされる初等関数　(1) 複素数列および級数

複素数列および級数を理解している．

複素数列 $\{z_n\} = \{z_1, z_2, z_3, \ldots, z_n, \ldots\}$ が1つの $\alpha \in \mathbf{C}$ に対して $\lim_{n \to \infty} |z_n - \alpha| = 0$ という性質をもつとき，数列 $\{z_n\}$ は α に**収束する**といい，α をその**極限値**という．

$z_n = x_n + iy_n$, $\alpha = a + ib$ について，$\lim_{n \to \infty} z_n = \alpha \iff \lim_{n \to \infty} x_n = a$, $\lim_{n \to \infty} y_n = b$

級数 $\sum_{k=1}^{\infty} z_k$ が収束する $\iff$ 第 n 部分和 $S_n = \sum_{k=1}^{n} z_k$ からなる数列 $\{S_n\}$ が収束する

このとき，極限値 $S = \lim_{n \to \infty} S_n$ を無限級数の**和**という．

$\sum_{k=1}^{\infty} |z_k|$ が収束する $\Rightarrow$ $\sum_{k=1}^{\infty} z_k$ が収束する

複素級数の収束について，正項級数 $\sum_{k=1}^{\infty} |z_k|$ の収束性を調べる．

[I] ダランベール (d'Alembert) の公式

$\lim_{n \to \infty} \dfrac{|z_{n+1}|}{|z_n|} = \ell$ が存在するとき ($\ell = \infty$ でもよい)，$\sum_{k=1}^{\infty} |z_k|$ は $\begin{cases} \ell < 1 \text{ のとき収束} \\ \ell > 1 \text{ のとき発散} \end{cases}$

[II] コーシー・アダマール (Cauchy-Hadamard) の公式

$\lim_{n \to \infty} \sqrt[n]{|z_k|} = \ell$ が存在するとき ($\ell = \infty$ でもよい)，$\sum_{k=1}^{\infty} |z_k|$ は $\begin{cases} \ell < 1 \text{ のとき収束} \\ \ell > 1 \text{ のとき発散} \end{cases}$

一般に，$\sum_{n=0}^{\infty} a_n (z - z_0)^n$ の形の級数を，z_0 を中心とした**ベキ級数**という．また，ベキ級数が収束するような z の範囲が，$|z| < \rho$ であるとき，実数 ρ を**収束半径**とよぶ．

例題 61.1 次のベキ級数の収束半径を求めよ．

(1) $\displaystyle\sum_{k=0}^{\infty} (2k^2 + 1) z^k$　　　　(2) $\displaystyle\sum_{k=1}^{\infty} z^{k^2}$

＜解答＞

(1) ダランベールの公式より，

$$\ell = \lim_{n \to \infty} \frac{|\{2(n+1)^2 + 1\} z^{n+1}|}{|2(n^2 + 1) z^n|} = \lim_{n \to \infty} \frac{|2n^2 + 4n + 3|}{|2n^2 + 1|} \cdot |z| = 1 \cdot |z|$$

となる．したがって，$\ell = |z| < 1$ の範囲であればよいから，収束半径 $\rho = 1$．

(2) $z = re^{i\theta}$ とおくと，

$$|z^{k^2}| = |(re^{i\theta})^{k^2}| = |r^{k^2} e^{ik^2\theta}| = |r^{k^2}| \cdot 1 = r^{k^2} = |z|^{k^2}$$

であるから，コーシー・アダマールの公式より，

$$\lim_{k \to \infty} \sqrt[k]{|z^{k^2}|} = \lim_{k \to \infty} \sqrt[k]{|z|^{k^2}} = \lim_{k \to \infty} |z|^k < 1.$$

したがって，$|z| < 1$ の範囲であればよいから，収束半径 $\rho = 1$．

ドリル no.61 class no name	

問題 61.1　級数 $1+z+z^2+\cdots+z^n+\cdots$ について，次のことを証明せよ．

(1) $|z|<1$ のとき，この級数は収束して和は $\dfrac{1}{1-z}$ である．

(2) $|z|>1$ のとき，この級数は発散する．

問題 61.2　次のベキ級数の収束半径を求めよ．

(1) $\displaystyle\sum_{k=1}^{\infty}(2z)^k$　　(2) $\displaystyle\sum_{k=1}^{\infty}\frac{z^k}{k}$

(3) $\displaystyle\sum_{k=1}^{\infty}(-1)^k\frac{z^{2k}}{(2k)!}$　　(4) $\displaystyle\sum_{k=1}^{\infty}\frac{k!}{k^k}z^k$

問題 61.3　ベキ級数 $\displaystyle\sum_{k=1}^{\infty}a_kz^k$，$\displaystyle\sum_{k=1}^{\infty}b_kz^k$ の収束半径をそれぞれ r,s とするとき，次のベキ級数の収束半径 R と r,s との関係を示せ．

(1) $\displaystyle\sum_{k=1}^{\infty}(a_k+b_k)z^k$

(2) $\displaystyle\sum_{k=1}^{\infty}(a_k\cdot b_k)z^k$

(3) $\displaystyle\sum_{k=1}^{\infty}\frac{b_k}{a_k}z^k$ （すべての k について $a_k\neq 0, r\neq 0$ ）

問題 61.4　収束するベキ級数 $f(z)=a_0+a_1z+a_2z^2+\cdots+a_nz^n+\cdots$ を形式的に項別微分して得られるベキ級数を $g(z)=a_1+2a_2z+3a_3z^2+\cdots+na_nz^{n-1}+\cdots$ とする．このとき，両者の収束半径は等しいことを確かめよ．但し，$\sqrt[n]{|a_n|}$ は $n\to\infty$ で極限値をもつとする．

チェック項目

	月　日	月　日
複素数列および級数を理解している．		

5 複素解析　5.2 ベキ級数から生みだされる初等関数　(2) 指数関数

指数関数を理解している．

複素数を変数とする関数　z に w を対応させる関数 $w = f(z)$ を**複素数値関数**または**複素関数**という．$z = x + iy$, $w = u + iv$ とすると，$w = f(x+iy) = f(z)$ において，u, v はそれぞれ x, y の関数であるから，$w = u(x,y) + iv(x,y)$ とも表せる．

※本書では以降，特に断りのない限り「$u(x,y), v(x,y)$ は連続な偏導関数をもつ」ものとする．

指数関数　実数上で定義された指数関数のベキ級数展開 $e^x = 1 + \frac{1}{1!}x + \frac{1}{2!}x^2 + \cdots + \frac{1}{n!}x^n + \cdots$ の変数 x を複素数 z に置き換えると $\sum_{k=1}^{\infty} \frac{1}{k!} z^k = 1 + \frac{1}{1!}z + \frac{1}{2!}z^2 + \cdots + \frac{1}{n!}z^n + \cdots$．このとき，ベキ級数はダランベールの公式より，$|z| < \infty$ で収束する．よって，任意の z に対して $\sum_{k=1}^{\infty} \frac{1}{k!} z^k$ は収束し値をもつため，1つの複素関数が定義できる．この関数を e^z あるいは $\exp z$ で表して z の**指数関数**とよぶ．

$$e^z = \sum_{k=1}^{\infty} \frac{1}{k!} z^k = 1 + \frac{1}{1!}z + \frac{1}{2!}z^2 + \cdots + \frac{1}{n!}z^n + \cdots$$

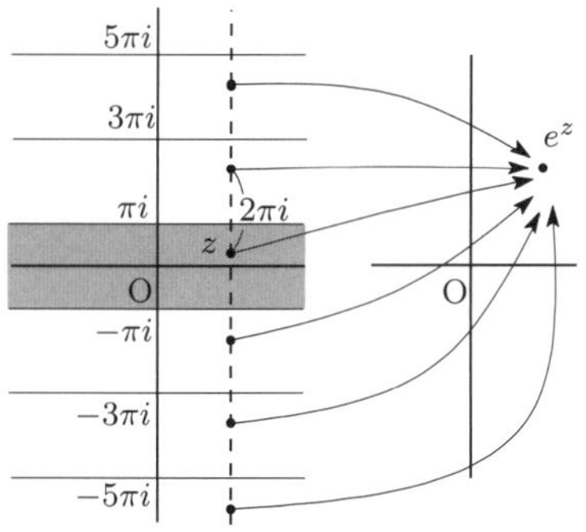

指数関数の性質（z_1, z_2 は複素数，n は整数，θ は実数）

(1) $e^{z_1+z_2} = e^{z_1}e^{z_2}$　(2) $e^{z_1-z_2} = \dfrac{e^{z_1}}{e^{z_2}}$　(3) $(e^{z_1})^n = e^{nz_1}$

(4) $|e^{i\theta}| = 1$　(5) $e^{2n\pi i} = 1$　(6) $e^{z_1+2n\pi i} = e^{z_1}$

性質 (6) は，指数関数 e^z が周期 $2\pi i$ をもつ**周期関数**であることを示している．

例題 62.1 次の各問いに答えよ．

(1) 性質 (1)(**指数法則**) $e^{z_1+z_2} = e^{z_1}e^{z_2}$ を示せ．
(2) **オイラーの公式** $e^z = e^{x+iy} = e^x(\cos y + i\sin y)$ を導け．

＜解答＞

(1) 2項定理 $(z_1 + z_2)^n = \sum_{k+\ell=n} \dfrac{n!}{k!\ell!} z_1^k z_2^\ell$ に注意して，性質 (1) の左辺から右辺を導く．

$$e^{z_1+z_2} = \sum_{n=0}^{\infty} \frac{(z_1+z_2)^n}{n!} = \sum_{n=0}^{\infty} \sum_{k+\ell=n} \frac{1}{k!\ell!} z_1^k z_2^\ell = \sum_{k=0}^{\infty} \frac{z_1^k}{k!} \sum_{\ell=0}^{\infty} \frac{z_2^\ell}{\ell!} = e^{z_1}e^{z_2}$$

(2) 複素数 $z = x+iy$ とすると，性質 (1)(**指数法則**) から $e^z = e^{x+iy} = e^x e^{iy}$ であるから，

$$e^x = 1 + x + \frac{1}{2!}x^2 + \cdots + \frac{1}{n!}x^n + \cdots,\ および$$

$$\begin{aligned}e^{iy} &= 1 + (iy) + \frac{1}{2!}(iy)^2 + \frac{1}{3!}(iy)^3 + \frac{1}{4!}(iy)^4 + \frac{1}{5!}(iy)^5 + \frac{1}{6!}(iy)^6 + \frac{1}{7!}(iy)^7 + \cdots \\ &= \left(1 - \frac{1}{2!}y^2 + \frac{1}{4!}y^4 - \frac{1}{6!}y^6 + \cdots\right) + i\left(y - \frac{1}{3!}y^3 + \frac{1}{5!}y^5 - \frac{1}{7!}y^7 + \cdots\right) \\ &= \cos y + i\sin y\end{aligned}$$

となることに注意して，$e^z = e^{x+iy} = e^x e^{iy} = e^x(\cos y + i\sin y)$ を得る．

ドリル no.62　class　no　name

問題 62.1　関数　$w = \dfrac{1}{z}$　によって，z 平面上の次の図形は ω 平面上のどんな図形に移るか．

(1) 円　$|z| = 1$　　(2) 直線　$\mathrm{Im}(z) = 1$

問題 62.2　指数関数　e^z　について，次の各問いに答えよ．

(1)　$e^z = e^{2z}$　を満たす z を求め，z の値を複素平面上に図示せよ．

(2) 指数関数　e^z　が実数となるのは，z が複素平面上でどこにあるときか．

問題 62.3　指数関数　e^z　について，次のことを証明せよ．

(1) $e^z \neq 0$

(2) $\overline{e^z} = e^{\overline{z}}$

(3) $|e^z| = e^{\mathrm{Re}(z)}$

(4) $(e^z)^n = e^{nz}$　(n は整数)

(5) $e^{z_1 - z_2} = \dfrac{e^{z_1}}{e^{z_2}}$

チェック項目

	月　日	月　日
指数関数を理解している．		

5 複素解析　5.2 ベキ級数から生みだされる初等関数　(3)　三角関数

> 三角関数を理解している．

三角関数，双曲線関数 は前項 **5.2 (2)** の指数関数を用いて，次のように定義される．

$$\cos z = \frac{1}{2}\left(e^{iz} + e^{-iz}\right) \qquad \cosh z = \frac{1}{2}\left(e^{z} + e^{-z}\right)$$

$$\sin z = \frac{1}{2i}\left(e^{iz} - e^{-iz}\right) \qquad \sinh z = \frac{1}{2}\left(e^{z} - e^{-z}\right)$$

$$\tan z = \frac{\sin z}{\cos z} \qquad \tanh z = \frac{\sinh z}{\cosh z}$$

ここで，三角関数，双曲線関数の性質について，上記の定義より以下の性質が成り立つ．

$$\sin^2 z + \cos^2 z = 1$$
$$\sin(z_1 + z_2) = \sin z_1 \cos z_2 + \cos z_1 \sin z_2 , \quad \cos(z_1 + z_2) = \cos z_1 \cos z_2 - \sin z_1 \sin z_2$$
$$\cosh^2 z - \sinh^2 z = 1$$

周期 2π をもつ指数関数によって三角関数が定義されていることから，$\sin z$，$\cos z$ はいずれも**周期 2π の周期関数**であり，実変数の三角関数の自然な拡張となる．
すなわち，$\sin(z + 2n\pi) = \sin z$，$\cos(z + 2n\pi) = \cos z$ が成り立つ．

例題 63.1　三角関数の性質に関する次の各問いに答えよ．

(1) $\sin^2 z + \cos^2 z = 1$ を示せ．

(2) $\sin(z_1 + z_2) = \sin z_1 \cos z_2 + \cos z_1 \sin z_2$ を示せ．

(3) $\sin z = i$ を解け．

＜解答＞

(1) 左辺から左辺を導く．

$$\sin^2 z = \left\{\frac{1}{2i}\left(e^{iz} - e^{-iz}\right)\right\}^2 = -\frac{1}{4}\left(e^{2zi} - 2 + e^{-2zi}\right),$$

$$\cos^2 z = \left\{\frac{1}{2}\left(e^{iz} + e^{-iz}\right)\right\}^2 = \frac{1}{4}\left(e^{2zi} + 2 + e^{-2zi}\right).$$

したがって，$\sin^2 z + \cos^2 z = \dfrac{4}{4} = 1$

(2) 右辺から左辺を導く．

$$\sin z_1 \cos z_2 + \cos z_1 \sin z_2$$
$$= \frac{1}{2i}\left(e^{iz_1} - e^{-iz_1}\right) \cdot \frac{1}{2}\left(e^{iz_2} - e^{-iz_2}\right) + \frac{1}{2}\left(e^{iz_1} + e^{-iz_1}\right) \cdot \frac{1}{2i}\left(e^{iz_2} - e^{-iz_2}\right)$$
$$= \frac{1}{4i}\left(2e^{iz_1}e^{iz_2} - 2e^{-iz_1}e^{-iz_2}\right) = \frac{1}{2i}\left\{e^{i(z_1+z_2)} - e^{-i(z_1+z_2)}\right\} = \sin(z_1 + z_2)$$

(3) $\sin z = \dfrac{1}{2i}\left(e^{iz} - e^{-iz}\right)$ であるから，$\dfrac{1}{2i}\left(e^{iz} - e^{-iz}\right) = i$ の両辺に $2i$ をかけて，$e^{iz} + e^{-iz} = -2$．さらに両辺に e^{iz} をかけてまとめると，$(e^{iz})^2 + 2(e^{iz}) + 1 = 0$．したがって，$\left(e^{iz} + 1\right)^2 = 0$ より $e^{iz} = -1$．ここで $z = x + iy$ を代入して，$e^{i(x+iy)} = -1 \rightarrow e^{-y+ix} = -1$ ……①．ここで $-1 = e^{(\pi + 2n\pi)i}$ (n : 任意の整数) であるから式①の左辺と比較して，$x = \pi + 2n\pi, y = 0$ より $\therefore z = \pi + 2n\pi = (2n+1)\pi$ (n : 任意の整数)

ドリル no.63　class　no　name

問題 63.1　次の値を $u+iv$ の形で表せ.

(1) $\sin\left(\dfrac{\pi}{2}+i\right)$　(2) $\cos\left(\dfrac{\pi}{3}-i\right)$　(3) $\tan(-i)$

問題 63.2　z を複素数とするとき，次の各問いに答えよ.

(1) y を実数とするとき，$\cos(iy) \geqq 1$ を示せ.

(2) $\sin z = 2$ を解け.

(※) θ が実数の範囲のとき $-1 \leqq \sin\theta \leqq 1$ であったが，変数が複素数にまで拡張された $\sin z$ についてはもはやこの関係は成り立たない.

問題 63.3　三角関数, 双曲線関数に関する，次の各性質を示せ.

(1) $\cos\left(\dfrac{\pi}{2}-z\right) = \sin z$

(2) $\cos(z_1+z_2) = \cos z_1 \cos z_2 - \sin z_1 \sin z_2$

(3) $\cosh^2 z - \sinh^2 z = 1$

チェック項目

チェック項目	月　日	月　日
三角関数を理解している.		

5 複素解析　5.2 ベキ級数から生みだされる初等関数　(4) 対数関数とべき関数

対数関数とべき関数を理解している．

対数関数 $w = \log z$ は，指数関数 $z = e^w$ の逆関数として定義される．
$w = \log z \iff z = e^w$
このとき，$z = re^{i\theta}$，$w = u + iv$ とおくと，
$$\begin{cases} u = \ln r = \ln|z| \quad (\ln : \text{自然対数}) \\ v = \theta + 2n\pi = \arg z + 2n\pi \quad (-\pi < \theta \leqq \pi, n : \text{整数}) \end{cases}$$
$w = \log z = u + iv$ に代入すると，

$\log z = w = \ln|z| + i(\arg z + 2n\pi) \quad (n : \text{整数})$

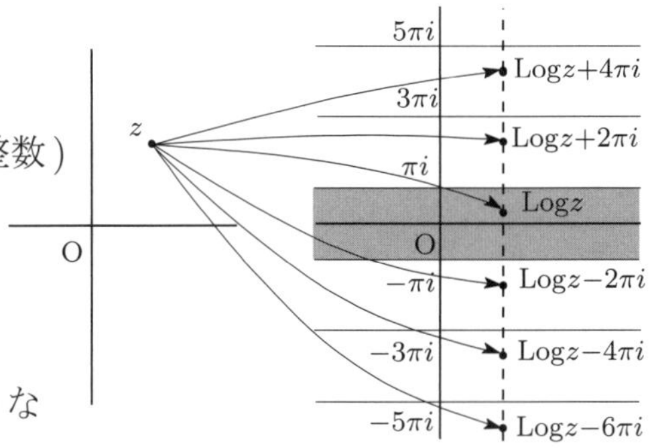

n に対応して，$\log z$ は無限個の値をとる．このような関数を，**無限多価関数**という．

1つの z に対応する値が1つ (**1価関数**) となるようにするため，$-\pi < \arg z \leqq \pi$ と範囲を定めると，$\log z$ の値は**一意**に定まる．これを $\mathrm{Log}\, z$ と書き，複素関数 $\log z$ の**主値**という．

ベキ関数 $w = z^\alpha$ $(w, z, \alpha \in \mathbf{C})$ を，指数関数を用いて次のように定義する．

$z^\alpha \iff e^{\alpha \log z} \quad (z \neq 0)$

これは，α が整数でなければ $\log z$ が無限多価関数であることからやはり**無限多価関数**となる．このとき，対数関数の主値をとった $w = e^{\alpha \mathrm{Log}\, z}$ をベキ関数 z^α の**主値**という．

例題 64.1 $\log(1 - \sqrt{3}\,i)$ を $x + iy$ の形で表せ．また，主値 $(-\pi < \arg z \leqq \pi)$ を述べよ．

＜解答＞ $w = u + iv$ とおけば，$w = \log(1 - \sqrt{3}\,i) \longleftrightarrow 1 - \sqrt{3}\,i = e^w \cdots\cdots$ (i) である．
ここで，$1 - \sqrt{3}\,i = 2e^{(-\frac{\pi}{3} + 2n\pi)i}$ と表す，式 (i) は $2e^{(-\frac{\pi}{3} + 2n\pi)i} = e^{u+iv} = e^u e^{iv}$ と書けるから，
$u = \ln 2$，$v = -\dfrac{\pi}{3} + 2n\pi$ (n : 整数) したがって，$w = u + iv = \ln 2 + i\left(-\dfrac{\pi}{3} + 2n\pi\right)$ (n : 整数)
また，主値は $n = 0$ の場合であるから $\mathrm{Log}(1 - \sqrt{3}\,i) = \ln 2 - \dfrac{\pi}{3}i$

例題 64.2 $(\sqrt{3} - i)^{1+i}$ のすべての値を求めよ．

＜解答＞ $(\sqrt{3} - i)^{1+i} = e^{(1+i)\log(\sqrt{3}-i)}$ である．
$\log(\sqrt{3} - i) = \ln 2 + i\left(-\dfrac{\pi}{6} + 2n\pi\right)$ であるから，
$(\sqrt{3} - i)^{1+i} = e^{(1+i) \cdot \{\ln 2 + i(-\frac{\pi}{6} + 2n\pi)\}}$ となる．
ここで，$A = -\dfrac{\pi}{6} + 2n\pi$ と置いて，上式の指数を展開する．
$e^{(1+i) \cdot (\ln 2 + iA)} = e^{(\ln 2 + iA + i\ln 2 - A)} = e^{\{\ln 2 - A + i(A + \ln 2)\}} =$
$e^{(\ln 2 - A)} \cdot e^{i(A + \ln 2)} = e^{\ln 2} e^{-A} \cdot e^{i(A + \ln 2)}$
ここで，$e^{\ln 2} = 2$，および，オイラーの公式から上式の末項は
$e^{\ln 2} e^{-A} \cdot e^{i(A + \ln 2)} = 2e^{-A}\{\cos(A + \ln 2) + i\sin(A + \ln 2)\}$ となる．
最後に，$A = -\dfrac{\pi}{6} + 2n\pi$ を戻して，
与式 $= 2e^{(\frac{\pi}{6} - 2n\pi)}\left\{\cos\left(\ln 2 - \dfrac{\pi}{6} + 2n\pi\right) + i\sin\left(\ln 2 - \dfrac{\pi}{6} + 2n\pi\right)\right\}$ (n : 整数)

ドリル no.64	class	no	name

問題 64.1　次の各問いに答えよ．

(1) $\log(1+i)$，$\mathrm{Log}(1+i)$ の値を求めよ．

(2) 方程式 $e^z = 1-i$ を解け．

(3) 方程式 $\log z = 1 + i\pi$ を解け．

問題 64.2　次の各問いに答えよ．

(1) $e^{\log z} = z$ を示せ．

(2) $\log(e^z) = z + 2n\pi i$ (n : 整数) を示せ．

問題 64.3　次の各問いに答えよ．

(1) $z_1 = z_2 = e^{\frac{3\pi i}{4}}$ のとき，対数の**主値**について $\mathrm{Log}(z_1 z_2) \neq \mathrm{Log}(z_1) + \mathrm{Log}(z_2)$ となることを確認せよ．

(2) 0 でない複素数 z_1, z_2 に対し，**両辺の $2\pi i$ の整数倍の差を無視すれば** $\log(z_1 z_2) = \log(z_1) + \log(z_2)$ が**成立する**ことを示せ．

(3) $\log z^k = k \log z$ (k : 整数) は**一般には成立しない**ことを示せ．

問題 64.4　次のベキ乗のすべての値，および主値を求めよ．

(1) e^i　　(2) i^{1-i}　　(3) $(1-i)^{1+i}$

チェック項目

	月　日	月　日
対数関数とべき関数を理解している．		

5 複素解析　5.3 複素関数の微分と正則性　(1) 複素関数の極限

複素関数の極限を理解している．

- **複素関数の極限**　複素関数 $w = f(z)$ について，変数 z が z_0 に限りなく近づくとき，**どのような近づき方をしても**，$f(z)$ が複素数 α に限りなく近づくならば，関数 $f(z)$ は**極限値** α に収束するという．これを

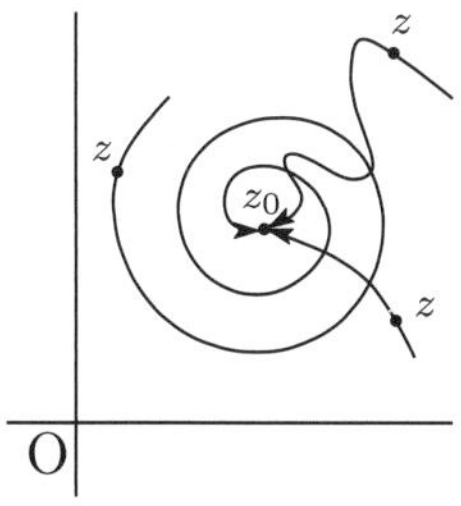

$$f(z) \to \alpha \ (z \to z_0) \quad \text{または} \quad \lim_{z \to z_0} f(z) = \alpha$$

と表す．$z = x + iy$, $z_0 = x_0 + iy_0$, $f(z) = u(x,y) + iv(x,y)$, $\alpha = a + ib$ とする．このとき，

$$(x,y) \to (x_0, y_0), \quad \lim_{(x,y) \to (x_0,y_0)} u(x,y) = a, \quad \lim_{(x,y) \to (x_0,y_0)} v(x,y) = b$$

- **$z \to \infty$ の取り扱い**　$|z| \to \infty$ のとき，関数 $f(z)$ が一定値 λ に限りなく近づくとき，$f(z) \to \lambda \ (z \to \infty)$ または $\lim_{z \to \infty} f(z) = \lambda$ と表す．

- **関数の極限に関する公式**　$\lim_{z \to z_0} f(z) = \alpha$, $\lim_{z \to z_0} g(z) = \beta$ ならば

  (1) $\lim_{z \to z_0} \{f(z) \pm g(z)\} = \lim_{z \to z_0} f(z) \pm \lim_{z \to z_0} g(z) = \alpha \pm \beta$

  (2) $\lim_{z \to z_0} \{f(z) \cdot g(z)\} = \lim_{z \to z_0} f(z) \cdot \lim_{z \to z_0} g(z) = \alpha \cdot \beta$

  (3) $\lim_{z \to z_0} \dfrac{f(z)}{g(z)} = \dfrac{\lim_{z \to z_0} f(z)}{\lim_{z \to z_0} g(z)} = \dfrac{\alpha}{\beta} \ (\beta \neq 0)$

例題 65.1 次の極限値を求めよ．

(1) $\displaystyle\lim_{z \to i} \dfrac{z^2 + 1}{(z-i)(2z-i)}$ 　　(2) $\displaystyle\lim_{z \to 0} \dfrac{\mathrm{Re}\, z}{z}$ 　　(3) $\displaystyle\lim_{z \to \infty} \dfrac{1}{1+z^2}$

＜解答＞

(1) $\displaystyle\lim_{z \to i} \dfrac{z^2+1}{(z-i)(2z-i)} = \lim_{z \to i} \dfrac{(z+i)(z-i)}{(z-i)(2z-i)} = \lim_{z \to i} \dfrac{z+i}{2z-i} = \dfrac{i+i}{2i-i} = 2$

(2) $z = x + iy$ とおくと，$\dfrac{\mathrm{Re}\, z}{z} = \dfrac{x}{x+iy}$．ここで，直線 $y = mx$ に沿って z が 0 に近づくとき，$\displaystyle\lim_{\substack{z \to 0 \\ y=mx}} \dfrac{\mathrm{Re}\, z}{z} = \lim_{x \to 0} \dfrac{x}{x+imx} = \lim_{x \to 0} \dfrac{1}{1+im} = \dfrac{1}{1+im}$．これは，$m$ の値によって値は色々と変化する．したがって，$\displaystyle\lim_{z \to 0} \dfrac{\mathrm{Re}\, z}{z}$ は存在しない．

(3) $z \to \infty$ のときの $f(z)$ の変化の状態は，その同値性から，実数 $t \to 0$ のときの $f\left(\dfrac{1}{t}\right)$ の変化の状態を考えればよい．よって，$\displaystyle\lim_{z \to \infty} \dfrac{1}{1+z^2} = \lim_{t \to 0} \dfrac{1}{1+\frac{1}{t^2}} = \lim_{t \to 0} \dfrac{t^2}{t^2+1} = 0$.

もしくは，$z = re^{i\theta} \ (0 \leqq \theta < 2\pi)$ とおいて $r \to \infty$ とすることで，$\displaystyle\lim_{z \to \infty} \dfrac{1}{1+z^2} = \lim_{r \to \infty} \dfrac{1}{1 + r^2 e^{2\theta i}} = 0$.

ドリル no.65　　class　　no　　name

問題 65.1　次の極限値を求めよ．

(1) $\displaystyle\lim_{z\to i}\frac{z-i}{z^2+1}$　　(2) $\displaystyle\lim_{z\to 2i}\frac{z^3-2iz^2+z-2i}{z-2i}$

(3) $\displaystyle\lim_{z\to 0}\frac{z}{\overline{z}}$　　(4) $\displaystyle\lim_{z\to\infty}\frac{1+z^2}{1-z^2}$

問題 65.2　$f(z)=\dfrac{xy}{x^3+y^2}$　($z=x+iy$) とする．このとき，次の各問いに答えよ．

(1) $z=x+iy$, $z_0=x_0+iy_0$ のとき，$z\to z_0 \iff (x,y)\to(x_0,y_0)$ を示せ．

(2) 直線 $y=x$ に沿って，z を 0 に近づけるとき，$f(z)$ の極限値を求めよ．

(3) 放物線 $y=x^2$ に沿って，z を 0 に近づけるとき，$f(z)$ の極限値を求めよ．

(4) $\displaystyle\lim_{z\to 0} f(z)$ は存在するか．

問題 65.3　$\displaystyle\lim_{z\to z_0} f(z)=\alpha$ であるとき，$\displaystyle\lim_{z\to z_0}|f(z)|=|\alpha|$ ，$\displaystyle\lim_{z\to z_0}\overline{f(z)}=\overline{\alpha}$ であることを示せ．

チェック項目

	月　日	月　日
複素関数の極限を理解している．		

5 複素解析　5.3 複素関数の微分と正則性　(2) 複素関数の連続性

> 複素関数の連続性を理解している．

S を複素平面上の点集合とする．このとき，

点 α は S の **内点** $\iff$ 点 α を中心とする十分小さい円の内部の点がすべて S に属する

S は **開集合** $\iff$ S のすべての点が S の内点である

S は **閉集合** $\iff$ S の補集合が開集合である

S は点 α の **近傍** $\iff$ S は点 α を含む開集合である

S は **連結** $\iff$ S の任意の 2 点 α, β が，S に完全に含まれる折線によって結べる

S は **領域** $\iff$ S は連結な開集合である

[複素関数の連続性]

① $z = \alpha$ で複素関数 $f(z)$ の値が定義されている．($f(\alpha) = \lambda$)

② 極限値 $\lim_{z \to \alpha} f(z)$ が求められる．($\lim_{z \to \alpha} f(z) = \lambda$)

③ ① および ② の値が一致する．($\lim_{z \to \alpha} f(z) = \lambda = f(\alpha)$)

①～③ が成り立つとき，複素関数 $w = f(z)$ は $z = \alpha$ で **連続** であるという．

[合成関数の連続性]

複素関数 $f(z), g(z)$ が $z = \alpha$ で連続 $\Rightarrow f(z) \pm g(z)$, $f(z) \cdot g(z)$, $\dfrac{f(z)}{g(z)}$ （ただし, $g(\alpha) \neq 0$）

も $z = \alpha$ で連続．また，合成関数 $g(f(z))$ の連続性について，次が成り立つ．

$$\begin{cases} f(z) \text{ の値域が } g(z) \text{ の定義域に属している} \\ f(z) \, , \, g(z) \text{ ともにそれぞれ連続な関数} \end{cases} \Rightarrow \textbf{合成関数 } g(f(z)) \text{ も連続な関数}$$

[連続関数と最大値・最小値]

複素関数 $f(z)$ が閉領域 D で連続 $\Rightarrow f(z)$ は閉領域 D で **最大値** と **最小値** をとる．

例題 66.1 次の関数は原点で連続であるか調べよ．

(1) $f(z) = \begin{cases} \dfrac{z}{|z|} & (z \neq 0) \\ 0 & (z = 0) \end{cases}$
(2) $f(z) = \begin{cases} \dfrac{z^2}{|z|} & (z \neq 0) \\ 0 & (z = 0) \end{cases}$

<解答>

(1) $z = x + iy$ とおくと, $f(z) = \dfrac{z}{|z|} = \dfrac{x + iy}{\sqrt{x^2 + y^2}}$. 半直線 $y = mx \, (x > 0)$ に沿って z が 0 に近づくとき，$\lim_{\substack{z \to 0 \\ y = mx \\ x > 0}} \dfrac{z}{|z|} = \lim_{x \to 0+0} \dfrac{x + imx}{\sqrt{x^2 + m^2 x^2}} = \dfrac{1 + im}{\sqrt{1 + m^2}}$ となる．これは m の値によっていろいろ変化することから，極限値 $\lim_{z \to 0} f(z)$ は存在しない．ゆえに，$f(z)$ は $z = 0$ で不連続である．

(2) $z = 0$ で複素関数 $f(z)$ の値が定義されていて，$f(0) = 0$. 次に，極限は，$|f(z)| = |z| \to 0 \, (z \to 0)$ である．そして，$\lim_{z \to 0} f(z) = 0 = f(0)$ が成り立つことから，$f(z)$ は $z = 0$ で連続である．

ドリル no.66 class no name

問題 66.1 次の関数について連続でない点があれば求めよ．

(1) $\overline{z}$

(2) $\dfrac{z}{2z+i}$

(3) $\dfrac{z+1}{z^3+1}$

(4) $f(z) = \begin{cases} \dfrac{z^2+9}{z-3i} & (z \neq 3i) \\ 6i & (z = 3i) \end{cases}$

問題 66.2 関数 $f(z) = \dfrac{\overline{z}}{1+|z|}$ は原点で連続であるか．次の 3 ステップにより連続性を調べよ．

(step1) $f(0)$ を求めよ．

(step2) $\displaystyle\lim_{z\to 0} f(z)$ を求めよ．

(ヒント：$z = x+iy$ とおき，$z \to 0 \iff (x,y) \to (0,0)$ に注意して $f(z)$ の極限を調べる．)

(step3) step1，step2 を比べることで，$z=0$ における $f(z)$ の連続性を調べよ．

問題 66.3 複素関数 $f(z) = u(x,y) + iv(x,y)$ の連続性について次を示せ．

「 $f(z)$ が連続 」 $\iff$ 「 $u(x,y)$ と $v(x,y)$ がともに連続 」

チェック項目

	月 日	月 日
複素関数の連続性を理解している．		

5 複素解析　5.3 複素関数の微分と正則性　(3) 複素関数の微分

複素関数の微分を理解している.

$w = f(z)$ について，有限な極限値 $\displaystyle\lim_{z \to z_0} \frac{f(z) - f(z_0)}{z - z_0} = \lim_{h \to 0} \frac{f(z_0 + h) - f(z_0)}{h}$ が存在するとき，$f(z)$ は z_0 で **(複素) 微分可能** であるという．この極限値を $f(z)$ の z_0 における **(複素) 微分係数** といい，$\left.\dfrac{df}{dz}\right|_{z=z_0}$ または $f'(z_0)$ などと書く．領域 D の各点 z にその点における微分係数 $f'(z)$ を対応させて得られる関数を $f(z)$ の **導関数** といい，$\dfrac{df(z)}{dz}$ または $f'(z)$ などと書く．

複素関数の微分法の性質

(1) $f(z)$ が微分可能ならば $f(z)$ は連続

(2) $f(z), g(z)$ が微分可能，k が定数のとき，
$$(k)' = 0,\ \{f(z) \pm g(z)\}' = f'(z) \pm g'(z)\ (\text{複合同順})$$
$$\{kf(z)\} = kf'(z),\ \{f(z) \cdot g(z)\}' = f'(z) \cdot g(z) + f(z) \cdot g'(z)$$
$$g(z) \neq 0 \text{ のとき } \left\{\frac{f(z)}{g(z)}\right\}' = \frac{f'(z) \cdot g(z) - f(z) \cdot g'(z)}{g(z)^2}$$
$$(g\{f(z)\})' = g'\{f(z)\} \cdot f'(z) \quad [\text{合成関数の微分法}]$$

(3) n が正の整数のとき，$(z^n)' = nz^{n-1}$

(4) $w = f(z)$ が1対1で各点で微分可能ならば，逆関数 $z = f^{-1}(w)$ が定まり，
$$\frac{df^{-1}(w)}{dw} = \frac{1}{\dfrac{df(z)}{dz}} \quad (f'(z) \neq 0) \quad [\text{逆関数の微分法}]$$

例題 67.1 次の関数の導関数と ( ) 内の点 z における微分係数を求めよ．

(1) $f(z) = z^3 - 2iz\ (z = 1 + i)$

(2) $f(z) = (z^2 - 3z)^2\ (z = -i)$

(3) $f(z) = \dfrac{z^2 - 2}{z - i}\ (z = 1 + i)$

＜解答＞

(1) 導関数 $f'(z) = 3z^2 - 2i$ より，微分係数 $f'(1+i) = 3(1+i)^2 - 2i = 4i$

(2) 合成関数の微分法より $f'(z) = 2(z^2-3z)^1 \cdot (z^2-3z)' = 2(2z-3)(z^2-3z)$ より，微分係数 $f'(-i) = 2(2i-3)(i^2-3i) = 2(-2i+9i+3+6) = 18+14i$

(3) 商の微分法より
$$f'(z) = \frac{(z^2-2)'(z-i) - (z^2-2)(z-i)'}{(z-i)^2} = \frac{z^2 - 2iz + 2}{(z-i)^2} = \frac{(z-i)^2 + 3}{(z-i)^2}$$
$$= 1 + \frac{3}{(z-i)^2}\ \text{より，微分係数}\ f'(1+i) = 1 + \frac{3}{(1+i-i)^2} = 4$$

ドリル no.67	class	no	name

問題 67.1 次の関数を微分せよ.

(1) $f(z) = 3z^2 - 6iz + 2$

(2) $f(z) = (z-1)^2(z^2+2)$

(3) $f(z) = \dfrac{iz-2}{iz+2}$

(4) $f(z) = \left(\dfrac{z+1}{1-z}\right)^3$

問題 67.2 「関数 $f(z)$ は点 z_0 で微分可能」 $\Rightarrow$ 「関数 $f(z)$ は点 z_0 で連続」となることを示せ.

チェック項目

	月 日	月 日
複素関数の微分を理解している.		

5 複素解析　5.3 複素関数の微分と正則性　(4) 複素関数の正則性

複素関数の正則性の意味を理解している．

領域 $D \in \mathbf{C}$ の任意の点 $z \in D$ において，複素関数 $f(z)$ が (複素) 微分可能であるとき，$f(z)$ は領域 D で**正則**であるという．

複素関数 $f(z)$ の正則性

領域 D で定義された連続な偏導関数をもつ $f(z) = f(x+iy) = u(x,y) + iv(x,y)$ に対して，$f(z)$ が**領域 D で正則である**とは，次を満たすことと同値である．

領域 D において次の**コーシー・リーマンの関係式**を満たす．

$$\frac{\partial u}{\partial x} = \frac{\partial v}{\partial y}, \quad \frac{\partial u}{\partial y} = -\frac{\partial v}{\partial x}$$

また，このとき $f'(z) = \dfrac{\partial u}{\partial x} + i\dfrac{\partial v}{\partial x} = \dfrac{\partial v}{\partial y} - i\dfrac{\partial u}{\partial y}$ が成立する．

また，$f(z)$ が**領域 D で正則である**とは，次のようにも表現できる．

複素関数 $f(z)$ が z の正則関数 $\iff$ $f(z)$ が z のみの関数であり $\bar{z}$ を含まない式で表せる

正則関数の和，差，積，商および合成関数はやはり正則関数である．

$f(z) = f(x+iy) = u(x,y) + iv(x,y)$ が正則関数であれば，その実部 $u(x,y)$ と虚部 $v(x,y)$ はそれぞれ次の偏微分方程式

$$\frac{\partial^2 u}{\partial x^2} + \frac{\partial^2 u}{\partial y^2} = 0 \quad \text{および} \quad \frac{\partial^2 v}{\partial x^2} + \frac{\partial^2 v}{\partial y^2} = 0$$

を満たす．この性質を満足する関数 $u(x,y)$ と $v(x,y)$ のことを**調和関数**という．

例題 68.1　次の関数は正則であるかを調べよ．また，正則である場合は，関数の実部,虚部のそれぞれが調和関数となっていることを確かめよ．

(1) $f(z) = x^3 - 3xy^2 + (3x^2y - y^3)i$ 　　(2) $f(z) = x^2 + y^2 i$

＜解答＞

(1) $f(z) = u(x,y) + iv(x,y)$ とおく．$u(x,y) = x^3 - 3xy^2$，$v(x,y) = 3x^2y - y^3$ より，$u_x = 3(x^2 - y^2) = v_y$, $u_y = -6xy = -v_x$ となって，複素平面全体 $\mathbf{C}$ でコーシー・リーマンの関係式を満たす．また，u, v の偏導関数は $\mathbf{C}$ で連続である．ゆえに，$f(z)$ は $\mathbf{C}$ で正則である．また，$u_{xx} + u_{yy} = 6x - 6x = 0$，$v_{xx} + v_{yy} = 6y - 6y = 0$ より，実部,虚部のそれぞれが調和関数となっている．

(2) $f(z) = u(x,y) + iv(x,y)$ とおく．$u(x,y) = x^2$，$v(x,y) = y^2$ より，$u_x = 2x$, $v_y = 2y$ となるから，原点以外では $u_x \neq v_y$，$u_y = 0 = -v_x$ となってコーシー・リーマンの関係式を満たさない．ゆえに，$f(z)$ は正則ではない．

(**補足**) u, v について，点 $z = a + bi$ で「コーシー・リーマンの関係式が成立 + 偏導関数は連続である」ならば，「$f(z)$ はその点 (a,b) で複素微分可能」となる．問題 (2) では，原点で「コーシー・リーマンの関係式が成立 + u, v の偏導関数は連続」となることから，原点 ($z = 0$) においては微分可能である．しかし，その近傍においては微分可能ではないことから，正則な関数とはなっていないことが分かる．

ドリル no.68 class no name

問題 68.1 次の関数は正則であるかを調べ，正則な場合には実部，虚部が調和関数となっていることを確かめよ．また，関数を $z,\bar{z}$ の式として表せ．

(1) $f(z)=\dfrac{x}{x^2+y^2}-\dfrac{y}{x^2+y^2}i$ (2) $f(z)=x^2+yi$

問題 68.2 次の関数が正則となるように，係数 a,b,c,d を定めよ．

(1) $w=5x+ay+(by-3x)i$ (2) $w=ax^2y-2y^3+(bxy^2+cx^3)i$

問題 68.3 正則関数 $f(z)=u(x,y)+iv(x,y)$ $(z=x+iy)$ の実部が $u(x,y)=x^2+3x-y^2$ であるとき，虚部 $v(x,y)$ および $f(z)$ を求めたい．次の各空欄に当てはまる適切な数値または式を答えよ．

コーシー・リーマンの関係式より，$v_y=u_x=$ [(1)] $\cdots$ ①，$v_x=-u_y=$ [(2)] $\cdots$ ②．
式②を x について積分すると，y だけの関数 $\phi(y)$ を用いて $v(x,y)=$ [(3)] $+\phi(y)$ $\cdots$ ⊛ とかける．これを式①の v_y に代入して，$\phi'(y)=$ [(4)] より，$\phi(y)=$ [(5)] $+C$
(ただし，C は任意の複素定数)．これを式⊛に戻して，$v(x,y)=$ [(6)] $+C$ となるから，
$f(z)=u(x,y)+iv(x,y)=$ [(7) x,y の式] $+C=$ [(8) z の式] $+C$．
(ただし，(7)，(8) の後に現れる C は iC が任意より，改めて任意の複素定数 C と置き直した.)

問題 68.4 $z=x+iy$ を極形式 $z=re^{i\theta}$ で表すとき，関数 $w=f(z)=u+iv$ の $z\neq 0$ に対する**コーシー・リーマンの関係式**は，

$$\frac{\partial u}{\partial r}=\frac{1}{r}\frac{\partial v}{\partial \theta},\quad \frac{\partial v}{\partial r}=-\frac{1}{r}\frac{\partial u}{\partial \theta}\qquad (r\neq 0)$$

と**同値である**ことを示せ．また，$f'(z)=e^{-i\theta}\left(\dfrac{\partial u}{\partial r}+i\dfrac{\partial v}{\partial r}\right)$ と表せることを示せ．

問題 68.5 関数 $f(z)=|z|^2$ は $z=0$ で微分可能であるが，正則ではないことを示せ．

チェック項目

	月 日	月 日
複素関数の正則性の意味を理解している.		

5 複素解析　5.3 複素関数の微分と正則性　(5) いろいろな複素関数の導関数

いろいろな複素関数の導関数を求めることができる．

初等関数とその導関数　基本的な複素関数の導関数について表にまとめる．

$f(z)$	$f'(z)$	正則となる範囲
e^z	e^z	任意の z で正則
$\sin z$	$\cos z$	任意の z で正則
$\cos z$	$-\sin z$	任意の z で正則
$\log z$	$\dfrac{1}{z}$	$z=0$ を除いて正則
z^α	$\alpha z^{\alpha-1}$	$z=0$ を除いて正則
α^z ($\alpha \neq 0$)	$\alpha^z \log \alpha$	任意の z で正則

逆三角関数とその導関数

$\cos w = z$ のとき，$w = \cos^{-1} z$ と書く．

$\cos^{-1} z = \dfrac{1}{i} \log\left(z \pm \sqrt{z^2-1}\right)$ ，$(\cos^{-1} z)' = -\dfrac{1}{\sqrt{1-z^2}}$

同様にして　$\sin^{-1} z = \dfrac{1}{i} \log\left(iz \pm \sqrt{1-z^2}\right)$ ，$(\sin^{-1} z)' = \dfrac{1}{\sqrt{1-z^2}}$

$\tan^{-1} z = \dfrac{i}{2} \log \dfrac{i+z}{i-z}$ $(z \neq \pm i)$ ，$(\tan^{-1} z)' = \dfrac{1}{1+z^2}$

例題 69.1　次の関数の正則性を調べ，導関数を求めよ．

(1) $f(z) = e^z$ 　　　　　　　　(2) $f(z) = \cos z$

＜解答＞

(1) $e^z = e^x(\cos y + i \sin y)$ より，実部 $u(x,y) = e^x \cos y$，虚部 $v(x,y) = e^x \sin y$．
$u_x = e^x \cos y = v_y$，$v_x = e^x \sin y = -u_y$ であるから，複素平面上の任意の z でコーシー・リーマンの関係が成り立ち，かつ，偏導関数 u_x, u_y, v_x, v_y はそれぞれ連続となっている．したがって，任意の z で正則である．$f'(z) = u_x + i v_x = e^x(\cos y + i \sin y) = e^z$

(2) (1) により e^{iz}, e^{-iz} は複素平面上の任意の z で正則であるから，$\cos z = \dfrac{1}{2}\left(e^{iz} + e^{-iz}\right)$ も正則である．$(\cos z)' = \dfrac{i e^{iz} - i e^{-iz}}{2} = \dfrac{-e^{iz} + e^{-iz}}{2i} = \dfrac{-\left(e^{iz} - e^{-iz}\right)}{2i} = -\sin z$

例題 69.2　逆三角関数 $\cos^{-1} z = \dfrac{1}{i} \log\left(z \pm i\sqrt{1-z^2}\right)$ を示し，$(\cos^{-1} z)'$ を求めよ．

＜解答＞　$z = \cos w = \dfrac{e^{iw} + e^{-iw}}{2}$ の両辺に $2e^{iw}$ をかけて，

$e^{2iw} - 2z e^{iw} + 1 = 0 \rightarrow (e^{iw})^2 - 2z(e^{iw}) + 1 = 0 \rightarrow e^{iw} = z \pm \sqrt{z^2-1}$

$\therefore iw = \log\left(z \pm \sqrt{z^2-1}\right)$ ゆえに，$w = \cos^{-1} z = \dfrac{1}{i} \log\left(z \pm \sqrt{z^2-1}\right)$

次に，$\cos^{-1} z$ が 1 価関数となる範囲に対応した $\cos^{-1} z = \dfrac{1}{i} \log\left(z + \sqrt{z^2-1}\right)$ の導関数を求める．これは，$\sqrt{z^2-1} = 0$ となる点 $z = \pm 1$ を除いて正則．

$(\cos^{-1} z)' = \dfrac{1}{i} \dfrac{1}{z + \sqrt{z^2-1}} \left(1 + \dfrac{1}{2} \cdot \dfrac{2z}{\sqrt{z^2-1}}\right) = \dfrac{1}{i(z + \sqrt{z^2-1})} \left(\dfrac{\sqrt{z^2-1} + z}{\sqrt{z^2-1}}\right)$

$= \dfrac{1}{i\sqrt{z^2-1}} = \dfrac{1}{i \cdot i\sqrt{1-z^2}} = -\dfrac{1}{\sqrt{1-z^2}}$

ドリル no.69	class	no	name

問題 69.1　次の関数の正則性を調べ，導関数を求めよ．

(1) $f(z) = \sin z$　　　　(2) $f(z) = \cos z^2$

問題 69.2　逆三角関数 $\sin^{-1} z$ について，次の各問いに答えよ．

(1) $\sin w = z$ のとき，$w = \sin^{-1} z = \dfrac{1}{i}\log\left(iz \pm \sqrt{1-z^2}\right)$ を導け．

(2) $(\sin^{-1} z)' = \dfrac{1}{\sqrt{1-z^2}}$ となることを示せ．

問題 69.3　$\log z$ の値域を適当に制限して 1 価関数とするとき，$\dfrac{d\log z}{dz} = \dfrac{1}{z}$ を次の 2 通りの方法で示せ．

(方法 1) $z = e^w$ (ただし，$w = \log z$) に逆関数の導関数の公式を用いよ．

(方法 2) $z = x + iy$ を極形式 $z = re^{i\theta}$ で表し，$f(z) = \mathrm{Log} z = \ln r + i\theta = u + iv$ とする．ここで，$u = \ln r$，$v = \theta$ に**問題 68.4** の結果を用いよ．

問題 69.4　ベキ関数 $z^\alpha = e^{\alpha \log z}$ (αは複素定数) について，$\dfrac{d}{dz}z^\alpha = \alpha z^{\alpha-1}$ $(z \neq 0)$ を示したい．次の各空欄に当てはまる適切な数値または式を答えよ．

$z^\alpha = e^{\alpha \log z}$ は，指数関数 e^w と対数関数 $w = \alpha \log z$ の合成関数とみなせる．ここで，指数関数 e^w は複素平面全体で正則であり $\dfrac{de^w}{dw} =$ [(1)]，また $w = \alpha \log z$ は値域を適当に制限すれば 1 価関数となり正則となるから $\dfrac{dw}{dz} =$ [(2)]．したがって，合成関数の微分法により $(z^\alpha)' = (e^{\alpha \log z})' = \dfrac{de^w}{dw} \cdot \dfrac{dw}{dz} = \alpha z^{\alpha-1}$ を得る．

チェック項目

	月　日	月　日
いろいろな複素関数の導関数を求めることができる．		

複素積分の定義とその計算を理解している.

複素平面上の**曲線** C が変数 t の関数として $z(t)=x(t)+iy(t)$ $(a \leqq t \leqq b)$ と表され，関数 $f(z)=u+iv$ が C 上で連続であるとき，$f(z)$ の C 上での積分について次の関係が成り立つ.

$$\int_C f(z)dz=\int_C (udx-vdy)+i\int_C (vdx+udy)=\int_a^b f(z(t))\frac{dz}{dt}dt$$

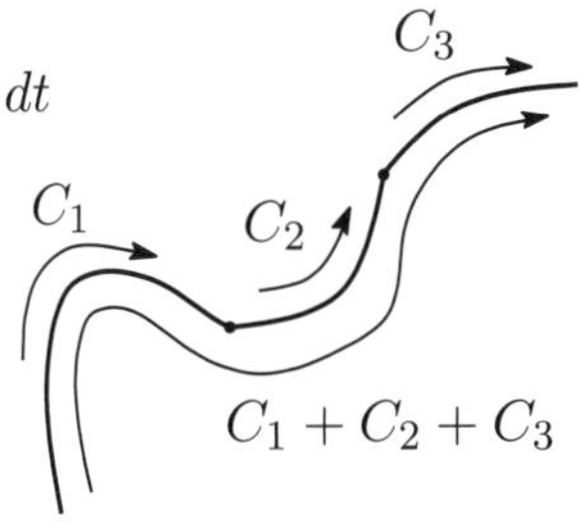

区分的に滑らかな曲線

[曲線 C について]

曲線 C の両端が一致している $(z(a)=z(b))$ ときを**閉曲線**という. C が自分自身と交わることがないとき，**単一曲線**や**単純曲線**または**ジョルダン曲線**という. $z'(t)$ が連続で 0 でないとき，C は**滑らか**であるという. いくつかの曲線 C_1 ，C_2 ，...，C_n をつないでできる曲線 C を $C=C_1+C_2+\cdots+C_n$ で表す. この場合，各 C_k $(k=1,2,\ldots,n)$ が滑らかな曲線ならば，C は**区分的に滑らか**であるという. 点 z が曲線 C 上を逆向きに $z(b)$ から $z(a)$ まで動いてできる曲線を $-C$ で表す. すなわち，$-C: z=z(-t)$ $(-b \leqq t \leqq -a)$ である.

複素関数 $f(z)$ の積分について，次の性質が成り立つ.

(I) $\displaystyle\int_{-C} f(z)dz=-\int_C f(z)dz$

(II) $C=C_1+C_2+\cdots+C_n$ のとき，

$$\int_C f(z)dz=\int_{C_1} f(z)dz+\int_{C_2} f(z)dz+\cdots+\int_{C_n} f(z)dz$$

(III) $\displaystyle\int_C kf(z)dz=k\int_C f(z)dz$ （ k は定数 ）

(IV) $\displaystyle\int_C (f(z)+g(z))dz=\int_C f(z)dz+\int_C g(z)dz$

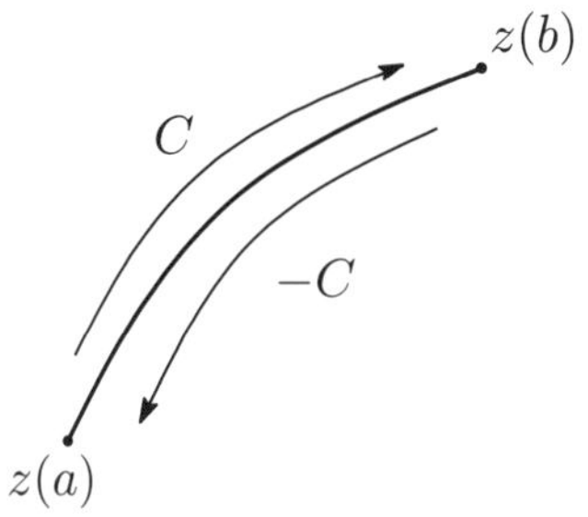

例題 70.1　円 $C_\alpha: z=\alpha+re^{it}$ $(0 \leqq t \leqq 2\pi)$ について，次の等式を証明せよ.

$$\int_{C_\alpha}\frac{1}{(z-\alpha)^n}dz=\begin{cases}2\pi i & (n=1)\\ 0 & (n \neq 1 \text{ の整数})\end{cases}$$

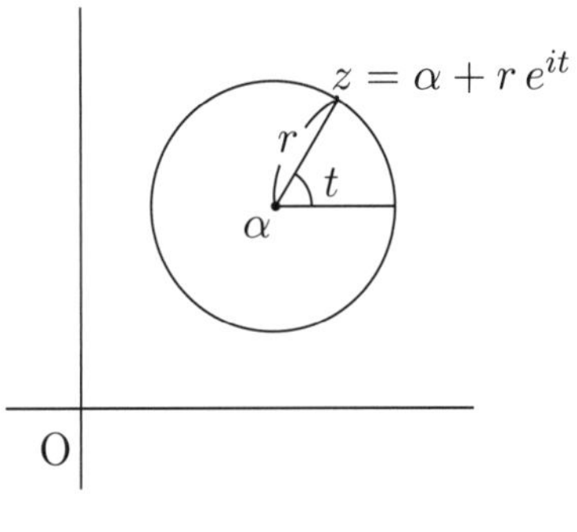

＜解答＞　$\dfrac{dz}{dt}=ire^{it}$ であるから，

$$I=\int_{C_\alpha}\frac{1}{(z-\alpha)^n}dz=\int_0^{2\pi}\frac{ire^{it}}{r^n e^{int}}dt=\frac{i}{r^{n-1}}\int_0^{2\pi}e^{i(1-n)t}dt$$

したがって，

(i) $n=1$： $I=i\displaystyle\int_0^{2\pi}dt=2\pi i$

(ii) $n\neq 1$ の整数： $I=\dfrac{i}{r^{n-1}}\left[\dfrac{1}{i(1-n)}e^{i(1-n)t}\right]_0^{2\pi}=\dfrac{1}{(1-n)r^{n-1}}\left\{e^{2(1-n)\pi i}-1\right\}=0$

ドリル no.70　class　　no　　name

問題 70.1　次の各関数 $f(z)$ について，図に示した積分経路 C に沿う積分 $\displaystyle\int_C f(z)dz$ の値を求めよ．

(1) $f(z) = z$
$C : z = t + it^2 \quad (0 \leqq t \leqq 1)$

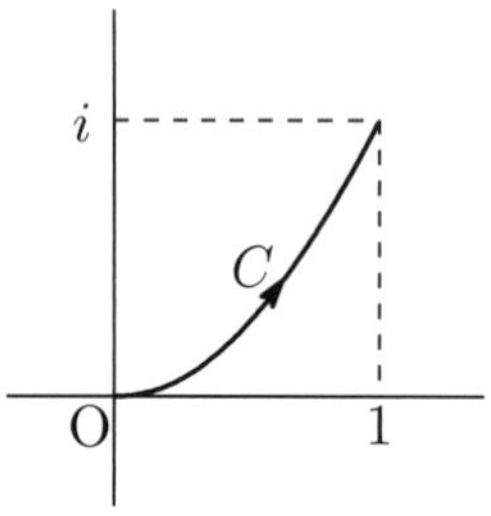

(2) $f(z) = (z - \alpha)^n$
$C : z = \alpha + re^{it} \quad (0 \leqq t \leqq 2\pi)$
$\begin{cases} n: & 0 \text{ または正の整数} \\ r: & \text{正の実定数} \\ \alpha: & \text{複素定数} \end{cases}$

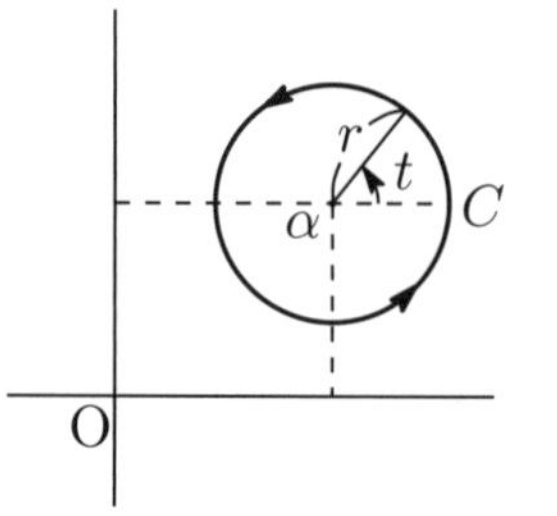

(3) $f(z) = \overline{z}$

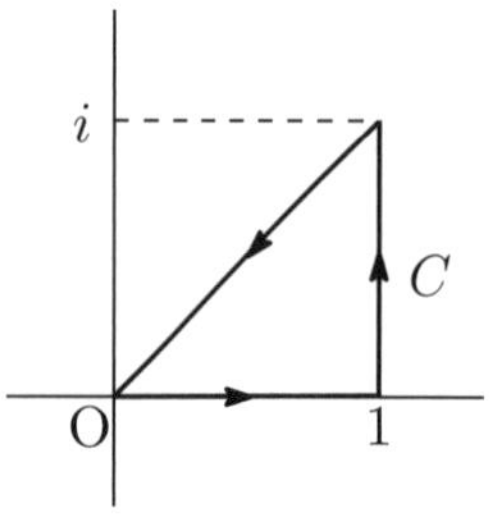

(4) $f(z) = \mathrm{Re}(z)$

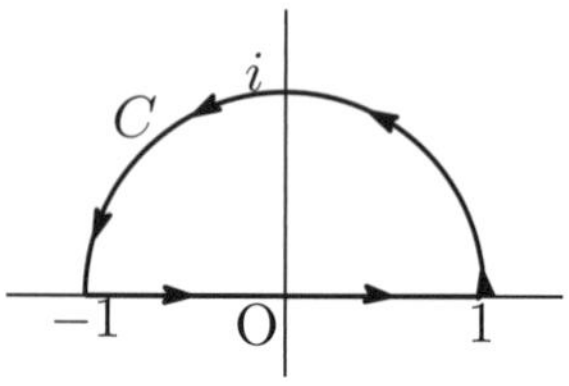

問題 70.2　関数 $f(z)$ が滑らかな曲線 $C : z = z(t) \quad (a \leqq t \leqq b)$ 上で連続であるとき，次の不等式を示したい．以下の各問いに答えよ．ただし，曲線 C ($a \leqq t \leqq b$) の長さを L，$M = \max_{z \in C} \left| f(z) \right|$ とする．

$$\left| \int_C f(z)dz \right| \leqq \int_a^b |f(z(t))| \left| \frac{dz}{dt} \right| dt \leqq ML$$

(1) 関数 $F(t) = U(t) + iV(t)$ ($a \leqq t \leqq b$) について，$\displaystyle\left| \int_a^b F(t)dt \right| \leqq \int_a^b |F(t)|\,dt$ を示せ．
ただし，$U(t), V(t)$ は実数値関数である．

(2) $\displaystyle\left| \int_C f(z)dz \right| \leqq \int_a^b |f(z(t))| \left| \frac{dz}{dt} \right| dt \leqq ML$ を示せ．

[ヒント] (1) において，$F(t) = f(z(t))\dfrac{dz}{dt}$ とおき，曲線 C 上で $|f(z)| \leqq M$(定数) であることを用いよ．

チェック項目

チェック項目	月　日	月　日
複素積分の定義とその計算を理解している．		

5 複素解析 5.4 複素積分と特異点 (2) コーシーの積分定理

コーシーの積分定理を理解している．

コーシーの積分定理

$f(z)$ は領域 D で正則であるとする．C をその周および内部が D に含まれる区分的に滑らかな単一閉曲線とする．また，単一閉曲線の**内部を左側に見ながら一周する向き**を「正の向き」という．以後，特に断らない限り，単一閉曲線といえば正の向きをもつものとする．
このとき，

$$\int_C f(z)dz = 0$$

が成り立つ．

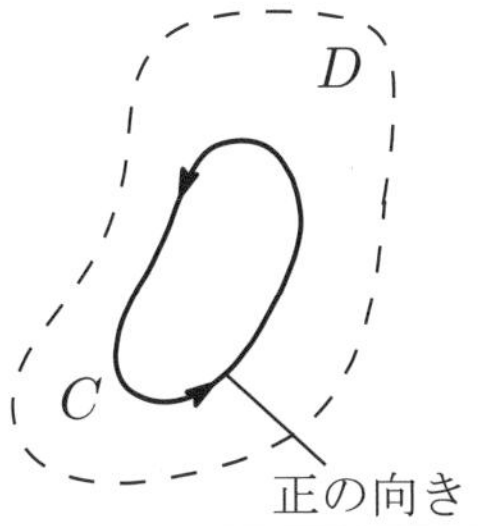

例題 71.1 点 α を通らない**任意の**単一閉曲線を C をするとき，次の等式を証明せよ．

$$\int_C \frac{1}{z-\alpha}dz = \begin{cases} 0 & (\text{点}\alpha\text{が}C\text{の}\textbf{外部}\text{にあるとき}) \\ 2\pi i & (\text{点}\alpha\text{が}C\text{の}\textbf{内部}\text{にあるとき}) \end{cases}$$

＜解答＞

- (点 α が C の**外部**にあるとき)

  $f(z) = \dfrac{1}{z-\alpha}$ は C 上および C で囲まれた領域で正則．よって，C がどんな形の単一閉曲線であってもコーシーの積分定理より，$\displaystyle\int_C \frac{1}{z-\alpha}dz = 0$

- (点 α が C の**内部**にあるとき)

  $f(z)$ は，積分路 $C + L_1 + (-C') + (-L_1)$ で囲まれた領域 (斜線) で正則かつ積分路上でも正則．コーシーの積分定理より，

  $$\int_{C+L_1+(-C')+(-L_1)} \frac{1}{z-\alpha}dz$$
  $$= \int_C \frac{1}{z-\alpha}dz + \int_{L_1} \frac{1}{z-\alpha}dz + \int_{-C'} \frac{1}{z-\alpha}dz + \int_{-L_1} \frac{1}{z-\alpha}dz = 0$$

  であるが，前項 **5.4 (1)** の性質 (I) より

  $$\int_{-L_1} \frac{1}{z-\alpha}dz = -\int_{L_1} \frac{1}{z-\alpha}dz \text{ および } \int_{-C'} \frac{1}{z-\alpha}dz = -\int_{C'} \frac{1}{z-\alpha}dz$$

  である．よって，この積分は

  $$\int_C \frac{1}{z-\alpha}dz - \int_{C'} \frac{1}{z-\alpha}dz = 0$$

  したがって，$\displaystyle\int_C \frac{1}{z-\alpha}dz = \int_{C'} \frac{1}{z-\alpha}dz$ に帰着する．
  ここで，円 C' 上の積分は $\displaystyle\int_{C'} \frac{1}{z-\alpha}dz = 2\pi i$ となることから，$\displaystyle\int_C \frac{1}{z-\alpha}dz = 2\pi i$ を得る．

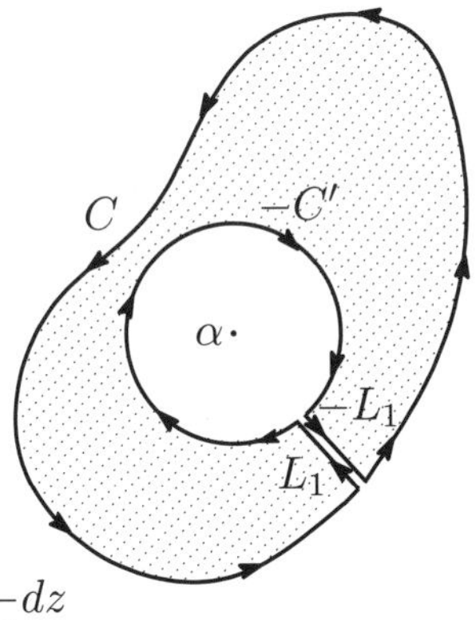

ドリル no.71　class　no　name

問題 71.1　関数 $\dfrac{1}{z^2+3}$ の次の曲線に沿う積分の値を求めよ．

(1) 曲線 $C: |z-2i| = \dfrac{1}{4}$

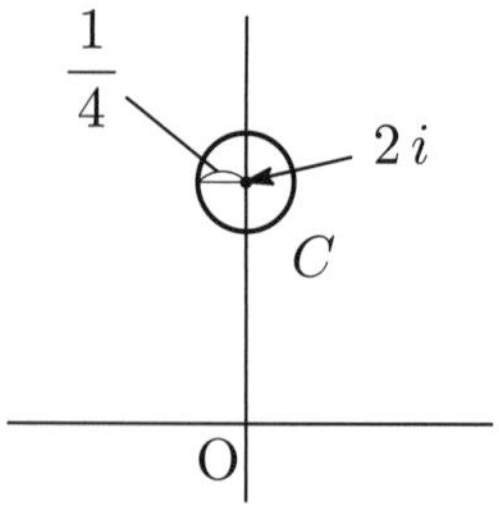

(2) 曲線 C： 原点を中心とする単位円の上半分に沿って点 -1 から点 1 に至る曲線

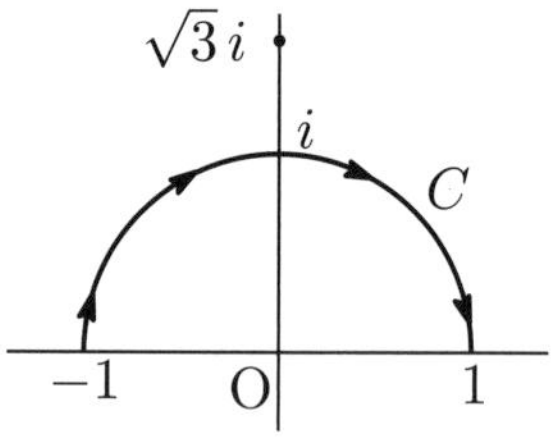

問題 71.2　次の各問いに答えなさい．

(1) $\dfrac{z}{z^2+1} = \dfrac{a}{z-i} + \dfrac{b}{z+i}$ を満たす定数 a, b を求めよ．

(2) 原点を中心とする半径 2 の円を C とするとき，$\displaystyle\int_C \frac{z}{z^2+1}\,dz$ の値を求めよ．

チェック項目

	月　日	月　日
コーシーの積分定理を理解している．		

5 複素解析　5.4 複素積分と特異点　(3) 正則関数の積分表示

> 正則関数の積分表示を理解している．

$f(z)$ は領域 D で正則であるとする．D 内に単一閉曲線 C があり，C の内部も D に含まれているとき，次の各定理が成り立つ．

コーシーの積分公式

C の内部の任意の点 α に対して，
$$f(\alpha) = \frac{1}{2\pi i}\int_C \frac{f(z)}{z-\alpha}\,dz \longleftrightarrow \int_C \frac{f(z)}{z-\alpha}\,dz = 2\pi i f(\alpha)$$
の形で積分に用いることが多い．

グルサーの定理

関数 $f(z)$ は点 α で何回でも微分可能で，$f^{(n)}(\alpha)$ は次式で表される．
$$f^{(n)}(\alpha) = \frac{n!}{2\pi i}\int_C \frac{f(z)}{(z-\alpha)^{n+1}}\,dz \longleftrightarrow \int_C \frac{f(z)}{(z-\alpha)^{n+1}}\,dz = \frac{2\pi i}{n!}f^{(n)}(\alpha)$$
の形で積分に用いることが多い．$n=0$ の場合は，コーシーの積分公式そのものである．
形式的には，グルサーの定理は，コーシーの積分公式における α を変数とみて両辺を α について微分すれば導ける．以上より，$f(z)$ が正則であれば何回でも**微分可能**となる．すなわち，**正則関数の導関数は正則**となる．

モレラの定理

$f(z)$ が単連結領域 D で連続であって，D 内の任意の閉曲線 C について $\int_C f(z)\,dz = 0$ が成り立つならば，$f(z)$ は D で正則である．

例題 72.1　曲線 $C : |z-2i|=1$（正の向き）として，$\int_C \dfrac{1}{z^2+4}\,dz$ を求めよ．

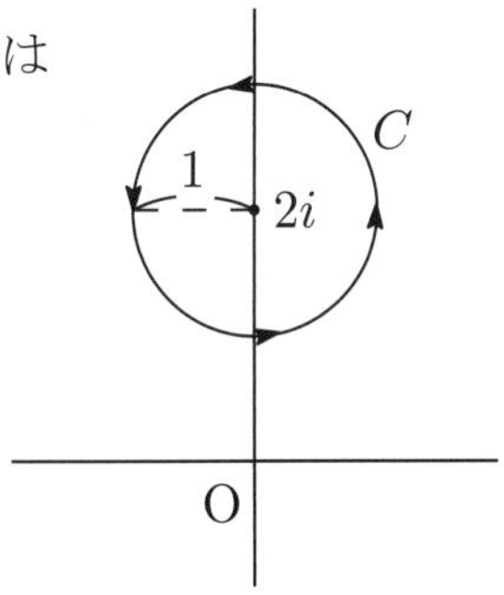

＜解答＞　曲線 C は，点 $z=2i$ を中心とする半径 1 の円．ここで，与式は
$$\int_C \frac{1}{z^2+4}\,dz = \int_C \frac{1}{(z+2i)(z-2i)}\,dz = \int_C \frac{\frac{1}{z+2i}}{z-2i}\,dz$$
と見なせ，分子側にある関数 $\dfrac{1}{z+2i}$ は，この円 C で囲まれた領域，および，その周上で正則である．したがって，
$$\int_C \frac{\frac{1}{z+2i}}{z-2i}\,dz = 2\pi i \cdot \frac{1}{(2i+2i)} = \frac{\pi}{2}$$

例題 72.2　曲線 $C : |z-1|=2$ として，$\int_C \dfrac{\cos z}{(z-i)^3}\,dz$ の値を求めよ．

＜解答＞

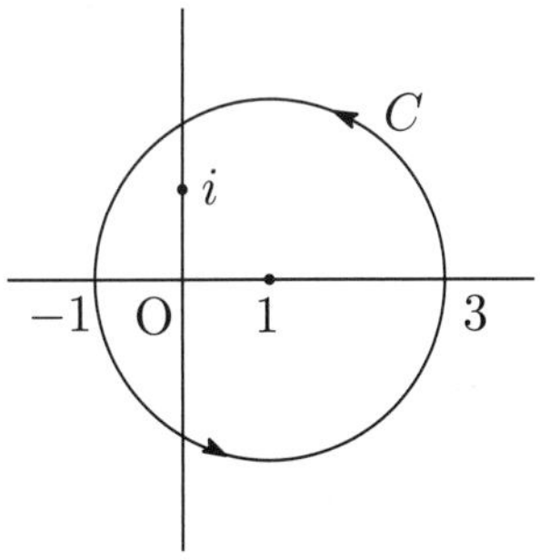

曲線 C は，点 $z=1$ を中心とする半径 $\sqrt{2}$ の円．この積分はグルサーの定理において，$a=i, n=2, f(z)=\cos z$ の場合である．
$f'(z) = -\sin z, f''(z) = -\cos z$ より，
$$f''(i) = -\frac{1}{2}(e^{i\cdot i}+e^{-i\cdot i}) = -\frac{1}{2}\left(\frac{1}{e}+e\right).$$
グルサーの定理より，
$$\int_C \frac{\cos z}{(z-i)^3}\,dz = \frac{2\pi i}{2!}f''(i) = \pi i\left\{-\frac{1}{2}\left(\frac{1}{e}+e\right)\right\} = -\frac{\pi}{2}\left(e+\frac{1}{e}\right)i$$

ドリル no.72 　class 　no 　name

問題 72.1 曲線 $C : |z| = 2$ (正の向き) として，次の積分の値を求めよ．

(1) $\displaystyle\int_C \frac{\sin z}{3z+\pi}\,dz$

(2) $\displaystyle\int_C \frac{z}{(z+1)(z-3)}\,dz$

(3) $\displaystyle\int_C \frac{e^z}{z^2+1}\,dz$

問題 72.2 定積分 $\displaystyle\int_0^{2\pi} \frac{1}{5+4\sin\theta}\,d\theta$ について，次の各問いに答えよ．

(1) 円 $|z| = 1$ 上の点 z は $z = e^{i\theta}$ $(0 \leqq \theta < 2\pi)$ と表せることを用いて，

$$\int_0^{2\pi} \frac{1}{5+4\sin\theta}\,d\theta = \int_{|z|=1} \frac{1}{(z+2i)(2z+i)}\,dz$$

と表せることを示せ．

(2) 定積分 $\displaystyle\int_0^{2\pi} \frac{1}{5+4\sin\theta}\,d\theta$ の値を求めよ．

問題 72.3 曲線 $C : |z| = 2$ として，次の積分の値を求めよ．

(1) $\displaystyle\int_C \frac{z^2}{(z-1)^3}\,dz$

(2) $\displaystyle\int_C \frac{e^{iz}}{(z-i)^4}\,dz$

(3) $\displaystyle\int_C \frac{e^z}{(z-3)(z+i)^2}\,dz$

チェック項目 　月 日 　月 日

正則関数の積分表示を理解している．		

5 複素解析　5.4 複素積分と特異点　(4) 正則関数のベキ級数展開

> 正則関数のベキ級数展開を理解している．

正則関数のベキ級数展開

関数 $f(z)$ が領域 D で正則ならば，D 内の任意の点 α を中心とし D 内に含まれる最大の円の半径を r とするとき，$f(z)$ はこの円の内部 $|z-\alpha|<r$ で
$$f(z) = f(\alpha) + \frac{f'(\alpha)}{1!}(z-\alpha) + \frac{f''(\alpha)}{2!}(z-\alpha)^2 + \cdots + \frac{f^{(n)}(\alpha)}{n!}(z-\alpha)^n + \cdots$$
と表せる．この展開を，$f(z)$ の点 α を中心とするベキ級数展開 (**テイラー展開**) という．

「 $f(z)$ は領域 D で正則 $\iff$ $f(z)$ はベキ級数で表せる」

※ベキ級数は収束円内で正則関数を表し，項別微分，項別積分が可能で収束半径は変わらない．

例題 73.1 図のように，円 K の中心を点 α，K の内部に位置する点を z，K の周上の点を ζ とする．

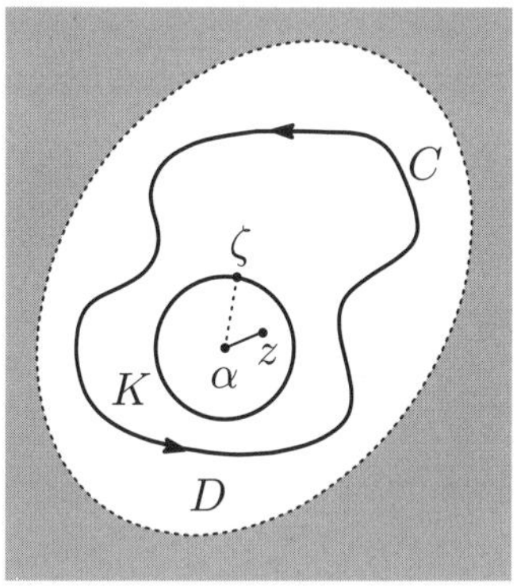

(1) $\dfrac{1}{\zeta-z} = \dfrac{1}{\zeta-\alpha} + \dfrac{z-\alpha}{(\zeta-\alpha)^2} + \dfrac{(z-\alpha)^2}{(\zeta-\alpha)^3} + \cdots$ を示せ．

(2) テイラー展開の式を導出せよ．

＜解答＞

(1) $\left|\dfrac{z-\alpha}{\zeta-\alpha}\right| = \dfrac{|z-\alpha|}{|\zeta-\alpha|} < 1$ であるから，
$$\frac{\zeta-\alpha}{\zeta-z} = \frac{\zeta-\alpha}{(\zeta-\alpha)-(z-\alpha)} = \frac{1}{1-\frac{z-\alpha}{\zeta-\alpha}} = 1 + \frac{z-\alpha}{\zeta-\alpha} + \left(\frac{z-\alpha}{\zeta-\alpha}\right)^2 + \left(\frac{z-\alpha}{\zeta-\alpha}\right)^3 + \cdots$$
ゆえに両辺を $\zeta-\alpha$ で割って，$\dfrac{1}{\zeta-z} = \dfrac{1}{\zeta-\alpha} + \dfrac{z-\alpha}{(\zeta-\alpha)^2} + \dfrac{(z-\alpha)^2}{(\zeta-\alpha)^3} + \cdots$

(2) ここで，両辺に $f(\zeta)$ をかけて，K の周に沿って ζ について積分をすると
$$\int_K \frac{f(\zeta)}{\zeta-z}\,d\zeta = \int_K \frac{f(\zeta)}{\zeta-\alpha}\,d\zeta + (z-\alpha)\int_K \frac{f(\zeta)}{(\zeta-\alpha)^2}\,d\zeta + (z-\alpha)^2 \int_K \frac{f(\zeta)}{(\zeta-\alpha)^3}\,d\zeta + \cdots$$
となる．ここで，両辺を $2\pi i$ で割ると，左辺はコーシーの積分公式により $f(z)$ となるから，$A_n = \dfrac{1}{2\pi i}\int_K \dfrac{f(\zeta)}{(\zeta-\alpha)^{n+1}}\,d\zeta$ $(n=0,1,2,\ldots)$ とおけば，$f(z) = A_0 + A_1(z-\alpha) + A_2(z-\alpha)^2 + A_3(z-\alpha)^3 + \cdots$ とベキ級数の形で $f(z)$ を表すことができる．ここで，グルサーの定理より $n!A_n = f^{(n)}(\alpha)$ とかけることから，テイラー展開の式を得る．

例題 73.2 関数 $f(z) = \dfrac{1}{1-z}$ を $z=0$ の周りでテイラー展開せよ．
($z=0$ の周りでのテイラー展開を特にマクローリン展開とよぶことは実関数の場合と同じである．)

＜解答＞　$f'(z) = \dfrac{1!}{(1-z)^2}$，$f''(z) = \dfrac{2!}{(1-z)^3}$，$\cdots$，$f^{(n)}(z) = \dfrac{n!}{(1-z)^{n+1}}$，$\cdots$

$z=0$ での微分係数は，$f(0)=1, f'(0)=1!, f''(0)=2!, \cdots, f^{(n)}(0)=n!, \cdots$

よって，$\dfrac{1}{1-z}$ の $z=0$ の周りでテイラー展開は，$f(z) = 1 + \dfrac{1!}{1!}z + \dfrac{2!}{2!}z^2 + \cdots + \dfrac{n!}{n!}z^n + \cdots = 1 + z + z^2 + z^3 + \cdots + z^n + \cdots$ となる．また，このベキ級数は $|z|<1$ の範囲で収束する．

(別解) 問題 61.1 (1) より $|z|<1$ において，$\dfrac{1}{1-z} = 1 + z + z^2 + z^3 + \cdots + z^n + \cdots$ である．

ドリル no.73	class	no	name

問題 73.1 次の関数の ( ) 内の点を中心とするテイラー展開を z^4 の項まで求めよ.

(1) $f(z) = e^z \quad (z = 1)$　　(2) $f(z) = \dfrac{1}{z-2} \quad (z = 1)$

問題 73.2 次の関数を，以下の公式を参考に $z = 0$ の周りでテイラー展開し，z^5 の項まで求めよ.

$|z| < 1$ のとき $\dfrac{1}{1-z} = 1 + z + \cdots + z^n + \cdots$, $\dfrac{1}{1+z} = 1 - z + z^2 + \cdots - z^{2n-1} + z^{2n} - \cdots$

(1) $f(z) = \dfrac{2i}{2-z}$　　(2) $f(z) = \dfrac{e^z}{1+z^2}$

問題 73.3 ［ **コーシーの積分公式の再導出** ］

領域 D で関数 $f(z)$ は正則，D 内に単一閉曲線 C があり，C の内部は D に含まれている.
このとき，$f(z)$ を C の内部にある任意の点 $z = \alpha$ を中心としてテイラー展開で表し，
$\displaystyle\int_C \frac{f(z)}{z-\alpha}\,dz$ に用いることで，コーシーの積分公式が導けることを確かめよ.

問題 73.4 ［ **ロピタルの定理** ］

$f(z), g(z)$ が点 α で正則で，$f^{(n)}(\alpha) = g^{(n)}(\alpha) = 0 \ (0 \leqq n \leqq m-1)$, $g^{(m)}(\alpha) \neq 0$ ならば，

$$\lim_{z\to\alpha} \frac{f(z)}{g(z)} = \frac{f^{(m)}(\alpha)}{g^{(m)}(\alpha)}$$

であることを示せ.

[ヒント] $f(z), g(z)$ を点 α を中心としてテイラー展開せよ.

チェック項目

	月　日	月　日
正則関数のベキ級数展開を理解している.		

5 複素解析　5.4 複素積分と特異点　(5) 孤立特異点と級数展開

孤立特異点と級数展開を理解している．

関数 $f(z)$ が点 α で正則でなく，点 α の近傍に含まれる点 α を除くすべての点 z で $f(z)$ が正則となるとき，点 α を $f(z)$ の**孤立特異点**という．

ローラン展開

$f(z)$ は円環領域 $D : r_1 < |z - \alpha| < r_2$ で正則であるとき，$f(z)$ は D の任意の点 z に対して，

$$f(z) = \sum_{n=-\infty}^{\infty} A_n (z-\alpha)^n = \sum_{n=1}^{\infty} \frac{A_{-n}}{(z-\alpha)^n} + \sum_{n=0}^{\infty} A_n (z-\alpha)^n$$

と級数展開できる．この展開を，**ローラン展開**という．

ここに，係数 A_n は $f(z)$ から $A_n = \dfrac{1}{2\pi i} \displaystyle\int_C \dfrac{f(\zeta)}{(\zeta - \alpha)^{n+1}} d\zeta$ と**一意的**に定まる．

$$\begin{cases} \text{テイラー展開} \ \to \ \text{中心 } \alpha \text{ は関数の正則点である} \\ \text{ローラン展開} \ \to \ \text{中心 } \alpha \text{ は関数の正則点でなくともよい} \end{cases}$$

孤立特異点の分類

ローラン展開の $\displaystyle\sum_{n=1}^{\infty} \dfrac{A_{-n}}{(z-\alpha)^n}$ をローラン展開の**主要部**という．

I. **除去可能な特異点** … 主要部の各係数 A_{-1}，A_{-2}，… がすべて 0 の場合．

II. **極** … 主要部に 0 でない係数が少なくとも 1 つあり，しかも有限個しかない場合．

III. **真性特異点** … 主要部に 0 でない係数が無限に多くある場合．

II において，点 α でのローラン展開が $f(z) = \dfrac{A_{-k}}{(z-\alpha)^k} + \dfrac{A_{-k+1}}{(z-\alpha)^{k-1}} + \cdots$ となるとき，$z = \alpha$ を $f(z)$ の **k 位の極**という．$f(z) = 0$ となる点 $z = \alpha$ を**零点**といい，点 α でのテイラー展開が $f(z) = A_k (z-\alpha)^k + A_{k+1} (z-\alpha)^{k+1} + \cdots$ となるとき，$z = \alpha$ を $f(z)$ の **k 位の零点**という．ローラン展開の係数を求めるには，公式にあげた積分を計算してもよいが，係数の一意性が知られているので，等比級数の和の公式やテイラー展開を利用する方法がよく用いられる．

例題 74.1 関数 $\dfrac{1}{z(z-1)}$ の $z = 0$ でのローラン展開を，以下の場合について求めよ．

(1) 領域が $0 < |z| < 1$ のとき　　(2) 領域が $1 < |z|$ のとき

＜解答＞

(1) $f(z) = \dfrac{1}{z(z-1)} = \dfrac{-1}{z(1-z)} = \dfrac{-1}{z} \cdot \dfrac{1}{1-z} = \dfrac{-1}{z} \cdot (1 + z + z^2 + \cdots + z^n + \cdots)$

$= -\dfrac{1}{z} - 1 - z - \cdots - z^{n-1} - \cdots$

(2) $|z| > 1$ より $\left|\dfrac{1}{z}\right| < 1$ なので，

$f(z) = \dfrac{1}{z \cdot z(1 - \frac{1}{z})} = \dfrac{1}{z^2} \cdot \dfrac{1}{1 - \frac{1}{z}} = \dfrac{1}{z^2} \left\{ 1 + \dfrac{1}{z} + \left(\dfrac{1}{z}\right)^2 + \cdots + \left(\dfrac{1}{z}\right)^n + \cdots \right\}$

$= \dfrac{1}{z^2} + \dfrac{1}{z^3} + \dfrac{1}{z^4} + \cdots + \dfrac{1}{z^{n+2}} + \cdots$

ドリル no.74　class　　no　　name

問題 74.1　次の各問いに答えよ．

(1) $f(z) = \dfrac{1}{(z-1)(z-2)}$ の $z=1$ を中心とするローラン展開を求めよ．

(2) $f(z) = \dfrac{1}{z(1-z)^2}$ の $z=1$ を中心とするローラン展開を求めよ．

(3) $f(z) = (1+z^2)e^{\frac{1}{z}}$ の $z=0$ を中心とするローラン展開を求めよ．

問題 74.2　$f(z) = \dfrac{z}{(z-1)(z-2)}$ の原点 O を中心とするローラン展開を，以下の各場合についてそれぞれ求めよ．

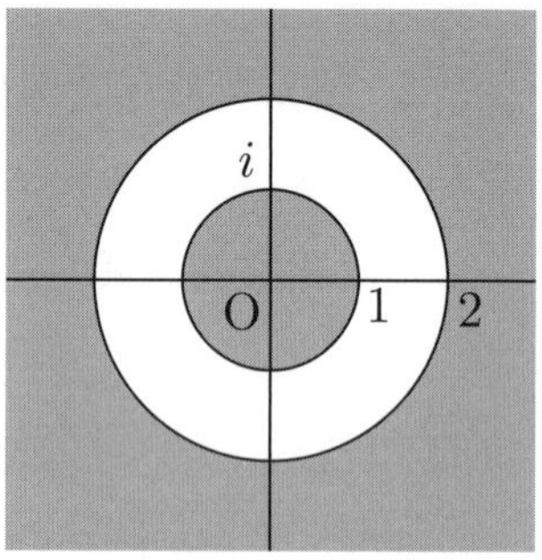

(1) $|z| < 1$ のとき

(2) $1 < |z| < 2$ のとき

(3) $2 < |z|$ のとき

(※) この問題を通して，同じ関数 $f(z)$ のローラン展開であっても，円環領域の取り方によってその表現が異なることが分かる．

チェック項目	月　日	月　日
孤立特異点と級数展開を理解している．		

留数の意味を理解し，留数定理を用いて複素積分の値を求めることができる．

関数 $f(z)$ の孤立特異点 α を内部に含む単一閉曲線 C についてその点を中心としたローラン展開を考え $f(z)=\cdots+\dfrac{A_{-2}}{(z-\alpha)^2}+\dfrac{A_{-1}}{z-\alpha}+A_0+A_1(z-\alpha)+\cdots$ の両辺を積分すると，コーシーの積分定理およびグルサーの定理より，

$$\int_C f(z)\,dz=\sum_{n=-\infty}^{\infty}A_n\int_C(z-\alpha)^n\,dz=2\pi iA_{-1}\iff\quad A_{-1}=\frac{1}{2\pi i}\int_C f(z)\,dz$$

が得られる．この A_{-1} を点 α における $f(z)$ の**留数**といい，$\mathrm{Res}[f,\alpha]$ と書く．

留数：$\mathrm{Res}[f,\alpha]=\dfrac{1}{2\pi i}\displaystyle\int_C f(z)\,dz$ ←「留数 ＝ ローラン展開における $\dfrac{1}{z-\alpha}$ 項の係数」

留数の計算

- 点 α が $f(z)$ の 1 位の極であるとき，$\mathrm{Res}[f,\alpha]=\displaystyle\lim_{z\to\alpha}(z-\alpha)f(z)$
- 点 α が $f(z)$ の k 位 $(k\geqq 2)$ の極であるとき，

$$\mathrm{Res}[f,\alpha]=\frac{1}{(k-1)!}\lim_{z\to\alpha}\frac{d^{k-1}}{dz^{k-1}}\left\{(z-\alpha)^k f(z)\right\}$$

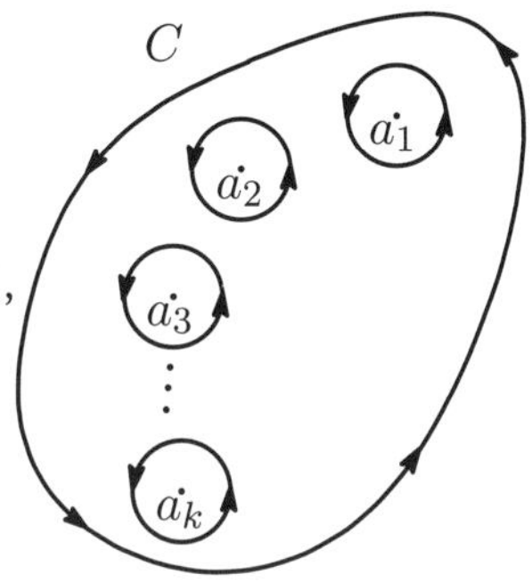

留数定理

$f(z)$ が単一閉曲線 C の内部の有限個の点 $\alpha_1,\alpha_2,\cdots,\alpha_n$ を除いて，C の周上および内部で正則であるとき，

$$\int_C f(z)\,dz=2\pi i\sum_{k=1}^{n}\mathrm{Res}[f,\alpha_k]$$

例題 **75.1** 関数 $f(z)=\dfrac{1}{z(z-1)^3}$ について，$\mathrm{Res}[f,1]$ を求めよ．

＜解答＞ $z=1$ は $f(z)$ の 3 位の極より，$(z-1)^3f(z)$ は正則となりベキ級数で表せる．

$$(z-1)^3f(z)=a_0+a_1(z-1)+a_2(z-1)^2+a_3(z-1)^3+\cdots\cdots\ \text{(i)}$$

$$\therefore\ f(z)=\frac{a_0}{(z-1)^3}+\frac{a_1}{(z-1)^2}+\frac{a_2}{(z-1)}+\frac{a_3}{1}+\cdots$$

この場合，留数 $\mathrm{Res}[f,1]$ は a_2 である．そこで，式 (i) の両辺を微分し $z\to1$ の極限をとる．

すると，式 (i) は $\displaystyle\lim_{z\to1}\frac{d^2}{dz^2}(z-1)^3f(z)=2!\cdot a_2$ となって，a_2 が取り出せる．

$$\therefore\ a_2=\frac{1}{2!}\lim_{z\to1}\frac{d^2}{dz^2}(z-1)^3f(z)=\frac{1}{2!}\lim_{z\to1}\frac{d^2}{dz^2}\left(\frac{1}{z}\right)=\frac{1}{2!}\lim_{z\to1}\frac{2}{z^3}=1\ .$$

例題 **75.2** 曲線 C を中心 $z=1$, 半径 3 の円とするとき，$\displaystyle\int_C\frac{2z+3}{z^3-9z}\,dz$ の値を求めよ．

＜解答＞ 被積分関数 $\dfrac{2z+3}{z^3-9z}=\dfrac{2z+3}{z(z+3)(z-3)}$ は，$z=-3,0,3$ をそれぞれ 1 位の極としてもつ．このとき，曲線 C の内部に位置する極は $z=0,3$ である．留数定理より，$\displaystyle\int_C\frac{2z+3}{z^3-9z}\,dz=$ $2\pi i\times\mathrm{Res}[f,0]+2\pi i\times\mathrm{Res}[f,3]$ ここで，$\mathrm{Res}[f,0]=\displaystyle\lim_{z\to0}zf(z)=-\frac{1}{3}$ および $\mathrm{Res}[f,3]=$ $\displaystyle\lim_{z\to3}(z-3)f(z)=\frac{1}{2}$ より，$\displaystyle\therefore\ \int_C\frac{2z+3}{z^3-9z}\,dz=2\pi i\times\left(-\frac{1}{3}+\frac{1}{2}\right)=\frac{\pi}{3}i$

ドリル no.75　class　no　name

問題 75.1　次の関数のすべての極とその位数を述べよ．また，そこでの留数を求めよ．

(1) $f(z) = \dfrac{z+1}{(z-3)(z-2)}$　(2) $f(z) = \dfrac{z+1}{z(z-1)^2}$　(3) $f(z) = \dfrac{e^{2z}-1}{z^3}$

問題 75.2　$C : |z-1| = 2$ とするとき，$I = \displaystyle\int_C \frac{z}{(z^2-4)}\,dz$ を次の 3 通りの方法で求めよ．

(1) $\dfrac{z}{(z^2-4)} = \dfrac{1}{2}\left(\dfrac{1}{z-2} + \dfrac{1}{z+2}\right)$ として，**コーシーの積分定理**を利用せよ．

(2) $\dfrac{z}{(z^2-4)} = \dfrac{\frac{z}{z+2}}{z-2}$ として，**コーシーの積分公式**を利用せよ．

(3) $\dfrac{z}{(z^2-4)} = \dfrac{z}{(z+2)(z-2)}$ として，**留数定理**を利用せよ．

問題 75.3　α は $0 < |z-\alpha| < R$ で正則な関数 $f(z)$ の 1 位の極とする．α を中心とする半径 r $(r < R)$ の円の上半分に沿って，点 $\alpha + r$ から点 $\alpha - r$ に至る曲線を C_r とするとき，次の等式を証明せよ．

$$\lim_{r \to 0} \int_{C_r} f(z)\,dz = \pi i \,\mathrm{Res}[f, \alpha]$$

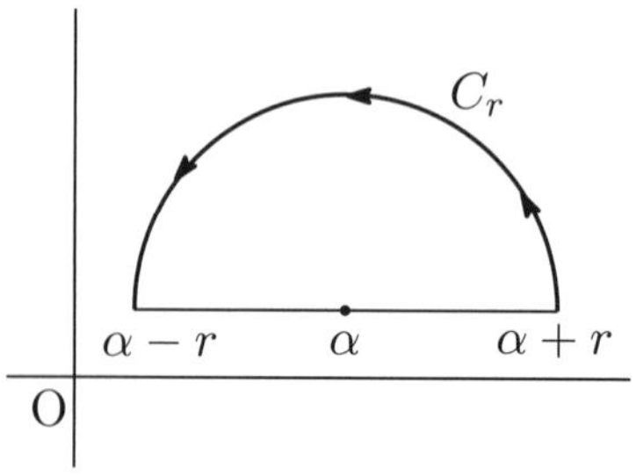

チェック項目

	月　日	月　日
留数定理を実積分に応用して解くことができる．		

留数の実積分への応用を理解している.

(I) $\displaystyle\int_0^{2\pi} f(\cos\theta,\sin\theta)\,d\theta$ ここで，$f(x,y)$ は x,y に関する有理関数とする.

$z=e^{i\theta}$ とおくと，$\displaystyle\int_0^{2\pi} f(\cos\theta,\sin\theta)\,d\theta=\frac{1}{i}\int_{|z|=1} f\left(\frac{1}{2}\left(z+\frac{1}{z}\right),\ \frac{1}{2i}\left(z-\frac{1}{z}\right)\right)\frac{dz}{z}$

と，単位円周 $|z|=1$ 上の複素積分に帰着するため，留数を用いて計算する.

(II) 無限区間における積分

$\displaystyle\int_{-\infty}^{\infty} f(x)\,dx$ の計算に際して，変数 x の範囲を実数から複素数 z に拡張し，以下の性質 ①, ② をもつ閉経路 C に沿った複素積分 $\displaystyle\int_C f(z)\,dz$ を考える.

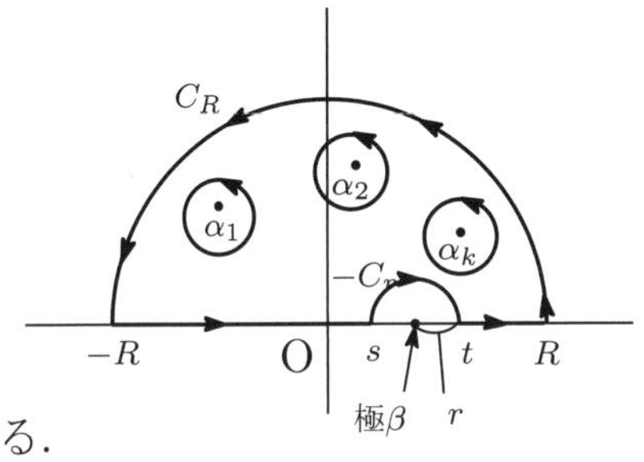

① 積分経路上および経路で囲まれた領域で $f(z)$ は**正則**となるように閉経路 $C=C_R+(-R,s)+(-C_r)+(t,R)$ を取る.

実軸上に極 β がある場合は，図のようにそれを避けた経路 $(-C_r)$ を付加する.

② $R\to\infty$ で経路 C_R の値 $\to 0$, $r\to 0$ で経路 $-C_r$ の値 $\to -\pi i\ \mathrm{Res}[f,\beta]$ (**問題 75.3** より)

$$\int_C f(z)\,dz=\int_{-\infty}^{\infty} f(x)\,dx+\lim_{R\to\infty}\int_{C_R} f(z)\,dz+\lim_{r\to 0}\int_{C_r} f(z)\,dz=\int_{-\infty}^{\infty} f(x)\,dx-\pi i\ \mathrm{Res}[f,\beta]$$

$$=2\pi i\times\sum_k \mathrm{Res}[f,\alpha_k]\qquad \therefore \int_{-\infty}^{\infty} f(x)\,dx=2\pi i\times\sum_k \mathrm{Res}[f,\alpha_k]+\pi i\ \mathrm{Res}[f,\beta]$$

例題 76.1 $\displaystyle I=\int_0^{2\pi}\frac{d\theta}{4-\sin\theta}$ の値を求めよ.

＜解答＞ $z=e^{i\theta}$ とおくと，$\sin\theta=\dfrac{1}{2i}\left(z-\dfrac{1}{z}\right)$, $d\theta=\dfrac{dz}{iz}$ より，

$\displaystyle I=-2\int_{|z|=1}\frac{1}{\{z-(4+\sqrt{15}i)\}\{z-(4-\sqrt{15}i)\}}\,dz$ から，$|z|<1$ にある極は 1 位の極 $(4-\sqrt{15}i)$ のみである．$\mathrm{Res}[f,4-\sqrt{15}i]=\dfrac{i}{2\sqrt{15}}$ より，$I=2\pi i\times -2\times\dfrac{i}{2\sqrt{15}}=\dfrac{2}{\sqrt{15}}\pi$

例題 76.2 $\displaystyle\int_{-\infty}^{\infty}\frac{\cos x}{x^2+1}\,dx=\frac{\pi}{e}$ を示せ.

＜解答＞ $\displaystyle\int_{-\infty}^{\infty}\frac{\cos x}{x^2+1}\,dx=\mathrm{Re}\int_{-\infty}^{\infty}\frac{e^{ix}}{x^2+1}\,dx$ より，$f(z)=\dfrac{e^{iz}}{z^2+1}=\dfrac{e^{iz}}{(z+i)(z-i)}$ とおく．ここで，解説の図のように積分経路 $C=(-R,R)+C_R$ をとると，留数定理より $\displaystyle\int_C f(z)\,dz=$ $2\pi i\times\mathrm{Res}[f,i]=2\pi i\times\dfrac{e^{-1}}{2i}=\dfrac{\pi}{e}$ ． よって，$\displaystyle\int_C f(z)\,dz=\int_{-R}^{R} f(x)\,dx+\int_{C_R} f(z)\,dz=\frac{\pi}{e}$.

さて，C_R 上で $z=Re^{i\theta}$ $(0\leqq\theta\leqq\pi)$ より，$|e^{iz}|=|e^{i\times Re^{i\theta}}|=e^{\mathrm{Re}(i\times Re^{i\theta})}=\dfrac{1}{e^{R\sin\theta}}\leqq 1$ かつ $|z^2+1|\geqq|z|^2-1=R^2-1$ であるから，$|f(z)|=\dfrac{|e^{iz}|}{|z^2+1|}\leqq\dfrac{1}{R^2-1}$ が成り立つ．したがって，$\displaystyle\lim_{R\to\infty}\int_{C_R} f(z)\,dz=0$ である．以上より，$\displaystyle\int_{-\infty}^{\infty}\frac{\cos x}{x^2+1}\,dx=\mathrm{Re}\int_{-\infty}^{\infty}\frac{e^{ix}}{x^2+1}\,dx=\frac{\pi}{e}$

ドリル no.76　class　no　name

問題 76.1　次の実積分の値を，複素積分に直すことで求めよ．

(1) $\displaystyle\int_0^{2\pi} \frac{1}{5-4\cos\theta}\,d\theta$　　(2) $\displaystyle\int_0^{2\pi} \frac{1}{(5+3\sin\theta)^2}\,d\theta$

問題 76.2　以下の 4 つのステップに答えることで，実積分 $\displaystyle\int_{-\infty}^{\infty} \frac{1}{x^4+1}\,dx = \frac{\sqrt{2}\pi}{2}$ を示せ．ただし，以下で $f(z)=\dfrac{1}{z^4+1}$ および積分路 $C=(-R,R)+C_R$ である．

(step1) C の内部にある $f(z)$ の孤立特異点は，$z=e^{\frac{\pi}{4}i}, e^{\frac{3\pi}{4}i}$

(step2) $\displaystyle\int_C f(z)\,dz = \frac{\sqrt{2}\pi}{2}$

(step3) C_R 上で $|f(z)| \leqq \dfrac{1}{R^4-1}$

(step4) $\displaystyle\lim_{R\to\infty}\int_{C_R} f(z)\,dz = 0$

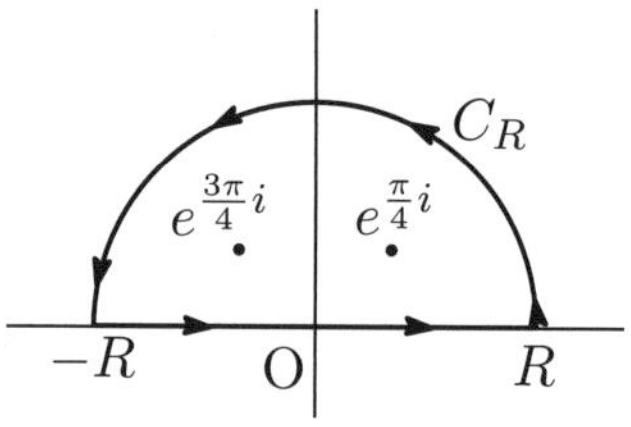

問題 76.3　以下の 4 つのステップに答えることで，実積分 $\displaystyle\int_0^{\infty} \frac{1-\cos x}{x^2}\,dx = \frac{\pi}{2}$ を示せ．ただし，以下で $f(z)=\dfrac{1-e^{iz}}{z^2}$ および積分路 $C=(-R,-r)+(-C_r)+(r,R)+C_R$ である．

(step1) $z=0$ は $f(z)$ の 1 位の極である．

(step2) C_R 上で $|f(z)| \leqq \dfrac{2}{R^2}$

(step3) $\displaystyle\lim_{r\to 0}\int_{C_r} f(z)\,dz = \pi$

(step4) $\displaystyle\int_{-R}^{-r} f(x)\,dx + \int_r^R f(x)\,dx = 2\int_r^R \frac{1-\cos x}{x^2}\,dx$

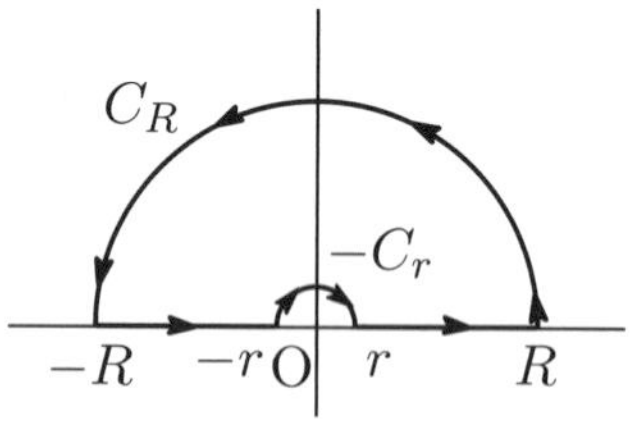

チェック項目

	月　日	月　日
留数の実積分への応用を理解している．		

1 微分方程式 解答

1.1

(1) $y' = \dfrac{-Ce^x}{(e^x - C)^2}$ を代入. $y = \dfrac{e^x}{e^x + 1}$

(2) $y' = Cx$, $\dfrac{y}{x} = \dfrac{1}{2}\left(Cx - \dfrac{1}{Cx}\right)$ を代入.
$y = \dfrac{1}{2}\left(x^2 - 1\right)$

(3) $y' = Ce^x - 1$ を代入. $y = 2e^x - x - 1$

(4) $y' = \dfrac{-Ce^{-\cos x}\sin x}{\left(1 + Ce^{-\cos x}\right)^2}$ を代入.$y = \dfrac{1}{1 + 2e^{-\cos x}}$

(5) $y' = C_1e^x + 3C_2e^{3x}$,$y'' = C_1e^x + 9C_2e^{3x}$ を代入. $y = 4e^x - 3e^{3x}$

(6) $y' = 2\left(C_1x + C_1 + C_2\right)e^{2x}$, $y'' = 2\left(2C_1x + 3C_1 + 2C_2\right)e^{2x}$ を代入. $y = (-2x + 1)\,e^{2x}$

2.1

(1) $y = ax$,$y' = a$ より $y = xy'$. $\therefore xy' - y = 0$

(2) $y = ae^x$,$y' = ae^x$ より $y' - y = 0$

(3) $y = ax + a^2$,$y' = a$ より $y = y'x + (y')^2$.
$\therefore (y')^2 + xy' - y = 0$

(4) $y = ax^2 + x$,$y' = 2ax^2 + 1$,$y'' = 2a$ より
$y = \dfrac{1}{2}x^2y'' + x$. $\quad\therefore x^2y'' - 2y = -2x$

2.2

(1) $y = ae^{kx} + be^{\ell x}$,$y' = ake^{kx} + b\ell e^{\ell x}$, $y'' = ak^2e^{kx} + b\ell^2e^{\ell x}$ より $(k + \ell)\,y' = ak^2e^{kx} + ak\ell e^{kx} + bk\ell e^{\ell x} + b\ell^2e^{\ell x} = y'' + k\ell y$.
$\therefore y'' - (k + \ell)\,y' + k\ell y = 0$

(2) $y = (ax + b)\,e^{kx}$,$y' = ae^{kx} + (ax + b)\,ke^{kx} = ae^{kx} + ky$, $\quad y'' = ake^{kx} + ky'$, $ae^{kx} = y' - ky$ より $y'' = k\,(y' - ky) + ky' = 2ky' - k^2y$
$\therefore y'' - 2ky' + k^2y = 0$

(3) $y = ax + be^{2x}$,$y' = a + 2be^{2x}$,$y'' = 4be^{2x}$ より
$b = \dfrac{1}{4}y''e^{-2x}$, $a = y' - \dfrac{1}{2}y''$.
$\therefore (2x - 1)y'' - 4xy' + 4y = 0$

3.1

(1) $\displaystyle\int \frac{1}{y + 1}dy = \int (x + 1)dx$
$\therefore \quad \log|y + 1| = \dfrac{1}{2}x^2 + x + C_1$
一般解は $\quad y = Ce^{\frac{1}{2}(x+1)^2} - 1$.($C$ は任意定数)

(2) $\displaystyle\int \frac{1}{y(y + 1)}dy = \int \left(\frac{1}{y} - \frac{1}{y + 1}\right)dy = \int dx$
$\therefore \quad \log\left|\dfrac{y}{y + 1}\right| = x + C_1$
一般解は $\quad y = \dfrac{Ce^x}{1 - Ce^x} \quad$ (C は任意定数)

(3) $\displaystyle\int \frac{2y}{y^2 + 1}dy = -\int \frac{1}{x}dx$
$\therefore \quad \log(y^2 + 1) = -\log|x| + C_1$
一般解は $\quad y^2 = \dfrac{C}{x} - 1 \quad$ (C は任意定数)

(4) $\displaystyle\int \frac{1}{y}dy = -\int \frac{\cos x}{\sin x}dx$
$\therefore \quad \log|y| = -\log|\sin x| + C_1$
一般解は $\quad y = \dfrac{C}{\sin x} \quad$ (C は任意定数)

3.2

(1) $\displaystyle\int \frac{1}{y}dy = \int \frac{1}{1 + e^x}dx = \int \frac{e^{-x}}{e^{-x} + 1}dx$
$\therefore \quad \log|y| = -\log(1 + e^{-x}) + C_1$
一般解は $y = \dfrac{C}{1 + e^{-x}} = \dfrac{Ce^x}{1 + e^x}$.($C$ は任意定数)
$\therefore \quad y = \dfrac{2e^x}{1 + e^x}$

(2) $\displaystyle\int \frac{1}{y}dy = -\int \sin x dx \quad \therefore \log|y| = \cos x + C_1$
一般解は $y = Ce^{\cos x}$. $\quad$ (C は任意定数)
$\therefore \quad y = 3e^{\cos x}$

4.1 $\quad y = xu(x)$ とおく. $y' = u + xu'$

(1) 与式は $u + xu' = \dfrac{1 - u}{1 + u}$.
$\displaystyle\int \frac{u + 1}{u^2 + 2u - 1}du = -\int \frac{1}{x}dx$
$\dfrac{1}{2}\log|u^2 + 2u - 1| = -\log\left|\dfrac{1}{x}\right| + C_1$
$\therefore \quad y^2 + 2xy - x^2 = C \quad$ (C_1, C は任意定数)

(2) 与式は $u + xu' = \dfrac{u^2}{1 + u}$.
$\displaystyle\int \frac{u + 1}{u}du = -\int \frac{1}{x}dx$
$u + \log|u| = -\log|x| + C_1$
$\therefore \quad y = Ce^{-\frac{y}{x}} \quad$ (C_1, C は任意定数)

(3) 与式は $u + xu' = u + \sqrt{1 - u^2}$.
$\displaystyle\int \frac{1}{\sqrt{1 - u^2}}du = \int \frac{1}{x}dx$
$\sin^{-1}u = \log|x| + C$, $u = \sin(\log|x| + C)$.
$\therefore \quad y = x\sin(\log|x| + C) \quad$ (C は任意定数)

(4) 与式は $u+xu'=\dfrac{u}{1+u^2}$.

$\displaystyle\int\frac{u^2+1}{u^3}du=-\int\frac{1}{x}dx$

$-\dfrac{1}{2}\times\dfrac{1}{u^2}+\log|u|=-\log|x|+C_1$

$\therefore y^2\log|y|=\dfrac{1}{2}x^2+Cy^2\quad(C_1,C$ は任意定数)

4.2

(1) 題意より次の連立方程式 $\begin{cases}\alpha+\beta-5=0\\ \alpha-3\beta+7=0\end{cases}$ を解く. $\alpha=2,\beta=3$

(2) $y'=\dfrac{dy}{dx}=\dfrac{dy}{dY}\dfrac{dY}{dx}=\dfrac{dy}{dY}\dfrac{dY}{dX}\dfrac{dX}{dx}=1\dfrac{dY}{dX}1=\dfrac{dY}{dX}$.
$x=X+2, y=Y+3$ より $\dfrac{dY}{dX}=\dfrac{X+Y}{X-3Y}$.

(3) $\dfrac{dY}{dX}=\dfrac{X+Y}{X-3Y}$ において, $Y=Xu(X)$ とおく.
$Y'=u+Xu'$. 与式は $u+xu'=\dfrac{1+u}{1-3u}$.

$\displaystyle\int\left(\frac{1}{1+3u^2}-\frac{3u}{1+3u^2}\right)du=\int\frac{1}{X}dX$

$\dfrac{1}{\sqrt{3}}\tan^{-1}\sqrt{3}u-\dfrac{1}{2}\log(1+3u^2)=\log|X|+C$

$\dfrac{1}{\sqrt{3}}\tan^{-1}\dfrac{\sqrt{3}Y}{X}-\dfrac{1}{2}\log(X^2+3Y^2)=C$

$\therefore\quad\dfrac{1}{\sqrt{3}}\tan^{-1}\dfrac{\sqrt{3}(y-3)}{x-2}-$
$\dfrac{1}{2}\log\{(x-2)^2+3(y-3)^2\}=C(C$ は任意定数)

5.1

(1) $\boxed{\text{I}}$ $y'-2y=0$ とみなす.$y=C_1e^{2x}$. $\boxed{\text{II}}$ 次に $y=A(x)e^{2x}$ とし,y と y' を代入すると $A'(x)=e^x$. したがって $A(x)=e^x+C$.
$\therefore\quad y=Ce^{2x}+e^{3x}$.

(2) $\boxed{\text{I}}$ $y'+\dfrac{1}{x}y=0$ とみなす.$y=\dfrac{C_1}{x}$. $\boxed{\text{II}}$ 次に $\dfrac{A(x)}{x}$ とし,y と y' を代入すると $A'(x)=4(x^3+x)$. したがって $A(x)=x^4+2x^2+C$.
$\therefore\quad y=\dfrac{C}{x}+x^3+2x$.

(3) $\boxed{\text{I}}$ $y'+\dfrac{1+x}{x}y=0$ とみなす.$y=\dfrac{C_1}{xe^x}$. $\boxed{\text{II}}$ 次に $y=\dfrac{A(x)}{xe^x}$ とし,y と y' を代入すると $A'(x)=e^{2x}$. したがって $A(x)=\dfrac{1}{2}e^{2x}+C$.
$\therefore y=\dfrac{C}{xe^x}+\dfrac{1}{2}\dfrac{e^x}{x}$.

(4) $y'-\dfrac{\sin x}{\cos x}y=\dfrac{-e^x}{\cos x}$ $\boxed{\text{I}}$ $y'-\dfrac{\sin x}{\cos x}y=0$ とみなす.$y=\dfrac{C_1}{\cos x}$. $\boxed{\text{II}}$ 次に $y=\dfrac{A(x)}{\cos x}$ とし,y と y' を代入すると $A'(x)=-e^x$. したがって $A(x)=-e^x+C$. $\therefore\quad y=\dfrac{C}{\cos x}-\dfrac{e^x}{\cos x}$.

5.2

(1) 与式より $\dfrac{y'}{y^2}+\dfrac{1}{xy}=\dfrac{\log x}{x}$.$z=y^{-1}$ とおくと, $\dfrac{dz}{dx}=-y^{-2}\dfrac{dy}{dx}$. 代入すると, $z'-\dfrac{1}{x}z=-\dfrac{\log x}{x}$.
$\boxed{\text{I}}$ $z'-\dfrac{1}{x}z=0$ とみなす.$z=C_1x$. $\boxed{\text{II}}$ 次に $z=A(x)x$ とし,z と z' を代入すると $A'(x)=-\dfrac{\log x}{x^2}$. したがって $A(x)=\dfrac{\log x}{x}+\dfrac{1}{x}+C$.
$\therefore\quad y^{-1}=Cx+\log x+1$.

(2) 与式より $\dfrac{y'}{y^3}+\dfrac{1}{y^2}=x$.$z=y^{-2}$ とおくと, $\dfrac{dz}{dx}=-2y^{-3}\dfrac{dy}{dx}$. 代入すると, $z'-2z=-2x$.
$\boxed{\text{I}}$ $z'-2z=0$ とみなす.$z=C_1e^{2x}$. $\boxed{\text{II}}$ 次に $z=A(x)e^{2x}$ とし,z と z' を代入すると $A'(x)=-2xe^{-2x}$. したがって $A(x)=\left(x+\dfrac{1}{2}\right)e^{-2x}+C$.
$\therefore\quad y^{-2}=Ce^{2x}+x+\dfrac{1}{2}$.

6.1

(1) $\dfrac{\partial}{\partial y}(3x^2+6xy^2)=12xy=\dfrac{\partial}{\partial x}(6x^2y+4y^2)$ より完全微分形. $U_x=3x^2+6xy^2$ とすると, $U(x,y)=x^3+3x^2y^2+C_1(y)$. $U_y=6x^2y+C_1'(y)=6x^2y+4y^2$ より $C_1'(y)=4y^2$. $\therefore$ $C_1(y)=\dfrac{4}{3}y^3-C$. よって,$x^3+3x^2y^2+\frac{4}{3}y^3=C$.

(2) $\dfrac{\partial}{\partial y}(2x+e^y)=e^y=\dfrac{\partial}{\partial x}(1+xe^y)$ より完全微分形. $U_x=2x+e^y$ とすると, $U(x,y)=x^2+xe^y+C_1(y)$. $U_y=xe^y+C_1'(y)=1+xe^y$ より $C_1'(y)=1$. $\therefore\quad C_1(y)=y-C$.
よって,$x^2+xe^y+y=C$.

(3) $\dfrac{\partial}{\partial y}(x+y+1)=1=\dfrac{\partial}{\partial x}(x-y^2+3)$ より完全微分形. $U_x=x+y+1$ とすると, $U(x,y)=\dfrac{1}{2}x^2+xy+x+C_1(y)$. $U_y=x+C_1'(y)=x-y^2+3$ より $C_1'(y)=-y^2+3$. $\therefore C_1(y)=-\dfrac{1}{3}y^3+3y-C$.
よって, $\frac{1}{2}x^2+xy+x-\frac{1}{3}y^3+3y=C$.

(4) $\dfrac{\partial}{\partial y}(x^2+\log y)=\dfrac{1}{y}=\dfrac{\partial}{\partial x}(\dfrac{x}{y})$ より完全微分形.
$U_x=x^2+\log y$ とすると, $U(x,y)=\dfrac{1}{3}x^3+x\log y+C_1(y)$. $U_y=\dfrac{x}{y}+C_1'(y)=\dfrac{x}{y}$ より $C_1'(y)=0$.
$\therefore C_1(y)=-C$. よって, $\frac{1}{3}x^3+x\log y=C$.

(5) $\dfrac{\partial}{\partial y}(\cos y+y\cos x)=-\sin y+\cos x=\dfrac{\partial}{\partial x}(\sin x-x\sin y)$ より完全微分形. $U_x=\cos y+y\cos x$ とすると, $U(x,y)=x\cos y+y\sin x+C_1(y)$.
$U_y=-x\sin y+\sin x+C_1'(y)=\sin x-x\sin y$

より　$C_1'(y) = 0$.　$\therefore$　$C_1(y) = -C$.
よって，　$x\cos y + y\sin x = C$.

(6) $\dfrac{\partial}{\partial y}(2e^{2x}y - 4x) = 2e^{2x} = \dfrac{\partial}{\partial x}(e^{2x})$ より完全微分形. $U_x = 2e^{2x}y - 4x$ とすると, $U(x,y) = e^{2x}y - 2x^2 + C_1(y)$. $U_y = e^{2x} + C_1'(y) = e^{2x}$ より $C_1'(y) = 0$.　$\therefore$　$C_1(y) = -C$.
よって，　$e^{2x}y - 2x^2 = C$.

7.1

(1) $W(e^{2x}, xe^{2x}) = \begin{vmatrix} e^{2x} & xe^{2x} \\ 2e^{2x} & (2x+1)e^{2x} \end{vmatrix}$
$= e^{4x} \not\equiv 0$,　$y = (C_1x + C_2)e^{2x}$, $y' = (2C_1x + C_1 + 2C_2)e^{2x}$, $y'' = (4C_1x + 4C_1 + 4C_2)e^{2x}$ を与えられた微分方程式に代入し 0 となることを確認する.　$C_1 = -3, C_2 = 1$

(2) $W(\cos\sqrt{2}x, \sin\sqrt{2}x)$
$= \begin{vmatrix} \cos\sqrt{2}x & \sin\sqrt{2}x \\ -\sqrt{2}\sin\sqrt{2}x & \sqrt{2}\cos\sqrt{2}x \end{vmatrix} = \sqrt{2} \not\equiv 0$,
$y = C_1\cos\sqrt{2}x + C_2\sin\sqrt{2}x$ より y', y'' を求め，これらを与えられた微分方程式に代入し 0 となることを確認する．$C_1 = \sqrt{2}, C_2 = 2$

7.2

(1) $y = e^{mx}$ より y', y'' を求め，これらを与えられた微分方程式に代入すると $(m^2+4m+3)e^{mx} = 0$ より $m^2+4m+3 = 0$. $\therefore$　$m = -3, -1$. よって $y = e^{-3x}, e^{-x}$.　$W(e^{-3x}, e^{-x}) = 2e^{-4x} \not\equiv 0$

(2) (1) と同様にして $m^2 - 1 = 0$ より $m = \pm 1$. よって $y = e^{-x}, e^{x}$　$W(e^{-x}, e^{x}) = 2 \not\equiv 0$

7.3　$y = \sin mx$ とおくと，$(-m^2+4)\sin mx = 0$. したがって，$m = \pm 2$. これより $\sin 2x$ が得られる. $y = \cos mx$ も同様にすると $y = \cos 2x$ が得られる. $\therefore$ $y = \sin 2x, \cos 2x$　$W(\cos 2x, \sin 2x) = 2 \not\equiv 0$

8.1

(1) 特性方程式は $\lambda^2 - 4\lambda + 3 = 0$ である．解 $\lambda = 1, 3$ より，一般解は $y = C_1e^{x} + C_2e^{3x}$

(2) 特性方程式は $\lambda^2 - 2\lambda - 3 = 0$ である．解 $\lambda = -1, 3$ より，一般解は $y = C_1e^{-x} + C_2e^{3x}$.

(3) 特性方程式は $\lambda^2 - 2\sqrt{3}\lambda + 3 = 0$ である．解 $\lambda = \sqrt{3}$(重解) より，一般解は $y = (C_1x + C_2)e^{\sqrt{3}x}$.

(4) 特性方程式は $\lambda^2 + 8\lambda + 16 = 0$ である．解 $\lambda = -4$(重解) より，一般解は $y = (C_1x + C_2)e^{-4x}$.

(5) 特性方程式は $\lambda^2 - 2\lambda + 2 = 0$ である．解 $\lambda = 1 \pm i$ より，一般解は $y = e^{x}(C_1\cos x + C_2\sin x)$.

(6) 特性方程式は $\lambda^2 - 2\sqrt{2}\lambda + 5 = 0$ である．解 $\lambda = \sqrt{2} \pm \sqrt{3}i$ より，一般解は $y = e^{\sqrt{2}x}(C_1\cos\sqrt{3}x + C_2\sin\sqrt{3}x)$.

8.2　特性方程式は $\lambda^2 + \lambda - 6 = 0$ である．解は $\lambda = -3, 2$ より，一般解は　$y = C_1e^{-3x} + C_2e^{2x}$.
条件より　$C_1 + C_2 = 2$, $C_2 = 0$.($\because \lim_{x\to\infty} e^{-3x} = 0, \lim_{x\to\infty} e^{2x} = +\infty$)　$\therefore y = 2e^{-3x}$

9.1

(1) 特性方程式は $\lambda^2 + \lambda - 6 = 0$ である．解は $\lambda = 2 \pm i$ より，一般解は $y = e^{2x}(C_1\cos x + C_2\sin x)$.
$y_0 = a_0$ とおくと，特殊解は $y = 2$
$\therefore y = e^{2x}(C_1\cos x + C_2\sin x) + 2$

(2) 特性方程式は $\lambda^2 - 3\lambda + 2 = 0$ である．解は $\lambda = 1, 2$ より，一般解は　$y = C_1e^{x} + C_2e^{2x}$.
$y_0 = a_0$ とおくと，特殊解は $y = 3$
$\therefore y = C_1e^{x} + C_2e^{2x} + 3$

(3) 特性方程式は $\lambda^2 - 4\lambda + 4 = 0$ である．解は $\lambda = 2$ より，一般解は　$y = (C_1x + C_2)e^{2x}$.
$y_0 = a_1x + a_0$ とおくと，特殊解は $y = 2x - 1$
$\therefore y = (C_1x + C_2)e^{2x} + 2x - 1$

(4) 特性方程式は $\lambda^2 - \lambda - 2 = 0$ である．解は $\lambda = -1, 2$ より，一般解は　$y = C_1e^{-x} + C_2e^{2x}$.
$y_0 = a_1x + a_0$ とおくと，特殊解は $y = -\dfrac{1}{2}x - \dfrac{1}{4}$
$\therefore y = C_1e^{-x} + C_2e^{2x} - \dfrac{1}{2}x - \dfrac{1}{4}$

(5) 特性方程式は $\lambda^2 + \lambda - 2 = 0$ である．解は $\lambda = -2, 1$ より，一般解は　$y = C_1e^{-2x} + C_2e^{x}$.
$y_0 = a_2x^2 + a_1x + a_0$ とおくと，特殊解は $y = -\dfrac{1}{2}x^2 - \dfrac{3}{2}$. $\therefore y = C_1e^{-2x} + C_2e^{x} - \dfrac{1}{2}x^2 - \dfrac{3}{2}$

10.1

(1) $D(x^2+x+1) = 2x+1, D^2(x^2+x+1) = 2$

(2) $D(\cos 2x + \sin 2x) = -2\sin 2x + 2\cos 2x$,
$D^2(\cos 2x + \sin 2x) = -4\cos 2x - 4\sin 2x$

(3) $(D^2 + D + 1)(x+1) = x + 2$

(4) $(D^2 + 2D + 1)(x + 1e^{-x}) = 2 + x$

10.2

(1) $Dy = D(e^{\alpha x}Y_1) = e^{\alpha x}(D+\alpha)Y_1$
$D^2y = D^2(e^{\alpha x}Y_1) = e^{\alpha x}(D+\alpha)^2Y_1$

(2) $Dy = D(e^{-\alpha x}Y_2) = e^{-\alpha x}(D-\alpha)Y_2$
$D^2y = D^2(e^{-\alpha x}Y_2) = e^{-\alpha x}(D-\alpha)^2Y_2$

10.3

(1) 与式は,$y' + 3y = (D+3)y = 0$.　$e^{3x}(D+3)y = e^{3x}(D+3)y = D(e^{3x}y) = 0$. したがって，$e^{3x}y = C$.
$\therefore y = Ce^{-3x}$.

(2) 与式は,$y' + 3y = (D+3)y = 3x + 4$.
$e^{3x}(D+3)y = D(e^{3x}y) = e^{3x}(3x+4)$. したがって,
$e^{3x}y = \displaystyle\int e^{3x}(3x+4)dx = e^{3x}(x+1) + C$.
$\therefore y = Ce^{-3x} + x + 1$.

11.1

(1) 一般解：特性方程式は $\lambda^2+\lambda-12=0$. $\lambda=-4,3$ より，　$y=C_1e^{-4x}+C_2e^{3x}$.
特殊解：$y=e^{-2x}(e^{2x}y)=e^{-2x}Y$ より $Dy=e^{-2x}(D-2)Y, D^2y=e^{-2x}(D-2)^2Y$. したがって，$\{(D-2)^2+(D-2)-12\}Y=(D^2-3D-10)Y=5$. ここで，$Y=a_0$ とおくと，$Y=-\dfrac{1}{2}$.
$\therefore y=-\dfrac{1}{2}e^{-2x}$.
よって $y=C_1e^{-4x}+C_2e^{3x}-\dfrac{1}{2}e^{-2x}$.

(2) 一般解：特性方程式は $\lambda^2-2\lambda+1=0$. $\lambda=1$ より，　$y=(C_1x+C_2)e^x$.
特殊解：$y=e^x(e^{-x}y)=e^xY$ より $Dy=e^x(D+1)Y, D^2y=e^x(D+1)^2Y$. したがって，$\{(D+1)^2-3(D+1)+2\}Y=D^2Y=1$. これより，$Y=\dfrac{1}{2}x^2$.(2 回微分して定数となる多項式は高々 2 次)　$\therefore y=\dfrac{1}{2}x^2e^x$.
よって　$y=(C_1x+C_2)e^x+\dfrac{1}{2}x^2e^x$.

(3) 一般解：特性方程式は $\lambda^2-4\lambda+3=0$. $\lambda=1,3$ より，　$y=C_1e^x+C_2e^{3x}$.
特殊解：$y=e^{-x}(e^xy)=e^{-x}Y$ より
$Dy=e^{-x}(D-1)Y, D^2y=e^{-x}(D-1)^2Y$. したがって，$\{(D-1)^2-4(D-1)+3\}Y=(D^2-6D+8)Y=8x-6$. ここで，$Y=a_1x+a_0$ とおくと，$Y=x$.　$\therefore y=xe^{-x}$
よって　$y=C_1e^x+C_2e^{3x}+xe^{-x}$

(4) 一般解：特性方程式は $\lambda^2+\lambda-2=0$. $\lambda=-2,1$ より，　$y=C_1e^{-2x}+C_2e^x$.
特殊解：$y=e^{2x}(e^{-2x}y)=e^{2x}Y$ より
$Dy=e^{2x}(D+2)Y, D^2y=e^{2x}(D+2)^2Y$. したがって，$\{(D+2)^2+(D+2)-2\}Y=(D^2+5D+4)Y=4x+9$. ここで，$Y=a_1x+a_0$ とおくと，$Y=x+1$.　$\therefore y=(x+1)e^{2x}$
よって　$y=C_1e^{-2x}+C_2e^x+(x+1)e^{2x}$

(5) 一般解：特性方程式は $\lambda^2-6\lambda+9=0$. $\lambda=3$ より，　$y=(C_1x+C_2)e^{3x}$.
特殊解：$y=e^x(e^{-x}y)=e^xY$ より
$Dy=e^x(D+1)Y, D^2y=e^x(D+1)^2Y$. したがって，$\{(D+1)^2-6(D+1)+9\}Y=(D^2-4D+4)Y=4x^2+4x+6$. ここで，$Y=a_2x^2+a_1x+a_0$ とおくと, $Y=x^2+3x+4$.$\therefore y=(x^2+3x+4)e^x$
よって　$y=(C_1x+C_2)e^{3x}+(x^2+3x+4)e^x$.

(6) 一般解：特性方程式は $\lambda^2+3\lambda+2=0$. $\lambda=-1,-2$ より，　$y=C_1e^{-x}+C_2e^{-2x}$.
特殊解：$y=e^{-3x}(e^{3x}y)=e^{-3x}Y$ より $Dy=e^{-3x}(D-3)Y, D^2y=e^{-3x}(D-3)^2Y$. したがって，$\{(D-3)^2+3(D-3)+2\}Y=(D^2-3D+2)Y=1$. ここで，$Y=a_2x^2+a_1x+a_0$ とおき $Y'=2a_1x+a_0, Y''=a_0$ を代入する.
$Y=\dfrac{1}{2}x^2+x+2$.$\therefore y=\left(\dfrac{1}{2}x^2+x+2\right)e^{-3x}$.
よって $y=C_1e^{-x}+C_2e^{-2x}$
$+\left(\dfrac{1}{2}x^2+x+2\right)e^{-3x}$

12.1

(1) 一般解：特性方程式は $\lambda^2+2\lambda-8=0$. $\lambda=-4,2$ より，　$y=C_1e^{-4x}+C_2e^{2x}$. 特殊解：$R(x)=4\cos 2x, 4\sin 2x$ より $y=e^{2ix}(e^{-2ix}y)=e^{2ix}Y$.
$Dy=e^{2ix}(D+2i)Y, D^2y=e^{2ix}(D+2i)^2Y$.
したがって，$\{(D+2i)^2+2(D+2i)-8\}Y$
$=\{D^2+(2+4i)D+(-12+4i)\}Y=4$. ここで，$Y=a_0$ とおき Y', Y'' を代入する.
$a_0=\dfrac{4}{-12+4i}=-\dfrac{3}{10}-\dfrac{1}{10}i=Y$
$\therefore y=(\cos 2x+i\sin 2x)(-\dfrac{3}{10}-\dfrac{1}{10}i)$
$=-\dfrac{3}{10}\cos 2x+\dfrac{1}{10}\sin 2x$
$+i(-\dfrac{1}{10}\cos 2x-\dfrac{3}{10}\sin 2x)$.
$R(x)=4\cos 2x$ のとき実部
$y=C_1e^{-4x}+C_2e^{2x}-\dfrac{3}{10}\cos 2x+\dfrac{1}{10}\sin 2x$
$R(x)=4\sin 2x$ のとき虚部
$y=C_1e^{-4x}+C_2e^{2x}+(-\dfrac{1}{10}\cos 2x-\dfrac{3}{10}\sin 2x)$

(2) 一般解：特性方程式は $\lambda^2+6\lambda+9=0$. $\lambda=-3$.
$y=(C_1x+C_2)e^{-3x}$.
特殊解：$R(x)=e^{3x}\cos 2x, e^{3x}\sin 2x$ より $3+2i=\alpha$ とおく.$y=e^{\alpha x}(e^{-\alpha x}y)=e^{\alpha x}Y$.
$Dy=e^{\alpha x}(D+\alpha)Y, D^2y=e^{\alpha x}(D+\alpha)^2Y$. したがって，$\{D^2+(2\alpha+6)D+(\alpha^2+6\alpha+9)\}Y=1$. ここで，$Y=a_0$ とおき Y', Y'' を代入する.
$a_0=\dfrac{1}{(\alpha+3)^2}=\dfrac{1}{32+24i}=-\dfrac{1}{50}-\dfrac{3}{200}i=Y$
$\therefore y=e^{3x}(\cos 2x+i\sin 2x)(-\dfrac{1}{50}-\dfrac{3}{200}i)$
$=e^{3x}\left\{\left(\dfrac{1}{50}\cos 2x+\dfrac{3}{200}\sin 2x\right)\right.$
$\left.+i\left(-\dfrac{3}{200}\cos 2x+\dfrac{1}{50}\sin 2x\right)\right\}$.
$R(x)=e^{3x}\cos 2x$ のとき実部
$y=(C_1x+C_2)e^{-3x}$.
$+e^{3x}\left(\dfrac{1}{50}\cos 2x+\dfrac{3}{200}\sin 2x\right)$
$R(x)=e^{3x}\sin 2x$ のとき虚部
$y=(C_1x+C_2)e^{-3x}$
$+e^{3x}\left(-\dfrac{3}{200}\cos 2x+\dfrac{1}{50}\sin 2x\right)$

(3) 一般解：特性方程式は $\lambda^2+1=0$. $\lambda=\pm i$ より，
$y=C_1\cos x+C_2\sin x$. 特殊解：$R(x)=x\cos x, x\sin x$ より $y=e^{ix}(e^{-ix}y)=e^{ix}Y$.
$Dy=e^{ix}(D+i)Y, D^2y=e^{ix}(D+i)^2Y$. したがって，$\{D^2+2iD\}Y=x$. これより,$Y=a_2x^2+a_1x+a_0$ ($\because$　高々 1 回微分しても x の

1 次の項が残っている．）とおき Y', Y'' を代入する．

$a_2 = -\dfrac{i}{4}, a_1 = \dfrac{1}{4}$. $Y = \dfrac{1}{4}\left(x - ix^2\right)$.

$\therefore\ y = (\cos x + i\sin x)\left(\dfrac{1}{4}\right)\left(x - ix^2\right) =$

$\dfrac{1}{4}\left\{\left(x^2\sin x + x\cos x\right) + i\left(-x^2\cos x + x\sin x\right)\right\}$.

$R(x) = x\cos x$ のとき実部

$y = C_1\cos x + C_2\sin x + \dfrac{1}{4}\left(x^2\sin x + x\cos x\right)$

$R(x) = x\sin x$ のとき虚部

$y = C_1\cos x + C_2\sin x + \dfrac{1}{4}\left(-x^2\cos x + x\sin x\right)$

(4) 一般解:特性方程式は $\lambda^2 - 2\lambda - 3 = 0$. $\lambda = -1, 3$ より， $y = C_1e^{-x} + C_2e^{3x}$. 特殊解：$R(x) = (x+1)\cos x, (x+1)\sin x$ より $y = e^{ix}(e^{-ix}y) = e^{ix}Y$. $Dy = e^{ix}(D+i)Y, D^2y = e^{ix}(D+i)^2Y$. したがって，$\left\{D^2 + (-2+2i)D + (-4-2i)\right\}Y = x - 1$. ここで，$Y = a_1x + a_0$ とおき Y', Y'' を代入する．$a_1 = \dfrac{1}{10}(-2+i), a_0 = -\dfrac{1}{50}(11+2i)$

$Y = \dfrac{1}{50}\left\{-(10x+11) + i(5x-2)\right\}$.

$$\therefore\quad y = \frac{1}{50}(\cos x + i\sin x)\left\{-(10x+11) + i(5x-2)\right\}$$

$$= \frac{1}{50}\left[\left\{-(10x+11)\cos x - (5x-2)\sin x\right\} + i\left\{(5x-2)\cos x + (10x+11)\sin x\right\}\right].$$

$R(x) = (x+1)\cos x$ のとき実部

$$y = C_1e^{-x} + C_2e^{3x} - \frac{1}{50}\left\{(10x+11)\cos x + (5x-2)\sin x\right\}.$$

$R(x) = (x+1)\sin x$ のとき虚部

$$y = C_1e^{-x} + C_2e^{3x} + \frac{1}{50}\left\{(5x-2)\cos x + (10x+11)\sin x\right\}.$$

13.1

(1) I $\lambda^2 + 2\lambda + 1 = 0$. よって，解は $y = C_1e^{-x} + C_2e^{2x}$. II $y = C_1(x)e^{-x} + C_2(x)e^{2x}$ より，

$$\begin{pmatrix} e^{-x} & e^{2x} \\ -e^{-x} & 2e^{2x} \end{pmatrix}\begin{pmatrix} C_1' \\ C_2' \end{pmatrix} = \begin{pmatrix} 0 \\ x+1 \end{pmatrix}.$$

$$C_1' = \frac{\begin{vmatrix} 0 & e^{2x} \\ x+1 & 2e^{2x} \end{vmatrix}}{3e^x} = -\frac{1}{3}e^x(x+1).$$

$$C_2' = \frac{\begin{vmatrix} e^{-x} & 0 \\ -e^{-x} & x+1 \end{vmatrix}}{3e^x} = \frac{1}{3}e^{-2x}(x+1).$$

$$\therefore\quad C_1(x) = -\frac{1}{3}(xe^x) + C_3.$$

$$C_2(x) = \frac{1}{3}e^{-2x}\left(-\frac{1}{2}x - \frac{3}{4}\right) + C_4.$$

I, II より一般解は

$$y = C_3e^{-x} + C_4e^{2x} - \frac{1}{2}x - \frac{1}{4}$$

(2) I $\lambda^2 - 2\lambda + 1 = 0$. よって，解は $y = (C_1x + C_2)e^x$. II $y = (C_1(x)x + C_2(x))\,e^x$ より，

$$\begin{pmatrix} xe^x & e^x \\ (x+1)e^x & e^x \end{pmatrix}\begin{pmatrix} C_1' \\ C_2' \end{pmatrix} = \begin{pmatrix} 0 \\ e^x \end{pmatrix}.$$

$$C_1' = \frac{\begin{vmatrix} 0 & e^x \\ e^x & e^x \end{vmatrix}}{-e^{2x}} = 1.$$

$$C_2' = \frac{\begin{vmatrix} xe^x & 0 \\ (x+1)e^x & e^x \end{vmatrix}}{-e^{2x}} = -x.$$

$$\therefore\quad C_1(x) = x + C_3. \qquad C_2(x) = -\frac{1}{2}x^2 + C_4.$$

I, II より一般解は

$$y = (C_3x + C_4)\,e^x - \frac{1}{2}x^2$$

(3) I $\lambda^2 + 2\lambda - 8 = 0$. よって，解は $y = C_1e^{-4x} + C_2e^{2x}$. II $y = C_1(x)e^{-4x} + C_2(x)e^{2x}$ より，

$$\begin{pmatrix} e^{-4x} & e^{2x} \\ -4e^{-4x} & 2e^{2x} \end{pmatrix}\begin{pmatrix} C_1' \\ C_2' \end{pmatrix} = \begin{pmatrix} 0 \\ 4\cos 2x \end{pmatrix}.$$

$$C_1' = \frac{\begin{vmatrix} 0 & e^{2x} \\ 4\cos 2x & 2e^{2x} \end{vmatrix}}{6e^{-2x}} = -\frac{2}{3}e^{-4x}\cos 2x.$$

$$C_2' = \frac{\begin{vmatrix} e^{-4x} & 0 \\ -4e^{-4x} & 4\cos 2x \end{vmatrix}}{6e^{-2x}} = \frac{2}{3}e^{-2x}\cos 2x.$$

$$\therefore\quad C_1(x) = -\frac{1}{15}\left(2\cos 2x + \sin 2x\right) + C_3.$$

$$C_2(x) = \frac{1}{6}e^{-2x}\left(-\cos 2x + \sin 2x\right) + C_4.$$

I, II より一般解は

$$y = C_3e^{-4x} + C_4e^{2x} + \frac{1}{10}\left(-3\cos 2x + \sin 2x\right).$$

13.2

(1) I $\lambda^2 + 2\lambda + 1 = 0$. よって，解は $y = (C_1x + C_2)e^{-x}$. II $y = (C_1(x)x + C_2(x))\,e^{-x}$ より，

$$\begin{pmatrix} xe^{-x} & e^{-x} \\ (1-x)e^{-x} & -e^{-x} \end{pmatrix}\begin{pmatrix} C_1' \\ C_2' \end{pmatrix} = \begin{pmatrix} 0 \\ \frac{e^{-x}}{x} \end{pmatrix}.$$

$$C_1' = \frac{\begin{vmatrix} 0 & e^{-x} \\ \frac{e^{-x}}{x} & -e^{-x} \end{vmatrix}}{-e^{2x}} = -\frac{1}{x}.$$

$$C_2' = \frac{\begin{vmatrix} xe^{-x} & 0 \\ (1-x)e^{-x} & \frac{e^{-x}}{x} \end{vmatrix}}{-e^{2x}} = -1.$$

$$\therefore\quad C_1(x) = -\log|x| + C_3. \qquad C_2(x) = -x + C_4.$$

I, II より一般解は $y = (C_3x + C_4)\,e^{-x} - x\left(\log|x| + 1\right)e^{-x}$.

(2) I $\lambda^2 + 4 = 0$. よって，解は $y = C_1\cos 2x + C_2\sin 2x$. II $y = C_1(x)\cos 2x + C_2(x)\sin 2x$,

$$\begin{pmatrix} \cos 2x & \sin 2x \\ -2\sin 2x & 2\cos 2x \end{pmatrix}\begin{pmatrix} C_1' \\ C_2' \end{pmatrix} = \begin{pmatrix} 0 \\ \tan x \end{pmatrix}.$$

$$C_1' = \frac{\begin{vmatrix} 0 & \sin 2x \\ \tan x & 2\cos 2x \end{vmatrix}}{2} = -\sin^2 x = \frac{\cos 2x - 1}{2}.$$

$$C_2' = \frac{\begin{vmatrix} \cos 2x & 0 \\ -2\sin 2x & \tan x \end{vmatrix}}{2} = \frac{1}{2}\cos 2x \tan x.$$

$$\therefore \quad C_1(x) = \frac{1}{2}\left(\frac{1}{2}\sin 2x - x\right) + C_3.$$

$$C_2(x) = \frac{1}{2}\left(\sin^2 x + \log|\cos x|\right) + C_4.$$

$\boxed{\text{I}}$,$\boxed{\text{II}}$より一般解は $y = C_3 e^{-x} + C_4 e^{2x}$

$$+\frac{1}{2}\left(-x\cos 2x + \sin 2x \log|\cos x| + \frac{1}{2}\sin 2x\right).$$

(3) $\boxed{\text{I}}$$\lambda^2 + 1 = 0$. よって, 解は $y = C_1 \cos x + C_2 \sin x$. $\boxed{\text{II}}$$y = C_1(x)\cos x + C_2(x)\sin x$ より,

$$\begin{pmatrix} \cos x & \sin x \\ -\sin x & \cos x \end{pmatrix}\begin{pmatrix} C_1' \\ C_2' \end{pmatrix} = \begin{pmatrix} 0 \\ \frac{1}{\cos x} \end{pmatrix}.$$

$$C_1' = \frac{\begin{vmatrix} 0 & \sin x \\ \frac{1}{\cos x} & \cos x \end{vmatrix}}{1} = \frac{\sin x}{\cos x}.$$

$$C_2' = \frac{\begin{vmatrix} \cos x & 0 \\ -\sin x & \frac{1}{\cos x} \end{vmatrix}}{1} = 1.$$

$\therefore C_1(x) = -\log|\cos x| + C_3$. $C_2(x) = x + C_4$.

$\boxed{\text{I}}$,$\boxed{\text{II}}$より一般解は $y = C_3 \cos x + C_4 \sin x$
$- \cos x \log|\cos x| + x \sin x$.

14.1

(1) $\begin{cases} (D-3)y + 5z = 0 \\ -5y + (D+7)z = 0 \end{cases}$

$\longrightarrow \begin{cases} (D+7)(D-3)y + 5(D+7)z = 0 \\ -25y + 5(D+7)z = 0 \end{cases}$

$\therefore \quad (D+7)(D-3)y - (-25y)$
$= (D^2 + 4D + 4)y = 0$

特性方程式 $\lambda^2 + 4\lambda + 4 = 0$ より, $\lambda = -2$.

$\therefore \quad y = (C_1 x + C_2)e^{-2x}$.

$z = \frac{1}{5}(3y - y')$ より, $z = (C_1 x - \frac{C_1}{5} + C_2)e^{-2x}$.

(2) $\begin{cases} (D-3)y + 2z = 0 \\ 5y - (D+3)z = 0 \end{cases}$

$\longrightarrow \begin{cases} (D+3)(D-3)y + 2(D+3)z = 0 \\ 10y - 2(D+3)z = 0 \end{cases}$

$\therefore \quad (D+3)(D-3)y + 10y$
$= (D^2 + 1)y = 0$

特性方程式 $\lambda^2 + 1 = 0$ より, $\lambda = \pm i$.

$\therefore \quad y = C_1 \cos x + C_2 \sin x$.

$z = \frac{1}{2}(3y - y')$ より,

$z = \frac{1}{2}\{(3C_1 - C_2)\cos x + (C_1 + 3C_2)\sin x\}$.

(3) $\begin{cases} (D-10)y + (D+\frac{26}{3})z = 0 \\ (D-4)y - (D-\frac{14}{3})z = 0 \end{cases} \longrightarrow$

$\begin{cases} (D-\frac{14}{3})(D-10)y + (D-\frac{14}{3})(D+\frac{26}{3})z = 0 \\ (D+\frac{26}{3})(D-4)y - (D+\frac{26}{3})(D-\frac{14}{3})z = 0 \end{cases}$

$\therefore \quad (D - \frac{14}{3})(D-10)y + (D + \frac{26}{3})(D-4)y$
$= 2(D^2 - 5D + 6)y = 0$

特性方程式 $\lambda^2 - 5\lambda + 6 = 0$ より, $\lambda = 2, 3$.

$\therefore \quad y = C_1 e^{2x} + C_2 e^{3x}$.

z' を消去する. $(2D - 14)y + (\frac{26}{3} + \frac{14}{3})z = 0$

$z = \frac{3}{40}(14y - 2y')$ より, $z = \frac{3}{4}C_1 e^{2x} + \frac{3}{5}C_2 e^{3x}$.

14.2

(1) $\begin{cases} Dy - z = x^2 + x \\ y + Dz = -1 \end{cases} \rightarrow \begin{cases} D^2 y - Dz = 2x + 1 \\ y + Dz = -1 \end{cases}$

$\therefore \quad (D^2 + 1)y = 2x$

一般解:特性方程式 $\lambda^2 + 1 = 0$ より, $\lambda = \pm i$.

$\therefore \quad y = C_1 \cos x + C_2 \sin x$.

特殊解:$y = a_1 x + a_0$ とおくと, $y = 2x$.

よって, $y = C_1 \cos x + C_2 \sin x + 2x$, $z = Dy - x^2 - x$ より, $z = C_2 \cos x - C_1 \sin x - x^2 - x + 2$.

(2) $\begin{cases} Dy - z = \sin 2x \\ y - Dz = \cos 2x \end{cases} \rightarrow \begin{cases} D^2 y - Dz = 2\cos 2x \\ y + Dz = \cos 2x \end{cases}$

$\therefore \quad (D^2 - 1)y = \cos 2x$

一般解:特性方程式 $\lambda^2 - 1 = 0$ より, $\lambda = \pm 1$.

$\therefore \quad y = C_1 e^{-x} + C_2 e^x$.

特殊解:$(D^2 - 1)y = e^{2ix}$ の実部. $y = e^{2ix}(e^{-2ix}y)$
$= e^{2ix}Y$ とおくと, $\{(D + 2i)^2\}Y$
$= (D^2 + 4iD - 5)Y = 1. \quad Y = -\frac{1}{5}$

$\therefore \quad y = -\frac{1}{5}(\cos 2x + i \sin 2x)$ の実部.

よって, $y = C_1 e^{-x} + C_2 e^x - \frac{1}{5}\cos 2x$, $z = Dy$
$- \sin 2x$ より, $z = -C_1 e^{-x} + C_2 e^x - \frac{3}{5}\sin 2x$.

15.1

(1) $y' = p$ とおくと, $xp' - p = 0$. これより $\frac{dp}{dx} = \frac{p}{x}$

$\frac{dp}{p} = \frac{dx}{x}$ より $\log|p| = \log|x| + C_1$. $p = C_2 x$

よって, $y = y = \frac{C_2}{2}x^2 + C_3$.

(2) $y' = p$ とおくと, $p' - 2p = x$. これより
$(D-2)p = x \quad$ 一般解:$p = C_1 e^{2x}$.

特殊解:$p = a_1 x + a_0$ とくと,$p = \frac{1}{2}x + \frac{1}{4}$

$\therefore \quad p = C_1 e^{2x} + \frac{1}{2}x + \frac{1}{4}$

よって, $y = \frac{C_1}{2}e^{2x} + \frac{1}{4}x^2 + \frac{1}{4}x + C_2$.

(3) $y' = p$ とおくと, $(1 - x^2)p' - xp = 2$. これより $p' + \frac{x}{(1-x^2)}p = \frac{2}{(1-x^2)}$

$\boxed{\text{I}} \quad p' + \frac{x}{(1-x^2)}p) = 0$ より, $\frac{dp}{p} = -\frac{x}{(x^2-1)}dx$

$\log|p| = -\frac{1}{2}\log|1 - x^2| + C_1 \therefore \quad p = \frac{C_2}{\sqrt{1-x^2}}$

$\boxed{\text{II}} \quad p = \frac{C_2(x)}{\sqrt{1-x^2}}$ より, $C_2' = \frac{2}{\sqrt{1-x^2}}$.

$C_2(x) = 2\sin^{-1} x + C_3$

$$\therefore \quad p(x) = \frac{C_3}{\sqrt{1-x^2}} + \frac{2\sin^{-1} x}{\sqrt{1-x^2}}$$

よって，$y = C_3 \sin^{-1} x + (\sin^{-1} x)^2 + C_4$.

15.2

(1) $y' = p$，$y'' = p'p$ に変換すると，

元の方程式は，$\sqrt{p}\left(\sqrt{p}p' - \dfrac{2}{3}\right) = 0$.

$\therefore \quad p = 0$ または，$\sqrt{p}\dfrac{dp}{dy} = \dfrac{2}{3}$. $p = 0$ のとき，

$y = C_1$. $p \neq 0$ のとき，

$\dfrac{2}{3}p^{\frac{3}{2}} = \dfrac{2}{3}(y + C_2)$. $\quad \therefore \quad p = \dfrac{dy}{dx} = (y + C_2)^{\frac{2}{3}}$.

したがって，$y + C_2 = \left(\dfrac{x + C_3}{3}\right)^3$.

よって，$(y - C_1)\left(y + C_2 - \left(\dfrac{x + C_3}{3}\right)^3\right) = 0$.

(2) $y' = p$，$y'' = p'p$ より，元の方程式は，$p(yp' - p) = 0$. $\therefore p = 0$ または，$y\dfrac{dp}{dy} = p$.

$p = 0$ のとき，$y = C_1$. $p \neq 0$ のとき，$\dfrac{dp}{p} = \dfrac{dy}{y}$.

$\log|p| = \log|y| + C_2$. $\therefore \quad p = C_3 y$.

したがって，$y = C_4 e^{C_3 x}$.

よって，$(y - C_1)(y - C_4 e^{C_3 x}) = 0$.

(3) $y' = p$，$y'' = p'p$ より，元の方程式は，

$2ypp' = p^2 + 1$. $\therefore \dfrac{2p}{p^2+1}\dfrac{dp}{dy} = \dfrac{1}{y}$.

$\log(1 + p^2) = \log|y| + C_1$. $p^2 = C_2 y - 1$.

$\therefore \quad p = \pm\sqrt{C_2 y - 1}$.

したがって，$\dfrac{2}{C_2}\sqrt{C_2 y - 1} = \pm x + C_3$.

よって，$2\sqrt{C_2 y - 1} = \pm C_2 x + C_4$.

2 ベクトル解析 解答

16.1 $\boldsymbol{a} \neq \boldsymbol{0}$, $\boldsymbol{b} \neq \boldsymbol{0}$ とする.
($\Rightarrow$) 定義より $\boldsymbol{b}$ を平行移動して $\boldsymbol{a}$ に重ねることができる. $\dfrac{|\boldsymbol{a}|}{|\boldsymbol{b}|} = |\beta|$, $\dfrac{|\boldsymbol{b}|}{|\boldsymbol{a}|} = |\alpha|$ の何れか一方を仮定すると, 各々 $\boldsymbol{a} = \beta\boldsymbol{b}$, $\boldsymbol{b} = \alpha\boldsymbol{a}$ が成立する.
($\Leftarrow$) 条件より α, β の正負の符号により同じ向きか反対の向きであるから $\boldsymbol{a}$, $\boldsymbol{b}$ は平行である.
(何れか一方が零ベクトルの場合は α, β の何れか一方が零となり $\boldsymbol{a} = \beta\boldsymbol{b}$ または $\boldsymbol{b} = \alpha\boldsymbol{a}$ が成立する.)

16.2

(1) $-\boldsymbol{a}$ は $\boldsymbol{a}$ と反対向きのベクトルで, $|-\boldsymbol{a}| = |\boldsymbol{a}|$ より同じ長さである. これより, $\boldsymbol{a} = \overrightarrow{\mathrm{OP}}$ とすると, $-\boldsymbol{a} = \overrightarrow{\mathrm{PO}}$ である. したがって, $\boldsymbol{a} + (-\boldsymbol{a}) = \overrightarrow{\mathrm{OP}} + \overrightarrow{\mathrm{PO}} = \overrightarrow{\mathrm{OO}} = \boldsymbol{0}$.

(2) $\boldsymbol{a} = \overrightarrow{\mathrm{OP}}$, $\boldsymbol{b} = \overrightarrow{\mathrm{PQ}}$, $\boldsymbol{c} = \overrightarrow{\mathrm{QR}}$ とする. これより, $\boldsymbol{a} + \boldsymbol{b} = \overrightarrow{\mathrm{OQ}}$, $\boldsymbol{b} + \boldsymbol{c} = \overrightarrow{\mathrm{PR}}$ である. したがって, $\overrightarrow{\mathrm{OQ}} + \overrightarrow{\mathrm{QR}} = (\boldsymbol{a} + \boldsymbol{b}) + \boldsymbol{c} = \overrightarrow{\mathrm{OR}}$. また, $\overrightarrow{\mathrm{OP}} + \overrightarrow{\mathrm{PR}} = \boldsymbol{a} + (\boldsymbol{b} + \boldsymbol{c}) = \overrightarrow{\mathrm{OR}}$. よって, $(\boldsymbol{a} + \boldsymbol{b}) + \boldsymbol{c} = \boldsymbol{a} + (\boldsymbol{b} + \boldsymbol{c})$.

(3) $\boldsymbol{a} = \boldsymbol{0}$ のときは与式は明らかに成り立つので, $\boldsymbol{a} \neq \boldsymbol{0}$ の場合を考える.
原点 O に対して, $\overrightarrow{\mathrm{OP}} = \boldsymbol{a}$ とすると, $\alpha\boldsymbol{a}$ は $\overrightarrow{\mathrm{OP}}$ の α 倍, $\beta\boldsymbol{a}$ は $\overrightarrow{\mathrm{OP}}$ の β 倍であり, $(\alpha+\beta)\boldsymbol{a}$ は $\overrightarrow{\mathrm{OP}}$ の $(\alpha+\beta)$ 倍である. 次に, $\alpha\boldsymbol{a} + \beta\boldsymbol{a}$ は, ベクトル $\alpha\boldsymbol{a}$ の終点に $\beta\boldsymbol{a}$ をおき, 原点 O と $\beta\boldsymbol{a}$ の終点を結んだベクトルである. ここで, $\alpha\boldsymbol{a}\|\boldsymbol{a}$, $\beta\boldsymbol{a}\|\boldsymbol{a}$ より $(\alpha\boldsymbol{a} + \beta\boldsymbol{a})\|\boldsymbol{a}$ であるので, $\alpha\boldsymbol{a} + \beta\boldsymbol{a}$ では, $\alpha\boldsymbol{a}$, $\beta\boldsymbol{a}$ が一直線上に並ぶ. したがって, ベクトル $\alpha\boldsymbol{a} + \beta\boldsymbol{a}$ の長さは数直線上の加法となり, ベクトル $\overrightarrow{\mathrm{OP}}$ の $(\alpha + \beta)$ 倍となる. よって, 与式が成り立つ.

(4) $\triangle$OPQ において, $\overrightarrow{\mathrm{OP}} = \boldsymbol{a}$, $\overrightarrow{\mathrm{PQ}} = \boldsymbol{b}$ とすると, $\boldsymbol{a} + \boldsymbol{b} = \overrightarrow{\mathrm{OQ}}$ である. 次に, $\triangle$OP′Q′ において, $\overrightarrow{\mathrm{OP'}} = \alpha\boldsymbol{a}$, $\overrightarrow{\mathrm{P'Q'}} = \alpha\boldsymbol{b}$ とすると, $\alpha\boldsymbol{a} + \alpha\boldsymbol{b} = \overrightarrow{\mathrm{OQ'}}$ である. $\triangle$OPQ と $\triangle$OP′Q′ において, 条件 $\overrightarrow{\mathrm{OP'}} = \alpha\overrightarrow{\mathrm{OP}}$, $\overrightarrow{\mathrm{P'Q'}} = \alpha\overrightarrow{\mathrm{PQ}}$ より, OP$\|$OP′, PQ$\|$P′Q′. これより, $\angle$OPQ$=\angle$OP′Q′ であるから, $\triangle$OPQ $\sim$ $\triangle$OP′Q′ (相似). したがって, $\alpha\overrightarrow{\mathrm{OQ}} = \overrightarrow{\mathrm{OQ'}}$ より, $\alpha(\boldsymbol{a} + \boldsymbol{b}) = \alpha\boldsymbol{a} + \alpha\boldsymbol{b}$.

16.3 $\triangle$OPQ において, $\overrightarrow{\mathrm{OP}} = \boldsymbol{a}$, $\overrightarrow{\mathrm{PQ}} = \boldsymbol{b}$ とすると, $\overrightarrow{\mathrm{OQ}} = \boldsymbol{a} + \boldsymbol{b}$ であり, 三角形において二辺の和は他の一辺より大きいことから $\overline{\mathrm{OP}} + \overline{\mathrm{PQ}} > \overline{\mathrm{OQ}}$ である. $\overline{\mathrm{OP}} = |\boldsymbol{a}|$, $\overline{\mathrm{PQ}} = |\boldsymbol{b}|$, $\overline{\mathrm{OQ}} = |\boldsymbol{a} + \boldsymbol{b}|$. 等号が成立するのは $\boldsymbol{a}$, $\boldsymbol{b}$ が同じ向きの場合.

[内積を用いた別解] $|\boldsymbol{a} + \boldsymbol{b}|^2 = (\boldsymbol{a} + \boldsymbol{b}) \cdot (\boldsymbol{a} + \boldsymbol{b}) = |\boldsymbol{a}|^2 + 2\boldsymbol{a} \cdot \boldsymbol{b} + |\boldsymbol{b}|^2 = |\boldsymbol{a}|^2 + 2|\boldsymbol{a}||\boldsymbol{b}|\cos\theta + |\boldsymbol{b}|^2 \leqq |\boldsymbol{a}|^2 + 2|\boldsymbol{a}||\boldsymbol{b}| + |\boldsymbol{b}|^2 = (\boldsymbol{a} + \boldsymbol{b})^2$ (θ は $\boldsymbol{a}$, $\boldsymbol{b}$ のなす角とする.)

16.4 $4\boldsymbol{x} + 2\boldsymbol{y} = 2\boldsymbol{a}$, $3\boldsymbol{x} + 2\boldsymbol{y} = \boldsymbol{b}$ から $2\boldsymbol{y}$ を消去すると, $\boldsymbol{x} = 2\boldsymbol{a} - \boldsymbol{b}$. これより $\boldsymbol{y} = \boldsymbol{a} - 2\boldsymbol{x} = -3\boldsymbol{a} + 2\boldsymbol{b}$.

17.1 $\overrightarrow{\mathrm{AP}} = \boldsymbol{r} - \boldsymbol{a}$ と $\overrightarrow{\mathrm{PB}} = \boldsymbol{r} - \boldsymbol{p}$ は同じ向きのベクトルで, AP : PB$=m : n$ であるから $n(\boldsymbol{r} - \boldsymbol{a}) = m(\boldsymbol{b} - \boldsymbol{r})$ である. これを $\boldsymbol{r}$ について解くと $\boldsymbol{r} = \dfrac{n}{m+n}\boldsymbol{a} + \dfrac{m}{m+n}\boldsymbol{b}$.

17.2 原点 O より, $\overrightarrow{\mathrm{OA}} = \boldsymbol{a} = (a_1,\ a_2,\ a_3\ )$, $\overrightarrow{\mathrm{OP}} = \boldsymbol{r} = (x,\ y,\ z\ )$ であるから, ベクトル $\boldsymbol{r} = \boldsymbol{a} + t\boldsymbol{b}$ を成分表示すると, $x = a_1 + tL$, $y = a_2 + M$, $z = a_3 + N$. ここで, t を消去すると $\dfrac{x - a_1}{L} = \dfrac{y - a_2}{M} = \dfrac{z - a_3}{N}$ となる. ($L : M : N$ は直線の方向比であり, $L^2 + M^2 + N^2 = 1$ のとき, L, M, N は直線の方向余弦となる.)

17.3

(1) $2\boldsymbol{b} - 3\boldsymbol{a} = 2(-3\boldsymbol{j} + 2\boldsymbol{k}) - 3(-\boldsymbol{i} + 2\boldsymbol{j} + 3\boldsymbol{k}) = 3\boldsymbol{i} - 12\boldsymbol{j} - 5\boldsymbol{k}$

(2) $|\boldsymbol{a}| = \sqrt{(-1)^2 + 2^2 + 3^2} = \sqrt{14}$,
$|\boldsymbol{b}| = \sqrt{(-3)^2 + 2^2} = \sqrt{13}$

(3) $|\boldsymbol{a} + \boldsymbol{b}| = |-\boldsymbol{i} - \boldsymbol{j} + 5\boldsymbol{k}|$
$= \sqrt{(-1)^2 + (-1)^2 + 5^2} = \sqrt{27}$

(4) $-\dfrac{1}{|\boldsymbol{a}|}\boldsymbol{a} = -\dfrac{1}{\sqrt{14}}(-\boldsymbol{i} + 2\boldsymbol{j} + 3\boldsymbol{k})$

17.4 2 つの独立なベクトルが張る平面 (平行でない $\boldsymbol{a}$, $\boldsymbol{b}$ を平行移動し, 任意の点を 2 つのベクトルの始点とするとき, 始点と各ベクトルの終点の 3 点を通る平面) 上の任意の点を R$(\ x,\ y,\ z\ )$ とする. また $\boldsymbol{a}$, $\boldsymbol{b}$ の始点を P とすると, $\overrightarrow{\mathrm{PR}} = \alpha\boldsymbol{a} + \beta\boldsymbol{b}$ (平面上の任意のベクトルは $\boldsymbol{a}$, $\boldsymbol{b}$ の 1 次結合で表される.) これより, 次の連立方程式が得られる. $\therefore$ $x - x_0 = \alpha a_1 + \beta b_1$, $y - y_0 = \alpha a_2 + \beta b_2$, $z - z_0 = \alpha a_3 + \beta b_3$. α, β を消去するため, $\begin{pmatrix} a_2 & b_2 \\ a_3 & b_3 \end{pmatrix}\begin{pmatrix} \alpha \\ \beta \end{pmatrix} = \begin{pmatrix} y - y_0 \\ z - z_0 \end{pmatrix}$ より $\begin{pmatrix} \alpha \\ \beta \end{pmatrix} = \dfrac{1}{|A|}\begin{pmatrix} b_3 & -b_2 \\ -a_3 & a_2 \end{pmatrix}\begin{pmatrix} y - y_0 \\ z - z_0 \end{pmatrix}$
ここで, $|A| = a_2b_3 - a_3b_2$ である.
$\therefore \alpha = \dfrac{1}{|A|}\left\{b_3(y - y_0) + (-b_2)(z - z_0)\right\}$,
$\beta = \dfrac{1}{|A|}\left\{(-a_3)(y - y_0) + a_2(z - z_0)\right\}$. これより, $(a_2b_3 - a_3b_2)(x - x_0) - (a_1b_3 - a_3b_1)(y - y_0) + (a_1b_2 - a_2b_1)(z -$

$z_0) = 0 \begin{vmatrix} a_2 & a_3 \\ b_2 & b_3 \end{vmatrix} (x - x_0) - \begin{vmatrix} a_1 & a_3 \\ b_1 & b_3 \end{vmatrix} (y - y_0) + \begin{vmatrix} a_1 & a_2 \\ b_1 & b_2 \end{vmatrix} (z - z_0) = 0.$

よって，$\begin{vmatrix} x - x_0 & y - y_0 & z - z_0 \\ a_1 & a_2 & a_3 \\ b_1 & b_2 & b_3 \end{vmatrix} = 0$

［外積を用いた別解］ $\overrightarrow{\mathrm{PR}} = (\ x - x_0,\ y - y_0 = ,\ z - z_0\ )$，$\boldsymbol{a} \times \boldsymbol{b} \perp \boldsymbol{a}$，$\boldsymbol{a} \times \boldsymbol{b} \perp \boldsymbol{b}$ より，$\boldsymbol{a} \times \boldsymbol{b} \perp \overrightarrow{\mathrm{PR}}$．$\therefore$ $\overrightarrow{\mathrm{PR}} \cdot (\boldsymbol{a} \times \boldsymbol{b}) =$

$$\overrightarrow{\mathrm{PR}} \cdot \begin{vmatrix} \boldsymbol{i} & \boldsymbol{j} & \boldsymbol{k} \\ a_1 & a_2 & a_3 \\ b_1 & b_2 & b_3 \end{vmatrix} = \overrightarrow{\mathrm{PR}} \cdot \left(\begin{vmatrix} a_2 & a_3 \\ b_2 & b_3 \end{vmatrix} \boldsymbol{i} - \begin{vmatrix} a_1 & a_3 \\ b_1 & b_3 \end{vmatrix} \boldsymbol{j} + \begin{vmatrix} a_1 & a_2 \\ b_1 & b_2 \end{vmatrix} \boldsymbol{k} \right)$$

$$= (x - x_0) \begin{vmatrix} a_2 & a_3 \\ b_2 & b_3 \end{vmatrix} - (y - y_0) \begin{vmatrix} a_1 & a_3 \\ b_1 & b_3 \end{vmatrix} + (z - z_0) \begin{vmatrix} a_1 & a_2 \\ b_1 & b_2 \end{vmatrix}$$

$$= \begin{vmatrix} x - x_0 & y - y_0 & z - z_0 \\ a_1 & a_2 & a_3 \\ b_1 & b_2 & b_3 \end{vmatrix} = 0$$

18.1

(1) $\cos\theta = \dfrac{2+1}{\sqrt{1+4+1}\ \sqrt{1+1}} = \dfrac{\sqrt{3}}{2}$. $\therefore \theta = \dfrac{\pi}{6}$

(2) $\cos\theta$

$$= \frac{(\sqrt{2} - \sqrt{3}) + (\sqrt{2} + \sqrt{3}) + \sqrt{2}}{\sqrt{1+1+1}\ \sqrt{(\sqrt{2} - \sqrt{3})^2 + (\sqrt{2} + \sqrt{3})^2 + 2}}$$

$= \dfrac{1}{\sqrt{2}}$. $\therefore \theta = \dfrac{\pi}{4}$

(3) $\cos\theta = \dfrac{-1+2+2}{\sqrt{1+1+4}\ \sqrt{1+4+1}} = \dfrac{1}{2}$. $\therefore \theta = \dfrac{\pi}{3}$

(4) $\cos\theta = \dfrac{1 - 2\sqrt{6} - 1}{\sqrt{1+4+1}\ \sqrt{1+6+1}} = -\dfrac{1}{\sqrt{2}}$. $\therefore$ $\theta = \dfrac{3\pi}{4}$

18.2 題意より $\boldsymbol{a} \cdot \boldsymbol{e} = x + y + z = \sqrt{3} \times 1 \times \cos\dfrac{\pi}{6} = \dfrac{3}{2}$ $\boldsymbol{b} \cdot \boldsymbol{e} = x + y + 4z = \sqrt{18} \times 1 \times \cos\dfrac{\pi}{4} = 3$. $\therefore$ $x + y + z = \dfrac{3}{2}$，$x + y + 4z = 3$，$x^2 + y^2 + z^2 = 1$. 得られた連立方程式より $x = \dfrac{2 \pm \sqrt{2}}{4}$，$y = \dfrac{2 \mp \sqrt{2}}{4}$，$z = \frac{1}{2}$ (複号同順).

よって $\boldsymbol{e} = \left(\dfrac{2 \pm \sqrt{2}}{4},\ \dfrac{2 \mp \sqrt{2}}{4},\ \dfrac{1}{2} \right)$ (複号同順).

18.3 $\boldsymbol{a} \cdot \boldsymbol{b} = 4 + 2a^2 - 6a = 0$ より $a^2 - 3a + 2 = 0$. $\therefore$ $a = 1,\ 2$

18.4 $\boldsymbol{a}$，$\boldsymbol{b}$ のなす角を θ とすると $S = |\boldsymbol{a}||\boldsymbol{b}|\sin\theta$，$\cos\theta = \dfrac{\boldsymbol{a} \cdot \boldsymbol{b}}{|\boldsymbol{a}||\boldsymbol{b}|}$ より $S^2 = |\boldsymbol{a}|^2|\boldsymbol{b}|^2\sin^2\theta = |\boldsymbol{a}|^2|\boldsymbol{b}|^2(1 - \cos^2\theta) = |\boldsymbol{a}|^2|\boldsymbol{b}|^2\left(1 - \dfrac{(\boldsymbol{a} \cdot \boldsymbol{b})^2}{|\boldsymbol{a}|^2|\boldsymbol{b}|^2}\right) = |\boldsymbol{a}|^2|\boldsymbol{b}|^2 - (\boldsymbol{a} \cdot \boldsymbol{b})^2$.

よって，$S = \sqrt{|\boldsymbol{a}|^2|\boldsymbol{b}|^2 - (\boldsymbol{a} \cdot \boldsymbol{b})^2}$.

18.5

(1) 条件より，$(\boldsymbol{b} - \alpha\boldsymbol{a}) \cdot \boldsymbol{a} = \boldsymbol{b} \cdot \boldsymbol{a} - \alpha|\boldsymbol{a}|^2 = 0$ $\therefore$ $\alpha = \dfrac{\boldsymbol{b} \cdot \boldsymbol{a}}{|\boldsymbol{a}|^2}$. $\boldsymbol{b}_1 = \boldsymbol{b} - \dfrac{\boldsymbol{b} \cdot \boldsymbol{a}}{|\boldsymbol{a}|^2}\boldsymbol{a}$

(2) 条件より，$\boldsymbol{c} - \beta\boldsymbol{a} - \gamma\boldsymbol{b}_1 \perp \boldsymbol{a}$，$\boldsymbol{c} - \beta\boldsymbol{a} - \gamma\boldsymbol{b}_1 \perp \boldsymbol{b}_1$. これより，$(\boldsymbol{c} - \beta\boldsymbol{a} - \gamma\boldsymbol{b}_1) \cdot \boldsymbol{a} = \boldsymbol{c} \cdot \boldsymbol{a} - \beta\boldsymbol{a} \cdot \boldsymbol{a} - \gamma\boldsymbol{b}_1 \cdot \boldsymbol{a} = \boldsymbol{c} \cdot \boldsymbol{a} - \beta|\boldsymbol{a}|^2 - \gamma 0 = 0$，$(\boldsymbol{c} - \beta\boldsymbol{a} - \gamma\boldsymbol{b}_1) \cdot \boldsymbol{b}_1 = \boldsymbol{c} \cdot \boldsymbol{b}_1 - \beta\boldsymbol{a} \cdot \boldsymbol{b}_1 - \gamma\boldsymbol{b}_1 \cdot \boldsymbol{b}_1 = \boldsymbol{c} \cdot \boldsymbol{b}_1 - \beta 0 - \gamma|\boldsymbol{b}_1|^2 = 0$

$\therefore \beta = \dfrac{\boldsymbol{c} \cdot \boldsymbol{a}}{|\boldsymbol{a}|^2}$，$\gamma = \dfrac{\boldsymbol{c} \cdot \boldsymbol{b}_1}{|\boldsymbol{b}_1|^2}$

$\boldsymbol{c} - \dfrac{\boldsymbol{c} \cdot \boldsymbol{a}}{|\boldsymbol{a}|^2}\boldsymbol{a} - \dfrac{\boldsymbol{c} \cdot \boldsymbol{b}_1}{|\boldsymbol{b}_1|^2}\boldsymbol{b}_1 = \boldsymbol{c}_1$ これより，$\boldsymbol{a}$，$\boldsymbol{b}_1$，$\boldsymbol{c}_1$ は互いに直交するベクトルである．

19.1

(1) $\boldsymbol{a} \times \boldsymbol{b} = \begin{vmatrix} \boldsymbol{i} & \boldsymbol{j} & \boldsymbol{k} \\ 2 & 1 & 1 \\ -1 & 1 & 2 \end{vmatrix} = \begin{vmatrix} 1 & 1 \\ 1 & 2 \end{vmatrix} \boldsymbol{i} - \begin{vmatrix} 2 & 1 \\ -1 & 2 \end{vmatrix} \boldsymbol{j} + \begin{vmatrix} 2 & 1 \\ -1 & 1 \end{vmatrix} \boldsymbol{k} = \boldsymbol{i} - 5\boldsymbol{j} + 3\boldsymbol{k}$

$(2\boldsymbol{a} - 3\boldsymbol{b}) \times (\boldsymbol{a} + 2\boldsymbol{b}) = 2\boldsymbol{a} \times \boldsymbol{a} - 3\boldsymbol{b} \times \boldsymbol{a} + 4\boldsymbol{a} \times \boldsymbol{b} - 6\boldsymbol{b} \times \boldsymbol{b} = 7\boldsymbol{a} \times \boldsymbol{b}$

$\therefore$ $(2\boldsymbol{a} - 3\boldsymbol{b}) \times (\boldsymbol{a} + 2\boldsymbol{b}) = 7\boldsymbol{i} - 35\boldsymbol{j} + 21\boldsymbol{k}$

(2) $\boldsymbol{a} \times \boldsymbol{b} = \begin{vmatrix} \boldsymbol{i} & \boldsymbol{j} & \boldsymbol{k} \\ 2 & -1 & 3 \\ 4 & 1 & 2 \end{vmatrix} = \begin{vmatrix} -1 & 3 \\ 1 & 2 \end{vmatrix} \boldsymbol{i} - \begin{vmatrix} 2 & 3 \\ 4 & 2 \end{vmatrix} \boldsymbol{j} + \begin{vmatrix} 2 & -1 \\ 4 & 1 \end{vmatrix} \boldsymbol{k} = -5\boldsymbol{i} + 8\boldsymbol{j} + 6\boldsymbol{k}$

$\therefore$ $(2\boldsymbol{a} - 3\boldsymbol{b}) \times (\boldsymbol{a} + 2\boldsymbol{b}) = -35\boldsymbol{i} + 56\boldsymbol{j} + 42\boldsymbol{k}$

(3) $\boldsymbol{a} \times \boldsymbol{b} = \begin{vmatrix} \boldsymbol{i} & \boldsymbol{j} & \boldsymbol{k} \\ -1 & 3 & 6 \\ 1 & -1 & 2 \end{vmatrix} = \begin{vmatrix} 3 & 6 \\ -1 & 2 \end{vmatrix} \boldsymbol{i} - \begin{vmatrix} -1 & 6 \\ 1 & 2 \end{vmatrix} \boldsymbol{j} + \begin{vmatrix} -1 & 3 \\ 1 & -1 \end{vmatrix} \boldsymbol{k} = 12\boldsymbol{i} + 8\boldsymbol{j} - 2\boldsymbol{k}$

$\therefore$ $(2\boldsymbol{a} - 3\boldsymbol{b}) \times (\boldsymbol{a} + 2\boldsymbol{b}) = 84\boldsymbol{i} + 56\boldsymbol{j} - 14\boldsymbol{k}$

(4) $\boldsymbol{a} \times \boldsymbol{b} = \begin{vmatrix} \boldsymbol{i} & \boldsymbol{j} & \boldsymbol{k} \\ 1 & 7 & 8 \\ -1 & 3 & 1 \end{vmatrix} = \begin{vmatrix} 7 & 8 \\ 3 & 1 \end{vmatrix} \boldsymbol{i} - \begin{vmatrix} 1 & 8 \\ -1 & 1 \end{vmatrix} \boldsymbol{j} + \begin{vmatrix} 1 & 7 \\ -1 & 3 \end{vmatrix} \boldsymbol{k} = -17\boldsymbol{i} - 9\boldsymbol{j} + 10\boldsymbol{k}$

$\therefore$ $(2\boldsymbol{a} - 3\boldsymbol{b}) \times (\boldsymbol{a} + 2\boldsymbol{b}) = -119\boldsymbol{i} - 63\boldsymbol{j} + 70\boldsymbol{k}$

19.2

$\boldsymbol{x} = (x_1,\ x_2,\ x_3)$ とすると，$\boldsymbol{a} \times \boldsymbol{x}$ $= \begin{vmatrix} \boldsymbol{i} & \boldsymbol{j} & \boldsymbol{k} \\ 1 & -1 & -1 \\ x_1 & x_2 & x_3 \end{vmatrix} = \begin{vmatrix} -1 & -1 \\ x_2 & x_3 \end{vmatrix} \boldsymbol{i} - \begin{vmatrix} 1 & -1 \\ x_1 & x_3 \end{vmatrix} \boldsymbol{j} + \begin{vmatrix} 1 & -1 \\ x_1 & x_2 \end{vmatrix} \boldsymbol{k} = (x_2 - x_3)\,\boldsymbol{i} + (-x_1 - x_3)\,\boldsymbol{j} + (x_1 + x_2)\,\boldsymbol{k} = 3\boldsymbol{i} + \boldsymbol{j} + \boldsymbol{k}$. $\therefore$

$x_2 - x_3 = 1$, $x_1 + x_3 = 1$, ($x_1 + x_2 = 2$ は第 1 式と第 2 式より得られる), $3x_1 + x_2 + x_3 = 0$.
この連立方程式を解くと　$x_1 = -3$, $x_2 = 5$, $x_3 = 4$.　よって　$\boldsymbol{x} = (-3,\ 5,\ 4)$.

19.3

(1) $\boldsymbol{a} \times \boldsymbol{b} = \begin{vmatrix} \boldsymbol{i} & \boldsymbol{j} & \boldsymbol{k} \\ 1 & 2 & -1 \\ 2 & 1 & 1 \end{vmatrix} = \begin{vmatrix} 2 & -1 \\ 1 & 1 \end{vmatrix} \boldsymbol{i} - \begin{vmatrix} 1 & -1 \\ 2 & 1 \end{vmatrix} \boldsymbol{j} + \begin{vmatrix} 1 & 2 \\ 2 & 1 \end{vmatrix} \boldsymbol{k} = 3\boldsymbol{i} - 3\boldsymbol{j} - 3\boldsymbol{k}$

$(\boldsymbol{a} \times \boldsymbol{b}) \times \boldsymbol{c} = \begin{vmatrix} \boldsymbol{i} & \boldsymbol{j} & \boldsymbol{k} \\ 3 & -3 & -3 \\ 1 & -1 & -2 \end{vmatrix} = \begin{vmatrix} -3 & -3 \\ -1 & -2 \end{vmatrix} \boldsymbol{i} - \begin{vmatrix} 3 & -3 \\ 1 & -2 \end{vmatrix} \boldsymbol{j} + \begin{vmatrix} 3 & -3 \\ 1 & -1 \end{vmatrix} \boldsymbol{k} = 3\boldsymbol{i} + 3\boldsymbol{j} + 0\boldsymbol{k}$

(2) $\boldsymbol{b} \times \boldsymbol{c} = \begin{vmatrix} \boldsymbol{i} & \boldsymbol{j} & \boldsymbol{k} \\ 2 & 1 & 1 \\ 1 & -1 & -2 \end{vmatrix} = \begin{vmatrix} 1 & 1 \\ -1 & -2 \end{vmatrix} \boldsymbol{i} - \begin{vmatrix} 2 & 1 \\ 1 & -2 \end{vmatrix} \boldsymbol{j} + \begin{vmatrix} 2 & 1 \\ 1 & -1 \end{vmatrix} \boldsymbol{k} = -\boldsymbol{i} + 5\boldsymbol{j} - 3\boldsymbol{k}$

$\boldsymbol{a} \cdot (\boldsymbol{b} \times \boldsymbol{c}) = 1 \times (-1) + 2 \times 5 + (-1) \times (-3) = 12$

19.4

(1) $\boldsymbol{a} \times \boldsymbol{b} = \begin{vmatrix} \boldsymbol{i} & \boldsymbol{j} & \boldsymbol{k} \\ a_1 & a_2 & a_3 \\ b_1 & b_2 & b_3 \end{vmatrix} = \begin{vmatrix} a_2 & a_3 \\ b_2 & b_3 \end{vmatrix} \boldsymbol{i} - \begin{vmatrix} a_1 & a_3 \\ b_1 & b_3 \end{vmatrix} \boldsymbol{j} + \begin{vmatrix} a_1 & a_2 \\ b_1 & b_2 \end{vmatrix} \boldsymbol{k}$

ここで，$A_1 = \begin{vmatrix} a_2 & a_3 \\ b_2 & b_3 \end{vmatrix}$, $A_2 = -\begin{vmatrix} a_1 & a_3 \\ b_1 & b_3 \end{vmatrix}$, $A_3 = \begin{vmatrix} a_1 & a_2 \\ b_1 & b_2 \end{vmatrix}$ とおく.

$(\boldsymbol{a} \times \boldsymbol{b}) \times \boldsymbol{c} = \begin{vmatrix} \boldsymbol{i} & \boldsymbol{j} & \boldsymbol{k} \\ A_1 & A_2 & A_3 \\ c_1 & c_2 & c_3 \end{vmatrix} = \begin{vmatrix} A_2 & A_3 \\ c_2 & c_3 \end{vmatrix} \boldsymbol{i} - \begin{vmatrix} A_1 & A_3 \\ c_1 & c_3 \end{vmatrix} \boldsymbol{j} + \begin{vmatrix} A_1 & A_2 \\ c_1 & c_2 \end{vmatrix} \boldsymbol{k}$

より，$(\boldsymbol{a} \times \boldsymbol{b}) \times \boldsymbol{c}$ の x 成分は,
$A_2c_3 - A_3c_2 = (a_3b_1 - a_1b_3)\,c_3 - (a_1b_2 - a_2b_1)\,c_2 = a_3b_1c_3 - a_1b_3c_3 - a_1b_2c_2 + a_2b_1c_2$
$(\boldsymbol{a} \cdot \boldsymbol{c})\,\boldsymbol{b} - (\boldsymbol{b} \cdot \boldsymbol{c})\,\boldsymbol{a}$ の x 成分は,
$(a_1c_1 + a_2c_2 + a_3c_3)\,b_1 - (b_1c_1 + b_2c_2 + b_3c_3)\,a_1$
$= a_2b_1c_2 - a_1b_2c_2 + a_3b_1c_3 - a_1b_3c_3$

20.1

(1) 定義域: $-\dfrac{1}{\sqrt{2}} \leqq u \leqq \dfrac{1}{\sqrt{2}}$.

$\boldsymbol{a}'(u) = \boldsymbol{i} + 2u\boldsymbol{j} - \dfrac{2u}{\sqrt{1-2u^2}}\boldsymbol{k}$,

$\boldsymbol{a}''(u) = 2\boldsymbol{j} - \frac{2}{(1-2u^2)\sqrt{1-2u^2}}\boldsymbol{k}$

(2) 定義域: $5 - u > 0$, $u - 3 \geq 0$. $\therefore 3 \leqq u < 5$.

$\boldsymbol{a}'(u) = -\dfrac{4}{5-u}\boldsymbol{i} + \dfrac{6}{\sqrt{u-3}}\boldsymbol{j} + 12u^3\boldsymbol{k}$,

$\boldsymbol{a}''(u) = -\frac{4}{(5-u)^2}\boldsymbol{i} - \frac{3}{(u-3)\sqrt{u-3}}\boldsymbol{j} + 36u^2\boldsymbol{k}$

20.2

(1)
$$\begin{aligned} \frac{d}{du}(\boldsymbol{a} \cdot \boldsymbol{b}) &= \boldsymbol{a}' \cdot \boldsymbol{b} + \boldsymbol{a} \cdot \boldsymbol{b}' \\ &= \left(10u\boldsymbol{i} + \boldsymbol{j} - 3u^2\boldsymbol{k}\right) \cdot (\sin u\boldsymbol{i} - \cos u\boldsymbol{j}) \\ &\quad + \left(5u^2\boldsymbol{i} + u\boldsymbol{j} - u^3\boldsymbol{k}\right) \cdot (\cos u\boldsymbol{i} + \sin u\boldsymbol{j}) \\ &= \left(5u^2 - 1\right)\cos u + 11u\sin u \end{aligned}$$

(2)
$$\begin{aligned} \frac{d}{du}(\boldsymbol{a} \cdot \boldsymbol{a}) &= \boldsymbol{a}' \cdot \boldsymbol{a} + \boldsymbol{a} \cdot \boldsymbol{a}' = 2\boldsymbol{a}' \cdot \boldsymbol{a} \\ &= 2\left(10u\boldsymbol{i} + \boldsymbol{j} - 3u^2\boldsymbol{k}\right) \cdot \left(5u^2\boldsymbol{i} + u\boldsymbol{j} - u^3\boldsymbol{k}\right) \\ &= 100u^3 + 2u + 6u^5 \end{aligned}$$

(3) $\dfrac{d}{du}(\boldsymbol{a} \times \boldsymbol{b}) = \boldsymbol{a}' \times \boldsymbol{b} + \boldsymbol{a} \times \boldsymbol{b}' =$

$$\begin{vmatrix} \boldsymbol{i} & \boldsymbol{j} & \boldsymbol{k} \\ 10u & 1 & -3u^2 \\ \sin u & -\cos u & 0 \end{vmatrix} + \begin{vmatrix} \boldsymbol{i} & \boldsymbol{j} & \boldsymbol{k} \\ 5u^2 & u & -u^3 \\ \cos u & \sin u & 0 \end{vmatrix}$$

$$\begin{aligned} &= \begin{vmatrix} 1 & -3u^2 \\ -\cos u & 0 \end{vmatrix} \boldsymbol{i} - \begin{vmatrix} 10u & -3u^2 \\ \sin u & 0 \end{vmatrix} \boldsymbol{j} \\ &\quad + \begin{vmatrix} 10u & 1 \\ \sin u & -\cos u \end{vmatrix} \boldsymbol{k} + \begin{vmatrix} u & -u^3 \\ \sin u & 0 \end{vmatrix} \boldsymbol{i} - \\ &\quad \begin{vmatrix} 5u^2 & -u^3 \\ \cos u & 0 \end{vmatrix} \boldsymbol{j} + \begin{vmatrix} 5u^2 & u \\ \cos u & \sin u \end{vmatrix} \boldsymbol{k} \\ &= \left(u^3\sin u - 3u^2\cos u\right)\boldsymbol{i} - \left(u^3\cos u + 3u^2\sin u\right)\boldsymbol{j} \\ &\quad + \left(5u^2\sin u - \sin u - 11u\cos u\right)\boldsymbol{k} \end{aligned}$$

20.3　題意より　$|\boldsymbol{a}(u)| = c$, c は定数.
$\therefore$　$|\boldsymbol{a}(u)|^2 = \boldsymbol{a}(u) \cdot \boldsymbol{a}(u) = c^2$.　両辺を u で微分すると $\dfrac{d}{du}(\boldsymbol{a}(u) \cdot \boldsymbol{a}(u)) = 2\dfrac{d\boldsymbol{a}(u)}{du} \cdot \boldsymbol{a}(u) = 0$.
よって　$\boldsymbol{a}(u)$ と $\dfrac{d\boldsymbol{a}(u)}{du}$ は直交する.

20.4　$\dfrac{d\boldsymbol{r}(u)}{du} = (-3\sin u,\ 3\cos u,\ 4)$

$\left|\dfrac{d\boldsymbol{r}(u)}{du}\right| = \sqrt{(-3\sin u)^2 + (3\cos u)^2 + 16} = 5$

$\therefore$　単位接線ベクトル $\boldsymbol{t} = \dfrac{1}{5}(-3\sin u,\ 3\cos u,\ 4)$

21.1

(1) 与式 $= 5u\boldsymbol{i} + u^3\boldsymbol{j} + 2u^2\boldsymbol{k} + \boldsymbol{c}$

(2) 与式 $= \dfrac{1}{2}\sin 2u\boldsymbol{i} - \cos u\boldsymbol{j} + \dfrac{1}{3}e^{3u}\boldsymbol{k} + \boldsymbol{c}$

(3) 与式 $= \left(\dfrac{3}{2}u^2\boldsymbol{i} - \dfrac{10}{3}u^{\frac{3}{2}}\boldsymbol{j}\right)\Big|_1^9$

$= \left(\dfrac{3}{2} \times 81\boldsymbol{i} - \dfrac{10}{3} \times 27\boldsymbol{j}\right) - \left(\dfrac{3}{2}\boldsymbol{i} - \dfrac{10}{3}\boldsymbol{j}\right) = 120\boldsymbol{i} - \dfrac{260}{3}\boldsymbol{j}$

(4) 与式 $= \left(u^3\boldsymbol{i} + e^u\boldsymbol{j} + \sin u\boldsymbol{k}\right)\Big|_0^2 = 8\boldsymbol{i} + e^2\boldsymbol{j} + \sin 2\boldsymbol{k} - \boldsymbol{j} = 8\boldsymbol{i} + \left(e^2 - 1\right)\boldsymbol{j} + \sin 2\boldsymbol{k}$

21.2　$\displaystyle\int \left(3u^2\boldsymbol{i} + e^u\boldsymbol{j} + \cos u\boldsymbol{k}\right) du$
$= u^3\boldsymbol{i} + e^u\boldsymbol{j} + \sin u\boldsymbol{k} + \boldsymbol{c}$. $\therefore \boldsymbol{a}(0) = \boldsymbol{j} + \boldsymbol{c} = \boldsymbol{i} + 2\boldsymbol{j} + 3\boldsymbol{k}$
より　$\boldsymbol{c} = \boldsymbol{i} + \boldsymbol{j} + 3\boldsymbol{k}$.　よって　$\boldsymbol{a}(u) = \left(u^3 + 1\right)\boldsymbol{i} + (e^u + 1)\,\boldsymbol{j} + (\sin u + 3)\,\boldsymbol{k}$

21.3 $\displaystyle\int \boldsymbol{a}\cdot\boldsymbol{a}'du = \boldsymbol{a}\cdot\boldsymbol{a} - \int \boldsymbol{a}'\cdot\boldsymbol{a}du$. これより，
$\displaystyle\int \boldsymbol{a}\cdot\boldsymbol{a}'du = \frac{1}{2}\boldsymbol{a}\cdot\boldsymbol{a} + \boldsymbol{c}.$

21.4 $\displaystyle\int_2^3 \boldsymbol{a}\cdot\boldsymbol{a}'du = \frac{1}{2}\boldsymbol{a}\cdot\boldsymbol{a}\Big|_2^3 = \frac{1}{2}\,(\boldsymbol{a}(3)\cdot\boldsymbol{a}(3)$
$\displaystyle-\boldsymbol{a}(2)\cdot\boldsymbol{a}(2)) = \frac{1}{2}\,\{(4\boldsymbol{i}-2\boldsymbol{j}+3\boldsymbol{k})$
$\cdot\,(4\boldsymbol{i}-2\boldsymbol{j}+3\boldsymbol{k}) - (2\boldsymbol{i}-\boldsymbol{j}+2\boldsymbol{k})\cdot(2\boldsymbol{i}-\boldsymbol{j}+2\boldsymbol{k})\}$
$\displaystyle= \frac{1}{2}(29-9) = 10$

21.5 $\displaystyle\frac{d\boldsymbol{r}(u)}{du} = (\,-3\sin u,\ 3\cos u,\ 4)$ $\displaystyle\left|\frac{d\boldsymbol{r}(u)}{du}\right| =$
$\sqrt{(-3\sin u)^2 + (3\cos u)^2 + 16} = 5$
$\displaystyle\therefore\quad \int_0^t \left|\frac{d\boldsymbol{r}(u)}{du}\right| du = \int_0^t 5du = 5u\Big|_0^t = 5t$

22.1

(1) $\varphi(\boldsymbol{r}) = |\boldsymbol{r}|^2 - 2\boldsymbol{a}\cdot\boldsymbol{r} = |\boldsymbol{r}-\boldsymbol{a}|^2 - |\boldsymbol{a}|^2$
であるので，スカラー場は $\boldsymbol{r}=\boldsymbol{a}$ で最小値 $\varphi = -|\boldsymbol{a}|^2$ をとる．

(2) $\varphi = 0$ より，$|\boldsymbol{r}-\boldsymbol{a}|^2 = |\boldsymbol{a}|^2$ となるので，
等位面は中心の位置ベクトルが $\boldsymbol{a}$ で半径が $|\boldsymbol{a}|$ の球となる．

22.2

(1) 位置ベクトルを $\boldsymbol{r} = (\,x_1,\ x_2\,)$ とすると，
$\displaystyle\boldsymbol{a} = \frac{\boldsymbol{r}}{2|\boldsymbol{r}|}$ であるので，位置ベクトルと同じ方向を向き，大きさが $\displaystyle\frac{1}{2}$ のベクトル場になる．

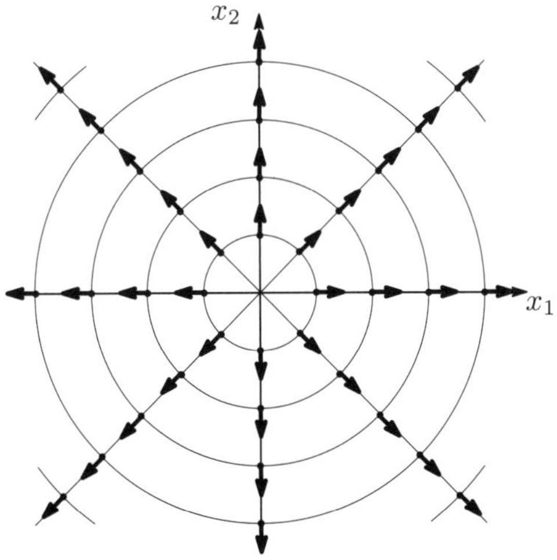

(2) $\boldsymbol{a}$ は $\boldsymbol{a}\cdot\boldsymbol{r} = 0$ となるので，位置ベクトルと直交する．また，ベクトルの大きさは $|\boldsymbol{a}| = \dfrac{1}{2}\sqrt{{x_1}^2+{x_2}^2}$ であるので，位置ベクトルの大きさの $\dfrac{1}{2}$ となる．

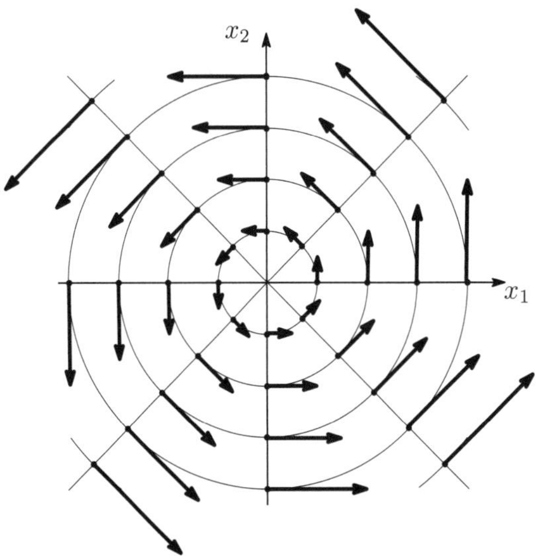

23.1

(1) $\displaystyle\frac{\partial}{\partial x_1}({x_1}^3{x_2}^2 - x_2\,{x_3}^3) = 3\,{x_1}^2{x_2}^2$
$\displaystyle\frac{\partial}{\partial x_2}({x_1}^3{x_2}^2 - x_2\,{x_3}^3) = 2\,{x_1}^3x_2 - {x_3}^3$
$\displaystyle\frac{\partial}{\partial x_3}({x_1}^3{x_2}^2 - x_2\,{x_3}^3) = -3\,x_2\,{x_3}^2$
であるので，
$\nabla\varphi = \left(3\,{x_1}^2{x_2}^2,\ 2\,{x_1}^3x_2 - {x_3}^3,\ -3\,x_2\,{x_3}^2\right)$

(2) $(\nabla\varphi)_{\mathrm{P}}$
$= (3\cdot(-1)^2\cdot 2^2,\ 2\cdot(-1)^3\cdot 2 - (-1)^3,$
$-3\cdot 2\cdot(-1)^2\,)$
$= (\,12,\ -3,\ -6\,)$

(3) $\displaystyle\frac{d\varphi}{d\boldsymbol{u}} = \boldsymbol{u}\cdot\nabla\varphi$
$\displaystyle= \left(\frac{3}{7},\ -\frac{6}{7},\ \frac{2}{7}\right)\cdot(\,12,\ -3,\ -6\,)$
$\displaystyle= \frac{36+18-12}{7}$
$= 6$

(4) $(\nabla\varphi)_{\mathrm{P}} = (\,12,\ -3,\ -6\,)$ は点Pにおける法線ベクトルになっているので，点P $(\,-1,\ 2,\ -1\,)$ を通り，$(\nabla\varphi)_{\mathrm{P}}$ に垂直な平面の方程式は
$12(x_1+1) - 3(x_2-2) - 6(x_3+1) = 0$
となり，整理すると
$4\,x_1 - x_2 - 2\,x_3 + 4 = 0$

23.2 合成関数の微分法により，
$\displaystyle\frac{\partial}{\partial x_1}f(\varphi(x_1,x_2,x_3)) = \frac{d\,f}{d\,\varphi}\frac{\partial\varphi}{\partial x_1}$
同様に $\displaystyle\frac{\partial f}{\partial x_2} = \frac{d\,f}{d\,\varphi}\frac{\partial\varphi}{\partial x_2},\ \frac{\partial f}{\partial x_3} = \frac{d\,f}{d\,\varphi}\frac{\partial\varphi}{\partial x_3}$
となるので，
$\displaystyle\nabla f(\varphi) = \left(\frac{\partial f}{\partial x_1},\ \frac{\partial f}{\partial x_2},\ \frac{\partial f}{\partial x_3}\right)$
$\displaystyle= \left(\frac{d\,f}{d\,\varphi}\frac{\partial\varphi}{\partial x_1},\ \frac{d\,f}{d\,\varphi}\frac{\partial\varphi}{\partial x_2},\ \frac{d\,f}{d\,\varphi}\frac{\partial\varphi}{\partial x_3}\right)$

$$= \frac{df}{d\varphi}\left(\frac{\partial\varphi}{\partial x_1}, \frac{\partial\varphi}{\partial x_2}, \frac{\partial\varphi}{\partial x_3}\right)$$
$$= \frac{df}{d\varphi}\nabla\varphi$$

23.3

(1) $\frac{\partial r}{\partial x_1} = \frac{\partial}{\partial x_1}({x_1}^2 + {x_2}^2 + {x_3}^2)^{\frac{1}{2}}$
$$= \frac{1}{2}({x_1}^2 + {x_2}^2 + {x_3}^2)^{-\frac{1}{2}} \cdot 2x_1$$
$$= \frac{x_1}{\sqrt{{x_1}^2 + {x_2}^2 + {x_3}^2}}$$
$$= \frac{x_1}{r}$$
同様に，$\frac{\partial r}{\partial x_2} = \frac{x_2}{r}$，$\frac{\partial r}{\partial x_3} = \frac{x_3}{r}$ となるので，
$$\nabla r = \left(\frac{\partial f}{\partial x_1}, \frac{\partial f}{\partial x_2}, \frac{\partial f}{\partial x_3}\right)$$
$$= \frac{x_1}{r}\boldsymbol{i} + \frac{x_2}{r}\boldsymbol{j} + \frac{x_3}{r}\boldsymbol{k} = \frac{\boldsymbol{r}}{r}$$

(2) $\nabla\left(\frac{1}{r}\right) = \frac{d}{dr}\left(\frac{1}{r}\right)\nabla r = -\frac{1}{r^2}\frac{\boldsymbol{r}}{r} = -\frac{\boldsymbol{r}}{r^3}$

24.1

(1) $\nabla \cdot \boldsymbol{a}$
$$= \frac{\partial}{\partial x_1}({x_1}^2 - x_1 x_2 x_3) + \frac{\partial}{\partial x_2}({x_2}^2 - x_1 x_2 x_3) + \frac{\partial}{\partial x_3}({x_3}^2 - x_1 x_2 x_3)$$
$$= 2x_1 + 2x_2 + 2x_3 - x_1 x_2 - x_2 x_3 - x_3 x_1$$

(2) $\nabla \cdot \boldsymbol{a}$
$$= \frac{\partial}{\partial x_1}({x_1}^2 x_2 + {x_1}^2 x_3) + \frac{\partial}{\partial x_2}({x_2}^2 x_3 + {x_2}^2 x_1) + \frac{\partial}{\partial x_3}({x_3}^2 x_1 + {x_3}^2 x_2)$$
$$= 2x_1x_2 + 2x_1x_3 + 2x_2x_3 + 2x_1x_2 + 2x_1x_3 + 2x_2x_3$$
$$= 4x_1x_2 + 4x_2x_3 + 4x_3x_1$$

24.2 $\frac{\partial}{\partial x_1}\left(\frac{1}{r}\right) = \frac{\partial}{\partial x_1}({x_1}^2 + {x_2}^2 + {x_3}^2)^{-\frac{1}{2}}$
$$= -\frac{1}{2}({x_1}^2 + {x_2}^2 + {x_3}^2)^{-\frac{3}{2}} \cdot 2x_1$$
$$= -\frac{x_1}{({x_1}^2 + {x_2}^2 + {x_3}^2)^{\frac{3}{2}}}$$
もう一度，偏微分すると
$$\frac{\partial^2}{\partial {x_1}^2}\left(\frac{1}{r}\right) = -\frac{\partial}{\partial x_1}\frac{x_1}{({x_1}^2 + {x_2}^2 + {x_3}^2)^{\frac{3}{2}}}$$
$$= -\frac{1}{({x_1}^2 + {x_2}^2 + {x_3}^2)^{\frac{3}{2}}} + \frac{3}{2}\frac{x_1 \cdot 2x_1}{({x_1}^2 + {x_2}^2 + {x_3}^2)^{\frac{5}{2}}}$$
$$= \frac{-({x_1}^2 + {x_2}^2 + {x_3}^2) + 3{x_1}^2}{({x_1}^2 + {x_2}^2 + {x_3}^2)^{\frac{5}{2}}}$$
$$= \frac{2{x_1}^2 - {x_2}^2 - {x_3}^2}{({x_1}^2 + {x_2}^2 + {x_3}^2)^{\frac{5}{2}}}$$
同様に
$$\frac{\partial^2}{\partial {x_2}^2}\left(\frac{1}{r}\right) = \frac{2{x_2}^2 - {x_1}^2 - {x_3}^2}{({x_1}^2 + {x_2}^2 + {x_3}^2)^{\frac{5}{2}}}$$
$$\frac{\partial^2}{\partial {x_3}^2}\left(\frac{1}{r}\right) = \frac{2{x_3}^2 - {x_1}^2 - {x_2}^2}{({x_1}^2 + {x_2}^2 + {x_3}^2)^{\frac{5}{2}}}$$
したがって，
$$\nabla^2\left(\frac{1}{r}\right) = \frac{\partial^2}{\partial {x_1}^2}\left(\frac{1}{r}\right) + \frac{\partial^2}{\partial {x_2}^2}\left(\frac{1}{r}\right) + \frac{\partial^2}{\partial {x_3}^2}\left(\frac{1}{r}\right)$$
$$= \frac{2{x_1}^2 - {x_2}^2 - {x_3}^2}{({x_1}^2 + {x_2}^2 + {x_3}^2)^{\frac{5}{2}}} + \frac{2{x_2}^2 - {x_1}^2 - {x_3}^2}{({x_1}^2 + {x_2}^2 + {x_3}^2)^{\frac{5}{2}}} + \frac{2{x_3}^2 - {x_1}^2 - {x_2}^2}{({x_1}^2 + {x_2}^2 + {x_3}^2)^{\frac{5}{2}}}$$
$$= 0$$

24.3 $\boldsymbol{c} = (c_1, c_2, c_3)$ とすると
$\boldsymbol{c} \times \boldsymbol{r} = (c_2x_3 - c_3x_2, c_3x_1 - c_1x_3, c_1x_2 - c_2x_1)$
となるので，
$$\nabla \cdot (\boldsymbol{a} \times \boldsymbol{r}) = \frac{\partial}{\partial x_1}(c_2x_3 - c_3x_2) + \frac{\partial}{\partial x_2}(c_3x_1 - c_1x_3) + \frac{\partial}{\partial x_3}(c_1x_2 - c_2x_1)$$
$$= 0$$

24.4

(1) $\nabla \cdot \left(\frac{\boldsymbol{r}}{r^3}\right) = \left\{\nabla\left(\frac{1}{r^3}\right)\right\} \cdot \boldsymbol{r} + \frac{1}{r^3}(\nabla \cdot \boldsymbol{r})$
$$= \frac{d}{dr}\left(\frac{1}{r^3}\right)(\nabla r \cdot \boldsymbol{r}) + \frac{1}{r^3}(\nabla \cdot \boldsymbol{r})$$
問題 23.3 (1) より，$\nabla r = \frac{\boldsymbol{r}}{r}$，
例題 24.1 (1) より，$\nabla \cdot \boldsymbol{r} = 3$ であるので，
$$= -\frac{3}{r^4}\frac{\boldsymbol{r} \cdot \boldsymbol{r}}{r} + \frac{3}{r^3} = 0$$

別解 **問題 23.3** (2) より，$\nabla\left(\frac{1}{r}\right) = -\frac{\boldsymbol{r}}{r^3}$
であるので，
$$\nabla \cdot \left(\frac{\boldsymbol{r}}{r^3}\right) = -\nabla \cdot \nabla\left(\frac{1}{r}\right) = -\nabla^2\left(\frac{1}{r}\right)$$
問題 24.2 より，$\nabla^2\left(\frac{1}{r}\right) = 0$ となり，
$$\nabla \cdot \left(\frac{\boldsymbol{r}}{r^3}\right) = 0$$

(2) $\nabla \cdot (f(r)\boldsymbol{r}) = (\nabla f(r)) \cdot \boldsymbol{r} + f(r)(\nabla \cdot \boldsymbol{r})$
$$= \frac{df}{dr}(\nabla r \cdot \boldsymbol{r}) + f(r)(\nabla \cdot \boldsymbol{r})$$
問題 23.3 (1) より，$\nabla r = \frac{\boldsymbol{r}}{r}$，
例題 24.1 (1) より，$\nabla \cdot \boldsymbol{r} = 3$ であるので，
$$= r\frac{df}{dr} + 3f$$

25.1

(1) $\nabla \times \boldsymbol{a}$
$$= \begin{vmatrix} \boldsymbol{i} & \boldsymbol{j} & \boldsymbol{k} \\ \frac{\partial}{\partial x_1} & \frac{\partial}{\partial x_2} & \frac{\partial}{\partial x_3} \\ x_1^2 - x_1x_2x_3 & x_2^2 - x_1x_2x_3 & x_3^2 - x_1x_2x_3 \end{vmatrix}$$
$$= (x_1x_2 - x_1x_3, x_2x_3 - x_1x_2, x_1x_3 - x_2x_3)$$

(2) $\nabla \times \boldsymbol{a}$

$$= \begin{vmatrix} \boldsymbol{i} & \boldsymbol{j} & \boldsymbol{k} \\ \frac{\partial}{\partial x_1} & \frac{\partial}{\partial x_2} & \frac{\partial}{\partial x_3} \\ x_1^2 x_2 + x_1^2 x_3 & x_2^2 x_3 + x_2^2 x_1 & x_3^2 x_1 + x_3^2 x_2 \end{vmatrix}$$

$$= (\, {x_3}^2 - {x_2}^2,\, {x_1}^2 - {x_3}^2,\, {x_2}^2 - {x_1}^2 \,)$$

25.2 $\boldsymbol{c} = (\, c_1,\, c_2,\, c_3 \,)$ とすると

$\boldsymbol{c} \times \boldsymbol{r} = (\, c_2 x_3 - c_3 x_2,\, c_3 x_1 - c_1 x_3,\, c_1 x_2 - c_2 x_1 \,)$

となるので，

$\nabla \times (\boldsymbol{c} \times \boldsymbol{r})$

$$= \begin{vmatrix} \boldsymbol{i} & \boldsymbol{j} & \boldsymbol{k} \\ \frac{\partial}{\partial x_1} & \frac{\partial}{\partial x_2} & \frac{\partial}{\partial x_3} \\ c_2 x_3 - c_3 x_2 & c_3 x_1 - c_1 x_3 & c_1 x_2 - c_2 x_1 \end{vmatrix}$$

$$= (\, 2\,c_1,\, 2\,c_2,\, 2\,c_3 \,)$$

$$= 2\,\boldsymbol{c}$$

25.3 $\nabla \times (f(r)\boldsymbol{r}) = (\nabla f(r)) \times \boldsymbol{r} + f(r)(\nabla \times \boldsymbol{r})$

$$= \frac{df}{dr}(\nabla r \times \boldsymbol{r}) + f(r)(\nabla \times \boldsymbol{r})$$

問題 23.3 (1) より，$\nabla r = \dfrac{\boldsymbol{r}}{r}$ で $\boldsymbol{r} \times \boldsymbol{r} = \boldsymbol{0}$

例題 25.1 (1) より，$\nabla \times \boldsymbol{r} = \boldsymbol{0}$ であるので，

$\nabla \times (f(r)\boldsymbol{r}) = \boldsymbol{0}$

25.4 $\nabla \cdot (\nabla \times \boldsymbol{a})$

$$= \left(\frac{\partial}{\partial x_1},\, \frac{\partial}{\partial x_2},\, \frac{\partial}{\partial x_3} \right) \cdot \left(\frac{\partial a_3}{\partial x_2} - \frac{\partial a_2}{\partial x_3},\, \frac{\partial a_1}{\partial x_3} - \frac{\partial a_3}{\partial x_1},\, \frac{\partial a_2}{\partial x_1} - \frac{\partial a_1}{\partial x_2} \right)$$

$$= \frac{\partial}{\partial x_1}\left(\frac{\partial a_3}{\partial x_2} - \frac{\partial a_2}{\partial x_3} \right) + \frac{\partial}{\partial x_2}\left(\frac{\partial a_1}{\partial x_3} - \frac{\partial a_3}{\partial x_1} \right) + \frac{\partial}{\partial x_3}\left(\frac{\partial a_2}{\partial x_1} - \frac{\partial a_1}{\partial x_2} \right)$$

$$= \frac{\partial^2 a_3}{\partial x_1 \partial x_2} - \frac{\partial^2 a_2}{\partial x_1 \partial x_3} + \frac{\partial^2 a_1}{\partial x_2 \partial x_3} - \frac{\partial^2 a_3}{\partial x_1 \partial x_2} + \frac{\partial^2 a_2}{\partial x_1 \partial x_3} - \frac{\partial^2 a_1}{\partial x_2 \partial x_3}$$

$$= 0$$

26.1

(1) 原点 O から点 A$(\, 2,\, 2,\, 1 \,)$ にいたる線分は

$\boldsymbol{r}(u) = (\, 2\,u,\, 2\,u,\, u \,)$ $(0 \leqq u \leqq 1)$ と表せるので，

$\dfrac{d\boldsymbol{r}}{du} = (\, 2,\, 2,\, 1 \,)$，$\left| \dfrac{d\boldsymbol{r}}{du} \right| = \sqrt{2^2 + 2^2 + 1^2} = 3$

となる．

$\varphi(\boldsymbol{r}(u)) = (2\,u)^2\, u = 4\,u^3$ より，

$$\int_C \varphi(\boldsymbol{r})\, ds = \int_0^1 12\,u^3\, du = 12 \left[\frac{1}{4} t^4 \right]_0^1 = 3$$

(2) $\dfrac{d\boldsymbol{r}}{du} = (\, 2,\, 2,\, 1 \,)$ で，

$\boldsymbol{a}(\boldsymbol{r}(u)) = (\, 2\,u + u,\, 2(2\,u) - u,\, 2\,u + 3(2\,u) \,)$

$= (\, 3\,u,\, 3\,u,\, 8\,u \,)$ となるので，

$$\int_C \boldsymbol{a} \cdot d\boldsymbol{r} = \int_0^1 (\, 3\,u,\, 3\,u,\, 8\,u \,) \cdot (\, 2,\, 2,\, 1 \,)\, du$$

$$= \int_0^1 (6\,u + 6\,u + 8\,u)\, du = \int_0^1 20\,u\, du = \left[10\,u^2 \right]_0^1$$

$$= 10$$

26.2

(1) $\dfrac{d\boldsymbol{r}}{du} = (\, 1,\, \sqrt{2}\,u,\, u^2 \,)$ であるので，

$$\left| \frac{d\boldsymbol{r}}{du} \right| = \sqrt{1^2 + (\sqrt{2}\,u)^2 + (u^2)^2} = \sqrt{1 + 2\,u^2 + u^4}$$

$$= \sqrt{(u^2+1)^2} = |\, u^2 + 1 \,| = u^2 + 1$$

となる．

$$\varphi(\boldsymbol{r}(u)) = u\left(\tfrac{1}{3}\,u^3 \right) - \left(\tfrac{1}{\sqrt{2}}\,u^2 \right)^2 = -\tfrac{1}{6}\,u^4$$

となるので，

$$\int_C \varphi(\boldsymbol{r})\, ds = -\frac{1}{6} \int_0^1 u^4\,(u^2+1)\, dt$$

$$= -\frac{1}{6} \left[\frac{1}{7}\,u^7 + \frac{1}{5}\,u^5 \right]_0^1 = -\frac{2}{35}$$

(2) $\dfrac{d\boldsymbol{r}}{du} = (\, 1,\, \sqrt{2}\,u,\, u^2 \,)$ で，

$\boldsymbol{a}(\boldsymbol{r}(u))$

$$= \left(\left(\tfrac{1}{\sqrt{2}}\,u^2 \right)^2 \tfrac{1}{3}\,u^3,\, \left(\tfrac{1}{\sqrt{2}}\,u^2 \right)^3,\, u^2 \left(\tfrac{1}{3}\,u^3 \right) \right)$$

$$= \left(\tfrac{1}{6}\,u^7,\, \tfrac{1}{2\sqrt{2}}\,u^6,\, \tfrac{1}{3}\,u^5 \right)$$

となるので，

$$\int_C \boldsymbol{a} \cdot d\boldsymbol{r}$$

$$= \int_0^1 \left(\tfrac{1}{6}\,u^7,\, \tfrac{1}{2\sqrt{2}}u^6,\, \tfrac{1}{3}\,u^5 \right) \cdot (\, 1,\, \sqrt{2}\,u,\, u^2 \,)\, du$$

$$= \int_0^1 \left(\tfrac{1}{6}\,t^7 + \tfrac{1}{2}\,t^7 + \tfrac{1}{3}\,t^7 \right) dt = \left[\frac{1}{8}\,t^8 \right]_0^1$$

$$= \frac{1}{8}$$

26.3 $\boldsymbol{r}(u) = (\, \cos u,\, \sin u,\, u \,)$ $(0 \leqq u \leqq 1)$ より，

$$\frac{d\boldsymbol{r}}{dt} = (\, -\sin u,\, \cos u,\, 1 \,)$$

また，**問題 23.3** (2) より，$\nabla \left(\dfrac{1}{r} \right) = -\dfrac{\boldsymbol{r}}{r^3}$

であるので，曲線上では，

$$\nabla \left(\frac{1}{r} \right) = -\frac{(\, \cos u,\, \sin u,\, u \,)}{(\cos^2 u + \sin^2 u + u^2)^{\frac{3}{2}}}$$

$$= -\frac{(\, \cos u,\, \sin u,\, u \,)}{(u^2+1)^{\frac{3}{2}}}$$

よって，

$$\int_C \nabla \left(\frac{1}{r} \right) \cdot d\boldsymbol{r}$$

$$= -\int_0^1 \frac{(\, \cos u,\, \sin u,\, u \,)}{(u^2+1)^{\frac{3}{2}}} \cdot (\, -\sin u,\, \cos u,\, 1 \,)\, du$$

$$= -\int_0^1 \frac{u}{(u^2+1)^{\frac{3}{2}}}\, du = \left[(u^2+1)^{-\frac{1}{2}} \right]_0^1 = \frac{1}{\sqrt{2}} - 1$$

また，

$|\, \boldsymbol{r}(1) \,| = \sqrt{\cos^2 1 + \sin^2 1 + 1} = \sqrt{2}$，

$|\, \boldsymbol{r}(0) \,| = \sqrt{1^2 + 0^2 + 0^2} = 1$

であるので，

$$\varphi(\boldsymbol{r}(1)) - \varphi(\boldsymbol{r}(0)) = \frac{1}{\sqrt{2}} - 1$$

となり，

$$\int_C \nabla\varphi\cdot d\boldsymbol{r} = \varphi(\boldsymbol{r}(1)) - \varphi(\boldsymbol{r}(0))$$

が成立している．

27.1

(1) $\boldsymbol{r}(\theta, h) = (\cos\theta,\ \sin\theta,\ h)$

$(D: 0 \leqq \theta \leqq 2\pi,\ 0 \leqq h \leqq 1)$ より，

$$\frac{\partial\boldsymbol{r}}{\partial\theta} = (-\sin\theta,\ \cos\theta,\ 0)$$

$$\frac{\partial\boldsymbol{r}}{\partial h} = (0,\ 0,\ 1)$$ より，

$$\frac{\partial\boldsymbol{r}}{\partial\theta}\times\frac{\partial\boldsymbol{r}}{\partial h} = \begin{vmatrix} \boldsymbol{i} & \boldsymbol{j} & \boldsymbol{k} \\ -\sin\theta & \cos\theta & 0 \\ 0 & 0 & 1 \end{vmatrix}$$

$$= (\cos\theta,\ \sin\theta,\ 0)$$

したがって，

$$\left|\frac{\partial\boldsymbol{r}}{\partial\theta}\times\frac{\partial\boldsymbol{r}}{\partial h}\right|$$

$$= \sqrt{\sin^2\theta + \cos^2\theta + 0^2} = 1$$

となる．また，

$$\varphi(\boldsymbol{r}(\theta, h)) = \frac{1}{\cos^2\theta + \sin^2\theta + h^2} = \frac{1}{1+h^2}$$

であるので，スカラー場の面積分は

$$\int_S \varphi\, dS = \iint_D \frac{1}{1+h^2}\, d\theta\, dh$$

$$= \int_0^{2\pi}\left\{\int_0^1 \frac{1}{1+h^2}\, dh\right\} d\theta$$

$$= 2\pi\Big[\tan^{-1} h\Big]_0^1 = 2\pi(\tan^{-1} 1 - \tan^{-1} 0)$$

$$= 2\pi\left(\frac{\pi}{4} - 0\right) = \frac{\pi^2}{2}$$

(2) $\boldsymbol{n}$ は外向きなので，

$$\frac{\partial\boldsymbol{r}}{\partial\theta}\times\frac{\partial\boldsymbol{r}}{\partial h} = \boldsymbol{n}\left|\frac{\partial\boldsymbol{r}}{\partial\theta}\times\frac{\partial\boldsymbol{r}}{\partial h}\right|$$ である．

$\boldsymbol{a}(\boldsymbol{r}(\theta, h)) = (h\sin\theta,\ h\cos\theta,\ \sin\theta\cos\theta)$

であるので，

$$\boldsymbol{a}\cdot\boldsymbol{n}\, dS = \boldsymbol{a}\cdot\left(\frac{\partial\boldsymbol{r}}{\partial\theta}\times\frac{\partial\boldsymbol{r}}{\partial h}\right) d\theta\, dh$$

$$= (h\cos\theta\sin^2\theta,\ h\cos^2\theta\sin\theta,\ h^2)\cdot(\cos\theta,\ \sin\theta,\ 0)\ d\theta\, dh$$

$$= 2h\sin^2\theta\cos^2\theta\, d\theta\, dh$$

となる．したがって，面積分は

$$\int_S \boldsymbol{a}\cdot\boldsymbol{n}\, dS$$

$$= \iint_D 2h\sin^2\theta\cos^2\theta\, d\theta\, dh$$

$$= 2\int_0^1 h\, dh \int_0^{2\pi} \sin^2\theta\cos^2\theta d\theta$$

$$= \Big[h^2\Big]_0^1 \times \frac{1}{4}\int_0^{2\pi} \sin^2 2\theta d\theta$$

$$= \frac{1}{4}\int_0^{2\pi} \frac{1}{2}(1 - \cos 4\theta) d\theta$$

$$= \frac{1}{8}\Big[\theta - \frac{1}{4}\sin 4\theta\Big]_0^{2\pi} = \frac{\pi}{4}$$

27.2

(1) この半球は

$\boldsymbol{r}(x_1, x_2) = (x_1,\ x_2,\ \sqrt{1 - x_1{}^2 - x_2{}^2})$

$D: -1 \leqq x_1 \leqq 1,\ -\sqrt{1 - x_1{}^2} \leqq x_2 \leqq \sqrt{1 - x_1{}^2}$

と表される．

$$\frac{\partial\boldsymbol{r}}{\partial x_1} = \left(1,\ 0,\ -\frac{x_1}{\sqrt{1 - x_1{}^2 - x_2{}^2}}\right)$$

$$\frac{\partial\boldsymbol{r}}{\partial x_2} = \left(0,\ 1,\ -\frac{x_2}{\sqrt{1 - x_1{}^2 - x_2{}^2}}\right)$$ より，

$$\frac{\partial\boldsymbol{r}}{\partial x_1}\times\frac{\partial\boldsymbol{r}}{\partial x_2} = \begin{vmatrix} \boldsymbol{i} & \boldsymbol{j} & \boldsymbol{k} \\ 1 & 0 & -\frac{x_1}{\sqrt{1-x_1{}^2-x_2{}^2}} \\ 0 & 1 & -\frac{x_2}{\sqrt{1-x_1{}^2-x_2{}^2}} \end{vmatrix}$$

$$= \left(\frac{x_1}{\sqrt{1 - x_1{}^2 - x_2{}^2}},\ \frac{x_2}{\sqrt{1 - x_1{}^2 - x_2{}^2}},\ 1\right)$$

したがって，

$$\left|\frac{\partial\boldsymbol{r}}{\partial x_1}\times\frac{\partial\boldsymbol{r}}{\partial x_2}\right|$$

$$= \sqrt{\frac{x_1^2}{1 - x_1{}^2 - x_2{}^2} + \frac{x_2^2}{1 - x_1{}^2 - x_2{}^2} + 1^2}$$

$$= \frac{1}{\sqrt{1 - x_1{}^2 - x_2{}^2}}$$

となる．また，

$\varphi(\boldsymbol{r}(x_1, x_2)) = (x_1{}^2 + x_2{}^2)\sqrt{1 - x_1{}^2 - x_2{}^2}$

であるので，スカラー場の面積分は

$$\int_S \varphi\, dS$$

$$= \iint_D (x_1{}^2 + x_2{}^2)\sqrt{1 - x_1{}^2 - x_2{}^2} \times \frac{1}{\sqrt{1 - x_1{}^2 - x_2{}^2}} dx_1 dx_2$$

$$= \iint_D (x_1{}^2 + x_2{}^2) dx_1 dx_2$$

D は円の内部なので極座標 $r,\ \theta$ をとると $dx_1 dx_2 = r\, dr\, d\theta$ で，$D: 0 \leqq r \leqq 1, 0 \leqq \theta \leqq 2\pi$

であるので，

$$= \int_0^{2\pi}\left\{\int_0^1 r^2\cdot r\, dr\right\} d\theta = 2\pi\left[\frac{1}{4}r^4\right]_0^1 = \frac{\pi}{2}$$

(2) x_3 成分が正であるので，

$$\frac{\partial\boldsymbol{r}}{\partial x_1}\times\frac{\partial\boldsymbol{r}}{\partial x_1} = \boldsymbol{n}\left|\frac{\partial\boldsymbol{r}}{\partial x_1}\times\frac{\partial\boldsymbol{r}}{\partial x_2}\right|$$ である．

$\boldsymbol{a}(\boldsymbol{r}(x_1, x_2))$

$= (x_1\sqrt{1 - x_1{}^2 - x_2{}^2},\ x_2\sqrt{1 - x_1{}^2 - x_2{}^2},\ x_1 x_2)$

であるので，

$$\boldsymbol{a}\cdot\boldsymbol{n}\,dS=\boldsymbol{a}\cdot\left(\frac{\partial \boldsymbol{r}}{\partial x_1}\times\frac{\partial \boldsymbol{r}}{\partial x_2}\right)dx_1\,dx_2$$
$$=(x_1\sqrt{1-x_1{}^2-x_2{}^2},\ x_2\sqrt{1-x_1{}^2-x_2{}^2},\ x_1x_2)$$
$$\cdot\left(\tfrac{x_1}{\sqrt{1-x_1{}^2-x_2{}^2}},\ \tfrac{x_2}{\sqrt{1-x_1{}^2-x_2{}^2}},\ 1\right)dx_1\,dx_2$$
$$=(x_1{}^2+x_2{}^2+x_1x_2)\,dx_1\,dx_2$$
となる．したがって，面積分は
$$\int_S \boldsymbol{a}\cdot\boldsymbol{n}\,dS$$
$$=\iint_D(x_1{}^2+x_2{}^2+x_1x_2)\,dx_1\,dx_2$$
$$=\int_0^{2\pi}\left\{\int_0^1 r^2(1+\sin\theta\cos\theta)\,r\,dr\right\}d\theta$$
$$=\int_0^{2\pi}\frac{1}{4}(1+\sin\theta\cos\theta)d\theta$$
$$=\int_0^{2\pi}\left(\frac{1}{4}+\frac{1}{8}\sin 2\theta\right)d\theta$$
$$=\frac{\pi}{2}$$

27.3 曲面が $x_3=f(x_1,x_2)$ と表されているとき，
曲面上の点は $\boldsymbol{r}(x_1,x_2)=(x_1,\ x_2,\ f(x_1,x_2))$ と表されるので，
$$\frac{\partial \boldsymbol{r}}{\partial x_1}=(1,\ 0,\ f_{x_1}),\quad \frac{\partial \boldsymbol{r}}{\partial x_2}=(0,\ 1,\ f_{x_2})$$
となる．よって，
$$\frac{\partial \boldsymbol{r}}{\partial x_1}\times\frac{\partial \boldsymbol{r}}{\partial x_2}=\begin{vmatrix}\boldsymbol{i}&\boldsymbol{j}&\boldsymbol{k}\\1&0&f_{x_1}\\0&1&f_{x_2}\end{vmatrix}=(-f_{x_1},\ -f_{x_2},\ 1)$$
したがって，$\left|\dfrac{\partial \boldsymbol{r}}{\partial x_1}\times\dfrac{\partial \boldsymbol{r}}{\partial x_2}\right|=\sqrt{I+f_{x_1}^2+f_{x_2}^2}$
と表される．

28.1 問題の図のように，下の曲線を C_1，上の曲線を C_2 とすると，曲線の向きを考慮すると
$$C_1\!:\boldsymbol{r}=(t,\ f(t))\ \ (x_1\leqq t\leqq x_2)$$
$$-C_2\!:\boldsymbol{r}=(t,\ g(t))\ \ (x_1\leqq t\leqq x_2)$$
したがって，
$$\int_C F\,dx=\int_{C_1}F\,dx+\int_{C_2}F\,dx$$
$$=\int_{C_1}F\,dx-\int_{-C_2}F\,dx$$
$$=\int_{x_1}^{x_2}\{F(t,f(t))-F(t,g(t))\}\,dt$$
また，面積分は
$$\iint_D\frac{\partial F}{\partial y}\,dx\,dy=\int_{x_1}^{x_2}\left\{\int_{f(x)}^{g(x)}\frac{\partial F}{\partial y}\,dy\right\}dx$$
$$=\int_{x_1}^{x_2}\Big[F(x,y)\Big]_{y=f(x)}^{y=g(x)}dx$$
$$=\int_{x_1}^{x_2}\{F(x,f(x))-F(x,g(x))\}\,dx$$
したがって，
$$\int_C F\,dx=-\iint_D\frac{\partial F}{\partial y}\,dx\,dy$$
が成立する．

28.2 曲線 C は媒介変数で
$$x=a\cos\theta,\ \ y=b\sin\theta\quad(0\leqq\theta\leqq 2\pi)$$
と表されるので，
$$dx=-a\sin\theta d\theta,\ \ dy=b\cos\theta d\theta$$
である．
$$F(a\cos\theta,b\sin\theta)=a^2\cos^2\theta+b\sin\theta$$
$$G(a\cos\theta,b\sin\theta)=-a\cos\theta+b^2\sin^2\theta$$
したがって，
$$\int_{C_1}(F\,dx+G\,dy)$$
$$=-\int_0^{2\pi}\{(a^2\cos^2\theta+b\sin\theta)\,a\sin\theta d\theta$$
$$+(a\cos\theta+b^2\sin^2\theta)\,b\cos\theta d\theta\}$$
$$=-\int_0^{2\pi}(a^3\cos^2\theta\sin\theta+b^3\sin^2\theta\cos\theta+ab)d\theta$$
$$=-\left[-\frac{a^3}{3}\cos^3\theta+\frac{b^3}{3}\sin^3\theta+ab\,\theta\right]_0^{2\pi}=-2\pi ab$$
面積分については
$$\frac{\partial G}{\partial x}-\frac{\partial F}{\partial y}=\frac{\partial}{\partial x}(-x+y^2)-\frac{\partial}{\partial y}(x^2+y)=-2$$
であるので，
$$\iint_D\left(\frac{\partial G}{\partial x}-\frac{\partial F}{\partial y}\right)dx\,dy=-2\iint_D dx\,dy$$
例題 28.2 の楕円の面積 $S=\pi ab$ より，
$$\frac{\partial G}{\partial x}-\frac{\partial F}{\partial y}=-2\pi ab$$
となり，グリーンの定理が成立している．

28.3
$dx=-3\cos^2\theta\sin\theta\,d\theta$，$dy=3\sin^2\theta\cos\theta\,d\theta$ より，
$$S=\frac{1}{2}\int_C(x\,dy-y\,dx)$$
$$=\frac{1}{2}\int_0^{2\pi}\{\cos^3\theta\cdot(3\sin^2\theta\cos\theta)\,d\theta$$
$$+\sin^3\theta\cdot(3\cos^2\theta\sin\theta)\,d\theta\}$$
$$=\frac{3}{2}\int_0^{2\pi}\sin^2\theta\cos^2\theta(\sin^2\theta+\cos^2\theta)\,d\theta$$
$$=\frac{3}{8}\int_0^{2\pi}\sin^2 2\theta\,d\theta=\frac{3}{8}\int_0^{2\pi}\frac{1}{2}(1-\cos 4\theta)\,d\theta$$
$$=\frac{3}{16}\left[\theta-\frac{1}{4}\sin 4\theta\right]_0^{2\pi}=\frac{3}{8}\pi$$

29.1 ベクトル場の発散は
$$\nabla\cdot\boldsymbol{a}=\frac{\partial}{\partial x_1}x_1{}^3+\frac{\partial}{\partial x_2}x_2{}^3+\frac{\partial}{\partial x_3}x_3{}^3$$
$$=3(x_1{}^2+x_2{}^2+x_3{}^2)$$
となる．体積積分を実行するために円柱座標
$$\boldsymbol{r}=(r\cos\theta,\ r\sin\theta,\ h)$$
$$(0\leqq r\leqq 1,\ 0\leqq\theta\leqq 2\pi,\ 0\leqq h\leqq 1)$$
をとる．$dx_1\,dx_2\,dx_3=r\,dr\,d\theta\,dh$
$\nabla\cdot\boldsymbol{a}=3(r^2+h^2)$ であるので，
$$\int_V\nabla\cdot\boldsymbol{a}\,dV=\int_0^{2\pi}\int_0^1\int_0^1 3(r^2+h^2)r\,dr\,d\theta\,dh$$
$$=3\cdot 2\pi\int_0^1\left[\frac{1}{4}r^4+\frac{1}{2}h^2r^2\right]_0^1 dh$$
$$=6\pi\int_0^1\left(\frac{1}{4}+\frac{1}{2}h^2\right)dh$$

$$= 6\pi\left[\frac{1}{4}h + \frac{1}{6}h^3\right]_0^1 = \frac{5}{2}\pi$$

側面については，**問題 27.1** と同様に，

$\boldsymbol{r}(\theta, h) = (\cos\theta,\ \sin\theta,\ h)$

$(D : 0 \leqq \theta \leqq 2\pi,\ 0 \leqq h \leqq 1)$ より，

$$\frac{\partial \boldsymbol{r}}{\partial \theta} = (-\sin\theta,\ \cos\theta,\ 0)$$

$$\frac{\partial \boldsymbol{r}}{\partial h} = (0,\ 0,\ 1)\ \text{より，}$$

$$\frac{\partial \boldsymbol{r}}{\partial \theta} \times \frac{\partial \boldsymbol{r}}{\partial h} = \begin{vmatrix} \boldsymbol{i} & \boldsymbol{j} & \boldsymbol{k} \\ -\sin\theta & \cos\theta & 0 \\ 0 & 0 & 1 \end{vmatrix}$$

$$= (\cos\theta,\ \sin\theta,\ 0)$$

$\boldsymbol{n}$ は外向きなので，

$$\frac{\partial \boldsymbol{r}}{\partial \theta} \times \frac{\partial \boldsymbol{r}}{\partial h} = \boldsymbol{n}\left|\frac{\partial \boldsymbol{r}}{\partial \theta} \times \frac{\partial \boldsymbol{r}}{\partial h}\right|\ \text{である．}$$

$\boldsymbol{a}(\boldsymbol{r}(\theta, h)) = (\cos^3\theta,\ \sin^3\theta,\ h^3)$

であるので，

$$\boldsymbol{a}\cdot\boldsymbol{n}\,dS = \boldsymbol{a}\cdot\left(\frac{\partial \boldsymbol{r}}{\partial \theta} \times \frac{\partial \boldsymbol{r}}{\partial h}\right)d\theta\,dh$$

$$= (\cos^3\theta,\ \sin^3\theta,\ h^3)\cdot(\cos\theta,\ \sin\theta,\ 0)\,d\theta\,dh$$

$$= (\sin^4\theta + \cos^4\theta)\,d\theta\,dh$$

したがって，側面についての面積分は

$$\int_{\text{側面}} \boldsymbol{a}\cdot\boldsymbol{n}\,dS$$

$$= \int_0^1 dh \int_0^{2\pi} (\sin^4\theta + \cos^4\theta)d\theta$$

$$= \Big[h\Big]_0^1 \times \int_0^{2\pi} \{(\sin^2\theta + \cos^2\theta)^2 - 2\sin^2\theta\cos^2\theta\}d\theta$$

$$= \int_0^{2\pi}\left(1 - \frac{1}{2}\sin^2 2\theta\right)d\theta$$

$$= \int_0^{2\pi}\left\{1 - \frac{1}{4}(1 - \cos 4\theta)\right\}d\theta$$

$$= \left[\frac{3}{4}\theta + \frac{1}{16}\sin 4\theta\right]_0^{2\pi} = \frac{3}{2}\pi$$

上面については

$\boldsymbol{n} = (0,\ 0,\ 1)$，$\boldsymbol{a}(x_1,\ x_2,\ 1) = (x_1{}^3,\ x_2{}^3,\ 1^3)$

より，$\boldsymbol{a}\cdot\boldsymbol{n} = 1$ であるので，$\displaystyle\int_{\text{上面}} \boldsymbol{a}\cdot\boldsymbol{n}\,dS = \pi$

下面については

$\boldsymbol{n} = (0,\ 0,\ -1)$，$\boldsymbol{a}(x_1,\ x_2,\ 0) = (x_1{}^3,\ x_2{}^3,\ 0)$

より，$\boldsymbol{a}\cdot\boldsymbol{n} = 0$ であるので，$\displaystyle\int_{\text{下面}} \boldsymbol{a}\cdot\boldsymbol{n}\,dS = 0$

したがって，円柱の表面での面積分は

$$\int_S \boldsymbol{a}\cdot\boldsymbol{n}\,dS = \frac{3}{2}\pi + \pi + 0 = \frac{5}{2}\pi$$

となり，ガウスの発散定理が成立している．

29.2

(1) ガウスの発散定理 $\displaystyle\int_V \nabla\cdot\boldsymbol{a}\,dV = \int_S \boldsymbol{a}\cdot\boldsymbol{n}\,dS$

において，$\boldsymbol{a} = \boldsymbol{r} = (x_1,\ x_2,\ x_3)$ とおくと，

$$\nabla\cdot\boldsymbol{r} = \frac{\partial}{\partial x_1}x_1 + \frac{\partial}{\partial x_2}x_2 + \frac{\partial}{\partial x_3}x_3 = 3$$

であるので，

$$3\int_V dV = 3V = \int_S \boldsymbol{r}\cdot\boldsymbol{n}\,dS$$

したがって，$V = \dfrac{1}{3}\displaystyle\int_S \boldsymbol{r}\cdot\boldsymbol{n}\,dS$ が成立する．

(2) 球の中心を原点にとる．球の半径を r とすると，球上の点の位置ベクトル $\boldsymbol{r}$ は $r = |\boldsymbol{r}|$ を満たし，面の単位法線ベクトルは $\boldsymbol{r}$ と同じ方向を向くので，$\boldsymbol{n} = \dfrac{\boldsymbol{r}}{r}$ となる．よって，$\boldsymbol{r}\cdot\boldsymbol{n} = \dfrac{\boldsymbol{r}\cdot\boldsymbol{r}}{r} = r$

$$V = \frac{1}{3}\int_S \boldsymbol{r}\cdot\boldsymbol{n}\,dS = \frac{r}{3}\int_S dS = \frac{r}{3}\times 4\pi r^2$$

$$= \frac{4}{3}\pi r^3$$

30.1 **例題 30.1** と同様に，この半球は

$\boldsymbol{r}(x_1, x_2) = (x_1,\ x_2,\ \sqrt{1 - x_1{}^2 - x_2{}^2})$

$(D : -1 \leqq x_1 \leqq 1,\ -\sqrt{1 - x_1{}^2} \leqq x_2 \leqq \sqrt{1 - x_1{}^2})$

と表されるので，

$$\frac{\partial \boldsymbol{r}}{\partial x_1} = \left(1,\ 0,\ -\frac{x_1}{\sqrt{1 - x_1{}^2 - x_2{}^2}}\right)$$

$$\frac{\partial \boldsymbol{r}}{\partial x_2} = \left(0,\ 1,\ -\frac{x_2}{\sqrt{1 - x_1{}^2 - x_2{}^2}}\right)$$

より，

$$\frac{\partial \boldsymbol{r}}{\partial x_1}\times\frac{\partial \boldsymbol{r}}{\partial x_2} = \left(\frac{x_1}{\sqrt{1 - x_1{}^2 - x_2{}^2}},\ \frac{x_2}{\sqrt{1 - x_1{}^2 - x_2{}^2}},\ 1\right)$$

x_3 成分が正であるので，$\dfrac{\partial \boldsymbol{r}}{\partial x_1}\times\dfrac{\partial \boldsymbol{r}}{\partial x_1} = \boldsymbol{n}\left|\dfrac{\partial \boldsymbol{r}}{\partial x_1}\times\dfrac{\partial \boldsymbol{r}}{\partial x_2}\right|$

である．

$$\nabla\times\boldsymbol{a} = \begin{vmatrix} \boldsymbol{i} & \boldsymbol{j} & \boldsymbol{k} \\ \frac{\partial}{\partial x_1} & \frac{\partial}{\partial x_2} & \frac{\partial}{\partial x_3} \\ -x_2 & x_1 & x_3 \end{vmatrix} = (0,\ 0,\ 2)\ \text{より，}$$

$$(\nabla\times\boldsymbol{a})\cdot\boldsymbol{n}\,dS = (\nabla\times\boldsymbol{a})\cdot\left(\frac{\partial \boldsymbol{r}}{\partial x_1}\times\frac{\partial \boldsymbol{r}}{\partial x_2}\right)dx_1\,dx_2$$

$$= 2\,dx_1\,dx_2$$

となる．したがって，面積分は定数 2 の積分なので領域 D の面積 $\times 2$ になる．

$$\int_S (\nabla\times\boldsymbol{a})\cdot\boldsymbol{n}\,dS = \iint_D 2\,dx_1dx_2 = 2\pi$$

曲線 C も**例題 30.1** と同様に，

$\boldsymbol{r}(u) = (\cos u,\ \sin u,\ 0)\ \ (0 \leqq u \leqq 2\pi)$

と表され，したがって，

$d\boldsymbol{r} = (-\sin u,\ \cos u,\ 0)\,du$ であり，また，

$\boldsymbol{a}(\boldsymbol{r}(u)) = (-\sin u,\ \cos u,\ 0)$ となるので，

$$\int_C \boldsymbol{a}\cdot d\boldsymbol{r}$$

$$= \int_0^{2\pi}(-\sin u,\ \cos u,\ 0)\cdot(-\sin u,\ \cos u,\ 0)\,du$$

$$= \int_0^{2\pi}\sin^2 u + \cos^2 u\,du = \int_0^{2\pi}du = 2\pi$$

よって，ストークスの定理が成立している．

30.2 閉曲線 C を境界としてもつ曲面 S を考えて，ストークスの定理を適用すると

$$\int_C \boldsymbol{r}\cdot d\boldsymbol{r} = \int_S (\nabla\times\boldsymbol{r})\cdot\boldsymbol{n}\,dS$$

例題 25.1(1) より，$\nabla\times\boldsymbol{r} = \boldsymbol{0}$ であるので，

$$\int_S \boldsymbol{0}\cdot\boldsymbol{n}\,dS = 0$$

したがって，$\displaystyle\int_C \boldsymbol{r}\cdot d\boldsymbol{r} = 0$ が成立する．

3 ラプラス変換 解答

31.1

(1) $\mathcal{L}[t^2] = \int_0^\infty e^{-st}t^2dt$ を部分積分すると，

$s > 0$ のとき，**例題 31.1**(2) より，

$\mathcal{L}[t^2] = \left[-\frac{t^2}{s}e^{-st}\right]_0^\infty + \frac{2}{s}\int_0^\infty e^{-st}tdt$

$= 0 + \frac{2}{s}\mathcal{L}[t] = \frac{2}{s^3}$

(2) $\mathcal{L}[e^{\alpha t}] = \int_0^\infty e^{-st}e^{\alpha t}dt = \int_0^\infty e^{(\alpha-s)t}dt$

となるので，$s > a$ のとき，

$\mathcal{L}[e^{\alpha t}] = \left[\frac{1}{\alpha - s}e^{(\alpha-s)t}\right]_0^\infty = \frac{1}{s-\alpha}$

(3) $s > 0$ のとき，

$\lim_{t\to\infty} e^{-st}\sin t = \lim_{t\to\infty} e^{-st}\cos t = 0$

であるので，

$F(s) = \mathcal{L}[\cos t] = \int_0^\infty e^{-st}\cos t dt$

で 2 回部分積分をすると，

$F(s) = \left[e^{-st}\sin t\right]_0^\infty + s\int_0^\infty e^{-st}\sin t dt$

$= 0 + s\left\{\left[-e^{-st}\cos t\right]_0^\infty - s\int_0^\infty e^{-st}\cos t dt\right\}$

$= s - s^2F(s)$

この式を $F(s)$ について解くと $F(s) = \frac{s}{s^2+1}$

(4) $\cosh t = \frac{1}{2}(e^t + e^{-t})$ であるので，

$\mathcal{L}[\cosh t] = \frac{1}{2}\int_0^\infty e^{-st}(e^t + e^{-t})dt$

$= \frac{1}{2}\left(\int_0^\infty e^{(1-s)t}dt + \int_0^\infty e^{-(1+s)t}dt\right)$

となるので，$s > 1$ のとき，

$\mathcal{L}[\cosh t] = \frac{1}{2}\left[\frac{1}{1-s}e^{(1-s)t} - \frac{1}{1+s}e^{-(1+s)t}\right]_0^\infty$

$= \frac{1}{2}\left(\frac{1}{s-1} + \frac{1}{s+1}\right) = \frac{s}{s^2-1}$

32.1

(1) $\mathcal{L}[\cos\omega t] = \frac{1}{\omega}\frac{\frac{s}{\omega}}{\left(\frac{s}{\omega}\right)^2+1} = \frac{s}{s^2+\omega^2}$

(2) $\mathcal{L}[t\,\cos t] = -\frac{d}{ds}\frac{s}{s^2+1} = -\frac{(s^2+1)-2s^2}{(s^2+1)^2}$

$= \frac{s^2-1}{(s^2+1)^2}$

32.2

(1) $\mathcal{L}[e^{\alpha t}f(t)] = \int_0^\infty e^{-st}e^{\alpha t}f(t)dt$

$= \int_0^\infty e^{-(s-\alpha)\,t}f(t)dt = F(s-\alpha)$

(2) $\mathcal{L}[e^{\alpha t}\sin t] = \frac{1}{(s-\alpha)^2+1}$

32.3

(1) $\mathcal{L}[f'(t)] = \int_0^\infty e^{-st}f'(t)dt$

$= \left[e^{-st}f(t)\right]_0^\infty + s\int_0^\infty e^{-st}f(t)dt$

$= \lim_{t\to\infty} e^{-st}f(t) - f(0) + s\mathcal{L}[f(t)]$

$= sF(s) - f(0)$

(2) $\mathcal{L}[f''(t)] = s\mathcal{L}[f'(t)] - f'(0)$

$= s(s\mathcal{L}[f(t)] - f(0)) - f'(0)$

$= s^2F(s) - sf(0) - f'(0)$

32.4

(1) $\mathcal{L}\left[\int_0^t \sin\tau d\tau\right] = \frac{1}{s}\mathcal{L}[\sin t] = \frac{1}{s}\frac{1}{s^2+1} = \frac{1}{s^3+s}$

または，積分を実行して

$\mathcal{L}\left[\int_0^t \sin\tau d\tau\right] = \mathcal{L}[1-\cos t] = \frac{1}{s} - \frac{s}{s^2+1}$

$= \frac{1}{s^3+s}$

(2) $\mathcal{L}\left[\frac{\sin t}{t}\right] = \int_s^\infty \frac{1}{\sigma^2+1}d\sigma = [\tan^{-1}\sigma]_s^\infty$

$= \frac{\pi}{2} - \tan^{-1}s = \left(= \tan^{-1}\frac{1}{s}\right)$

33.1

(1) $\mathcal{L}[t^3] = \frac{3!}{s^{3+1}} = \frac{6}{s^4}$

(2) $\mathcal{L}[2t^2+3t-1] = 2\mathcal{L}[t^2] + 3\mathcal{L}[t] - \mathcal{L}[1]$

$= 2\cdot\frac{2}{s^3} + 3\cdot\frac{1}{s^2} - \frac{1}{s} = \frac{4}{s^3} + \frac{3}{s^2} - \frac{1}{s}$

(3) $\mathcal{L}[t^2e^{-3t}] = \frac{2}{(s+3)^3}$

(4) $\mathcal{L}[e^{-2t}\cos 3t] = \frac{s+2}{(s+2)^2+3^2} = \frac{s+2}{s^2+4s+13}$

(5) $\mathcal{L}[\sin 3t] = \frac{3}{s^2+3^2}$ であるので，

$\mathcal{L}[t\sin 3t] = -\frac{d}{ds}\left(\frac{3}{s^2+9}\right) = \frac{6s}{(s^2+9)^2}$

(6) $\cos^2 2t = \dfrac{1+\cos 4t}{2}$ より，

$$\mathcal{L}[\cos^2 2t] = \frac{1}{2}\left(\mathcal{L}[1] + \mathcal{L}[\cos 4t]\right)$$
$$= \frac{1}{2}\left(\frac{1}{s} + \frac{s}{s^2+16}\right) = \frac{s^2+8}{s(s^2+16)}$$

(7) $\mathcal{L}[\sinh t] = \dfrac{1}{s^2-1}$ であるので，

$$\mathcal{L}[e^t \sinh t] = \frac{1}{(s-1)^2-1} = \frac{1}{s^2-2s}$$

(8) $\mathcal{L}[\cosh t] = \dfrac{s}{s^2-1}$ であるので，

$$\mathcal{L}[t\cosh t] = -\frac{d}{ds}\left(\frac{s}{s^2-1}\right) = \frac{s^2+1}{(s^2-1)^2}$$

34.1

(1) (a) $U(t-1)-U(t-2)+U(t-3)-U(t-4)\cdots$

$$= \sum_{k=1}^{\infty}\{U(t-2k+1)-U(t-2k)\}$$
$$= \sum_{k=1}^{\infty}(-1)^{k+1}U(t-k)$$

(b) $\mathcal{L}[U(t-a)] = \dfrac{e^{-as}}{s}$ であるので，

$$\mathcal{L}\left[\sum_{k=1}^{\infty}\{U(t-2k+1)-U(t-2k)\}\right]$$
$$= \{\mathcal{L}[U(t-1)] + \mathcal{L}[U(t-3)] + \cdots\}$$
$$-\{\mathcal{L}[U(t-2)] + \mathcal{L}[U(t-4)] + \cdots\}$$
$$= \frac{e^{-s}+e^{-3s}+\cdots}{s} - \frac{e^{-2s}+e^{-4s}+\cdots}{s}$$
$$= \frac{e^{-s}}{s(1-e^{-2s})} - \frac{e^{-2s}}{s(1-e^{-2s})} = \frac{e^{-s}-e^{-2s}}{s(1-e^{-2s})}$$
$$= \frac{e^{-s}(1-e^{-s})}{s(1-e^{-s})(1+e^{-s})} = \frac{e^{-s}}{s(1+e^{-s})}$$

(2) $\mathcal{L}[\delta(t-a)] = \displaystyle\int_0^{\infty} e^{-st}\delta(t-a)\,dt = e^{-sa}$

35.1

(1) この関数を $f(t)$ とすると，周期 2 の周期関数である．1 周期の積分は

$$\int_0^2 e^{-st}f(t)dt = -\int_0^1 e^{-st}dt + \int_1^2 e^{-st}dt$$
$$= \left[\frac{1}{s}e^{-st}\right]_0^1 - \left[\frac{1}{s}e^{-st}\right]_1^2$$
$$= \frac{e^{-s}-1}{s} - \frac{e^{-2s}-e^{-s}}{s}$$
$$= -\frac{e^{-2s}-2e^{-s}+1}{s} = -\frac{(e^{-s}-1)^2}{s}$$

となる．よって，

$$\mathcal{L}[F(t)] = \frac{1}{1-e^{-2s}}\int_0^2 e^{-st}f(t)\,dt$$
$$= -\frac{(e^{-s}-1)^2}{s(1-e^{-2s})} = -\frac{(e^{-s}-1)^2}{s(1-e^{-s})(1+e^{-s})}$$
$$= -\frac{1-e^{-s}}{s(1+e^{-s})}$$

(2) この関数を $f(t)$ とすると，周期 1 の周期関数である．1 周期の積分は

$$\int_0^1 e^{-st}f(t)dt = \int_0^1 e^{-st}t\,dt$$
$$= -\left[\frac{1}{s}e^{-st}t\right]_0^1 + \frac{1}{s}\int_0^1 e^{-st}\,dt$$
$$= -\frac{e^{-s}}{s} - \frac{1}{s}\left[\frac{1}{s}e^{-st}\right]_0^1 = -\frac{e^{-s}}{s} - \frac{e^{-s}-1}{s^2}$$
$$= \frac{1-e^{-s}-s\,e^{-s}}{s^2}$$

となる．よって，

$$\mathcal{L}[F(t)] = \frac{1}{1-e^{-s}}\int_0^1 f(t)\,dt$$
$$= \frac{1-e^{-s}-s\,e^{-s}}{s^2(1-e^{-s})}$$

(3) この関数を $f(t)$ とすると，周期 1 の周期関数である．1 周期の積分は

$$\int_0^1 e^{-st}f(t)dt = \int_0^1 e^{-st}(1-t)\,dt$$
$$= -\left[\frac{1}{s}e^{-st}(1-t)\right]_0^1 - \frac{1}{s}\int_0^1 e^{-st}\,dt$$
$$= \frac{1}{s} + \frac{1}{s}\left[\frac{1}{s}e^{-st}\right]_0^1 = \frac{1}{s} + \frac{e^{-s}-1}{s^2}$$
$$= \frac{e^{-s}+s-1}{s^2}$$

となる．よって，

$$\mathcal{L}[F(t)] = \frac{1}{1-e^{-s}}\int_0^1 f(t)\,dt$$
$$= \frac{e^{-s}+s-1}{s^2(1-e^{-s})}$$

36.1

(1) ラプラス変換の性質 $\mathcal{L}[f(at)] = \dfrac{1}{a}F\left(\dfrac{s}{a}\right)$ で a を $\dfrac{1}{a}$ と置きかえると，$\mathcal{L}\left[f\left(\dfrac{t}{a}\right)\right] = a\,F(as)$ となる．逆変換すると，

$$f\left(\frac{t}{a}\right) = \mathcal{L}^{-1}[a\,F(as)] = a\,\mathcal{L}^{-1}[F(as)]$$

したがって，

$$\mathcal{L}^{-1}[F(as)] = \frac{1}{a}f\left(\frac{t}{a}\right)$$

(2) ラプラス変換の性質 $\mathcal{L}[e^{\alpha t}f(t)] = F(s-\alpha)$ より，

$e^{\alpha t}f(t) = \mathcal{L}^{-1}[F(s-\alpha)]$

したがって，$\mathcal{L}^{-1}[F(s)] = f(t)$ であるので，

$\mathcal{L}^{-1}[F(s-\alpha)] = e^{\alpha t}\mathcal{L}^{-1}[F(s)]$

(3) ラプラス変換の性質 $\mathcal{L}[t^n f(t)] = (-1)^n \dfrac{d^n F(s)}{ds^n}$

より，

$$t^n f(t) = \mathcal{L}^{-1}[(-1)^n F^{(n)}(s)] = (-1)^n \mathcal{L}^{-1}[F^{(n)}(s)]$$

したがって，

$$\mathcal{L}^{-1}[F^{(n)}(s)] = (-t)^n f(t) = (-t)^n \mathcal{L}^{-1}[F(s)]$$

37.1

(1) $\mathcal{L}^{-1}\left[\dfrac{1}{s+4}\right] = e^{-4t}\mathcal{L}^{-1}\left[\dfrac{1}{s}\right] = e^{-4t}$

(2) $\mathcal{L}^{-1}\left[\dfrac{1}{(s-1)^2}\right] = e^{t}\mathcal{L}^{-1}\left[\dfrac{1}{s^2}\right] = t\,e^{t}$

(3) $\mathcal{L}^{-1}\left[\dfrac{s}{s^2-4}\right] = \mathcal{L}^{-1}\left[\dfrac{s}{s^2-2^2}\right] = \cosh 2\,t$

(4) $\mathcal{L}^{-1}\left[\dfrac{s+3}{s^2+9}\right] = \mathcal{L}^{-1}\left[\dfrac{s}{s^2+3^2}\right] + \mathcal{L}^{-1}\left[\dfrac{3}{s^2+3^2}\right]$

$= \cos 3t + \sin 3t$

(5) $\mathcal{L}^{-1}\left[\dfrac{s}{(s-2)^2+1}\right] = \mathcal{L}^{-1}\left[\dfrac{(s-2)+2}{(s-2)^2+1}\right]$

$= \mathcal{L}^{-1}\left[\dfrac{(s-2)}{(s-2)^2+1}\right] + \mathcal{L}^{-1}\left[\dfrac{2}{(s-2)^2+1}\right]$

$= e^{2\,t}\left(\mathcal{L}^{-1}\left[\dfrac{s}{s^2+1^2}\right] + 2\,\mathcal{L}^{-1}\left[\dfrac{1}{s^2+1^2}\right]\right)$

$= e^{2\,t}(\cos t + 2\,\sin t)$

(6) $\mathcal{L}^{-1}\left[\dfrac{1}{s^2+2s+10}\right] = \mathcal{L}^{-1}\left[\dfrac{1}{(s+1)^2+3^2}\right]$

$= e^{-t}\mathcal{L}^{-1}\left[\dfrac{1}{s^2+3^2}\right] = \dfrac{1}{3}\,e^{-t}\sin 3\,t$

(7) $\mathcal{L}^{-1}\left[\dfrac{s+4}{s^2-4s}\right] = \mathcal{L}^{-1}\left[\dfrac{(s-2)+6}{(s^2-2)^2-2^2}\right]$

$= e^{2\,t}\left(\mathcal{L}^{-1}\left[\dfrac{s}{s^2-2^2}\right] + 3\,\mathcal{L}^{-1}\left[\dfrac{2}{s^2-2^2}\right]\right)$

$= e^{2\,t}(\cosh 2t + 3\,\sinh 2t)$

$(= -1 + 2\,e^{4t})$

(8) $\mathcal{L}^{-1}\left[\dfrac{s+1}{(s^2+2s+2)^2}\right]$

$= \dfrac{1}{2}\mathcal{L}^{-1}\left[\dfrac{2s+2}{(s^2+2s+2)^2}\right]$

$= \dfrac{1}{2}\mathcal{L}^{-1}\left[-\left(\dfrac{1}{s^2+2s+2}\right)'\right]$

$= \dfrac{1}{2}(-t)\mathcal{L}^{-1}\left[-\dfrac{1}{(s+1)^2+1}\right]$

$= \dfrac{1}{2}\,t\,e^{-t}\mathcal{L}^{-1}\left[\dfrac{1}{s^2+1}\right] = \dfrac{1}{2}\,t\,e^{-t}\sin t$

38.1

(1) $\dfrac{1}{(s-1)(s-2)} = \dfrac{A}{s-1} + \dfrac{B}{s-2}$

と置き，両辺に $(s-1)(s-2)$ をかけると，

$$1 = (s-2)A + (s-1)B$$

となり，$s = 1,\ 2$ を代入すると，$A = -1,\ B = 1$ となる．よって，

$$\frac{1}{(s-1)(s-2)} = -\frac{1}{s-1} + \frac{1}{s-2}$$

(2) $\dfrac{2s+3}{(s+3)(s+4)} = \dfrac{A}{s+3} + \dfrac{B}{s+4}$

と置き，両辺に $(s+3)(s+4)$ をかけると，

$$2s+3 = (s+4)A + (s+3)B$$

となり，$s = -3,\ -4$ を代入すると，$A = -3,\ B = 5$ となる．よって，

$$\frac{2s+3}{(s+3)(s+4)} = -\frac{3}{s+3} + \frac{5}{s+4}$$

(3) $\dfrac{1}{(s+2)(s^2+4s+5)} = \dfrac{A}{s+2} + \dfrac{Bs+C}{(s^2+4s+5)}$

と置き，両辺に $(s+2)(s^2+4s+5)$ をかけると，

$$\begin{aligned} 1 &= (s^2+4s+5)A + (s+2)(Bs+C) \\ &= (A+B)s^2 + (4A+2B+C)s + 5A + 2C \end{aligned}$$

となり，連立方程式

$$\begin{cases} A + B = 0 \\ 4A + 2B + C = 0 \\ 5A + 2C = 1 \end{cases}$$

を解くと，$A = 1,\ B = -1,\ C = -2$ となる．よって，

$$\frac{1}{(s+2)(s^2+4s+5)} = \frac{1}{s+2} - \frac{s+2}{(s^2+4s+5)}$$

(4) $\dfrac{1}{(s+1)^3(s+2)^2}$

$= \dfrac{A}{s+1} + \dfrac{B}{(s+1)^2} + \dfrac{C}{(s+1)^3} + \dfrac{D}{s+2} + \dfrac{E}{(s+2)^2}$

と置く．

両辺に $(s+1)^3$ をかけて，$s = -1$ と代入すると，C が求められる．つまり，

$$C = \left.\frac{1}{(s+2)^2}\right|_{s=-1} = 1$$

$s = -1$ を代入する前に s で微分して，その後 $s = -1$ を代入すると B が求まる．

$$B = \left.\frac{d}{ds}\frac{1}{(s+2)^2}\right|_{s=-1} = -\left.\frac{2}{(s+2)^3}\right|_{s=-1} = -2$$

同様に

$$C = \left.\frac{1}{2}\frac{d^2}{ds^2}\frac{1}{(s+2)^2}\right|_{s=-1} = \left.\frac{3}{(s+2)^4}\right|_{s=-1} = 3$$

両辺に $(s+2)^2$ をかけて，同様な計算をすると

$$E = \frac{1}{(s+1)^3}\Big|_{s=-2} = -1$$

$$D = \frac{d}{ds}\frac{1}{(s+1)^3}\Big|_{s=-2} = -\frac{3}{(s+1)^4}\Big|_{s=-2}$$

$$= -3$$

したがって，

$$\frac{1}{(s+1)^3(s+2)^2}$$

$$= \frac{3}{s+1} - \frac{2}{(s+1)^2} + \frac{1}{(s+1)^3} - \frac{3}{s+2} - \frac{1}{(s+2)^2}$$

39.1

(1) 部分分数分解より

$$\frac{1}{(s-1)(s-2)} = -\frac{1}{s-1} + \frac{1}{s-2}$$

よって，ラプラス逆変換をすると

$$\mathcal{L}^{-1}\left[\frac{1}{(s-1)(s-2)}\right]$$

$$= -\mathcal{L}^{-1}\left[\frac{1}{s-1}\right] + \mathcal{L}^{-1}\left[\frac{1}{s-2}\right] = e^{2t} - e^t$$

(2) 部分分数分解より

$$\frac{2s+3}{(s+3)(s+4)} = -\frac{3}{s+3} + \frac{5}{s+4}$$

よって，ラプラス逆変換をすると

$$\mathcal{L}^{-1}\left[\frac{2s+3}{(s+3)(s+4)}\right]$$

$$= -3\,\mathcal{L}^{-1}\left[\frac{1}{s+3}\right] + 5\,\mathcal{L}^{-1}\left[\frac{1}{s+4}\right]$$

$$= 5\,e^{-4t} - 3e^{-3t}$$

(3) 部分分数分解より

$$\frac{1}{(s+2)(s^2+4s+5)} = \frac{1}{s+2} - \frac{s+2}{(s^2+4s+5)}$$

よって，ラプラス逆変換をすると

$$\mathcal{L}^{-1}\left[\frac{1}{(s+2)(s^2+4s+5)}\right]$$

$$= \mathcal{L}^{-1}\left[\frac{1}{s+2}\right] - \mathcal{L}^{-1}\left[\frac{s+2}{(s^2+4s+5)}\right]$$

$$= e^{-2t} - \mathcal{L}^{-1}\left[\frac{s+2}{(s+2)^2+1}\right]$$

$$= e^{-2t}(1-\cos t)$$

(4) 部分分数分解より

$$\frac{1}{(s+1)^3(s+2)^2}$$

$$= \frac{3}{s+1} - \frac{2}{(s+1)^2} + \frac{1}{(s+1)^3} - \frac{3}{s+2} - \frac{1}{(s+2)^2}$$

よって，ラプラス逆変換をすると

$$\mathcal{L}^{-1}\left[\frac{1}{(s+1)^3(s+2)^2}\right]$$

$$= 3\,\mathcal{L}^{-1}\left[\frac{1}{s+1}\right] - 2\,\mathcal{L}^{-1}\left[\frac{1}{(s+1)^2}\right]$$

$$+\mathcal{L}^{-1}\left[\frac{1}{(s+1)^3}\right] - 3\,\mathcal{L}^{-1}\left[\frac{1}{s+2}\right]$$

$$-\mathcal{L}^{-1}\left[\frac{1}{(s+2)^2}\right]$$

$$= 3\,e^{-t} - 2\,t\,e^{-t} + \frac{1}{2}\,t^2\,e^{-t} - 3\,e^{-2t} - t\,e^{-2t}$$

$$= \frac{1}{2}\,e^{-t}(t^2 - 4t + 6) - e^{-2t}(t+3)$$

40.1

積分変数 τ を $\tau' = t - \tau$ に変数変換すると，$d\tau' = -d\tau$，$\tau = 0$ のとき $\tau' = t$，$\tau = t$ のとき $\tau' = 0$，$\tau = t - \tau'$ であるので，

$$(f * g)(t) = \int_0^t f(t-\tau)g(\tau)d\tau$$

$$= \int_t^0 f(\tau')g(t-\tau')\,(-d\tau') = \int_0^t f(\tau')g(t-\tau')d\tau'$$

$$= (g * f)(t)$$

40.2

(1) $$t * e^t = \int_0^t (t-\tau)e^\tau d\tau = t\int_0^t e^\tau d\tau - \int_0^t \tau e^\tau d\tau$$

$$= t\big[e^\tau\big]_0^t - \big[\tau e^\tau\big]_0^t + \int_0^t e^\tau d\tau$$

$$= t(e^t - 1) - te^t + \big[e^\tau\big]_0^t = e^t - 1 - t$$

(2) $$e^t * e^{2t} = \int_0^t e^{t-\tau}e^{2\tau}d\tau = e^t\int_0^t e^\tau d\tau$$

$$= e^t[e^\tau]_0^t = e^{2t} - e^t$$

40.3

(1) $$\mathcal{L}^{-1}\left[\frac{1}{(s-1)(s+3)}\right]$$

$$= \mathcal{L}^{-1}\left[\frac{1}{s-1}\right] * \mathcal{L}^{-1}\left[\frac{1}{s+3}\right] = e^t * e^{-3t}$$

$$= \int_0^t e^{(t-\tau)}e^{-3\tau}d\tau = e^t\int_0^t e^{-4\tau}d\tau$$

$$= e^t\left[-\frac{1}{4}e^{-4\tau}\right]_0^t = \frac{1}{4}(e^t - e^{-3t})$$

(2) $$\mathcal{L}^{-1}\left[\frac{1}{s^3(s-2)}\right]$$

$$= \mathcal{L}^{-1}\left[\frac{1}{s^3}\right] * \mathcal{L}^{-1}\left[\frac{1}{s-2}\right] = \frac{t^2}{2} * e^{2t}$$

$$= \frac{1}{2}\int_0^t \tau^2 e^{2(t-\tau)}d\tau = \frac{e^{2t}}{2}\int_0^t \tau^2 e^{-2\tau}d\tau$$

$$= \frac{e^{2t}}{2}\left(\left[-\frac{1}{2}\tau^2 e^{-2\tau}\right]_0^t + \int_0^t \tau e^{-2\tau}d\tau\right)$$

$$= \frac{e^{2t}}{2}\left(-\frac{1}{2}\,t^2 e^{-2t} + \left[-\frac{1}{2}\tau e^{-2\tau}\right]_0^t + \frac{1}{2}\int_0^t e^{-2\tau}d\tau\right)$$

$$= \frac{e^{2t}}{4}\left(-t^2 e^{-2t} - t\,e^{-2t} + \left[-\frac{1}{2}e^{-2\tau}\right]_0^t\right)$$

$$= \frac{1}{8}(e^{2t} - 2\,t^2 - 2\,t - 1)$$

(3) $\mathcal{L}^{-1}\left[\dfrac{1}{(s^2+4)^2}\right]=\mathcal{L}^{-1}\left[\dfrac{1}{s^2+4}\right]*\mathcal{L}^{-1}\left[\dfrac{1}{s^2+4}\right]$

$$=\frac{\sin 2t}{2}*\frac{\sin 2t}{2}=\frac{1}{4}\int_0^t \sin 2(t-\tau)\sin 2\tau d\tau$$

$$=\frac{1}{4}\int_0^t \frac{1}{2}\{\cos 2(t-\tau-\tau)-\cos 2(t-\tau+\tau)\}\,d\tau$$

$$=\frac{1}{8}\int_0^t \{\cos 2(t-2\tau)-\cos 2t\}\,d\tau$$

$$=\frac{1}{8}\left[-\frac{1}{4}\sin 2(t-2\tau)-\tau\cos 2t\right]_0^t$$

$$=\frac{1}{16}\sin 2t-\frac{1}{8}t\cos 2t$$

(4) $\mathcal{L}^{-1}\left[\dfrac{s^2}{(s^2+1)^2}\right]$

$$=\mathcal{L}^{-1}\left[\frac{s}{s^2+1}\right]*\mathcal{L}^{-1}\left[\frac{s}{s^2+1}\right]=\cos t*\cos t$$

$$=\int_0^t \cos(t-\tau)\cos\tau d\tau$$

$$=\frac{1}{2}\int_0^t\{\cos t+\cos(t-2\tau)\}d\tau$$

$$=\frac{1}{2}\left[\tau\cos t-\frac{1}{2}\sin(t-2\tau)\right]_0^t$$

$$=\frac{1}{2}(t\cos t+\sin t)$$

41.1

(1) $\mathcal{L}[y(x)]=Y(s)$ とする．$y'-2y=0$ をラプラス変換すると

$$\{sY(s)-y(0)\}-2Y(s)=0$$

となり，$y(0)=3$ を代入して，$Y(s)$ について解くと

$$Y(s)=\frac{3}{s-2}$$

となる．これを逆ラプラス変換すると

$$y(x)=\mathcal{L}^{-1}[Y(s)]=\mathcal{L}^{-1}\left[\frac{3}{s-2}\right]=3\,e^{2x}$$

(2) $\mathcal{L}[y(x)]=Y(s)$ とする．$y'+y=e^{-x}$ をラプラス変換すると

$$\{sY(s)-y(0)\}+Y(s)=\frac{1}{s+1}$$

となり，$y(0)=1$ を代入して，$Y(s)$ について解くと

$$Y(s)=\frac{1}{s+1}+\frac{1}{(s+1)^2}$$

となる．これを逆ラプラス変換すると

$$y(x)=\mathcal{L}^{-1}[Y(s)]=\mathcal{L}^{-1}\left[\tfrac{1}{s+1}\right]+\mathcal{L}^{-1}\left[\tfrac{1}{(s+1)^2}\right]$$

$$=e^{-x}+e^{-x}\mathcal{L}^{-1}\left[\tfrac{1}{s^2}\right]$$

$$=(1+x)e^{-x}$$

(3) $\mathcal{L}[y(x)]=Y(s)$ とする．$y'+3y=2e^{-x}$ をラプラス変換すると

$$\{sY(s)-y(0)\}+3Y(s)=\frac{2}{s+1}$$

となり，$y(0)=1$ を代入して，$Y(s)$ について解くと

$$Y(s)=\frac{1}{s+1}$$

となる．これを逆ラプラス変換すると

$$y(x)=\mathcal{L}^{-1}[Y(s)]=\mathcal{L}^{-1}\left[\frac{1}{s+1}\right]=e^{-x}$$

(4) $\mathcal{L}[y(x)]=Y(s)$ とする．$y'+2y=e^{3x}$ をラプラス変換すると

$$\{sY(s)-y(0)\}+2Y(s)=\frac{1}{s+3}$$

となり，$y(0)=3$ を代入して，$Y(s)$ について解くと

$$Y(s)=\frac{3}{s+2}+\frac{1}{(s+3)(s+2)}$$

となる．

$$\frac{1}{(s+3)(s+2)}=\frac{1}{s+2}-\frac{1}{s+3}$$

と部分分数分解すると，

$$Y(s)=\frac{4}{s+2}-\frac{1}{s+3}$$

これを逆ラプラス変換すると

$$y(x)=\mathcal{L}^{-1}[Y(s)]=\mathcal{L}^{-1}\left[\frac{4}{s+2}\right]-\mathcal{L}^{-1}\left[\frac{1}{s+3}\right]$$

$$=4e^{-2x}-e^{-3x}$$

(5) $\mathcal{L}[y(x)]=Y(s)$ とする．$y'-2y=5\cos x$ をラプラス変換すると

$$\{sY(s)-y(0)\}-2Y(s)=\frac{5s}{s^2+1}$$

となり，$y(0)=2$ を代入して，$Y(s)$ について解くと

$$Y(s)=\frac{2}{s-2}+\frac{5s}{(s-2)(s^2+1)}$$

$$=\frac{4}{s-2}+\frac{1-2s}{s^2+1}$$

となる．これを逆ラプラス変換すると

$$y(x)=\mathcal{L}^{-1}[Y(s)]$$

$$=\mathcal{L}^{-1}\left[\tfrac{4}{s-2}\right]+\mathcal{L}^{-1}\left[\tfrac{1}{s^2+1}\right]-\mathcal{L}^{-1}\left[\tfrac{2s}{s^2+1}\right]$$

$$=4e^{2x}+\sin x-2\cos x$$

(6) $\mathcal{L}[y(x)]=Y(s)$ とする．$y'-y=x$ をラプラス変換すると

$$\{sY(s)-y(0)\}-Y(s)=\frac{1}{s^2}$$

となり，$y(0)=2$ を代入して，$Y(s)$ について解くと

$$Y(s)=\frac{2}{s-1}+\frac{1}{s^2(s-1)}$$

となる．部分分数分解すると

$$\frac{1}{s^2(s-1)} = -\frac{1}{s} - \frac{1}{s^2} + \frac{1}{s-1}$$

となるので，

$$Y(s) = -\frac{1}{s} - \frac{1}{s^2} + \frac{3}{s-1}$$

である．これを逆ラプラス変換すると

$$\begin{aligned}
y(x) &= \mathcal{L}^{-1}[Y(s)] \\
&= -\mathcal{L}^{-1}\left[\tfrac{1}{s}\right] - \mathcal{L}^{-1}\left[\tfrac{1}{s^2}\right] + \mathcal{L}^{-1}\left[\tfrac{3}{s-1}\right] \\
&= -1 - x + 3\,e^x
\end{aligned}$$

42.1

(1) $\mathcal{L}[y(x)] = Y(s)$ とする．$y'' + 9y = 0$ をラプラス変換すると

$$\{s^2Y(s) - sy(0) - y'(0)\} + 9Y(s) = 0$$

となり，$y(0) = 2$, $y'(0) = 3$ を代入して，$Y(s)$ について解くと

$$Y(s) = \frac{2s+3}{s^2+9}$$

となる．これを逆ラプラス変換すると

$$\begin{aligned}
y(x) &= \mathcal{L}^{-1}[Y(s)] \\
&= \mathcal{L}^{-1}\left[\frac{2s}{s^2+9}\right] + \mathcal{L}^{-1}\left[\frac{3}{s^2+9}\right] \\
&= 2\cos 3x + \sin 3x
\end{aligned}$$

(2) $\mathcal{L}[y(x)] = Y(s)$ とする．$y'' - 4y = \cos x$ をラプラス変換すると

$$\{s^2Y(s) - sy(0) - y'(0)\} - 4Y(s) = \frac{s}{s^2+1}$$

となり，$y(0) = 0$, $y'(0) = 0$ を代入して，$Y(s)$ について解くと

$$\begin{aligned}
Y(s) &= \frac{s}{(s^2-4)(s^2+1)} \\
&= -\frac{s}{5(s^2+1)} + \frac{1}{10(s+2)} + \frac{1}{10(s-2)}
\end{aligned}$$

となる．これを逆ラプラス変換すると

$$\begin{aligned}
y(x) &= \mathcal{L}^{-1}[Y(s)] \\
&= \mathcal{L}^{-1}\left[-\frac{s}{5(s^2+1)} + \frac{1}{10(s+2)} + \frac{1}{10(s-2)}\right] \\
&= -\frac{1}{5}\cos x + \frac{1}{10}e^{-2x} + \frac{1}{10}e^{2x}
\end{aligned}$$

(3) $\mathcal{L}[y(x)] = Y(s)$ とする．$y'' + y' - 2y = 3\,e^x$ をラプラス変換すると

$$\{s^2Y(s) - sy(0) - y'(0)\} + \{sY(s) - y(0)\} - 2Y(s) = \frac{3}{s-1}$$

となり，$y(0) = 1$, $y'(0) = -1$ を代入して，

$$\{s^2Y(s) - s + 1\} + \{sY(s) - 1\} - 2Y(s) = \frac{3}{s-1}$$

これを $Y(s)$ について解くと

$$\begin{aligned}
Y(s) &= \frac{s^2 - s + 3}{(s-1)^2(s+2)} \\
&= \frac{1}{s+2} + \frac{1}{(s-1)^2}
\end{aligned}$$

となる．これを逆ラプラス変換すると

$$\begin{aligned}
y(x) &= \mathcal{L}^{-1}[Y(s)] \\
&= \mathcal{L}^{-1}\left[\frac{1}{s+2} + \frac{1}{(s-1)^2}\right] \\
&= e^{-2x} + x\,e^x
\end{aligned}$$

42.2

(1) $\mathcal{L}[y(x)] = Y(s)$ とする．$y'' + 2y' - 3y = 0$ をラプラス変換すると

$$\{s^2Y(s) - sy(0) - y'(0)\} + \{sY(s) - y(0)\} - 6Y(s) = 0$$

となり，$y(0) = a$, $y'(0) = b$ と置いて代入して，$Y(s)$ について解くと

$$\begin{aligned}
Y(s) &= \frac{as + a + b}{s^2 + s - 3} \\
&= a\frac{s+1}{(s+3)(s-1)} + b\frac{1}{(s+3)(s-1)} \\
&= a\left\{\frac{1}{2(s-1)} + \frac{1}{2(s+3)}\right\} \\
&\qquad + b\left\{\frac{1}{4(s-1)} - \frac{1}{4(s+3)}\right\} \\
&= \left(\frac{a}{2} + \frac{b}{4}\right)\frac{1}{s-1} + \left(\frac{a}{2} - \frac{b}{4}\right)\frac{1}{s+3}
\end{aligned}$$

となる．

$C_1 = \dfrac{a}{2} + \dfrac{b}{4}$, $C_2 = \dfrac{a}{2} - \dfrac{b}{4}$ と置いて，これを逆ラプラス変換すると

$$\begin{aligned}
y(x) &= \mathcal{L}^{-1}[Y(s)] \\
&= C_1\mathcal{L}^{-1}\left[\frac{1}{s-1}\right] + C_2\mathcal{L}^{-1}\left[\frac{1}{s+3}\right] \\
&= C_1e^x + C_2e^{-3x}
\end{aligned}$$

(2) $\mathcal{L}[y(x)] = Y(s)$ とする．$y'' - y' = e^x \sin x$ をラプラス変換すると

$$\{s^2Y(s) - sy(0) - y'(0)\} - \{sY(s) - y(0)\} = \frac{1}{(s-1)^2+1}$$

となり，$y(0) = a$, $y'(0) = b$ と置いて代入して，

$$\{s^2Y(s) - as - b\} - \{sY(s) - a\} = \frac{1}{(s-1)^2+1}$$

$Y(s)$ について解くと

$$\begin{aligned}
Y(s) &= \frac{as - a + b}{s(s-1)} + \frac{1}{s(s-1)\{(s-1)^2+1\}} \\
&= \frac{a}{s} + \frac{b}{s(s-1)} + \frac{1}{s(s-1)(s^2-2s+2)} \\
&= \frac{a}{s} + b\left(\frac{1}{s-1} - \frac{1}{s}\right) \\
&\qquad -\frac{1}{2s} + \frac{1}{s-1} - \frac{s}{2(s^2-2s+2)} \\
&= \frac{a - b - \frac{1}{2}}{s} + \frac{b+1}{s-1} - \frac{(s-1)+1}{2\{(s-1)^2+1\}}
\end{aligned}$$

$C_1 = a - b - \frac{1}{2}$, $C_2 = b + 1$ と置き，これを逆ラプラス変換すると

$$y(x) = \mathcal{L}^{-1}[Y(s)]$$
$$= C_1\mathcal{L}^{-1}\left[\frac{1}{s}\right] + C_2\mathcal{L}^{-1}\left[\frac{1}{s-1}\right]$$
$$-\frac{1}{2}\mathcal{L}^{-1}\left[\frac{s-1}{(s-1)^2+1}\right] - \frac{1}{2}\mathcal{L}^{-1}\left[\frac{1}{(s-1)^2+1}\right]$$
$$= C_1 + C_2\,e^x - \frac{1}{2}e^x(\sin x + \cos x)$$

43.1

(1) $\mathcal{L}[y(x)] = Y(s)$ として左辺のラプラス変換は

$$\mathcal{L}\left[\int_0^x (x-\tau)^2 y(\tau)d\tau\right] = \mathcal{L}\left[x^2 * y(x)\right]$$
$$= \mathcal{L}\left[x^2\right]\mathcal{L}\left[y(x)\right] = \frac{2}{s^3}Y(s)$$

となる．右辺のラプラス変換は $\mathcal{L}[x^4] = \dfrac{4!}{s^5}$ となるので，積分方程式のラプラス変換は

$$\frac{2}{s^3}Y(s) = \frac{24}{s^5}$$

となる．よって，

$$Y(s) = \frac{12}{s^2}$$

となり，逆ラプラス変換をすると，解は

$$y(x) = \mathcal{L}^{-1}\left[\frac{12}{s^2}\right] = 12\,x$$

(2) $\mathcal{L}[y(x)] = Y(s)$ として左辺のラプラス変換は

$$\mathcal{L}\left[\int_0^x \sin(x-\tau)y(\tau)d\tau\right] = \mathcal{L}\left[(\sin x) * y(x)\right]$$
$$= \mathcal{L}\left[\sin x\right]\mathcal{L}\left[y(x)\right] = \frac{1}{s^2+1}Y(s)$$

となる．右辺は $\mathcal{L}[x^3] = \dfrac{6}{s^4}$ となるので，積分方程式のラプラス変換は

$$\frac{1}{s^2+1}Y(s) = \frac{6}{s^4}$$

となる．よって，$Y(s) = \dfrac{6}{s^4} + \dfrac{6}{s^2}$ となり，逆ラプラス変換をすると，解は

$$y(x) = x^3 + 6\,x$$

43.2

(1) $\mathcal{L}\left[\int_0^x (x-\tau)y(\tau)d\tau\right] = \mathcal{L}\left[x * y(x)\right]$

$= \mathcal{L}\left[x\right]\mathcal{L}\left[y(x)\right] = \dfrac{1}{s^2}\,Y(s)$ となるので，積分方程式のラプラス変換は

$$Y(s) + \frac{1}{s^2}\,Y(s) = \frac{1}{s^2}$$

となる．よって，

$$Y(s) = \frac{1}{s^2+1}$$

となり，逆ラプラス変換をすると，解は

$$y(x) = \mathcal{L}^{-1}[Y(s)] = \sin x$$

(2) $\mathcal{L}\left[\int_0^x \sin(x-\tau)y(\tau)d\tau\right] = \mathcal{L}\left[(\sin x) * y(x)\right]$

$$= \mathcal{L}\left[\sin x\right]\mathcal{L}\left[y(x)\right] = \frac{1}{s^2+1}Y(s)$$

となるので，積分方程式のラプラス変換は

$$Y(s) - \frac{1}{s^2+1}Y(s) = \frac{1}{s-1}$$

となる．よって，

$$Y(s) = \frac{s^2+1}{s^2(s-1)} = \frac{2}{s-1} - \frac{1}{s} - \frac{1}{s^2}$$

となり，逆ラプラス変換をすると，解は

$$y(x) = \mathcal{L}^{-1}[Y(s)] = 2\,e^x - x - 1$$

4 フーリエ解析　解答

44.1

(1) n は自然数で 0 ではないので,

$$\int_{-\pi}^{\pi} \sin nx dx = \left[-\frac{1}{n}\cos nx\right]_{-\pi}^{\pi}$$
$$= -\frac{1}{n}\{\cos n\pi - \cos(-n\pi)\}$$
$$= -\frac{1}{n}\{\cos n\pi - \cos n\pi\} = 0$$
$$\int_{-\pi}^{\pi} \cos nx dx = \left[\frac{1}{n}\sin nx\right]_{-\pi}^{\pi}$$
$$= \frac{1}{n}\{\sin n\pi - \sin(-n\pi)\} = \frac{1}{n}(0-0) = 0$$

(2) $m = n$ のとき，倍角の公式より

$$\int_{-\pi}^{\pi} \sin mx \cos mx dx = \frac{1}{2}\int_{-\pi}^{\pi} \sin 2mx dx$$
$$= \frac{1}{2}\left[-\frac{1}{2m}\cos 2m\right]_{-\pi}^{\pi} = 0$$

$m \neq n$ のとき，積を和に直す公式より,

$$\int_{-\pi}^{\pi} \sin mx \cos nx dx$$
$$= \frac{1}{2}\int_{-\pi}^{\pi} \{\sin(m+n)x + \sin(m-n)x\}dx$$
$$= -\frac{1}{2}\left[\tfrac{1}{m+n}\cos(m+n)x + \tfrac{1}{m-n}\cos(m-n)x\right]_{-\pi}^{\pi}$$
$$= -\frac{1}{2(m+n)}[\cos(m+n)\pi - \cos\{-(m+n)\pi\}]$$
$$-\frac{1}{2(m-n)}[\cos(m+n)\pi - \cos\{-(m-n)\pi\}]$$
$$= 0$$

(3) $m = n$ のとき，半角の公式より

$$\int_{-\pi}^{\pi} \cos^2 mx dx = \int_{-\pi}^{\pi} \frac{1}{2}(1+\cos 2mx)dx$$
$$= \frac{1}{2}\left[x + \frac{1}{2m}\sin 2m\right]_{-\pi}^{\pi} = \pi$$

$m \neq n$ のとき，積を和に直す公式より,

$$\int_{-\pi}^{\pi} \cos mx \cos nx dx$$
$$= \frac{1}{2}\int_{-\pi}^{\pi} \{\cos(m+n)x + \cos(m-n)x\}dx$$
$$= \frac{1}{2}\left[\tfrac{1}{m+n}\sin(m+n)x + \tfrac{1}{m-n}\sin(m-n)x\right]_{-\pi}^{\pi}$$
$$= 0$$

(4) $x' = \frac{\pi}{L}x$ 変数変換すると，$dx' = \frac{\pi}{L}dx$，$x = L$ のとき $x' = \pi$，$x = -L$ のとき $x' = -\pi$ となる．よって,

$$\int_{-L}^{L} \sin\frac{m\pi x}{L}\sin\frac{n\pi x}{L}dx$$
$$= \frac{L}{\pi}\int_{-\pi}^{\pi} \sin mx' \sin nx' dx' = \frac{L}{\pi}\times\begin{cases} 0 \ (m \neq n) \\ \pi \ (m = n)\end{cases}$$
$$= \begin{cases} 0 \ (m \neq n) \\ L \ (m = n)\end{cases}$$

45.1

(1) $$a_0 = \frac{1}{\pi}\int_{-\pi}^{0} 0\,dx + \frac{1}{\pi}\int_{0}^{\pi} dx = 1$$
$$a_n = \frac{1}{\pi}\int_{-\pi}^{0} 0\,dx + \frac{1}{\pi}\int_{0}^{\pi} \cos nx dx$$
$$= \frac{1}{\pi}\left[\frac{1}{n}\sin nx\right]_0^{\pi} = 0$$
$$b_n = \frac{1}{\pi}\int_{-\pi}^{0} 0\,dx + \frac{1}{\pi}\int_{0}^{\pi} \sin nx dx$$
$$= \frac{1}{\pi}\left[-\frac{1}{n}\cos nx\right]_0^{\pi} = \frac{1-(-1)^n}{n\pi}$$
$$f(x) \sim \frac{1}{2} + \sum_{n=1}^{\infty}\frac{1-(-1)^n}{n\pi}\sin nx$$
$$= \frac{1}{2} + \frac{2}{\pi}\left(\sin x + \frac{1}{3}\sin 3x + \frac{1}{5}\sin 5x + \cdots\right)$$

(2) 2π 周期関数を考えているので，積分区間が 2π であれば，積分区間の取り方は変えてもよい．よって 0 から 2π までの積分で考える．

$$a_0 = \frac{1}{\pi}\int_0^{2\pi} x^2 dx = \frac{1}{\pi}\left[\frac{1}{3}x^3\right]_0^{2\pi} = \frac{8\pi^2}{3}$$
$$a_n = \frac{1}{\pi}\int_0^{2\pi} x^2 \cos nx dx$$
$$= \frac{1}{\pi}\left\{\left[\frac{1}{n}x^2\sin nx\right]_0^{2\pi} - \int_0^{2\pi}\frac{2x}{n}\sin nx dx\right\}$$
$$= \frac{2}{n\pi}\left\{0 + \left[\frac{x}{n}\cos nx\right]_0^{2\pi} - \int_0^{\pi}\frac{1}{n}\cos nx dx\right\}$$
$$= \frac{2}{n^2\pi}\left\{2\pi - \left[\frac{1}{n}\sin nx\right]_0^{2\pi}\right\} = \frac{4}{n^2}$$
$$b_n = \frac{1}{\pi}\int_0^{2\pi} x^2 \sin nx dx$$
$$= \frac{1}{\pi}\left\{-\left[\frac{1}{n}x^2\cos nx\right]_0^{2\pi} + \int_0^{2\pi}\frac{2x}{n}\cos nx dx\right\}$$
$$= \frac{1}{n\pi}\left\{-4\pi^2 + \left[\frac{2x}{n}\sin nx\right]_0^{2\pi} - \int_0^{2\pi}\frac{2}{n}\sin nx dx\right\}$$
$$= \frac{1}{n\pi}\left\{-4\pi^2 + 0 + \frac{2}{n}\left[\frac{1}{n}\cos nx\right]_0^{2\pi}\right\} = -\frac{4\pi}{n}$$
$$f(x) \sim \frac{4\pi^2}{3} + \sum_{n=1}^{\infty}\left(\frac{4}{n^2}\cos nx - \frac{4\pi}{n}\sin nx\right)$$

46.1

(1) 周期 1 の関数 $f(x)$ のフーリエ級数は

$$f(x) \sim \frac{a_0}{2} + \sum_{n=1}^{\infty} (a_n \cos 2n\pi x + b_n \sin 2n\pi x)$$

1 周期関数を考えているので，積分区間が 1 であれば，積分区間の取り方は変えてもよい．よって 0 から 1 までの積分で考える．$L = \frac{1}{2}$ であるので，

$$a_0 = 2\int_0^1 f(x)dx = 2\int_0^1 xdx = \left[x^2\right]_0^1 = 1$$

$$a_n = 2\int_0^1 f(x)\cos 2n\pi x dx = 2\int_0^1 x\cos 2n\pi x dx$$

$$= \left[\frac{1}{n\pi}x\sin 2n\pi x\right]_0^1 - \frac{1}{n\pi}\int_0^1 \sin 2n\pi x dx$$

$$= \frac{1}{n\pi}\left[\frac{1}{2n\pi}\cos 2n\pi x\right]_0^1 = 0$$

$$b_n = 2\int_0^1 f(x)\sin 2n\pi x dx = 2\int_0^1 x\sin 2n\pi x dx$$

$$= -\left[\frac{1}{n\pi}x\cos 2n\pi x\right]_0^1 + \frac{1}{n\pi}\int_0^1 \cos 2n\pi x dx$$

$$= -\frac{1}{n\pi} + \frac{1}{n\pi}\left[\frac{1}{2n\pi}\sin 2n\pi x\right]_0^1 = -\frac{1}{n\pi}$$

したがって，

$$f(x) = \frac{1}{2} - \sum_{n=1}^{\infty}\frac{1}{n\pi}\sin 2n\pi x$$

$$= \frac{1}{2} - \frac{1}{\pi}\left(\sin 2\pi x + \frac{1}{2}\sin 4\pi x + \frac{1}{3}\sin 6\pi x + \cdots\right)$$

(2) $a_0 = 2\int_0^1 (1-x)dx = \left[2x - x^2\right]_0^1 = 1$

$$a_n = 2\int_0^1 (1-x)\cos 2n\pi x dx$$

$$= 2\int_0^1 \cos 2n\pi x dx - 2\int_0^1 x\cos 2n\pi x dx$$

(1) の積分の結果を使うと

$$= \left[\frac{1}{n\pi}\sin 2n\pi x\right]_0^1 + 0 = 0$$

$$b_n = 2\int_0^1 (1-x)\sin 2n\pi x dx$$

$$= 2\int_0^1 \sin 2n\pi x dx - 2\int_0^1 x\sin 2n\pi x dx$$

(1) の積分の結果を使うと

$$= \left[-\frac{1}{n\pi}\cos 2n\pi x\right]_0^1 + \frac{1}{n\pi} = \frac{1}{n\pi}$$

したがって，

$$f(x) = \frac{1}{2} + \sum_{n=1}^{\infty}\frac{1}{n\pi}\sin 2n\pi x$$

$$= \frac{1}{2} + \frac{1}{\pi}\left(\sin 2\pi x + \frac{1}{2}\sin 4\pi x + \frac{1}{3}\sin 6\pi x + \cdots\right)$$

グラフから分かるように，(1) の関数の符号を変えて 1 たしたものになっている．

47.1

(1) $f(x)$ は周期 2π の奇関数であるので，$f(x)$ のフーリエ級数は $f(x) \sim \sum_{n=1}^{\infty} b_n \sin nx$

$$b_n = \frac{2}{\pi}\int_0^{\pi} f(x)\sin nx dx = \frac{2}{\pi}\int_0^{\pi}\sin nx dx$$

$$= \frac{2}{\pi}\left[-\frac{1}{n}\cos nx\right]_0^{\pi} = \frac{2\{1-(-1)^n\}}{n\pi}$$

$$f(x) \sim \sum_{n=1}^{\infty}\frac{2\{1-(-1)^n\}}{n\pi}\sin nx$$

$$\sim \frac{4}{\pi}\left(\sin x + \frac{1}{3}\sin 3x + \frac{1}{5}\sin 5x + \cdots\right)$$

(2) $f(x)$ は周期 2 ($L = 1$) の偶関数であるので，$f(x)$ のフーリエ級数は

$$f(x) \sim \frac{a_0}{2} + \sum_{n=1}^{\infty} a_n \cos n\pi x$$

$$a_0 = 2\int_0^1 f(x)dx = -2\int_0^1 x(x-2)dx$$

$$= -2\left[\frac{1}{3}x^3 - x^2\right]_0^1 = \frac{4}{3}$$

$$a_n = 2\int_0^1 f(x)\cos n\pi x dx$$

$$= -2\int_0^1 x(x-2)\cos n\pi x dx$$

$$= \left[\frac{2}{n\pi}(2x - x^2)\sin n\pi x\right]_0^1 - \frac{4}{n\pi}\int_0^1 (1-x)\sin n\pi x dx$$

$$= \left[\frac{4}{n^2\pi^2}(1-x)\cos n\pi x\right]_0^1 + \frac{4}{n^2\pi^2}\int_0^1 \cos n\pi x dx$$

$$= -\frac{4}{n^2\pi^2} + \frac{4}{n^2\pi^2}\left[\frac{1}{n\pi}\sin n\pi x\right]_0^1 = -\frac{4}{n^2\pi^2}$$

したがって，

$$f(x) = \frac{2}{3} - \sum_{n=1}^{\infty}\frac{4}{n^2\pi^2}\cos n\pi x$$

$$= \frac{2}{3} - \frac{4}{\pi^2}\left(\cos\pi x + \frac{\cos 2\pi x}{2^2} + \cdots\right)$$

48.1

(1) $f(x)$ の複素フーリエ級数は $f(x) \sim \sum_{n=-\infty}^{\infty} c_n e^{inx}$

$$c_0 = \frac{1}{2\pi}\int_{-\pi}^{\pi} f(x)dx = \frac{1}{2\pi}\int_0^{\pi} dx = \frac{1}{2}$$

$n \neq 0$ のとき，

$$c_n = \frac{1}{2\pi}\int_{-\pi}^{\pi} f(x)e^{-inx}dx = \frac{1}{2\pi}\int_0^{\pi} e^{-inx}dx$$

$$= \frac{1}{2\pi}\left[-\frac{1}{ni}e^{-inx}\right]_0^{\pi} = \frac{1-(-1)^n}{2\pi in}$$

したがって,

$$f(x) \sim \frac{1}{2} + \sum_{n\neq 0} \frac{1-(-1)^n}{2\pi in}e^{inx}$$

$n=0$ については $a_0 = 2c_0 = 1$ となる.

$n>0$ に対して,

$$a_n = c_n + c_{-n} = \frac{1-(-1)^n}{2\pi in} + \frac{1-(-1)^{-n}}{2\pi i(-n)} = 0$$

$$b_n = i(c_n - c_{-n}) = \frac{1-(-1)^n}{2\pi n} - \frac{1-(-1)^{-n}}{2\pi(-n)}$$

$$= \frac{1-(-1)^n}{n\pi}$$

となり, **問題 45.1**(1) で求めた結果と一致する.

(2) $f(x)$ の複素フーリエ級数は $f(x) \sim \displaystyle\sum_{n=-\infty}^{\infty} c_n e^{inx}$

$$c_0 = \frac{1}{2\pi}\int_0^{2\pi} f(x)dx = \frac{1}{2\pi}\int_0^{2\pi} x^2 dx$$

$$= \frac{1}{2\pi}\left[\frac{1}{3}x^3\right]_0^{2\pi} = \frac{4\pi^2}{3}$$

$n \neq 0$ のとき,

$$c_n = \frac{1}{2\pi}\int_0^{2\pi} f(x)e^{-inx}dx = \frac{1}{2\pi}\int_0^{2\pi} x^2 e^{-inx}dx$$

$$= \frac{1}{2\pi}\left\{\left[-\frac{x^2}{ni}e^{-inx}\right]_0^{2\pi} + \int_0^{2\pi}\frac{2x}{ni}e^{-inx}dx\right\}$$

$$= \frac{1}{2\pi}\left\{-\frac{4\pi^2}{ni} + \left[\frac{2x}{n^2}e^{-inx}\right]_0^{2\pi} - \int_0^{2\pi}\frac{2}{n^2}e^{-inx}dx\right\}$$

$$= \frac{1}{2\pi}\left\{-\frac{4\pi^2}{ni} + \frac{4\pi}{n^2} + \frac{2}{n^2}\left[\frac{1}{ni}e^{-inx}\right]_0^{2\pi}\right\}$$

$$= \frac{2(n\pi i+1)}{n^2}$$

したがって,

$$f(x) \sim \frac{4\pi}{3} + \sum_{n\neq 0}\frac{2(n\pi i+1)}{n^2}e^{inx}$$

$n=0$ については $a_0 = 2c_0 = \dfrac{8\pi^2}{3}$ となる.

$n>0$ に対して,

$$a_n = c_n + c_{-n}$$

$$= \frac{2(n\pi i+1)}{n^2} + \frac{2(-n\pi i+1)}{n^2} = \frac{4}{n^2}$$

$$b_n = i(c_n - c_{-n})$$

$$= \frac{2(-n\pi+i)}{n^2} - \frac{2(n\pi+i)}{n^2} = -\frac{4\pi}{n}$$

となり, **問題 45.1**(2) で求めた結果と一致する.

48.2 $f(x)$ の複素フーリエ級数は $f(x) \sim \displaystyle\sum_{n=-\infty}^{\infty} c_n e^{in\pi x}$

$$c_0 = \frac{1}{2}\int_{-1}^{1} f(x)dx = \frac{1}{2}\int_0^1 xdx = \frac{1}{4}$$

$n \neq 0$ のとき,

$$c_n = \frac{1}{2}\int_{-1}^{1} f(x)e^{-in\pi x}dx = \frac{1}{2}\int_0^1 xe^{-in\pi x}dx$$

$$= \frac{1}{2}\left(\left[-\frac{1}{n\pi i}xe^{-in\pi x}\right]_0^1 + \frac{1}{n\pi i}\int_0^1 e^{-in\pi x}dx\right)$$

$$= -\frac{(-1)^n}{2\pi in} + \frac{1}{2n\pi i}\left[-\frac{1}{n\pi i}e^{-in\pi x}\right]_0^1$$

$$= -\frac{(-1)^n}{2\pi in} - \frac{1-(-1)^n}{2n^2\pi^2}$$

したがって,

$$f(x) \sim \frac{1}{4} - \sum_{n\neq 0}\left\{\frac{(-1)^n}{2\pi in} + \frac{1-(-1)^n}{2n^2\pi^2}\right\}e^{in\pi x}$$

また, 和の n が負の部分を $-n$ に置きなおすと

$$f(x) \sim \frac{1}{4} - \sum_{n=1}^{\infty}\left\{\frac{(-1)^n}{2\pi in} + \frac{1-(-1)^n}{2n^2\pi^2}\right\}e^{in\pi x}$$

$$+\sum_{n=1}^{\infty}\left\{\frac{(-1)^n}{2\pi in} + \frac{1-(-1)^n}{2n^2\pi^2}\right\}e^{-in\pi x}$$

$$= \frac{1}{4} - \sum_{n=1}^{\infty}\frac{(-1)^n}{2\pi in}(e^{in\pi x} - e^{-in\pi x})$$

$$-\sum_{n=1}^{\infty}\frac{1-(-1)^n}{2n^2\pi^2}(e^{in\pi x} + e^{-in\pi x})$$

$$= \frac{1}{4} - \sum_{n=1}^{\infty}\frac{(-1)^n}{n\pi}\sin n\pi x - \sum_{n=1}^{\infty}\frac{1-(-1)^n}{n^2\pi^2}\cos n\pi x$$

となり, **例題 46.1** の結果と一致する.

49.1

(1) 周期 π の関数 $f(x)$ のフーリエ級数

$$f(x) \sim \frac{a_0}{2} + \sum_{n=1}^{\infty} a_n \cos 2nx$$

について, 係数は

$$a_0 = \frac{4}{\pi}\int_0^{\frac{\pi}{2}} f(x)dx = \frac{4}{\pi}\int_0^{\frac{\pi}{2}} \sin xdx$$

$$= \frac{4}{\pi}[-\cos x]_0^{\frac{\pi}{2}} = \frac{4}{\pi}$$

$$a_n = \frac{4}{\pi}\int_0^{\frac{\pi}{2}} f(x)\cos 2nxdx$$

$$= \frac{4}{\pi}\int_0^{\frac{\pi}{2}} \sin x\cos 2nxdx$$

$$= \frac{2}{\pi}\int_0^{\frac{\pi}{2}}\{\sin(1+2n)x + \sin(1-2n)x\}dx$$

$$a_n = \frac{2}{\pi}\left[-\frac{1}{1+2n}\cos(1+2n)x - \frac{1}{1-2n}\cos(1-2n)x\right]_0^{\frac{\pi}{2}}$$

$$= \frac{2}{\pi}\left\{\frac{1-\cos(n\pi+\frac{\pi}{2})}{2n+1} + \frac{\cos(\frac{\pi}{2}-n\pi)-1}{2n-1}\right\}$$

$$= \frac{2}{\pi}\left\{\frac{1+\sin n\pi}{2n+1}+\frac{\sin n\pi-1}{2n-1}\right\}$$
$$= \frac{2}{\pi}\left\{\frac{1}{2n+1}+\frac{-1}{2n-1}\right\} = -\frac{4}{\pi(4n^2-1)}$$

したがって，

$$f(x) = \frac{2}{\pi} - \sum_{n=1}^{\infty}\frac{4}{\pi(4n^2-1)}\cos 2nx$$
$$= \frac{2}{\pi} - \frac{4}{\pi}\left(\frac{\cos 2x}{2^2-1}+\frac{\cos 4x}{4^2-1}+\cdots\right)$$

(2) $x = \dfrac{\pi}{2}$ とすると，左辺は $f\left(\dfrac{\pi}{2}\right) = 1$ であるので，

$$1 = \frac{2}{\pi} + \sum_{n=1}^{\infty}\frac{4}{\pi\{(2n)^2-1\}}\cos n\pi$$
$$= \frac{2}{\pi} + \sum_{n=1}^{\infty}\frac{4(-1)^n}{\pi(2n-1)(2n+1)}$$

よって，

$$\sum_{n=1}^{\infty}\frac{(-1)^n}{(2n-1)(2n+1)} = \frac{\pi-2}{4}$$

(3) パーセバルの等式より，左辺は

$$\frac{2}{\pi}\int_{-\frac{\pi}{2}}^{\frac{\pi}{2}}\sin^2 x dx = \frac{1}{\pi}\int_{-\frac{\pi}{2}}^{\frac{\pi}{2}}(1-\cos 2x)dx$$
$$= \frac{1}{\pi}\Big[x - \frac{1}{2}\sin 2x\Big]_{-\frac{\pi}{2}}^{\frac{\pi}{2}} = 1$$

右辺は

$$\frac{1}{2}\cdot\left(\frac{4}{\pi}\right)^2 + \sum_{n=1}^{\infty}\left\{\frac{4(-1)^n}{\pi(2x-1)(2n+1)}\right\}^2$$
$$= \frac{8}{\pi^2} + \sum_{n=1}^{\infty}\frac{16}{\pi^2(2x-1)^2(2n+1)^2}$$

であるので，

$$1 = \frac{8}{\pi^2} + \sum_{n=1}^{\infty}\frac{16}{\pi^2(2x-1)^2(2n+1)^2}$$
$$\therefore \sum_{n=1}^{\infty}\frac{1}{(2x-1)^2(2n+1)^2} = \frac{\pi^2-8}{16}$$

50.1

(1) 変数分離法より，$u(x,t) = X(x)T(t)$ とおくと，偏微分方程式は $X(x)T'(t) = X''(x)T(t)$ となるので，

$$\frac{T'(t)}{T(t)} = \frac{X''(x)}{X(x)} = \lambda$$

とすると，λ は定数となる．よって，

$$X''(x) = \lambda X(x),\ \ T'(t) = \lambda T(t)$$

の 2 つの微分方程式を解く．X の方程式は

$\lambda > 0$ のとき，$X = Ae^{\sqrt{\lambda}x} + BAe^{-\sqrt{\lambda}x}$

$\lambda = 0$ のとき，$X = Ax + B$

$\lambda < 0$ のとき，$X = A\cos\sqrt{-\lambda}x + B\sin\sqrt{-\lambda}x$ となるので，$u(0,t) = u(2\pi,t) = 0$ より，$X(0) = X(2\pi) = 0$ で恒等的に 0 でない解は $\lambda < 0$ の場合のみで，$A = 0$, $\sin 2\pi\sqrt{-\lambda} = 0$ であるので，

$$\sqrt{-\lambda} = \frac{n}{2} \qquad \therefore\ X = B\sin\frac{nx}{2}$$

T の方程式は変数分離形なので，

$$\int\frac{dT}{T} = \int\lambda dt \ \rightarrow\ \log|T| = \lambda t + C$$

となり，一般解は $T = C'e^{\lambda t}$ ただし，$C' = \pm e^C$ とした．$\lambda = -\dfrac{n^2}{4}$ より，

$$T = C'e^{-\frac{n^2}{4}t}$$

よって，偏微分方程式の解は

$u_n(x,t) = c_n e^{-\frac{n^2}{4}t}\sin\dfrac{nx}{2}$ となるが，$t = 0$ での条件を満たさないので，$u_n(x,t)$ の線形結合を考える．

$$u(x,t) = \sum_{n=1}^{\infty}c_n e^{-\frac{n^2}{4}t}\sin\frac{nx}{2}$$

$t = 0$ のとき，$u(x,0) = \displaystyle\sum_{n=1}^{\infty}c_n\sin\frac{nx}{2}$ となるので，周期 4π の奇関数のフーリエ級数になる．初期条件 $u(x,0) = \sin x$ であるので，

$$c_n = \frac{1}{\pi}\int_0^{2\pi}\sin x\sin\frac{nx}{2}dx$$
$$= -\frac{1}{\pi}\int_0^{2\pi}\frac{1}{2}\left\{\cos\frac{(n+2)x}{2} - \cos\frac{(n-2)x}{2}\right\}dx$$

$n = 2$ のとき，

$$= \frac{1}{\pi}\int_0^{2\pi}\frac{1}{2}(1-\cos 2x)dx = \frac{1}{2\pi}\left[x - \frac{1}{2}\sin 2x\right]_0^{2\pi}$$
$$= 1$$

$n \neq 2$ のとき，

$$\frac{1}{2\pi}\left[\frac{2}{n+2}\sin\frac{(n+2)x}{2} - \frac{2}{n-2}\sin\frac{(n+2)x}{2}\right]_0^{2\pi}$$
$$= 0$$

よって，

$$u(x,t) = e^{-t}\sin x$$

(2) 初期条件 $u(x,0) = -x(x-2\pi)$ であるので，

$$c_n = -\frac{1}{\pi}\int_0^{2\pi}x(x-2\pi)\sin\frac{nx}{2}dx$$
$$= \frac{1}{\pi}\left\{\left[x(x-2\pi)\frac{2}{n}\cos\frac{nx}{2}\right]_0^{2\pi}\right.$$
$$\left. -\frac{2}{n}\int_0^{2\pi}(2x-2\pi)\cos\frac{nx}{2}dx\right\}$$
$$= -\frac{4}{n\pi}\left\{0 + \left[(x-\pi)\frac{2}{n}\sin\frac{nx}{2}\right]_0^{2\pi}\right.$$

$$-\frac{2}{n}\int_0^{2\pi}\sin\frac{nx}{2}dx\Bigg\}$$

$$=\frac{8}{n^2\pi}\left[-\frac{2}{n}\cos\frac{nx}{2}\right]_0^{2\pi}=\frac{16}{n^3\pi}\{1-(-1)^n\}$$

よって，

$$u(x,t)=\sum_{n=1}^{\infty}\frac{16\{1-(-1)^n\}}{n^3\pi}e^{-\frac{n^2}{4}t}\sin\frac{nx}{2}$$

51.1

$$A(u)=\int_{-\infty}^{\infty}f(x)\cos uxdx=\int_0^{\pi}\sin x\cos uxdx$$

$$=\int_0^{\pi}\frac{1}{2}\{\sin(1+u)x+\sin(1-u)x\}dx$$

$$=-\frac{1}{2}\left[\frac{1}{1+u}\cos(1+u)x\right]_0^{\pi}-\frac{1}{2}\left[\frac{1}{1-u}\cos(1-u)x\right]_0^{\pi}$$

$$=\frac{1-\cos(1+u)\pi}{2(1+u)}+\frac{1-\cos(1-u)\pi}{2(1-u)}$$

$$=\frac{1+\cos u\pi}{2(1+u)}+\frac{1+\cos u\pi}{2(1-u)}=\frac{1+\cos u\pi}{1-u^2}$$

$$B(u)=\int_{-\infty}^{\infty}f(x)\sin uxdx=\int_0^{\pi}\sin x\sin uxdx$$

$$=-\int_0^{\pi}\frac{1}{2}\{\cos(1+u)x-\cos(1-u)x\}dx$$

$$=-\frac{1}{2}\left[\frac{1}{1+u}\sin(1+u)x\right]_0^{\pi}+\frac{1}{2}\left[\frac{1}{1-u}\sin(1-u)x\right]_0^{\pi}$$

$$=-\frac{\sin(1+u)\pi}{2(1+u)}+\frac{\sin(1-u)\pi}{2(1-u)}$$

$$=\frac{\sin u\pi}{2(1+u)}+\frac{\sin u\pi}{2(1-u)}=\frac{\sin u\pi}{1-u^2}$$

したがって，

$$f(x)\sim\frac{1}{\pi}\int_0^{\infty}\left\{\frac{1+\cos u\pi}{1-u^2}\cos ux+\frac{\sin u\pi}{1-u^2}\sin ux\right\}du$$

51.2

(1) 偶関数であるので，

$$F_c(u)=2\int_0^{\infty}f(x)\cos uxdx=2\int_0^{a}\cos uxdx$$

$$=2\left[\frac{1}{u}\sin ux\right]_0^{a}=\frac{2\sin au}{u}$$

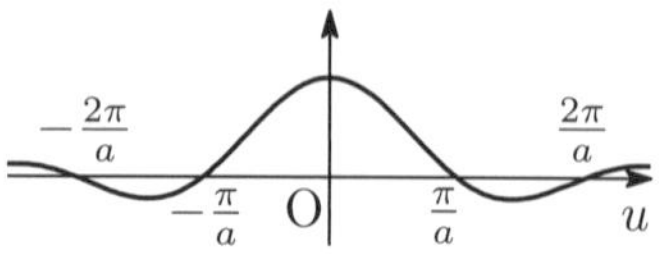

(2) 奇関数であるので，

$$F_s(u)=2\int_0^{\infty}f(x)\sin uxdx=2\int_0^{a}\sin uxdx$$

$$=2\left[-\frac{1}{u}\cos ux\right]_0^{a}=\frac{2(1-\cos au)}{u}$$

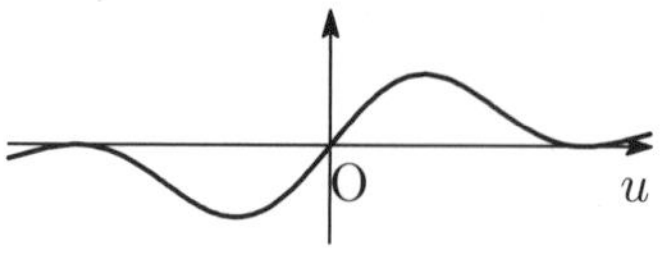

(3) 偶関数であるので，

$$F_c(u)=2\int_0^{\infty}f(x)\cos uxdx$$

$$=2\int_0^{1}(1-x^2)\cos uxdx$$

$$=2\left[\frac{1-x^2}{u}\sin ux\right]_0^{1}+2\int_0^{1}\frac{2x}{u}\sin uxdx$$

$$=0-\frac{4}{u}\left[\frac{x}{u}\cos ux\right]_0^{1}+\frac{4}{u}\int_0^{1}\frac{1}{u}\cos uxdx$$

$$=-\frac{4\cos u}{u^2}+\frac{4}{u^2}\left[\frac{1}{u}\sin ux\right]_0^{1}$$

$$=\frac{4(\sin u-u\cos u)}{u^3}$$

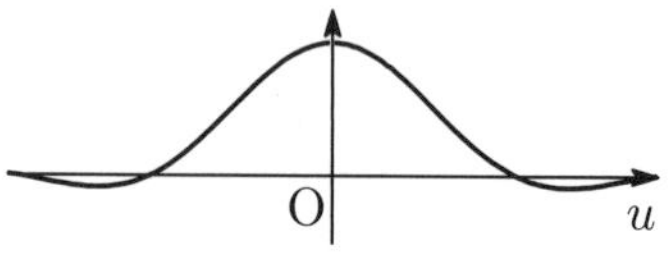

52.1

(1) $F(u)=\int_{-\infty}^{\infty}f(x)e^{-iux}dx=\int_0^{\pi}\sin x\,e^{-iux}dx$

$I=\int_0^{\pi}\sin x\,e^{-iux}dx$ とすると，

$$I=-\Big[\cos x\,e^{-iux}\Big]_0^{\pi}-iu\int_0^{\pi}\cos x\,e^{-iux}dx$$

$$=1+e^{-iu\pi}-iu\Big[\sin x\,e^{-iux}\Big]_0^{\pi}+u^2\int_0^{\pi}\sin x\,e^{-iux}dx$$

$$=1+e^{-iu\pi}+u^2I$$

であるので，

$$F(u)=I=\frac{1+e^{-iu\pi}}{1-u^2}$$

(2) $F(u)=\int_{-\infty}^{\infty}f(x)e^{-iux}dx=\int_{-a}^{a}e^{-iux}dx$

$$=\left[-\frac{1}{iu}e^{-iux}\right]_{-a}^{a}=-\frac{1}{iu}(e^{-iua}-e^{iua})$$

$$=\frac{2\sin au}{u}$$

(3) $F(u)=\int_{-\infty}^{\infty}f(x)e^{-iux}dx$

$$=\int_0^{a}e^{-iux}dx-\int_{-a}^{0}e^{-iux}dx$$

$$=\left[-\frac{1}{iu}e^{-iux}\right]_0^{a}-\left[-\frac{1}{iu}e^{-iux}\right]_{-a}^{0}$$

$$=\frac{1}{iu}(1-e^{-iua})+\frac{1}{iu}(1-e^{iua})=\frac{2}{iu}(1-\cos au)$$

(4) $F(u)=\int_{-\infty}^{\infty}f(x)e^{-iux}dx=\int_{-1}^{1}(1-x^2)e^{-iux}dx$

$$=-\left[\frac{1-x^2}{iu}e^{-iux}\right]_{-1}^{1}-\int_{-1}^{1}\frac{2x}{iu}e^{-iux}dx$$

$$= 0 - \frac{2}{u}\left[\frac{x}{u}e^{-iux}\right]_{-1}^{1} + \frac{2}{u}\int_{-1}^{1}\frac{1}{u}e^{-iux}dx$$

$$= -\frac{2(e^{iu}+e^{-iu})}{u^2} - \frac{2}{u^2}\left[\frac{1}{iu}e^{-iux}\right]_{-1}^{1}$$

$$= -\frac{2(e^{iu}+e^{-iu})}{u^2} + \frac{2(e^{iu}-e^{-iu})}{iu^3}$$

$$= \frac{4(\sin u - u\cos u)}{u^3}$$

53.1

(1) $\mathcal{F}[f'(x)] = \displaystyle\int_{-\infty}^{\infty} f'(x)\,e^{-iux}dx$

$$= \Big[f(x)\,e^{-iux}\Big]_{-\infty}^{\infty} - \int_{-\infty}^{\infty} f(x)\,\frac{d}{dx}e^{-iux}dx$$

$f(x)$ のフーリエ変換が存在するので,

$\displaystyle\lim_{x\to\pm\infty} f(x)\,e^{-iux} = 0$ である．よって,

$$\mathcal{F}[f'(x)] = iu\int_{-\infty}^{\infty} f(x)\,e^{-iux}dx = iu\mathcal{F}[f(x)]$$

(2) $x = \pm 1$ 以外では $f'(x) = -2\,g(x)$ となるので，フーリエ変換は一致する．よって，**問題 52.1**(4) の結果より,

$$\mathcal{F}[f(x)] = \frac{4(\sin u - u\cos u)}{u^3}$$

であるので,

$$\mathcal{F}[g(x)] = -\frac{1}{2}\mathcal{F}[f'(x)] = -\frac{iu}{2}\mathcal{F}[f(x)]$$

$$= \frac{2i(u\cos u - \sin u)}{u^2}$$

53.2

(1) $\dfrac{d}{du}(e^{-iux}) = -ix\,e^{-iux}$ であるので,

$$\mathcal{F}[xf(x)] = \int_{-\infty}^{\infty} x\,f(x)\,e^{-iux}dx$$

$$= \int_{-\infty}^{\infty} f(x)\,i\,\frac{d}{du}(e^{-iux})dx$$

$$= i\frac{d}{du}\int_{-\infty}^{\infty} f(x)\,e^{-iux}dx = i\,\frac{d\,F(u)}{du}$$

(2) $xf(x) = g(x)$ となるので，フーリエ変換は一致する．よって，**問題 52.1**(2) の結果より,

$\mathcal{F}[f(x)] = \dfrac{2\sin au}{u}$ であるので,

$$\mathcal{F}[g(x)] = \mathcal{F}[xf(x)] = i\,\frac{d\,F(u)}{du}$$

$$= i\frac{d}{du}\left(\frac{2\sin au}{u}\right) = \frac{2\{(\sin au)'\,u - u'\,\sin au\}}{u^2}$$

$$= \frac{2(au\cos au - \sin au)}{u^2}$$

54.1

(1) $\dfrac{1}{2}(f(x+0)+f(x-0)) = \dfrac{1}{\pi}\displaystyle\int_0^{\infty} F_c(u)\cos ux du$ であるので,

$$\frac{1}{\pi}\int_0^{\infty}\frac{2\sin au}{u}\cos ux du = \begin{cases} 1 & (\,|x| < a\,) \\ \frac{1}{2} & (\,|x| = a\,) \\ 0 & (\,|x| > a\,) \end{cases}$$

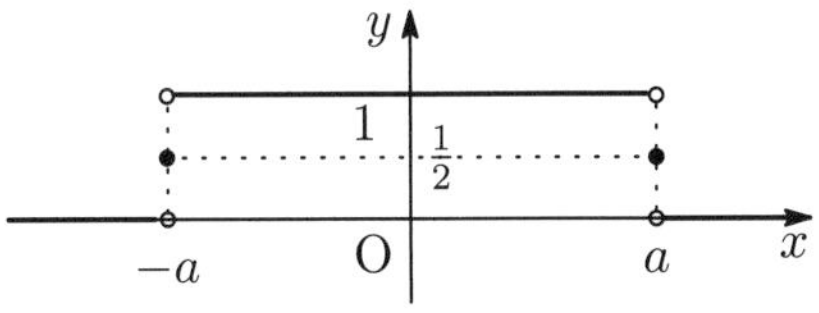

$x = 0,\ a = 1$ とすると，$\displaystyle\int_0^{\infty}\frac{\sin u}{u}du = \frac{\pi}{2}$

(2) パーセバルの等式より,

$\displaystyle\int_{-\infty}^{\infty}|f(x)|^2dx = \frac{1}{2\pi}\int_{-\infty}^{\infty}|F(u)|^2du$ が成立する．

左辺は $\displaystyle\int_{-\infty}^{\infty}|f(x)|^2dx = \int_{-a}^{a}dx = 2a$

右辺は

$$\frac{1}{2\pi}\int_{-\infty}^{\infty}|F(u)|^2du = \frac{1}{2\pi}\int_{-\infty}^{\infty}\left|\frac{2\sin au}{u}\right|^2du$$

$$= \frac{4}{\pi}\int_0^{\infty}\frac{\sin^2 au}{u^2}du$$

したがって，$\displaystyle\int_0^{\infty}\frac{\sin^2 au}{u^2}du = \frac{a\,\pi}{2}$ となり，$a = 1$ とすると

$$\int_0^{\infty}\frac{\sin^2 u}{u^2}du = \frac{\pi}{2}$$

54.2

(1) $F(u) = \displaystyle\int_{-\infty}^{\infty} f(x)e^{-iux}dx$

$$= -\int_{-\infty}^{0} e^{x}e^{-iux}dx + \int_0^{\infty} e^{-x}e^{-iux}dx$$

$$= -\left[\frac{1}{1-iu}e^{(1-iu)x}\right]_{-\infty}^{0} - \left[\frac{1}{1+iu}e^{-(1+iu)x}\right]_0^{\infty}$$

$$= -\frac{1}{1-iu} + \frac{1}{1+iu} = -\frac{2iu}{u^2+1}$$

(2) パーセバルの等式より,

$$\int_{-\infty}^{\infty}|f(x)|^2dx = \frac{1}{2\pi}\int_{-\infty}^{\infty}|F(u)|^2du$$

が成立する．

$|f(x)|^2 = e^{-2\,|x|}$ であるので，左辺は

$$\int_{-\infty}^{\infty} e^{-2\,|x|}dx = \int_{-\infty}^{0} e^{2x}dx + \int_0^{\infty} e^{-2x}dx$$

$$= \left[\frac{1}{2}e^{2x}\right]_{-\infty}^{0} + \left[-\frac{1}{2}e^{-2x}\right]_0^{\infty} = 1$$

$|F(u)|^2 = \left|-\dfrac{2iu}{u^2+1}\right|^2 = \dfrac{4u^2}{(u^2+1)^2}$ であるので，

右辺は

$$\frac{1}{2\pi}\int_{-\infty}^{\infty}\frac{u^2}{(u^2+1)^2}du$$ となり，パーセバルの等式は

$$1=\frac{2}{\pi}\int_{-\infty}^{\infty}\frac{u^2}{(u^2+1)^2}du$$

となる．よって，

$$\int_{-\infty}^{\infty}\frac{u^2}{(u^2+1)^2}du=\frac{\pi}{2}$$

被積分関数は偶関数であるで

$$\int_{0}^{\infty}\frac{u^2}{(u^2+1)^2}du=\frac{\pi}{4}$$

55.1

積分変数 x を $x'=x-y$ と変数変換すると $dx'=dx$，$x=x'+y$ で，$x=\pm\infty$ のとき $x'=\pm\infty$ であるので，

$$\int_{-\infty}^{\infty}\left\{\int_{-\infty}^{\infty}f(x-y)g(y)dy\right\}e^{-iux}dx$$
$$=\int_{-\infty}^{\infty}\left\{\int_{-\infty}^{\infty}f(x')g(y)dy\right\}e^{-iu(x'+y)}dx$$
$$=\left(\int_{-\infty}^{\infty}f(x')e^{-iux'}dx'\right)\left(\int_{-\infty}^{\infty}g(y)e^{-iuy}dy\right)$$

となり，たたみこみに関して

$\mathcal{F}[f(x)*g(x)]=\mathcal{F}[f(x)]\mathcal{F}[g(x)]$ が成立する．

55.2

(1) $$f(x)=\frac{1}{x^2+10x+9}=\frac{1}{(x^2+1)(x^2+9)}$$

と分母を因数分解する．

$$\mathcal{F}[f(x)]=\mathcal{F}\left[\frac{1}{x^2+1}\frac{1}{x^2+9}\right]$$
$$=\frac{1}{2\pi}\mathcal{F}\left[\frac{1}{x^2+1}\right]*\mathcal{F}\left[\frac{1}{x^2+9}\right]$$
$$=\frac{1}{2\pi}\frac{\pi^2}{3}e^{-|u|}*e^{-3|u|}$$
$$=\frac{\pi}{6}\int_{-\infty}^{\infty}e^{-|w|}e^{-3|u-w|}dw$$
$$=\frac{\pi}{6}\left(\int_{-\infty}^{0}e^{w}e^{-3|u-w|}dw+\int_{0}^{\infty}e^{-w}e^{-3|u-w|}dw\right)$$

$u>0$ のとき，

$$\mathcal{F}[f(x)]=\frac{\pi}{6}\left(\int_{-\infty}^{0}e^{-3u+4w}dw+\int_{0}^{u}e^{-3u+2w}dw+\int_{u}^{\infty}e^{3u-4w}dw\right)$$
$$=\frac{\pi}{6}\left\{\left[\frac{1}{4}e^{-3u+4w}\right]_{-\infty}^{0}+\left[\frac{1}{2}e^{-3u+2w}\right]_{0}^{u}-\left[\frac{1}{4}e^{3u-4w}\right]_{u}^{\infty}\right\}$$
$$=\frac{\pi}{6}\left(\frac{1}{4}e^{-3u}+\frac{1}{2}e^{-u}-\frac{1}{2}e^{-3u}+\frac{1}{4}e^{-u}\right)$$
$$=\frac{\pi}{8}e^{-u}-\frac{\pi}{24}e^{-3u}$$

$u<0$ のとき，

$$\mathcal{F}[f(x)]=\frac{\pi}{4}\left(\int_{-\infty}^{u}e^{-3u+4w}dw+\int_{u}^{0}e^{3u-2w}dw+\int_{0}^{\infty}e^{3u-4w}dw\right)$$
$$=\frac{\pi}{6}\left\{\left[\frac{1}{4}e^{-3u+4w}\right]_{-\infty}^{u}-\left[\frac{1}{2}e^{3u-2w}\right]_{u}^{0}-\left[\frac{1}{4}e^{3u-4w}\right]_{0}^{\infty}\right\}$$
$$=\frac{\pi}{6}\left(\frac{1}{4}e^{u}-\frac{1}{2}e^{3u}+\frac{1}{2}e^{u}+\frac{1}{4}e^{3u}\right)$$
$$=\frac{\pi}{8}e^{u}-\frac{\pi}{24}e^{3u}$$

よって，

$$\mathcal{F}[f(x)]=\frac{\pi}{8}e^{-|u|}-\frac{\pi}{24}e^{-3|u|}$$

(2) $$\mathcal{F}[f(x)]=\mathcal{F}\left[\frac{1}{(x^2+1)^2}\right]$$
$$=\frac{1}{2\pi}\mathcal{F}\left[\frac{1}{x^2+1}\right]*\mathcal{F}\left[\frac{1}{x^2+1}\right]$$
$$=\frac{1}{2\pi}\pi^2e^{-|u|}*e^{-|u|}=\frac{\pi}{2}\int_{-\infty}^{\infty}e^{-|w|}e^{-|u-w|}dw$$
$$=\frac{\pi}{2}\left(\int_{-\infty}^{0}e^{w}e^{-|u-w|}dw+\int_{0}^{\infty}e^{-w}e^{-|u-w|}dw\right)$$

$u>0$ のとき，

$$\mathcal{F}[f(x)]=\frac{\pi}{2}\left(\int_{-\infty}^{0}e^{-u+2w}dw+\int_{0}^{u}e^{-u}dw+\int_{u}^{\infty}e^{u-2w}dw\right)$$
$$=\frac{\pi}{2}\left\{\left[\frac{1}{2}e^{-u+2w}\right]_{-\infty}^{0}+e^{-u}\Big[w\Big]_{0}^{u}-\left[\frac{1}{2}e^{u-2w}\right]_{u}^{\infty}\right\}$$
$$=\frac{\pi}{2}\left(\frac{1}{2}e^{-u}+u\,e^{-u}+\frac{1}{2}e^{-u}\right)=\frac{\pi}{2}(1+u)e^{-u}$$

$u<0$ のとき，

$$\mathcal{F}[f(x)]=\frac{\pi}{2}\left(\int_{-\infty}^{u}e^{-u+2w}dw+\int_{u}^{0}e^{u}dw+\int_{0}^{\infty}e^{u-2w}dw\right)$$
$$=\frac{\pi}{2}\left\{\left[\frac{1}{2}e^{-u+2w}\right]_{-\infty}^{u}+e^{u}\Big[w\Big]_{u}^{0}-\left[\frac{1}{2}e^{u-2w}\right]_{0}^{\infty}\right\}$$
$$=\frac{\pi}{2}\left(\frac{1}{2}e^{u}-u\,e^{u}+\frac{1}{2}e^{u}\right)=\frac{\pi}{2}(1-u)e^{u}$$

よって，

$$\mathcal{F}[f(x)]=\frac{\pi}{2}(1+|u|)e^{-|u|}$$

56.1

(1) $$\mathcal{F}[f_\epsilon(x)]=\int_{-\infty}^{\infty}f_\epsilon(x)e^{-iux}dx=\int_{-\epsilon}^{\epsilon}\frac{1}{2\epsilon}e^{-iux}dx$$
$$=\frac{1}{2\epsilon}\left[-\frac{1}{iu}e^{-iux}\right]_{-\epsilon}^{\epsilon}=\frac{1}{2iu\epsilon}(e^{iu\epsilon}-e^{-iu\epsilon})$$
$$=\frac{\sin u\epsilon}{u\epsilon}$$

(2) $\lim_{\epsilon \to 0} \mathcal{F}[f_\epsilon(x)] = \lim_{\epsilon \to 0} \dfrac{\sin u\epsilon}{u\epsilon} = 1$

56.2 たたみこみの定義とデルタ関数の性質より，

$$(\delta * f)(x) = \int_{-\infty}^{\infty} \delta(x-y)f(y)dy = f(x)$$

57.1 変数分離法より，$u(x,t) = X(x)T(t)$ とおくと，偏微分方程式は

$$X(x)T'(t) = X''(x)T(t)$$

となるので，

$$\frac{T'(t)}{T(t)} = \frac{X''(x)}{X(x)} = \lambda$$

とすると，λ は定数となる．よって，

$$X''(x) = \lambda X(x),\ T'(t) = \lambda T(t)$$

の 2 つの微分方程式を解く．X の方程式は

$\lambda > 0$ のとき，$X = Ae^{\sqrt{\lambda}x} + Be^{-\sqrt{\lambda}x}$

$\lambda = 0$ のとき，$X = Ax + B$

$\lambda < 0$ のとき，$X = A\cos\sqrt{-\lambda}x + B\sin\sqrt{-\lambda}x$

となるので，$x = \pm\infty$ で有界な解は $\lambda < 0$ の場合のみである．$\sqrt{-\lambda} = u$ とすると，

$$X = A\cos ux + B\sin ux$$

となる．

T の方程式は変数分離形なので，

$$\int \frac{dT}{T} = \int \lambda dt \quad \to \quad \log|T| = \lambda t + C$$

となり，一般解は $T = C'e^{\lambda t}$ ただし，$C' = \pm e^C$ とした．$\lambda = -u^2$ より，

$$T = C'e^{-u^2 t}$$

よって，偏微分方程式の解は

$$u(x,t) = C'(A\cos ux + B\sin ux)e^{-u^2 t}$$

となる．$t = 0$ での条件を満たすには，A, B, C は u の関数でなければならない．$C'A \to \frac{1}{\pi}A(u)$，$C'B \to \frac{1}{\pi}B(u)$ とすると，

$$u(x,t) = \frac{1}{\pi}\int_0^{\infty} (A(u)\cos ux + B(u)\sin ux)e^{-u^2 t}du$$

$t = 0$ のとき，$u(x,0) = f(x)$ となるので，

$$f(x) = \frac{1}{\pi}\int_0^{\infty} \{A(u)\cos ux + B(u)\sin ux\}\, du$$

となるので $A(u)$，$B(u)$ はフーリエ積分の係数になるので，

$$A(u) = \int_{-\infty}^{\infty} f(x')\cos ux' dx',$$

$$B(u) = \int_{-\infty}^{\infty} f(x')\sin ux' dx'$$

となり，代入すると，

$$u(x,t) = \frac{1}{\pi}\int_{-\infty}^{\infty}\int_0^{\infty} \{f(x')\cos ux'\cos ux + f(x')\sin ux'\sin ux\}e^{-u^2 t}du\,dx'$$

$$u(x,t) = \frac{1}{\pi}\int_{-\infty}^{\infty}\int_0^{\infty} \{f(x')\cos u(x'-x)\}e^{-u^2 t}du\,dx'$$

u 積分を実行すると

$$u(x,t) = \frac{1}{2\pi}\int_{-\infty}^{\infty} \sqrt{\frac{\pi}{t}} f(x')e^{-\frac{(x'-x)^2}{4t}}dx'$$

$$= \frac{1}{2\sqrt{\pi t}}\int_{-\infty}^{\infty} f(x')\, e^{-\frac{(x'-x)^2}{4t}}dx'$$

別解：$u(x,t)$ の x についてのフーリエ変換を $F(u,t) = \mathcal{F}[u(x,t)]$ とすると，

$$\mathcal{F}\left[\frac{\partial^2 u(x,t)}{\partial x^2}\right] = (iu)^2 F(u,t)$$

$$\mathcal{F}\left[\frac{\partial u(x,t)}{\partial t}\right] = \frac{\partial F(u,t)}{\partial t}$$

となるので，偏微分方程式は

$\dfrac{\partial F(u,t)}{\partial t} = -u^2 F(u,t)$ となり，解は

$$F(u,t) = C(u)e^{-u^2 t}$$

となる．

$$u(x,t) = \frac{1}{2\pi}\int_{-\infty}^{\infty} C(u)e^{-u^2 t}e^{iux}du$$

$t = 0$ で $u(x,0) = f(x)$ より，

$$f(x) = \frac{1}{2\pi}\int_{-\infty}^{\infty} C(u)e^{iux}du$$

となるので，$C(u)$ は $f(x)$ のフーリエ変換になっている．つまり，

$$C(u) = \int_{-\infty}^{\infty} f(x')e^{-iux'}dx'$$

これを $u(x,y)$ に代入すると

$$u(x,t) = \frac{1}{2\pi}\int_{-\infty}^{\infty}\int_{-\infty}^{\infty} f(x')e^{-iu(x'-x)}e^{-u^2 t}du dx'$$

u 積分を実行すると

$$u(x,t) = \frac{1}{2\pi}\sqrt{\frac{\pi}{t}}\int_{-\infty}^{\infty} f(x')e^{-\frac{(x'-x)^2}{4t}}dx'$$

$$= \frac{1}{2\sqrt{\pi t}}\int_{-\infty}^{\infty} f(x')\, e^{-\frac{(x'-x)^2}{4t}}dx'$$

5　複素解析　解答

58.1

(1) $3(2-5i)^2-2(3+4i)=3(4-20i+25i^2)-6-8i$
$=-69-68i$

(2) $\dfrac{i}{1+i}+\dfrac{1+i}{i}=\dfrac{i^2+(1+i)^2}{(1+i)i}=\dfrac{-1+2i}{-1+i}$
$=\dfrac{(-1+2i)(-1-i)}{(-1+i)(-1-i)}=\dfrac{3-i}{2}$

58.2　左辺を展開した
$(1-2i)(x+yi)=x+yi-2xi+2y$
$=(x+2y)+i(-2x+y)$
および右辺 $8-i$ について，実部，虚部がそれぞれ等しいことから，連立方程式 $\begin{cases} x+2y=8 \\ -2x+y=-1 \end{cases}$ を得る．これを解いて，$\begin{cases} x=2 \\ y=3 \end{cases}$

58.3　以下，$z=x+iy$，$z_1=x_1+iy_1$，$z_2=x_2+iy_2$ とおく．

(1) $z\overline{z}=(x+iy)(x-iy)=x^2+y^2=(\sqrt{x^2+y^2}\,)^2$
$=|z|^2$

(2) $z+\overline{z}=x+iy+x-iy=2x=2\mathrm{Re}(z)$，同様に，$z-\overline{z}=x+iy-(x-iy)=2iy=2i\mathrm{Im}(z)$

(3) 左辺についてまとめる
$\dfrac{1}{2}\left(\overline{z_1}z_2+z_1\overline{z_2}\right)$
$=\dfrac{1}{2}\{(x_1-iy_1)(x_2+iy_2)+(x_1+iy_1)(x_2-iy_2)\}$
$=\dfrac{1}{2}(2x_1x_2+2y_1y_2)=x_1x_2+y_1y_2,$
一方，右辺は
$\mathrm{Re}\left(\overline{z_1}z_2\right)=\mathrm{Re}\{(x_1+iy_1)(x_2+iy_2)\}$
$=\{(x_1x_2+y_1y_2)+i(x_1y_2+x_2y_1)\}$
$=x_1x_2+y_1y_2$．
以上より，$\dfrac{1}{2}\left(\overline{z_1}z_2+z_1\overline{z_2}\right)=\mathrm{Re}\left(\overline{z_1}z_2\right)$ が成り立つ．

(4) まず**右側の不等式**について示す．
$\left(|z_1|+|z_2|\right)^2=(x_1^2+y_1^2)+(x_2^2+y_2^2)$
$+2\sqrt{x_1^2+y_1^2}\cdot\sqrt{x_2^2+y_2^2}\ \cdots\ (a)$
一方で，
$|z_1\pm z_2|^2=(x_1^2+y_1^2)+(x_2^2+y_2^2)$
$\pm2(x_1x_2+y_1y_2)\ \cdots\ (b)$
ここで，例題 1.2 の **Schwarz の不等式**から，
$\pm2(x_1x_2+y_1y_2)\leqq2\sqrt{x_1^2+y_1^2}\cdot\sqrt{x_2^2+y_2^2}$
が成り立つので，$(a),(b)$ を比較して，
$|z_1\pm z_2|^2\leqq\left(|z_1|+|z_2|\right)^2$．
よって，右側の不等式が成り立つ．
次に**左側の不等式**についても同様に，
$\left(|z_1|-|z_2|\right)^2=(x_1^2+y_1^2)+(x_2^2+y_2^2)$
$-2\sqrt{x_1^2+y_1^2}\cdot\sqrt{x_2^2+y_2^2}\ \cdots\ (c)$
ここで，**Schwarz の不等式**の両辺に -2 をかけて $-2\sqrt{x_1^2+y_1^2}\cdot\sqrt{x_2^2+y_2^2}\leqq\mp2(x_1x_2+y_1y_2)$ が成り立つので，$(b),(c)$ を比較して，
$\left(|z_1|-|z_2|\right)^2\leqq|z_1\pm z_2|^2$ である．したがって，左側の不等式も成り立つ．　□

59.1

(1)

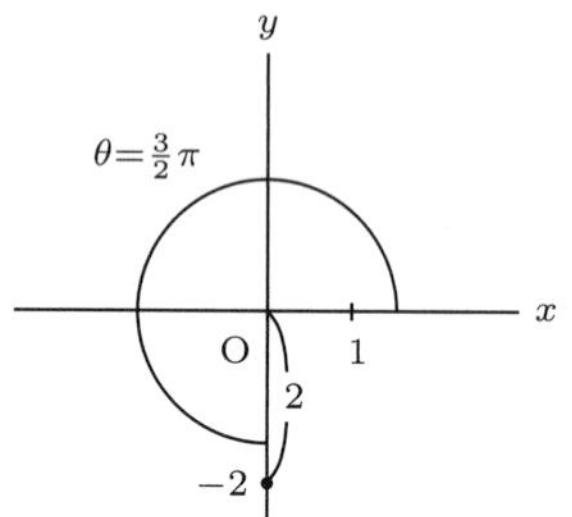

図より，$z=2\left(\cos\frac{3}{2}\pi+i\sin\frac{3}{2}\pi\right)$

(2)

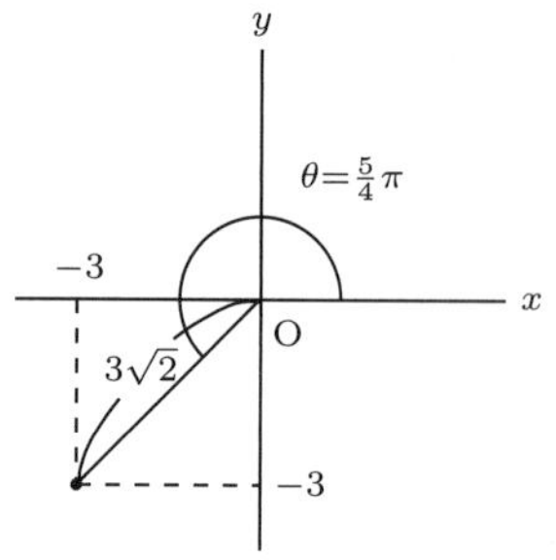

図より，$z=3\sqrt{2}\left(\cos\frac{5}{4}\pi+i\sin\frac{5}{4}\pi\right)$

59.2

(1) $z=2\left(\cos\dfrac{4}{3}\pi+i\sin\dfrac{4}{3}\pi\right)=2\left(-\dfrac{1}{2}-\dfrac{\sqrt{3}}{2}i\right)$
$=-1-\sqrt{3}\,i$

(2) $z=4\left\{\cos\left(\dfrac{\pi}{4}+\dfrac{\pi}{6}\right)+i\sin\left(\dfrac{\pi}{4}+\dfrac{\pi}{6}\right)\right\}$
ここで，加法定理から
$\cos\left(\dfrac{\pi}{4}+\dfrac{\pi}{6}\right)=\dfrac{\sqrt{6}-\sqrt{2}}{4}$
$\sin\left(\dfrac{\pi}{4}+\dfrac{\pi}{6}\right)=\dfrac{\sqrt{6}+\sqrt{2}}{4}$
これらを代入して，
$z=(\sqrt{6}-\sqrt{2})+i(\sqrt{6}+\sqrt{2})$.

59.3

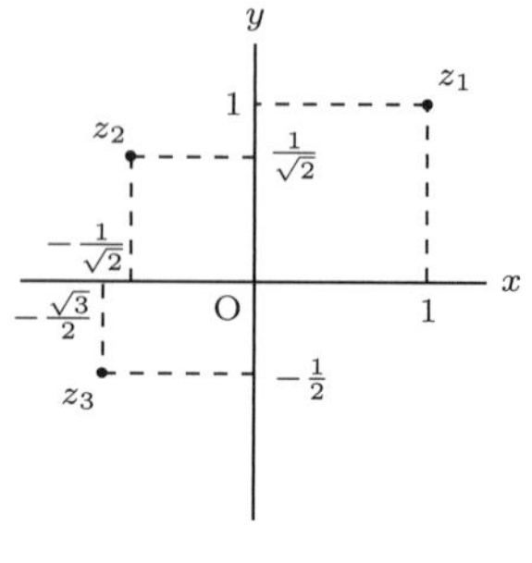

図より，$z_1 = \sqrt{2}\,e^{\frac{\pi}{4}i}$，$z_2 = 1\,e^{\frac{3\pi}{4}i}$，$z_3 = 1\,e^{\frac{7\pi}{6}i}$
したがって，

$$z_1z_2z_3 = \sqrt{2}e^{(\frac{\pi}{4}+\frac{3\pi}{4}+\frac{7\pi}{6})i} = \sqrt{2}e^{(2\pi+\frac{\pi}{6})i}$$

$$= \sqrt{2}\left(\cos\frac{\pi}{6} + i\sin\frac{\pi}{6}\right) = \sqrt{2}\left(\frac{\sqrt{3}}{2} + \frac{1}{2}i\right)$$

$$= \frac{\sqrt{6}}{2} + \frac{\sqrt{2}}{2}i$$

59.4

(1) $i = \cos\dfrac{\pi}{2} + i\sin\dfrac{\pi}{2}$，$z = r\cos\theta + ir\sin\theta$ より

$$iz = r\cos\left(\theta + \frac{\pi}{2}\right) + ir\sin\left(\theta + \frac{\pi}{2}\right).$$

これは下の図のように，複素平面上の任意の点 z を原点 O を中心として正の方向に 90° 回転したものである．

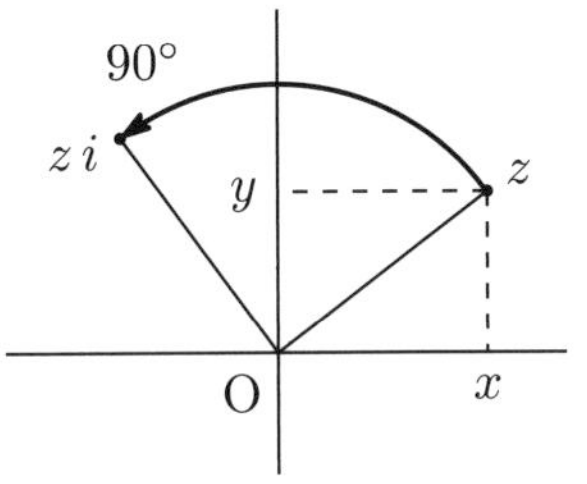

(2) $\sqrt{3} + i = 2\left(\cos\dfrac{\pi}{6} + i\sin\dfrac{\pi}{6}\right)$，
$z = r\cos\theta + ir\sin\theta$ より，

$$(\sqrt{3}+i)z = 2r\left\{\cos\left(\theta + \frac{\pi}{6}\right) + i\sin\left(\theta + \frac{\pi}{6}\right)\right\}$$

すなわち，$\sqrt{3} + i$ を 1 回かけることは，複素平面上の任意の点 z の動径 r を 2 倍して，原点 O を中心として正の方向に 30° 回転することである．したがって，$(\sqrt{3} + i)^2 z$ とは，この操作を 2 回施すことに等しいから，任意の点 z の動径 r を $2^2 = 4$ 倍して，原点 O を中心として正の方向に $30^\circ \times 2 = 60^\circ$ 回転したものである．

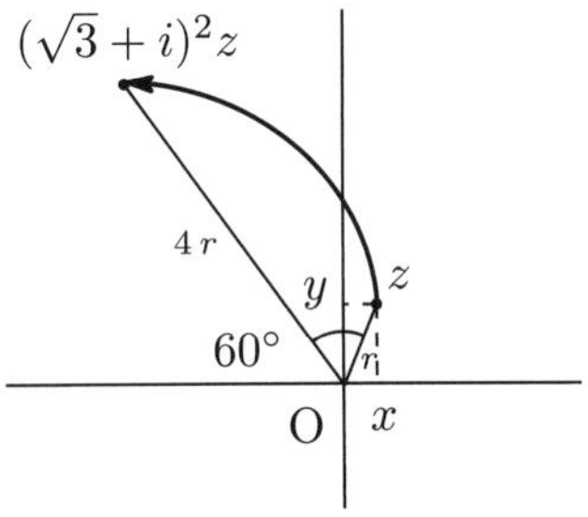

(3) $1 + i = \sqrt{2}e^{\frac{\pi}{4}i}$，$z = r\cos\theta + ir\sin\theta$ より，

$$\frac{z}{1+i} = \frac{r}{\sqrt{2}}\left\{\cos\left(\theta - \frac{\pi}{4}\right) + i\sin\left(\theta - \frac{\pi}{4}\right)\right\}$$

すなわち，複素平面上の任意の点 z の動径 r を $\dfrac{1}{\sqrt{2}}$ 倍して，原点 O を中心として負の方向に 45° 回転したものである．

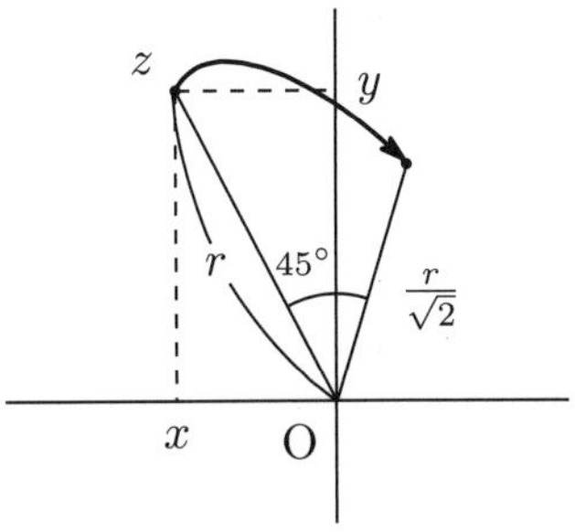

59.5

(1)
$$\frac{z}{w} = \frac{r(\cos\theta + i\sin\theta)}{\rho(\cos\rho + i\sin\rho)}$$
$$= \frac{r}{\rho}(\cos\theta + i\sin\theta)(\cos\rho - i\sin\rho)$$
$$= \frac{r}{\rho}\{(\cos\theta\cos\rho + \sin\theta\sin\rho) + i(\sin\theta\cos\rho - \cos\theta\sin\rho)\}$$
$$= \frac{r}{\rho}\{\cos(\theta - \psi) + i\sin(\theta - \psi)\}$$ より，

$\left|\dfrac{z}{w}\right| = \dfrac{r}{\rho}$．一方，$|z| = r, |w| = \rho$ より

$\dfrac{|z|}{|w|} = \dfrac{r}{\rho}$ であるから，等式は成り立つ． □

(2) $\dfrac{z}{w} = \dfrac{r}{\rho}\{\cos(\theta - \psi) + i\sin(\theta - \psi)\}$ より，

$\arg\left(\dfrac{z}{w}\right) = \theta - \psi$．一方，$\arg z = \theta$，$\arg w = \psi$ より $\arg z - \arg w = \theta - \psi$ であるから，等式は成り立つ． □

60.1

(1) $1 + i = \sqrt{2}e^{\frac{\pi}{4}i}$ より

$$(1+i)^{10} = \left(\sqrt{2}e^{\frac{\pi}{4}i}\right)^{10} = (\sqrt{2})^{10}e^{(\frac{\pi}{4}i\times 10)}$$
$$= 2^5e^{(2\pi+\frac{\pi}{2})i} = 32e^{\frac{\pi}{2}i} = 32i.$$

(2) $-1 + \sqrt{3}\,i = 2e^{\frac{2}{3}\pi i}$ より

$$(-1+\sqrt{3}\,i)^{-6} = \left(2e^{\frac{2}{3}\pi i}\right)^{-6} = 2^{-6}e^{(\frac{2}{3}\pi i\times -6)}$$
$$= \frac{1}{2^6}e^{-4\pi i} = \frac{1}{64}.$$

60.2

(1) $z = re^{i\theta}$ とおく．ただし，($0 \leqq \theta < 2\pi$)．
$z^5 = r^5e^{i(5\theta)} = r^5(\cos 5\theta + i\sin 5\theta) = 32$ より
両辺を比較して，r, θ は，

$$\begin{cases} r^5 = 32 & \cdots ▪ \\ \cos 5\theta = 1,\ \sin 5\theta = 0 & \cdots ▪ \end{cases}$$

ここで，r は正の実数であるから，$r = 2$．
また，5θ は，$0 \leqq 5\theta < 10\pi$ の範囲の偏角であるから，式 ▪ を満たす角度は
$5\theta = 0, 2\pi, 4\pi, 6\pi, 8\pi$ のとき．
したがって，$\theta = 0, \dfrac{2}{5}\pi, \dfrac{4}{5}\pi, \dfrac{6}{5}\pi, \dfrac{8}{5}\pi$
と求まり，解 $z = re^{i\theta}$ は
$z_1 = 2$，$z_2 = 2e^{\frac{2}{5}\pi i}$，$z_3 = 2e^{\frac{4}{5}\pi i}$，
$z_4 = 2e^{\frac{6}{5}\pi i}$，$z_5 = 2e^{\frac{8}{5}\pi i}$
の 5 つである．

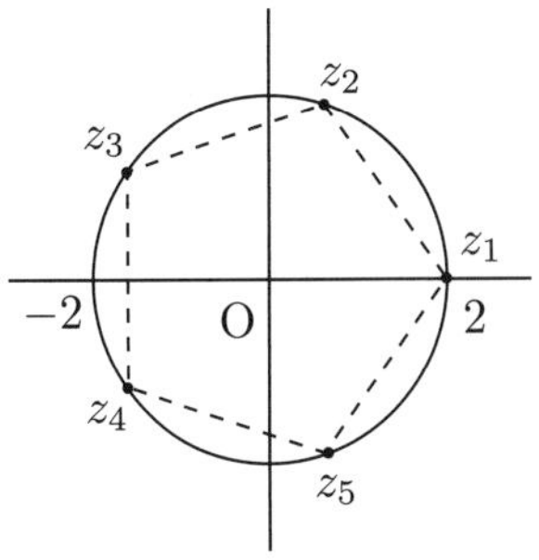

(2) $z = re^{i\theta}$ ($0 \leqq \theta < 2\pi$) とおく．右辺も同様に極形式 $-2+2i = 2\sqrt{2}e^{\frac{3}{4}\pi i}$ とおく．

$z^3 = r^3 e^{i(3\theta)} = r^3(\cos 3\theta + i \sin 3\theta) = 2\sqrt{2}e^{\frac{3}{4}\pi i}$

より両辺を比較して，r, θ は，

$$\begin{cases} r^3 = 2\sqrt{2} & \cdots ■ \\ \cos 3\theta = -\frac{1}{\sqrt{2}},\ \sin 3\theta = \frac{1}{\sqrt{2}} & \cdots ■ \end{cases}$$

ここで，r は正の実数であるから，$r = \sqrt{2}$．

また，3θ は， $0 \leqq 3\theta < 6\pi$ の範囲の偏角であるから，式 ■ を満たす角度は

$3\theta = \dfrac{3}{4}\pi, \dfrac{11}{4}\pi, \dfrac{19}{4}\pi$ のとき．

したがって，$\theta = \dfrac{1}{4}\pi, \dfrac{11}{12}\pi, \dfrac{19}{12}\pi$

と求まり，解 $z = re^{i\theta}$ は

$z_1 = \sqrt{2}e^{\frac{1}{4}\pi}$, $z_2 = \sqrt{2}e^{\frac{11}{12}\pi}$, $z_3 = \sqrt{2}e^{\frac{19}{12}\pi}$

の 3 つである．

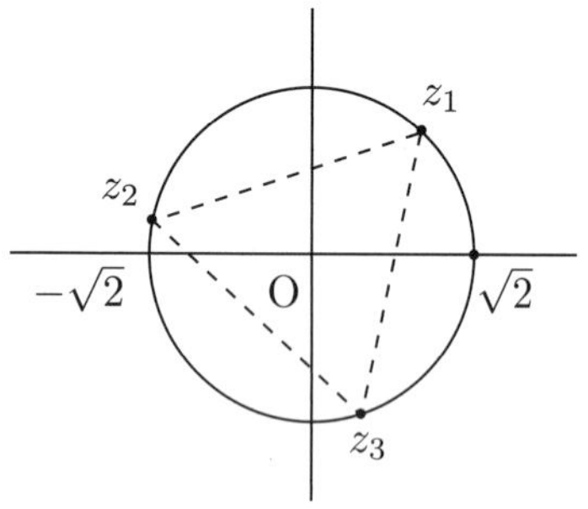

60.3 $\dfrac{1}{z^n} = z^{-n} = \left(\cos\theta + i\sin\theta\right)^{-n}$

(ド・モアブルの定理より)

$= \cos(-n\theta) + i\sin(-n\theta) = \cos(n\theta) - i\sin(n\theta)$ □

60.4 $\cos 3\theta + i\sin 3\theta = \left(e^{i\theta}\right)^3 = \left(\cos\theta + i\sin\theta\right)^3$

$= \cos^3\theta + 3\cos^2\theta\sin\theta i + 3\cos\theta\sin^2\theta i^2 + \sin^3\theta i^3$

$= \cos^3\theta + 3\sin\theta i\left(1-\sin^2\theta\right)$

$\qquad - 3\cos\theta\left(1-\cos^2\theta\right) - \sin^3\theta i$

$= \cos^3\theta + 3\sin\theta i - 3\sin^3\theta i - 3\cos\theta + 3\cos^3\theta - \sin^3\theta i$

$= 4\cos^3\theta - 3\cos\theta + i\left(3\sin\theta - 4\sin^3\theta\right)$

したがって，等式の最初と最後の項について，実部，虚部をそれぞれ見比べて，

$\cos 3\theta = 4\cos^3\theta - 3\cos\theta$, $\sin 3\theta = 3\sin\theta - 4\sin^3\theta$

をそれぞれ得る． □

61.1

第 n 部分和を S_n で表すと，

$S_n = 1 + z + z^2 + \cdots + z^{n-2} + z^{n-1} = \dfrac{1-z^n}{1-z} \cdots ⊛$

(1) $z = re^{i\theta}$ と表すと，$|z| < 1 \leftrightarrow r < 1$

$\displaystyle\lim_{n\to\infty} z^n = \lim_{n\to\infty} r^n e^{in\theta} = 0 \times e^{in\theta} = 0$ より，

$1 + z + z^2 + \cdots + z^n + \cdots = \displaystyle\lim_{n\to\infty} S_n$

$\overset{⊛}{=} \displaystyle\lim_{n\to\infty} \frac{1-z^n}{1-z} = \frac{1}{1-z}$

(**注意**：上式に現れる 2 つの 0 のうち，手前のものは**実数のゼロ**，後ろのものは**複素数のゼロ**，である．)

(2) $z = re^{i\theta}$ と表すと，$|z| > 1 \leftrightarrow r > 1$

実数の極限の扱いとして $r > 1$ のとき，

$\displaystyle\lim_{n\to\infty} r^n = +\infty$ であり，複素数における**無限遠点** ∞ とは $|z| \to \infty$ であることに注意する．

この意味で，$|z| > 1$ のとき， $\displaystyle\lim_{n\to\infty} z^n = \infty$ である．∴ $\displaystyle\lim_{n\to\infty} S_n \overset{⊛}{=} \lim_{n\to\infty} \frac{1-z^n}{1-z} = \infty$

61.2 級数 $\displaystyle\sum_{k=1}^{\infty} |a_k z^k|$ $\cdots$ ① について，**ダランベールの公式**より $\displaystyle\lim_{k\to\infty}\left|\frac{a_{k+1}z^{k+1}}{a_k z^k}\right| < 1$ であれば，式①は収束する．すなわち，z の範囲が $|z| < \displaystyle\lim_{k\to\infty}\left|\frac{a_k}{a_{k+1}}\right|$ であれば収束するので，

収束半径 $\rho = \displaystyle\lim_{k\to\infty}\left|\frac{a_k}{a_{k+1}}\right|$ $\cdots$ ②

である．以下，式②を用いて収束半径を求める ((3) のみ基本に戻って始めから求める)．

(1) $\rho = \displaystyle\lim_{k\to\infty}\left|\frac{2^k}{2^{k+1}}\right| = \frac{1}{2}$

(2) $\rho = \displaystyle\lim_{k\to\infty}\left|\frac{k}{k+1}\right| = \lim_{k\to\infty}\frac{1}{1+\frac{1}{k}} = 1$

(3) **ダランベールの公式**より

$\displaystyle\lim_{k\to\infty}\left|\frac{\frac{(-1)^{k+1}z^{2(k+1)}}{\{2(k+1)\}!}}{\frac{(-1)^k z^{2k}}{(2k)!}}\right| < 1$

を満たす z の範囲であればよいから，

$\left|z^2\right| < \displaystyle\lim_{k\to\infty}\left|\frac{\{2(k+1)\}!}{(2k)!}\right|$

$= \displaystyle\lim_{k\to\infty}\left|\frac{(2k)!(2k+1)(2k+2)}{(2k)!}\right|$

$= \displaystyle\lim_{k\to\infty}\left|(2k+1)(2k+2)\right| = \infty$

∴ $|z| < \infty$ より，収束半径 $\rho = \infty$

(4) $\rho = \displaystyle\lim_{k\to\infty}\left|\frac{\frac{k!}{k^k}}{\frac{(k+1)!}{(k+1)^{k+1}}}\right| = \lim_{k\to\infty}\left|\frac{(k+1)^k}{k^k}\right|$

$= \displaystyle\lim_{k\to\infty}\left|\left(1+\frac{1}{k}\right)^k\right| = e$

61.3 ベキ級数 $\displaystyle\sum_{k=1}^{\infty} a_k z^k$ について，**コーシー・アダマールの公式**より $\displaystyle\lim_{k\to\infty}\sqrt[k]{|a_k z^k|} < 1$ であれば収束する．すなわち，z の範囲が $|z| < \displaystyle\lim_{k\to\infty}\frac{1}{\sqrt[k]{|a_k|}}$ であれば収束するので，収束半径 $r = \displaystyle\lim_{k\to\infty}\frac{1}{\sqrt[k]{|a_k|}}$ $\cdots$ ①

ベキ級数 $\displaystyle\sum_{k=1}^{\infty} b_k z^k$ についても同様に，

収束半径 $s = \displaystyle\lim_{k\to\infty}\frac{1}{\sqrt[k]{|b_k|}}$ $\cdots$ ②

(1) $\displaystyle\sum_{k=1}^{\infty}(a_k+b_k)z^k = \sum_{k=1}^{\infty}a_k z^k + \sum_{k=1}^{\infty}b_k z^k$ より，r, s のうちで収束半径が小さい方を $\min\{r\ ,\ s\}$ と表すと，$R=\min\{r\ ,\ s\}$.

(2) 収束半径 $\displaystyle R=\lim_{k\to\infty}\frac{1}{\sqrt[k]{|a_k\cdot b_k|}}$

$\displaystyle =\lim_{k\to\infty}\frac{1}{\sqrt[k]{|a_k|}}\cdot\lim_{k\to\infty}\frac{1}{\sqrt[k]{|b_k|}} \overset{①,②\text{より}}{=} r\cdot s$

$\therefore\ r\cdot s=R$.

(3) 収束半径 $\displaystyle R=\lim_{k\to\infty}\frac{1}{\sqrt[k]{\left|\frac{a_k}{b_k}\right|}}=\lim_{k\to\infty}\frac{\sqrt[k]{|b_k|}}{\sqrt[k]{|a_k|}}$

$\displaystyle \overset{①,②\text{より}}{=}\frac{s}{r}\qquad \therefore\ R=\frac{s}{r}$.

61.4 $\displaystyle f(x)=\sum_{k=0}^{\infty}a_k z^k$ の収束半径を ρ,

$\displaystyle g(x)=\sum_{k=1}^{\infty}ka_k z^{k-1}$ の収束半径を ρ' とする．コーシー・アダマールの公式から，

$\displaystyle \lim_{n\to\infty}\sqrt[n]{|a_n z^n|}=\lim_{n\to\infty}|a_n|^{1/n}|z|<1$ である．

$$\therefore\ \rho=\frac{1}{\lim_{n\to\infty}|a_n|^{1/n}}\quad\cdots①$$

一方，$\displaystyle\sum_{k=1}^{\infty}ka_k z^{k-1}$ については，$\displaystyle\lim_{n\to\infty}n^{1/n}=1$ より，

$\displaystyle \lim_{n\to\infty}\sqrt[n]{n|a_n z^{n-1}|}=\lim_{n\to\infty}n^{1/n}|a_n|^{1/n}|z|^{1-1/n}$

$\displaystyle =\lim_{n\to\infty}n^{1/n}\cdot\lim_{n\to\infty}|a_n|^{1/n}\cdot\lim_{n\to\infty}|z|^{1-1/n}$

$\displaystyle =\lim_{n\to\infty}|a_n|^{1/n}\cdot|z|<1.$

$$\therefore\rho'=\frac{1}{\lim_{n\to\infty}|a_n|^{1/n}}\quad\cdots②\ .$$

したがって，①, ② より両者の収束半径は等しい．

62.1

$\displaystyle w=\frac{1}{z}$ より $\displaystyle z=\frac{1}{w}$

$z=x+iy$, $w=u+iv$ とおくと

$\displaystyle x+iy=\frac{1}{u+vi}=\frac{u-vi}{u^2+v^2}$

よって $\displaystyle x=\frac{u}{u^2+v^2}$, $\displaystyle y=-\frac{v}{u^2+v^2}\quad\cdots(*)$

(1) 円 $|z|=1 \iff x^2+y^2=1$ に $(*)$ を代入

$\displaystyle \frac{u^2}{(u^2+v^2)^2}+\frac{(-v)^2}{(u^2+v^2)^2}=1$ より

$\displaystyle \frac{1}{u^2+v^2}=1$ ．すなわち，$u^2+v^2=1$ より，中心 $(0,0)$ ，半径 1 の単位円に移る．

(2) 直線 $\mathrm{Im}(z)=1 \iff y=1$ に $(*)$ を代入

$\displaystyle \frac{-v}{u^2+v^2}=1$ より $u^2+v^2=-v$

これから $\displaystyle u^2+\left(v+\frac{1}{2}\right)^2=\frac{1}{4}$. すなわち，

中心 $\displaystyle \left(0,-\frac{1}{2}\right)$ ，半径 $\displaystyle \frac{1}{2}$ の円に移る．

62.2

(1) $e^{2z}=(e^z)^2$ より $e^z=t$ とおくと，与式は $t^2-t=t(t-1)=0$ となる．したがって，解は $t=e^z=1$ となる ($e^z>0$ より $t=0$ は解として不適). $e^z=e^x(\cos y+i\sin y)=1$ を満たす $z=x+iy$ は，$z=0+2n\pi i$ (n : 任意の整数).

(2) $e^z=e^x(\cos y+i\sin y)$ が実数となるためには，$e^x\sin y=0$ であればよい (虚部が消えるため). $e^x\neq 0$ より，$\sin y=0$ であるから $y=n\pi$ (n : 任意の整数). したがって，$z=x+n\pi i$ (x : 任意の実数, n : 任意の整数).

(1)

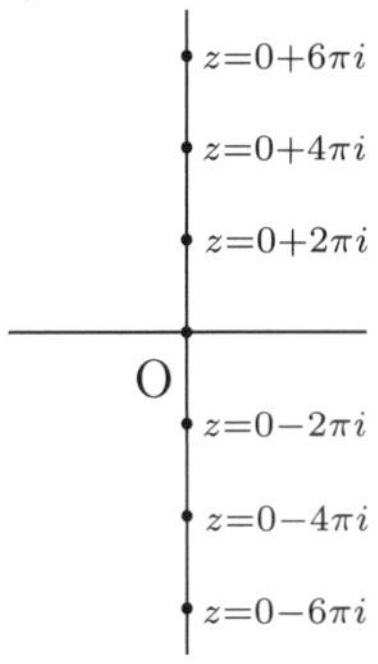

(2)

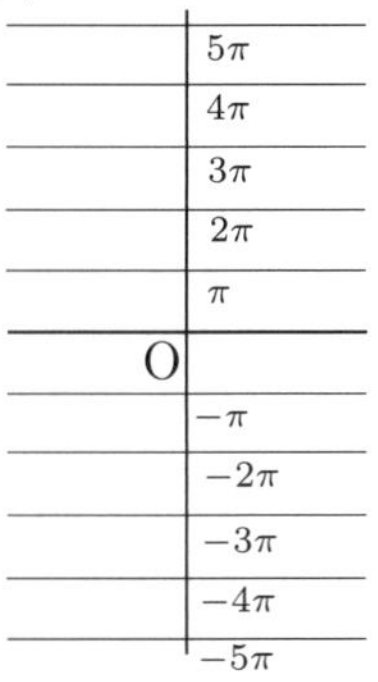

62.3 $z=x+iy$ とおくと，$e^z=e^x(\cos y+i\sin y)$

(1) $e^z=e^x(\cos y+i\sin y)$ において，任意の実数 x について $e^x\neq 0$ ，かつ $|\cos y+i\sin y|=\cos^2 y+\sin^2 y=1$ より 任意の実数 y について $\cos y+i\sin y\neq 0$ である．したがって，$e^z\neq 0$.

(2) 左辺 $=\overline{e^z}=\overline{e^x\cos y+ie^x\sin y}$

$=e^x\cos y-ie^x\sin y=e^x(\cos y-i\sin y)$

$=e^x\cdot\{\cos(-y)+i\sin(-y)\}=e^x\cdot e^{-yi}$

$=e^{x-yi}=e^{\overline{z}}=$ 右辺.

(3) 左辺 $=|e^z|=|\ e^x\cos y+ie^x\sin y\ |$

$=\sqrt{(e^x\cos y)^2+(e^x\sin y)^2}=e^x=e^{\mathrm{Re}(z)}$

$=$ 右辺.

(4) n は整数 であることから，**指数法則**を $(n-1)$ 回使用すれば，$(e^z)^n=e^z\cdot e^z\cdot e^z\cdots e^z=e^{(nz)}$ を得る (ここで n は有限な数であるので，わざわざ数学的帰納法を使うまでもなくこれで十分である).

(5) $z_1=x_1+iy_1$, $z_2=x_2+iy_2$ とおく．

右辺 $\displaystyle =\frac{e^{z_1}}{e^{z_2}}=\frac{e^{x_1}}{e^{x_2}}\cdot\frac{\cos y_1+i\sin y_1}{\cos y_2+i\sin y_2}$

$\displaystyle =\frac{e^{x_1}}{e^{x_2}}\cdot\frac{(\cos y_1+i\sin y_1)(\cos y_2-i\sin y_2)}{(\cos y_2+i\sin y_2)(\cos y_2-i\sin y_2)}$

$\displaystyle =\frac{e^{x_1}}{e^{x_2}}\cdot\frac{\cos(y_1-y_2)+i\sin(y_1-y_2)}{1}$

$\overset{※1}{=} e^{x_1-x_2}\cdot e^{i(y_1-y_2)}$

$\overset{※2}{=} e^{(x_1+iy_1)-(x_2-iy_2)}=e^{z_1-z_2}=$ 左辺.

ここに，※ 1 では実数の範囲での指数法則 $\displaystyle\frac{e^{x_1}}{e^{x_2}}=e^{x_1-x_2}$ を用いていること，※ 2 では複素数の範囲での指数法則を用いていること，にそれぞれ注意したい．

63.1

(1) $\sin\left(\dfrac{\pi}{2}+i\right)=\dfrac{1}{2i}\left\{e^{i(\frac{\pi}{2}+i)}-e^{-i(\frac{\pi}{2}+i)}\right\}$

$=\dfrac{1}{2i}\left\{e^{-1+\frac{\pi}{2}i}-e^{1-\frac{\pi}{2}i}\right\}$

$=\dfrac{1}{2i}\left\{e^{-1}\left(\cos\dfrac{\pi}{2}+i\sin\dfrac{\pi}{2}\right)-e\left(\cos\dfrac{\pi}{2}-i\sin\dfrac{\pi}{2}\right)\right\}$

$=\dfrac{1}{2i}\left\{\dfrac{1}{e}i+e\,i\right\}=\dfrac{1}{2}\left(e+\dfrac{1}{e}\right)$

(2) $\cos\left(\dfrac{\pi}{3}-i\right)=\dfrac{1}{2}\left\{e^{i(\frac{\pi}{3}-i)}+e^{-i(\frac{\pi}{3}-i)}\right\}$

$=\dfrac{1}{2}\left\{e^{1+\frac{\pi}{3}i}+e^{-1-\frac{\pi}{3}i}\right\}$

$=\dfrac{1}{2}\left\{e\left(\cos\dfrac{\pi}{3}+i\sin\dfrac{\pi}{3}\right)+\dfrac{1}{e}\left(\cos\dfrac{\pi}{3}-i\sin\dfrac{\pi}{3}\right)\right\}$

$=\dfrac{1}{2}\left\{e\left(\dfrac{1}{2}+i\dfrac{\sqrt{3}}{2}\right)+\dfrac{1}{e}\left(\dfrac{1}{2}-i\dfrac{\sqrt{3}}{2}\right)\right\}$

$=\dfrac{e}{4}(1+\sqrt{3}i)+\dfrac{1}{4e}(1-\sqrt{3}i)$

(3) $\tan(-i)=\dfrac{\sin(-i)}{\cos(-i)}=\dfrac{e^{-i^2}-e^{i^2}}{i(e^{-i^2}+e^{i^2})}$

$=\dfrac{e-e^{-1}}{i(e+e^{-1})}=\dfrac{-(e^{-1}-e)}{i(e^{-1}+e)}=\dfrac{e^{-1}-e}{e^{-1}+e}i$

63.2

(1) $\cos iy=\dfrac{1}{2}\left\{e^{i(iy)}+e^{-i(iy)}\right\}=\dfrac{1}{2}\left(e^{-y}+e^{y}\right)$

ここで任意の実数yに対して，$e^{-y}>0$，$e^{y}>0$ より，相加平均と相乗平均の関係を用いると

$\cos iy=\dfrac{1}{2}\left(e^{-y}+e^{y}\right)\geqq\sqrt{e^{-y}\cdot e^{y}}=1$

である． □

(2) $\dfrac{1}{2i}\left(e^{iz}-e^{-iz}\right)=2$ の両辺に $2ie^{iz}$ をかけてまとめると $(e^{iz})^2-4i(e^{iz})-1=0$. ここで，$t=e^{iz}$ とおくと，方程式は $t^2-4it-1=0$. これを解いて，$t=(2+\sqrt{3})i$，$(2-\sqrt{3})i$.

$t=e^{iz}=e^{i(x+iy)}=e^{-y}e^{ix}$ とかけるので，$t=(2+\sqrt{3})i=e^{-y}e^{ix}$ であるためには，

$(2+\sqrt{3})i=(2+\sqrt{3})e^{\frac{\pi}{2}}$ であるので，

$e^{-y}=2+\sqrt{3}$，$x=\dfrac{\pi}{2}+2n\pi$ (n：任意の整数) を満たせばよいから，

$z=x+iy=\left(\dfrac{\pi}{2}+2n\pi\right)-\ln(2+\sqrt{3})i.$

同様にして，$t=(2-\sqrt{3})i$ のとき

$z=\left(\dfrac{\pi}{2}+2n\pi\right)-\ln(2-\sqrt{3})i$ を得る．

63.3

(1) （左辺）$\cos\left(\dfrac{\pi}{2}-z\right)$

$=\dfrac{1}{2}\left\{e^{i\left(\frac{\pi}{2}-z\right)}+e^{-i\left(\frac{\pi}{2}-z\right)}\right\}$

$=\dfrac{1}{2}\left(e^{\frac{\pi}{2}i}e^{-zi}+e^{-\frac{\pi}{2}i}e^{zi}\right)$

$=\dfrac{1}{2}\left(ie^{-zi}-ie^{zi}\right)=\dfrac{1}{2i}\left(e^{zi}-e^{-zi}\right)$

$=\sin z$（右辺） □

(2) （右辺）$\cos z_1\cos z_2-\sin z_1\sin z_2$

$=\dfrac{(e^{iz_1}+e^{-iz_1})}{2}\cdot\dfrac{(e^{iz_2}+e^{-iz_2})}{2}-\dfrac{(e^{iz_1}-e^{-iz_1})}{2i}\cdot\dfrac{(e^{iz_2}-e^{-iz_2})}{2i}$

$=\dfrac{\left\{e^{i(z_1+z_2)}+e^{i(z_1-z_2)}+e^{-i(z_1-z_2)}+e^{-i(z_1+z_2)}\right\}}{4}+\dfrac{\left\{e^{i(z_1+z_2)}-e^{i(z_1-z_2)}-e^{-i(z_1-z_2)}+e^{-i(z_1+z_2)}\right\}}{4}$

$=\dfrac{e^{i(z_1+z_2)}+e^{-i(z_1+z_2)}}{2}$

$=\cos(z_1+z_2)$（左辺） □

(3) （左辺）$\left\{\dfrac{1}{2}\left(e^{z}+e^{-z}\right)\right\}^2-\left\{\dfrac{1}{2}\left(e^{z}-e^{-z}\right)\right\}^2$

$=\dfrac{1}{4}\left(e^{2z}+2e^{z}e^{-z}+e^{-2z}\right)-\dfrac{1}{4}\left(e^{2z}-2e^{z}e^{-z}+e^{-2z}\right)$

$=\dfrac{1}{4}\left(e^{2z}+2+e^{-2z}\right)-\dfrac{1}{4}\left(e^{2z}-2+e^{-2z}\right)$

$=\dfrac{4}{4}=1$（右辺） □

64.1

(1) $|1+i|=\sqrt{2}$，$\mathrm{Arg}(1+i)=\dfrac{\pi}{4}$ より，

$\log(1+i)=\ln\sqrt{2}+i\left(\dfrac{\pi}{4}+2n\pi\right)$

主値 $\mathrm{Log}(1+i)=\ln\sqrt{2}+\dfrac{\pi}{4}i$

(2) 方程式 $e^z=1-i$ を満たす z とは $\log(1-i)$ のことであるから，

$z=\log(1-i)$

$=\ln|1-i|+i\left\{\mathrm{Arg}(1-i)+2n\pi\right\}$

$=\ln\sqrt{2}+i\left(-\dfrac{\pi}{4}+2n\pi\right)$

(3) $\log z=1+i\pi$ より，

$z=e^{1+i\pi}=e(\cos\pi+i\sin\pi)=-e$

64.2

(1) 複素数 z を極表示して $|z|=r$，$\mathrm{Arg}(z)=\theta$ と表すと，$\log z=\ln r+i(\theta+2n\pi)$ とかける．

$e^{\log z}=e^{\ln r+i(\theta+2n\pi)}$

$=e^{\ln r}\left\{\cos(\theta+2n\pi)+i\sin(\theta+2n\pi)\right\}$

$=r(\cos\theta+i\sin\theta)=z$.

したがって，$e^{\log z}=z$ が成り立つ． □

(2) $z=x+iy$ と表す．

$e^z=e^x\cdot e^{iy}=e^x(\cos y+i\sin y)$ より，

$|e^z|=e^x$，$\mathrm{Arg}(e^z)=y$ である．これより，

$\log e^z=\ln e^x+i(y+2n\pi)=x+iy+2n\pi i$

$=z+2n\pi$ を得る．したがって，

$\log e^z=z+2n\pi i$ が成り立つ． □

64.3

(1) $z_1 = z_2 = e^{\frac{3\pi}{4}i}$ より，$z_1 z_2 = e^{\frac{3\pi}{2}i} = -i$ であるから，$\mathrm{Log}(z_1 z_2) = \mathrm{Log}(-i) = -\dfrac{\pi}{2}i$ (主値の偏角の範囲は $-\pi < \theta \leqq \pi$ であることに注意)．一方，$\mathrm{Log}z_1 = \mathrm{Log}z_2 = \dfrac{3\pi}{4}i$ より，$\mathrm{Log}z_1 + \mathrm{Log}z_2 = \dfrac{3\pi}{4}i + \dfrac{3\pi}{4}i = \dfrac{3\pi}{2}i$ である．したがって，$\mathrm{Log}(z_1 z_2) \neq \mathrm{Log}(z_1) + \mathrm{Log}(z_2)$ である．

[ノート] 次の (2) で明らかになるが,「**両辺の $2\pi i$ の整数倍の差を無視すれば**等号が成り立つ」ことに注意されたい．

(2) $z_1 = r_1 e^{i\theta_1}$，$z_2 = r_2 e^{i\theta_2}$ （$-\pi < \theta_1, \theta_2 \leqq \pi$）とする．$z_1 z_2 = r_1 r_2 e^{i(\theta_1 + \theta_2)}$ より，

$\log(z_1 z_2) = \ln(r_1 r_2) + i\{(\theta_1 + \theta_2) + 2k\pi\}$

(k：整数) である．さて，

$\log z_1 = \ln r_1 + i(\theta_1 + 2m\pi)$，

$\log z_2 = \ln r_2 + i(\theta_2 + 2n\pi)$ (m, n：整数)

より，

$\log z_1 + \log z_2$

$= (\ln r_1 + \ln r_2) + i\{(\theta_1 + \theta_2) + 2(m+n)\pi\}$

$= \ln(r_1 r_2) + i\{(\theta_1 + \theta_2) + 2k\pi\}$

(ただし，$k = m + n$ とおいた．)

以上より，$\log(z_1 z_2) = \log z_1 + \log z_2$ □

(3) $z = re^{i\theta}$ とおく．$|z^k| = r^k$，$\mathrm{Arg}(z^k) = k\theta$ より，$\log z^k = \ln(r^k) + i(k\theta + 2n\pi)$．一方，

$k \log z = k\{\ln r + i(\theta + 2n\pi)\}$

$= k \ln r + i(k\theta + 2nk\pi)$

$= \ln(r^k) + i(k\theta + 2nk\pi)$

であるから，$k \log z$ は $\log z^k$ の値を k 個跳びに取ることが分かる．したがって，

$\log z^k = k \log z$ は一般には成立しない． □

64.4

(1) $e^i = e^{i \log e}$

（$\log e = \ln e + i(0 + 2n\pi) = 1 + 2n\pi i$）

$= e^{i(1+2n\pi i)} = e^{(i-2n\pi)}$

(2) $i^{1-i} = e^{(1-i)\log i}$

（$\log i = \ln 1 + i\left(\frac{\pi}{2} + 2n\pi\right) = i\left(\frac{\pi}{2} + 2n\pi\right)$）

$= e^{(1-i)\cdot i\left(\frac{\pi}{2}+2n\pi\right)}$

(ここで，$A = \frac{\pi}{2} + 2n\pi$ とおくと)

$= e^{(1-i)\cdot iA} = e^A \cdot e^{iA} = e^A(\cos A + i \sin A)$

$= e^{\left(\frac{\pi}{2}+2n\pi\right)} \cdot \left\{\cos\left(\frac{\pi}{2} + 2n\pi\right) + i \sin\left(\frac{\pi}{2} + 2n\pi\right)\right\}$

$= ie^{\left(\frac{\pi}{2}+2n\pi\right)}$

(3) $(1-i)^{1+i} = e^{(1+i)\log(1-i)}$

（$\log(1-i) = \ln\sqrt{2} + i\left(-\frac{\pi}{4} + 2n\pi\right)$）

$= e^{(1+i)\cdot\left\{\ln\sqrt{2} + i\left(-\frac{\pi}{4}+2n\pi\right)\right\}}$

(ここで，$A = -\frac{\pi}{4} + 2n\pi$ とおくと)

$= e^{(1+i)\cdot\left\{\ln\sqrt{2}+iA\right\}} = e^{(\ln\sqrt{2}-A)+i(A+\ln\sqrt{2})}$

$= e^{\ln\sqrt{2}} \cdot e^{-A} \cdot e^{i(\ln\sqrt{2}+A)}$

$= \sqrt{2}e^{\left(-\frac{\pi}{4}+2n\pi\right)}\left\{\cos\left(\ln\sqrt{2} - \frac{\pi}{4} + 2n\pi\right) + i \sin\left(\ln\sqrt{2} - \frac{\pi}{4} + 2n\pi\right)\right\}$

65.1

(1) $\displaystyle\lim_{z\to i} \frac{z-i}{z^2+1} = \lim_{z\to i} \frac{z-i}{(z+i)(z-i)}$

$\displaystyle= \lim_{z\to i} \frac{1}{z+i} = \frac{1}{2i}$

(2) $\displaystyle\lim_{z\to 2i} \frac{z^3 - 2iz^2 + z - 2i}{z - 2i}$

$\displaystyle= \lim_{z\to 2i} \frac{(z^2+1)(z-2i)}{z-2i}$

$\displaystyle= \lim_{z\to 2i}(z^2+1) = (2i)^2 + 1 = -3$

(3) $\displaystyle\lim_{z\to 0} \frac{z}{\bar{z}} = \lim_{r\to 0} \frac{re^{i\theta}}{re^{-i\theta}} = e^{2\theta i}$ したがって，結果は θ に依存するので極限値はない．

(4) $\dfrac{1+z^2}{1-z^2} = -1 + \dfrac{2}{1-z^2}$ とかけるので，ここに $z = re^{i\theta}$ を代入して，

$\displaystyle\lim_{z\to\infty} \frac{1+z^2}{1-z^2} = \lim_{r\to\infty}\left(-1 + \frac{2}{1-r^2e^{2\theta i}}\right)$

$= -1$

65.2

(1) $z - z_0 = (x - x_0) + i(y - y_0)$ であるから，**三角不等式**により

$$\left.\begin{array}{l} |x - x_0| \\ |y - y_0| \end{array}\right\} \leqq |z - z_0| \leqq |x - x_0| + |y - y_0|$$

である．したがって，

$$|z - z_0| \to 0 \iff \begin{cases} |x - x_0| \to 0 \\ |y - y_0| \to 0 \end{cases}$$

以上より，$z \to z_0 \overset{\text{同値}}{\iff} (x, y) \to (x_0, y_0)$． □

(2) $f(z) = \dfrac{xy}{x^3 + y^2}$ に $y = x$ を代入し $x \to 0$.

$\displaystyle\lim_{y=x, x\to 0} \frac{xy}{x^3+y^2} = \lim_{x\to 0} \frac{x^2}{x^2(x+1)}$

$\displaystyle= \lim_{x\to 0} \frac{1}{x+1} = 1$

(3) $f(z) = \dfrac{xy}{x^3 + y^2}$ に $y = x^2$ を代入し $x \to 0$.

$\displaystyle\lim_{y=x^2, x\to 0} \frac{xy}{x^3+y^2} = \lim_{x\to 0} \frac{x^3}{x^3(1+x)}$

$\displaystyle= \lim_{x\to 0} \frac{1}{x+1} = 1$

(4) 任意の傾き m をもつ直線 $y = mx$ (m は任意の実数) に沿って，z を 0 に近づけた場合を考える．

$f(z) = \dfrac{xy}{x^3 + y^2}$ に $y = mx$ を代入し $x \to 0$

$\displaystyle\lim_{y=mx, x\to 0} \frac{xy}{x^3+y^2} = \lim_{x\to 0} \frac{mx^2}{x^2(x+m^2)}$

$\displaystyle= \lim_{x\to 0} \frac{m}{x+m^2} = \frac{1}{m}$

したがって，極限は任意の実数 m の値によって変わるので，極限は存在しない．

65.3 $z=x+iy,\ z_0=x_0+iy_0$,
$f(z)=u(x,y)+iv(x,y)$, $\alpha=a+ib$ とする.

$$\lim_{z\to z_0} f(z)=\alpha \overset{\text{同値}}{\Longleftrightarrow} \begin{cases} \displaystyle\lim_{(x,y)\to(x_0,y_0)} u(x,y)=a \\ \displaystyle\lim_{(x,y)\to(x_0,y_0)} v(x,y)=b \end{cases}$$

に注意して,

$$\lim_{z\to z_0}|f(z)|=\lim_{(x,y)\to(x_0,y_0)}\sqrt{u^2(x,y)+v^2(x,y)}$$

$=\sqrt{a^2+b^2}=|\alpha|$ □

また, $\displaystyle\lim_{z\to z_0}\overline{f(z)}=\lim_{(x,y)\to(x_0,y_0)}\{u(x,y)-iv(x,y)\}$

$=a-ib=\overline{\alpha}$ □

66.1

(1) (複素平面上のすべての点で連続より) なし.

(2) (分母が 0 となる点で不連続より) $z=-\dfrac{i}{2}$

(3) $\dfrac{z+1}{z^3+1}=\dfrac{z+1}{(z+1)(z^2-z+1)}=\dfrac{1}{z^2-z+1}$

ここで, 分母が 0 となる点で不連続となるため,

$z=\dfrac{1\pm\sqrt{3}\,i}{2}$

(4) 次の 3 ステップにより連続性を調べる.

(step1) $f(3i)=6i$

(step2) $\displaystyle\lim_{z\to 3i} f(z)=\lim_{z\to 3i}\frac{(z+3i)(z-3i)}{z-3i}$

$\displaystyle=\lim_{z\to 3i}(z+3i)=6i$

(step3) ステップ 1. とステップ 2. の結果が一致するので, $f(z)$ は $z=3i$ で連続である.

66.2 **(step1)** $f(0)=0$

(step2) $z=x+iy$ とおくと,

$$\frac{\overline{z}}{1+|z|}=\frac{x-iy}{1+\sqrt{x^2+y^2}}.$$

$$\therefore\ \lim_{z\to 0} f(z)=\lim_{(x,y)\to(0,0)}\frac{x-iy}{1+\sqrt{x^2+y^2}}=\frac{0}{1}=0$$

(step3) step1 および step2 の結果から,

$f(0)=\displaystyle\lim_{z\to 0} f(z)$ が成り立つので, $f(z)$ は $z=0$ で連続である. □

66.3 $f(z)=u(x,y)+iv(x,y)$, $\alpha=a+ib$,
$z_0=x_0+iy_0$ とおけば, **三角不等式**により

$$\left.\begin{array}{l}|u(x,y)-a|\\ |v(x,y)-b|\end{array}\right\}\leqq|f(z)-\alpha|$$

$$\leqq|u(x,y)-a|+|v(x,y)-b|$$

であるから, $\displaystyle\lim_{z\to z_0} f(z)=\alpha$ と

$\displaystyle\lim_{(x,y)\to(x_0,y_0)} u(x,y)=a$, $\displaystyle\lim_{(x,y)\to(x_0,y_0)} v(x,y)=b$

とは同値となる.
ここで, $a=u(x_0,y_0)$, $b=v(x_0,y_0)$ とおけば

「$f(z)$ が連続」$\overset{\text{同値}}{\Longleftrightarrow}$「$u(x,y)$ と $v(x,y)$ がともに連続」という結果を得る. □

67.1

(1) $f'(z)=6z-6i=6(z-i)$

(2) 積の微分により

$f'(z)=\{(z-1)^2\}'(z^2+2)+(z-1)^2\{(z^2+2)\}'$
$=2(z-1)(z^2+2)+(z-1)^2\cdot 2z$
$=4z^3-6z^2+6z-4$

(3) 商の微分により

$$f'(z)=\frac{(iz-2)'(iz+2)-(iz-2)(iz+2)'}{(iz+2)^2}$$
$$=\frac{i(iz+2)-(iz-2)i}{(iz+2)^2}=\frac{4i}{(iz+2)^2}$$

(4) $f'(z)=3\left(\dfrac{z+1}{1-z}\right)^2\cdot\left(\dfrac{z+1}{1-z}\right)'$

$$=3\left(\frac{z+1}{1-z}\right)^2\cdot\frac{2}{(1-z)^2}=\frac{6(z+1)^2}{(1-z)^4}$$

67.2 「関数 $f(z)$ は点 z_0 で微分可能」とする. すると, $f(z)-f(z_0)=\dfrac{f(z)-f(z_0)}{z-z_0}\cdot(z-z_0)$ とかけるから, ここで両辺の $z\to z_0$ の極限をとると,

$\displaystyle\lim_{z\to z_0}\{f(z)-f(z_0)\}$

$\displaystyle=\lim_{z\to z_0}\frac{f(z)-f(z_0)}{z-z_0}\cdot\lim_{z\to z_0}(z-z_0)=0$

(ここで,「関数 $f(z)$ は点 z_0 で微分可能」すなわち $\displaystyle\lim_{z\to z_0}\frac{f(z)-f(z_0)}{z-z_0}=$ ある実数 となるから, そこに $\displaystyle\lim_{z\to z_0}(z-z_0)=0$ が掛かり右辺の値は 0 となっていることに注意.) したがって, $\displaystyle\lim_{z\to z_0}\{f(z)-f(z_0)\}=0$ より「関数 $f(z)$ は点 z_0 で連続」である. □

68.1

(1) $u(x,y)=\dfrac{x}{x^2+y^2}$, $v(x,y)=-\dfrac{y}{x^2+y^2}$

より, それぞれの 1 階偏導関数は次のとおり.

$u_x=\dfrac{-x^2+y^2}{(x^2+y^2)^2}$, $u_y=\dfrac{-2xy}{(x^2+y^2)^2}$,

$v_x=\dfrac{2xy}{(x^2+y^2)^2}$, $v_y=\dfrac{-x^2+y^2}{(x^2+y^2)^2}$

したがって, **複素平面上で** 1 階偏導関数 u_x, u_y, v_x, v_y はそれぞれ連続であり, かつ, **複素平面上で**コーシー・リーマンの関係式

$u_x=v_y$, $u_y=-v_x$ が成り立つ. したがって, $f(z)$ は正則である.

それぞれの 2 階偏導関数は次のとおり.

$u_{xx}=\dfrac{2x^5-6xy^4-4x^3y^2}{(x^2+y^2)^4}$,

$u_{yy}=\dfrac{-2x^5+6xy^4+4x^3y^2}{(x^2+y^2)^4}$

$v_{xx}=\dfrac{2y^5-6x^4y-4x^2y^3}{(x^2+y^2)^4}$,

$v_{yy}=\dfrac{-2y^5+6x^4y+4x^2y^3}{(x^2+y^2)^4}$

したがって, $u_{xx}+u_{yy}=0$, $v_{xx}+v_{yy}=0$ が成り立ち, 実部 $u(x,y)$, 虚部 $v(x,y)$ はそれぞれ調和関数となっている.

最後に，$f(z) = \dfrac{x-yi}{x^2+y^2} = \dfrac{\overline{z}}{z\overline{z}} = \dfrac{1}{z}$ と $f(z)$ は z のみを用いた式として表せる．

(2) $u(x,y) = x^2$, $v(x,y) = y$ より，それぞれの偏導関数は次のとおり．
$u_x = 2x$, $u_y = 0$, $v_x = 0$, $v_y = 1$.
したがって，**複素平面上で** 1 階偏導関数 u_x, u_y, v_x, v_y はそれぞれ連続となっているが，コーシー・リーマンの関係式については，直線 $\mathrm{Re}(z) = \frac{1}{2}$ 上の点 z でのみ成り立つ．すなわち，直線 $\mathrm{Re}(z) = \frac{1}{2}$ 上の任意の点 z で微分可能であるが，それら各点 z の近傍においては微分可能ではない (直線上に分布する点同士のみが微分可能な状態)．したがって，$f(z)$ は正則ではない．
ちなみに，

$$f(z) = x^2 + yi = \left(\frac{z+\overline{z}}{2}\right)^2 + \left(\frac{z-\overline{z}}{2i}\right)i$$
$$= \frac{z^2 + 2z\overline{z} + \overline{z}^2 + 2z - 2\overline{z}}{4}$$

となり，正則でない場合は $f(z)$ は z のみの式で表せないことが確認できる．

68.2

(1) $u(x,y) = 5x + ay$, $v(x,y) = by - 3x$ より，それぞれの偏導関数は次のとおり．
$u_x = 5$, $u_y = a$, $v_x = -3$, $v_y = b$.
ここで，コーシー・リーマンの関係式 $u_x = v_y$, $u_y = -v_x$ が成り立つように，a , b の値を定めると，$a = 3$, $b = 5$ である．

(2) $u(x,y) = ax^2y - 2y^3$, $v(x,y) = bxy^2 + cx^3$ より，それぞれの偏導関数は次のとおり．
$u_x = 2axy$, $u_y = ax^2 - 6y^2$, $v_x = by^2 + 3cx^2$, $v_y = 2bxy$. ここで，コーシー・リーマンの関係式 $u_x = v_y$, $u_y = -v_x$ が成り立つためには，$a = b$, $a = -3c$, $b = 6$ なる関係が成り立つ．したがって，$a = 6$, $b = 6$, $c = -2$.

68.3 (1) $2x+3$ (2) $2y$ (3) $2xy$ (4) 3 (5) $3y$ (6) $2xy+3y$ (7) $(x^2+3x-y^2)+(2xy+3y)i$ (8) z^2+3z

68.4 $z = x + iy = re^{\theta}$ より，$x = r\cos\theta$, $y = r\sin\theta$ であるので，

$$\frac{\partial x}{\partial r} = \cos\theta,\quad \frac{\partial x}{\partial \theta} = -r\sin\theta$$
$$\frac{\partial y}{\partial r} = \sin\theta,\quad \frac{\partial y}{\partial \theta} = r\cos\theta$$

となる．よって，偏微分についての変数変換により，次の関係が成り立つ．

$$\frac{\partial u}{\partial r} = \frac{\partial u}{\partial x}\frac{\partial x}{\partial r} + \frac{\partial u}{\partial y}\frac{\partial y}{\partial r} = u_x\cos\theta + u_y\sin\theta\ ,$$
$$\frac{\partial v}{\partial r} = \frac{\partial v}{\partial x}\frac{\partial x}{\partial r} + \frac{\partial v}{\partial y}\frac{\partial y}{\partial r} = v_x\cos\theta + v_y\sin\theta\ ,$$
$$\frac{\partial u}{\partial \theta} = \frac{\partial u}{\partial x}\frac{\partial x}{\partial \theta} + \frac{\partial u}{\partial y}\frac{\partial y}{\partial \theta} = -u_x r\sin\theta + u_y r\cos\theta\ ,$$
$$\frac{\partial v}{\partial \theta} = \frac{\partial v}{\partial x}\frac{\partial x}{\partial \theta} + \frac{\partial v}{\partial y}\frac{\partial y}{\partial \theta} = -v_x r\sin\theta + v_y r\cos\theta$$

(必要性)

コーシー・リーマンの関係式 $\begin{cases} u_x = v_y \\ u_y = -v_x \end{cases}$ が成り立っているとする．このとき，

$$\frac{\partial u}{\partial r} = u_x\cos\theta + u_y\sin\theta = \frac{r}{r}\cdot\bigl(v_y\cos\theta - v_x\sin\theta\bigr)$$
$$= \frac{1}{r}\bigl(v_y r\cos\theta - v_x r\sin\theta\bigr) = \frac{1}{r}\frac{\partial v}{\partial \theta}$$
$$\therefore\ \frac{\partial u}{\partial r} = \frac{1}{r}\frac{\partial v}{\partial \theta}$$

同様に，

$$\frac{\partial v}{\partial r} = v_x\cos\theta + v_y\sin\theta = -u_y\cos\theta + u_x\sin\theta$$
$$= \frac{1}{r}\bigl(-u_y r\cos\theta + u_x r\sin\theta\bigr)$$
$$= -\frac{1}{r}\bigl(u_y r\cos\theta - u_x r\sin\theta\bigr) = -\frac{1}{r}\frac{\partial u}{\partial \theta}$$
$$\therefore\ \frac{1}{r}\frac{\partial u}{\partial \theta} = -\frac{\partial v}{\partial r}$$

(十分性)

極座標についてのコーシー・リーマンの関係式 $\begin{cases} u_r = \dfrac{1}{r}v_\theta \\ \dfrac{1}{r}u_\theta = -v_r \end{cases}$ が成り立っているとする．偏微分についての変数変換をこの関係式に用いると，

$$\begin{cases} u_x\cos\theta + u_y\sin\theta = -v_x\sin\theta + v_y\cos\theta & \cdots ① \\ u_x\sin\theta - u_y\cos\theta = v_x\cos\theta + v_y\sin\theta & \cdots ② \end{cases}$$

この式 ① に $\cos\theta$，式 ② に $\sin\theta$ をそれぞれ掛けて加えれば，$u_x = v_y$ を得る．また，式 ① に $\sin\theta$ を掛けたものから，式 ② に $\cos\theta$ を掛けたものを引けば，$u_y = -v_x$ を得る． □

次に，$f'(z) = e^{-i\theta}\left(\dfrac{\partial u}{\partial r} + i\dfrac{\partial v}{\partial r}\right)$ について示す．

$r = \sqrt{x^2+y^2}$

$$\to\ \frac{\partial r}{\partial x} = \frac{x}{\sqrt{x^2+y^2}} = \frac{x}{r} = \frac{r\cos\theta}{r} = \cos\theta \cdots ③\ ,$$

$\theta = \arctan\left(\dfrac{y}{x}\right)$

$$\to\ \frac{\partial \theta}{\partial x} = -\frac{y}{x^2+y^2} = -\frac{r\sin\theta}{r^2} = -\frac{\sin\theta}{r} \cdots ④$$

さて，

$$f'(z) = \frac{\partial u}{\partial x} + i\frac{\partial v}{\partial x}$$
$$= \left(\frac{\partial u}{\partial r}\cdot\frac{\partial r}{\partial x} + \frac{\partial u}{\partial \theta}\cdot\frac{\partial \theta}{\partial x}\right) + i\left(\frac{\partial v}{\partial r}\cdot\frac{\partial r}{\partial x} + \frac{\partial v}{\partial \theta}\cdot\frac{\partial \theta}{\partial x}\right)$$

(式 ③, ④ を用いて)

$$= u_r\cos\theta - \frac{u_\theta}{r}\sin\theta + i\left(v_r\cos\theta - \frac{v_\theta}{r}\sin\theta\right)$$

(極座標についてのコーシー・リーマンを用いて)

$$= u_r\cos\theta + v_r\sin\theta + iv_r\cos\theta - iu_r\sin\theta$$
$$= u_r(\cos\theta - i\sin\theta) + iv_r(\cos\theta - i\sin\theta)$$
$$= (u_r + iv_r)(\cos\theta - i\sin\theta) = e^{-i\theta}(u_r + iv_r)$$ □

68.5 $f(z) = |z|^2 = z\overline{z} = x^2 + y^2$ より，
実部 $u(x,y) = x^2+y^2$, 虚部 $v(x,y) = 0$ である．
$u_x = 2x$, $u_y = 2y$, $v_x = 0$, $v_y = 0$ より，1 階偏導関数はそれぞれ連続であるが，コーシー・リーマンの関係式 $u_x = v_y$, $u_y = -v_x$ は原点 $(x,y) = (0,0)$ のみでしか成立しないことが分かる．したがって，$z = 0$ で微分可能であるが，正則ではないことが示された．
□

69.1

(1) e^{iz}, e^{-iz} は複素平面上の任意の z で正則であるから，それぞれに係数をかけて差をとった $\sin z = \dfrac{1}{2i}\left(e^{iz} - e^{-iz}\right)$ も正則である．

$$\left(\sin z\right)' = \frac{ie^{iz} + ie^{-iz}}{2i} = \frac{e^{iz} + e^{-iz}}{2}$$
$$= \cos z.$$

(2) z^2 は複素平面上の任意の z で正則であり，**例題 69.1** より $\cos z$ も複素平面上の任意の z で正則である．したがって，その合成関数 $\cos z^2$ も正則である． $y = \cos z^2$ は，$y = \cos w$ と $w = z^2$ と置き，合成関数の微分法により

$$\frac{dy}{dz} = \frac{dy}{dw} \cdot \frac{dw}{dz} = -\sin w \cdot 2z = -2z \sin z^2$$

である．

69.2

(1) $z = \sin w = \dfrac{e^{iw} - e^{-iw}}{2i}$ の両辺に $2ie^{iw}$ をかけて，$e^{2iw} - 2ize^{iw} - 1 = 0$

$$\to \left(e^{iw}\right)^2 - 2iz\left(e^{iw}\right) - 1 = 0$$
$$\therefore\ e^{iw} = iz \pm \sqrt{1 - z^2}$$

よって，$iw = \log\left(iz \pm \sqrt{1 - z^2}\right)$ となり，ゆえに，$w = \sin^{-1} z = \dfrac{1}{i}\log\left(iz \pm \sqrt{1 - z^2}\right)$

(2) $\sin^{-1} z = \dfrac{1}{i}\log\left(iz + \sqrt{1 - z^2}\right)$ より，$\sqrt{1 - z^2} = 0$ となる点 $z = \pm 1$ を除いて正則．

$(\sin^{-1} z)'$

$$= \frac{1}{i} \cdot \frac{1}{iz + \sqrt{1 - z^2}}\left(i + \frac{1}{2} \cdot \frac{-2z}{\sqrt{1 - z^2}}\right)$$
$$= \frac{-i}{iz + \sqrt{1 - z^2}}\left(\frac{i\sqrt{1 - z^2} - z}{\sqrt{1 - z^2}}\right)$$
$$= \frac{1}{iz + \sqrt{1 - z^2}}\left(\frac{iz + \sqrt{1 - z^2}}{\sqrt{1 - z^2}}\right)$$
$$= \frac{1}{\sqrt{1 - z^2}} \ /\!/$$

69.3

(1) $z = e^w \ \leftrightarrow\ w = \log z$

ここで，逆関数の導関数の公式を用いると，

$$\frac{dw}{dz} = \frac{1}{\frac{dz}{dw}} = \frac{1}{e^w} = \frac{1}{z}$$

(2) $u = \ln r$, $v = \theta$ に，

$f'(z) = e^{-i\theta}\left(\dfrac{\partial u}{\partial r} + i\dfrac{\partial v}{\partial r}\right)$ を用いる．

$\dfrac{\partial u}{\partial r} = \dfrac{1}{r}$, $\dfrac{\partial v}{\partial r} = 0$ であるから，

$$f'(z) = e^{-i\theta}\left(\frac{1}{r}\right) = \frac{1}{re^{i\theta}} = \frac{1}{z}$$

69.4 (1) e^w (2) $\dfrac{\alpha}{z}$

70.1

(1) 積分経路 C： $z(t) = t + t^2 i\ (0 \leqq t \leqq 1)$

$$\int_C f(z)\,dz = \int_0^1 z(t)\frac{dz(t)}{dt}\,dt$$
$$= \int_0^1 (t + t^2 i)(1 + 2ti)\,dt$$
$$= \int_0^1 (t - 2t^3)dt + i\int_0^1 3t^2\,dt$$
$$= \left[\frac{1}{2}t^2 - \frac{1}{2}t^4\right]_0^1 + i\left[t^3\right]_0^1 = i$$

(2) 積分経路 C： $z(t) = \alpha + re^{it}\ (0 \leqq t \leqq 2\pi)$

$$\int_C f(z)\,dz = \int_0^{2\pi}\left(z(t) - \alpha\right)^n \frac{dz(t)}{dt}\,dt$$
$$= \int_0^{2\pi}(re^{it})^n \cdot ire^{it}\,dt = r^{n+1}i\int_0^{2\pi} e^{i(n+1)t}\,dt$$
$$= \frac{r^{n+1}}{n+1}\left[e^{i(n+1)t}\right]_0^{2\pi}$$
$$= 0$$

(3) 積分経路 $C = C_1 + C_2 + C_3$ と表す．ただし，

$$\begin{cases} C_1: \ z(t) = t \ \ (0 \leqq t \leqq 1) \\ C_2: \ z(t) = 1 + ti \ \ (0 \leqq t \leqq 1) \\ C_3: \ z(t) = (1 - t) + (1 - t)i \ \ (0 \leqq t \leqq 1) \end{cases}$$

$$\int_C \overline{z}\,dz = \int_{C_1} \overline{z}\,dz + \int_{C_2} \overline{z}\,dz + \int_{C_3} \overline{z}\,dz$$
$$= \int_0^1 t\,dt + \int_0^1 (1 - ti)i\,dt$$
$$+ \int_0^1 \left\{(1 - t) - (1 - t)i\right\} \cdot (-1 - i)\,dt$$
$$= \left[\frac{t^2}{2}\right]_0^1 + \left[\frac{t^2}{2} + it\right]_0^1 + \left[t^2 - 2t\right]_0^1$$
$$= i$$

(4) 積分経路 $C = C_1 + C_2$ と表す．ただし，

$$\begin{cases} C_1: \ z(t) = t \ \ (-1 \leqq t \leqq 1) \\ C_2: \ z(t) = e^{it} \ \ (0 \leqq t \leqq \pi) \end{cases}$$

$$\int_C \mathrm{Re}(z)\,dz = \int_{C_1} \mathrm{Re}(z)\,dz + \int_{C_2} \mathrm{Re}(z)\,dz$$
$$= \int_{-1}^1 t\,dt + \int_0^\pi \cos t \cdot ie^{it}\,dt$$
$$= \left[\frac{t^2}{2}\right]_{-1}^1 + i\int_0^\pi \cos t \cdot \left(\cos t + i\sin t\right)\,dt$$
$$= i\int_0^\pi \cos^2 t\,dt - \int_0^\pi \sin t\cos t\,dt$$
$$= \frac{i}{2}\int_0^\pi \left(1 + \cos 2t\right)\,dt - \frac{1}{2}\int_0^\pi \sin 2t\,dt$$
$$= \frac{i}{2}\left[t + \frac{1}{2}\sin 2t\right]_0^\pi - \frac{1}{2}\left[-\frac{1}{2}\cos 2t\right]_0^\pi$$
$$= \frac{\pi}{2}i$$

70.2

(1) $\displaystyle\int_a^b F(t)dt$ は一つの複素数を表すので，この値を $Re^{i\theta}$ とおく．ただし，$R=\left|\displaystyle\int_a^b F(t)dt\right|$

したがって，$\displaystyle\int_a^b F(t)dt=\left|\int_a^b F(t)dt\right|e^{i\theta}$ と表せるので，逆に

$$\left|\int_a^b F(t)dt\right|$$

$$=e^{-i\theta}\int_a^b F(t)dt=\int_a^b e^{-i\theta}F(t)dt$$

$$=\int_a^b \mathrm{Re}\left\{e^{-i\theta}F(t)\right\}dt+i\int_a^b \mathrm{Im}\left\{e^{-i\theta}F(t)\right\}dt$$

となるが，左辺は実数であったから，右辺の虚部は 0 となり，

$$\left|\int_a^b F(t)dt\right|=\int_a^b \mathrm{Re}\{e^{-i\theta}F(t)\}dt\leqq\int_a^b |F(t)|dt$$

(最後の不等式は次式による．

$\mathrm{Re}\left\{e^{-i\theta}F(t)\right\}\leqq|e^{-i\theta}F(t)|=|F(t)|$) □

(2) (1) で，$F(t)=f(z(t))\dfrac{dz}{dt}$ とみなすと，曲線 C 上で $|f(z)|\leqq M$(定数) であるから

$$\left|\int_C f(z)dz\right|=\left|\int_a^b f(z(t))\frac{dz}{dt}dt\right|$$

$$\leqq\int_a^b\left|f(z(t))\frac{dz}{dt}\right|dt$$

$$=\int_a^b|f(z(t))|\cdot\left|\frac{dz}{dt}\right|dt\leqq\int_a^b M\left|\frac{dz}{dt}\right|dt$$

$$=M\int_a^b\sqrt{\left(\frac{dx}{dt}\right)^2+\left(\frac{dy}{dt}\right)^2}\ dt=ML$$

となる． □

71.1

(1) $z^2+3=0$ となる z を求めると，$z=\pm\sqrt{3}\,i$ である．したがって，関数 $\dfrac{1}{z^2+3}$ は $z=\pm\sqrt{3}\,i$ で正則とはならないが，図をみると経路 C およびその内部では正則となる．したがって，コーシーの積分定理が成り立ち $\displaystyle\int_C\frac{1}{z^2+3}\,dz=0.$

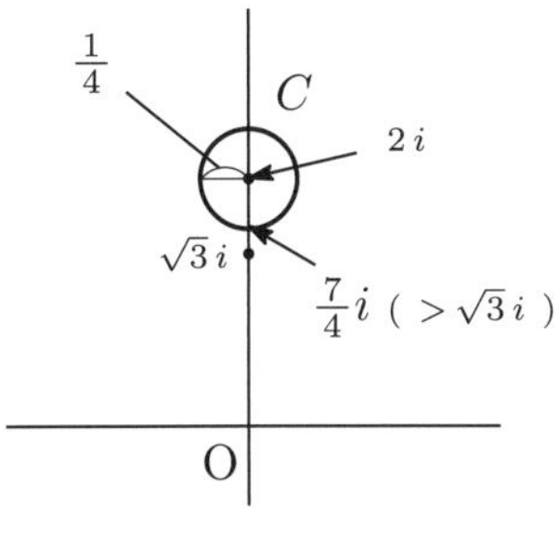

(2)

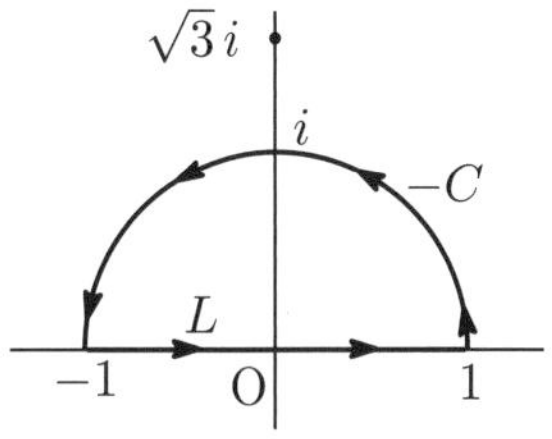

図のように積分経路 $L+(-C)$ を取ると，経路 $L+(-C)$ およびその内部で，関数 $\dfrac{1}{z^2+3}$ は正則となる．したがって，コーシーの積分定理が成り立ち，$\displaystyle\int_{L+(-C)}\frac{1}{z^2+3}\,dz=0$ ここで，

$$\int_{L+(-C)}\frac{1}{z^2+3}\,dz$$

$$=\int_L\frac{1}{z^2+3}\,dz+\int_{-C}\frac{1}{z^2+3}\,dz$$

$$=\int_L\frac{1}{z^2+3}\,dz-\int_C\frac{1}{z^2+3}\,dz$$

$=0$ (← コーシーの積分定理より 0 であった.)

よって，$\displaystyle\int_C\frac{1}{z^2+3}\,dz=\int_L\frac{1}{z^2+3}\,dz$ と経路 C に沿った複素積分は，実軸上の経路 (L : $-1\leqq z\leqq 1$) に沿う実積分に帰着する．ここで，

$$\int_L\frac{1}{z^2+3}\,dz=\int_{-1}^1\frac{1}{x^2+3}\,dx$$

$$=\frac{1}{\sqrt{3}}\left[\arctan\frac{x}{\sqrt{3}}\right]_{-1}^1=\frac{1}{\sqrt{3}}\left[\frac{\pi}{6}+\frac{\pi}{6}\right]$$

$=\dfrac{1}{\sqrt{3}}\cdot\dfrac{\pi}{3}$ であるから，

$$\therefore\int_C\frac{1}{z^2+3}\,dz=\frac{\pi}{3\sqrt{3}}$$

71.2

(1) $\dfrac{a}{z-i}+\dfrac{b}{z+i}=\dfrac{(a+b)z+i(a-b)}{z^2+1}$ より，$\dfrac{z}{z^2+1}=\dfrac{(a+b)z+i(a-b)}{z^2+1}$ の両辺を見比べて，$\begin{cases}a+b=1\\a-b=0\end{cases}$ が成立すればよいから，これを解いて $a=\dfrac{1}{2}$，$b=\dfrac{1}{2}$.

(2) 関数 $\dfrac{z}{z^2+1}$ は，$z=\pm i$ で正則とならないから，積分 $\displaystyle\int_C\frac{z}{z^2+1}\,dz$ の値を求める際にコーシーの積分定理が直接には使えない．そこで，図のように $z=i$ および $z=-i$ を経路 C に含まれるような半径 r の円で囲むことにより，新たに図のような積分経路 $C'=C+L_1+(-C_1)+(-L_1)+L_2+(-C_2)+(-L_2)$ と取り直す．すると，$\dfrac{z}{z^2+1}$ は経路 C' 上およびその内部で正則となるため，コーシーの積分定理が使えて，

$$\int_{C'}\frac{z}{z^2+1}\,dz=0\ \cdots ⊛$$

さて，$\displaystyle\int_{C'} \frac{z}{z^2+1}\,dz$

(見やすさのため，以下被積分関数を省略)

$= \int_C + \int_{L_1} + \int_{-C_1} + \int_{-L_1} + \int_{L_2} + \int_{-C_2} + \int_{-L_2}$

$= \int_C + \int_{-C_1} + \int_{-C_2} = 0$ (㊟より)

以上から，経路 C 上での積分は，C_1 および C_2 上での積分に帰着し，(1) の結果を使うと

$$\int_C \frac{z}{z^2+1}\,dz = \int_{C_1} \frac{z}{z^2+1}\,dz + \int_{C_2} \frac{z}{z^2+1}\,dz$$

$$= \frac{1}{2}\int_{C_1} \frac{1}{z-i}\,dz + \frac{1}{2}\int_{C_1} \frac{1}{z+i}\,dz + \frac{1}{2}\int_{C_2} \frac{1}{z-i}\,dz + \frac{1}{2}\int_{C_2} \frac{1}{z+i}\,dz$$

(ここで，第 2 項，第 4 項の積分はコーシーの積分定理より 0 であるから)

$$= \frac{1}{2}\int_{C_1} \frac{1}{z-i}\,dz + \frac{1}{2}\int_{C_2} \frac{1}{z-i}\,dz$$

$$= \frac{1}{2}\times 2\pi i + \frac{1}{2}\times 2\pi i = 2\pi i$$

(**例題 71.1** を参照せよ)

72.1

(1) $$\int_C \frac{\sin z}{3z+\pi}\,dz = \int_C \frac{\sin z}{3(z+\frac{\pi}{3})}\,dz = \int_C \frac{\frac{\sin z}{3}}{z-(-\frac{\pi}{3})}\,dz$$

と見なせ，分子側にある関数 $\dfrac{\sin z}{3}$ は，この円 C で囲まれた領域，および，その周上で正則である．したがって，コーシーの積分公式より

$$\int_C \frac{\frac{\sin z}{3}}{z-(-\frac{\pi}{3})}\,dz = 2\pi i\cdot\frac{\sin\left(-\frac{\pi}{3}\right)}{3}$$

$$= \frac{2\pi}{3}i\cdot\left(-\frac{\sqrt{3}}{2}\right) = -\frac{\pi}{\sqrt{3}}i$$

(2) $\displaystyle\int_C \frac{z}{(z+1)(z-3)}\,dz = \int_C \frac{\frac{z}{z-3}}{z+1}\,dz$ と見なせ，分子側にある関数 $\dfrac{z}{z-3}$ は，この円 C で囲まれた領域，および，その周上で正則である．したがって，コーシーの積分公式より

$$\int_C \frac{\frac{z}{z-3}}{z+1}\,dz = 2\pi i\cdot\frac{-1}{-1-3} = \frac{\pi i}{2}$$

(3)

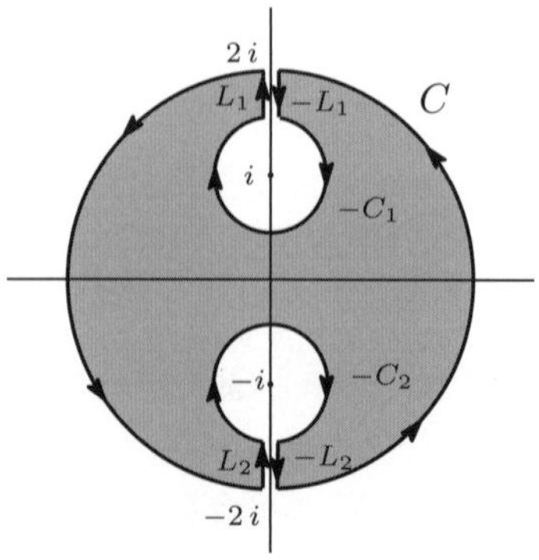

図のような閉じた積分経路 $\{C + L_1 + (-C_1) + (-L_1) + (-L_2) + (-C_2) + L_2\}$ をとると，それによって囲まれた領域 (斜線部分) で $f(z)$ は正則である．したがって，コーシーの積分定理より，

$$\int_C \frac{e^z}{z^2+1}\,dz = \int_{C_1} \frac{e^z}{z^2+1}\,dz + \int_{C_2} \frac{e^z}{z^2+1}\,dz\ .$$

ここで，コーシーの積分公式より，

$$\int_{C_1} \frac{e^z}{z^2+1}\,dz = \int_{C_1} \frac{e^z}{(z+i)(z-i)}\,dz$$

$$= \int_{C_1} \frac{\frac{e^z}{z+i}}{z-i}\,dz = 2\pi i\times\frac{e^i}{i+i} = \pi e^i$$

$$\int_{C_2} \frac{e^z}{z^2+1}\,dz = \int_{C_2} \frac{e^z}{(z-i)(z+i)}\,dz$$

$$= \int_{C_2} \frac{\frac{e^z}{z-i}}{z+i}\,dz = 2\pi i\times\frac{e^-i}{-i-i} = -\pi e^{-i}$$

以上より，

$$\int_C \frac{e^z}{z^2+1}\,dz = \pi(e^i - e^{-i}) = 2\pi i\sin 1\ /\!/$$

72.2

(1) $$5+4\sin\theta = 5+4\cdot\frac{e^{i\theta}-e^{-i\theta}}{2i} = 5+\frac{2(z-z^{-1})}{i}$$

$$= \frac{1}{i}\left\{5i+2z-\frac{2}{z}\right\} = \frac{2z^2+5zi-2}{zi}$$

$$= \frac{(z+2i)(2z+i)}{iz}$$

ここで，$z = e^{i\theta} \to dz = izd\theta$ であるから，

$$\int_0^{2\pi} \frac{1}{5+4\sin\theta}\,d\theta$$

$$= \int_{|z|=1} \frac{iz}{(z+2i)(2z+i)}\cdot\frac{1}{iz}\,dz$$

$$= \int_{|z|=1} \frac{1}{(z+2i)(2z+i)}\,dz$$

となり与式を得る． □

(2) $$\frac{1}{(z+2i)(2z+i)} = \frac{\frac{1}{z+2i}}{2\left(z+\frac{i}{2}\right)} = \frac{\frac{1}{2(z+2i)}}{z-(-\frac{i}{2})}$$

より，

$$\int_{|z|=1} \frac{1}{(z+2i)(2z+i)}\,dz$$

$$= \int_{|z|=1} \frac{\frac{1}{2(z+2i)}}{z-(-\frac{i}{2})}\,dz = 2\pi i\times\frac{1}{2(-\frac{i}{2}+2i)}$$

$$= \frac{2}{3}\pi$$

$$\therefore \int_0^{2\pi} \frac{1}{5+4\sin\theta}\,d\theta = \frac{2}{3}\pi$$

72.3

(1) $\displaystyle\int_C \frac{z^2}{(z-1)^3}\,dz$ はグルサーの定理における，$\alpha = 1, n = 2, f(z) = z^2$ の場合である．

$f(z) = z^2$ は原点を中心とする半径 2 の円周上および内部で正則であるから，グルサーの定理より

$$\int_C \frac{z^2}{(z-1)^3}\,dz = \frac{2\pi i}{2!}\times f''(1)$$

$$= \pi i\times 2 = 2\pi i$$

(2) $\displaystyle\int_C \frac{e^{iz}}{(z-i)^4}\,dz$ はグルサーの定理における，$\alpha = i, n = 3, f(z) = e^{iz}$ の場合である．
$f(z) = e^{iz}$ は原点を中心とする半径 2 の円周上および内部で正則であるから，グルサーの定理より

$$\int_C \frac{e^{iz}}{(z-i)^4}\,dz = \frac{2\pi i}{3!} \times f^{(3)}(i)$$
$$= \frac{\pi i}{3} \times (-ie^{i\cdot i}) = \frac{\pi}{3e}$$

(3) $\displaystyle\int_C \frac{e^z}{(z-3)(z+i)^2}\,dz = \int_C \frac{\frac{e^z}{z-3}}{\{z-(-i)\}^2}\,dz$

と見なすと，これはグルサーの定理における，$\alpha = -i, n = 1, f(z) = \frac{e^z}{z-3}$ の場合である．
$f(z) = \frac{e^z}{z-3}$ は原点を中心とする半径 2 の円周上および内部で正則であるから，グルサーの定理より

$$\int_C \frac{e^z}{(z-3)(z+i)^2}\,dz = \frac{2\pi i}{1!} \times f'(-i)$$
$$\left(f'(z) = \left(\frac{e^z}{z-3}\right)' = \frac{e^z(z-4)}{(z-3)^2} \text{ より}\right)$$
$$= 2\pi i \times \frac{e^{-i}(-i-4)}{(-i-3)^2} = \frac{-\pi e^{-i}(8+19i)}{25}$$

73.1

(1) $f'(z) = e^z$, $f''(z) = e^z$, $f'''(z) = e^z$, $f^{(4)}(z) = e^z$ より，$z = 1$ での微分係数は，すべて e である．よって，e^z の $z = 1$ の周りでテイラー展開は，

$$f(z) = e + \frac{e}{1!}(z-1) + \frac{e}{2!}(z-1)^2 + \frac{e}{3!}(z-1)^3 + \frac{e}{4!}(z-1)^4 + \cdots$$
$$= e\left\{(z-1) + \frac{1}{2!}(z-1)^2 + \frac{1}{3!}(z-1)^3 + \frac{1}{4!}(z-1)^4 + \cdots\right\}$$

[補足] このベキ級数は $|z-1| < \infty$，すなわち，$|z| < \infty$ の範囲で収束する．//

(2) $f'(z) = -\dfrac{1}{(z-2)^2}$, $f''(z) = \dfrac{2}{(z-2)^3}$,
$f'''(z) = -\dfrac{6}{(z-2)^4}$, $f^{(4)}(z) = \dfrac{24}{(z-2)^5}$
より，$z = 1$ での微分係数は，$f'(1) = -1$，$f''(1) = -2$，$f'''(1) = -6$，$f^{(4)}(1) = -24$
となる．よって，$f(z) = \dfrac{1}{z-2}$ の $z = 1$ の周りでテイラー展開は，

$$f(z) = f(1) + \frac{f'(1)}{1!}(z-1) + \frac{f''(1)}{2!}(z-1)^2 + \frac{f'''(1)}{3!}(z-1)^3 + \frac{f^{(4)}(1)}{4!}(z-1)^4 + \cdots$$
$$= -1-(z-1)-(z-1)^2-(z-1)^3-(z-1)^4-\cdots$$

[補足] このベキ級数は $|z-1| < 1$，すなわち，$|z| < 2$ の範囲で収束する．//

73.2

(1) $\displaystyle f(z) = \frac{2i}{2-z} = 2i \times \frac{1}{2(1-\frac{z}{2})} = i \times \frac{1}{1-\frac{z}{2}}$

(ここで，$t = \dfrac{z}{2}$ と置くと，$\dfrac{1}{1-t} = 1 + t + t^2 + t^3 + t^4 + t^5 + \cdots$ であるから)

$$= i \times \left\{1 + \frac{z}{2} + \left(\frac{z}{2}\right)^2 + \left(\frac{z}{2}\right)^3 + \left(\frac{z}{2}\right)^4 + \left(\frac{z}{2}\right)^5 + \cdots\right\}$$
$$= i + \frac{i}{2}z + \frac{i}{4}z^2 + \frac{i}{8}z^3 + \frac{i}{16}z^4 + \frac{i}{32}z^5 + \cdots$$

(2) $e^z = 1 + z + \dfrac{z^2}{2!} + \dfrac{z^3}{3!} + \dfrac{z^4}{4!} + \cdots$ より

$$f(z) = \frac{e^z}{z^2+1}$$
$$= \left(1 + z + \frac{z^2}{2!} + \frac{z^3}{3!} + \frac{z^4}{4!} + \frac{z^5}{5!} + \cdots\right) \times \left(1 - z^2 + z^4 - \cdots\right)$$
$$= 1 + z + \frac{z^2}{2!} + \frac{z^3}{3!} + \frac{z^4}{4!} + \frac{z^5}{5!} - z^2 - z^3 - \frac{z^4}{2!} - \frac{z^5}{3!} + z^4 + z^5 + \cdots$$
$$= 1 + z - \frac{z^2}{2} - \frac{5}{6}z^3 + \frac{13}{24}z^4 + \frac{101}{120}z^5 + \cdots$$

73.3

$$f(z) = f(\alpha) + \frac{f'(\alpha)}{1!}(z-\alpha) + \frac{f''(\alpha)}{2!}(z-\alpha)^2 + \cdots + \frac{f^{(n)}(\alpha)}{n!}(z-\alpha)^n + \ldots \text{ より，}$$

$$\int_C \frac{f(z)}{z-\alpha}\,dz = \int_C \frac{1}{z-\alpha} \cdot \left[f(\alpha) + \frac{f'(\alpha)}{1!}(z-\alpha) + \frac{f''(\alpha)}{2!}(z-\alpha)^2 + \cdots + \frac{f^{(n)}(\alpha)}{n!}(z-\alpha)^n + \ldots\right] dz$$
$$= \int_C \frac{f(\alpha)}{z-\alpha}\,dz + \int_C f'(\alpha)\,dz + \int_C \frac{f''(\alpha)}{2!}(z-\alpha)\,dz + \cdots + \int_C \frac{f^{(n)}(\alpha)}{n!}(z-\alpha)^{n-1} + \cdots$$

(ここで，第 1 項を残して他の項についてはすべてコーシーの積分定理が成り立つから 0 である．)

$$= f(\alpha) \times \int_C \frac{1}{z-\alpha}\,dz = (\textbf{例題 71.1} \text{ より}) \ 2\pi i f(\alpha)$$
$$\therefore \int_C \frac{f(\alpha)}{z-\alpha}\,dz = 2\pi i f(\alpha).$$

したがって，コーシーの積分公式を得る．
[補足] ベキ級数 (テイラー展開) は収束半径内で正則関数を表し，項別微分，項別積分が可能で，その際の収束半径は変わらない．

73.4 **[ヒント]** に記載されているように，$f(z), g(z)$ を正則な点 α を中心としたテイラー展開で表し，仮定の条件 $f^{(n)}(\alpha) = g^{(n)}(\alpha) = 0$ $(0 \leqq n \leqq m-1)$ により，
$f(z) = \frac{f^{(m)}(\alpha)}{m!}(z-\alpha)^m + \left\{\sum_{k=m+1}^{\infty} \frac{f^{(k)}}{k!}(z-\alpha)^k\right\}$

$g(z) = \frac{g^{(m)}(\alpha)}{m!}(z-\alpha)^m + \{\sum_{k=m+1}^{\infty} \frac{g^{(k)}}{k!}(z-\alpha)^k\}$

ここで，分母, 分子を $\dfrac{(z-\alpha)^m}{m!}$ で除することで，

$\dfrac{f(z)}{g(z)} = \dfrac{f^{(m)}(\alpha) + (z-\alpha)\{\frac{f^{(m+1)}(\alpha)}{m+1} + \cdots\}}{g^{(m)}(\alpha) + (z-\alpha)\{\frac{g^{(m+1)}(\alpha)}{m+1} + \cdots\}}$ が導ける．ただし，$f(\alpha) = g(\alpha) = 0$，$g'(\alpha) \neq 0$ なる条件を用いた．したがって，

$$\lim_{z\to\alpha} \frac{f(z)}{g(z)} = \lim_{z\to\alpha} \frac{f^{(m)}(\alpha) + (z-\alpha)\{\frac{f^{(m+1)}(\alpha)}{m+1} + \cdots\}}{g^{(m)}(\alpha) + (z-\alpha)\{\frac{g^{(m+1)}(\alpha)}{m+1} + \cdots\}}$$

$= \dfrac{f^{(m)}(\alpha)}{g^{(m)}(\alpha)}$ を得る． □

74.1

(1) $f(z) = \dfrac{1}{(z-1)(z-2)}$ の両辺に $(z-1)$ を掛ける．

$(z-1)f(z) = \dfrac{1}{z-2} = \dfrac{-1}{1-(z-1)}$

(ここで，$t = z-1$ と見なして，$|t| < 1$ のとき

$\dfrac{1}{1-t} = 1 + t + t^2 + t^3 + \cdots + t^{n-1} + t^n + \cdots$

と展開できることに注意すると，)

$= -1 \cdot \{1 + (z-1) + (z-1)^2 + (z-1)^3 + \cdots + (z-1)^{n-1} + (z-1)^n + \cdots\}$

$= -1 - (z-1) - (z-1)^2 - (z-1)^3 - \cdots - (z-1)^{n-1} - (z-1)^n - \cdots$

以上より，両辺を $(z-1)$ で除して，

$f(z) = -\dfrac{1}{z-1} - 1 - (z-1) - (z-1)^2 - \cdots - (z-1)^{n-2} - (z-1)^{n-1} - \cdots$

なる $z = 1$ を中心とするローラン展開を得る．

(2) $f(z) = \dfrac{1}{z(1-z)^2}$ の両辺に $(z-1)^2$ を掛ける．$(z-1)^2 f(z) = \dfrac{1}{z} = \dfrac{1}{1+(z-1)}$

(ここで，$t = z-1$ と見なして，$|t| < 1$ のとき

$\dfrac{1}{1+t} = 1 - t + t^2 - t^3 + \cdots + t^{n-1} - t^n + \cdots$

と展開できることに注意すると，)

$= 1 - (z-1) + (z-1)^2 - (z-1)^3 + \cdots + (z-1)^{n-1} - (z-1)^n + \cdots$

以上より，両辺を $(z-1)^2$ で除して，

$f(z) = \dfrac{1}{(z-1)^2} - \dfrac{1}{z-1} + 1 - (z-1) + (z-1)^2 + \cdots + (-1)^n (z-1)^n + \cdots$

なる $z = 1$ を中心とするローラン展開を得る．

(3) $e^{\frac{1}{z}}$ のローラン展開は e^z のベキ級数展開を用いて，

$e^{\frac{1}{z}} = 1 + \dfrac{1}{1!z} + \dfrac{1}{2!z^2} + \dfrac{1}{3!z^3} + \cdots + \dfrac{1}{n!z^n} + \cdots$

と表せるから，

$f(z) = (1+z^2)e^{\frac{1}{z}}$

$= (1+z^2) \cdot \{1 + \dfrac{1}{1!z} + \dfrac{1}{2!z^2} + \dfrac{1}{3!z^3} + \cdots + \dfrac{1}{n!z^n} + \cdots\}$

$= \displaystyle\sum_{n=-\infty}^{0} \left\{\frac{1}{(-n)!} + \frac{1}{(-n+2)!}\right\} z^n + z + z^2$

(展開してからシグマ記号を用いてまとめ直す)

74.2

> $|z| < 1$ のとき
> $\dfrac{1}{1-z} = 1 + z + z^2 + z^3 + \cdots + z^{n-1} + z^n + \cdots$

[ポイント] 各円環領域に位置する z について，上記の関係を使うため，

$f(z) = \dfrac{z}{(z-1)(z-2)} = \dfrac{2}{(z-2)} - \dfrac{1}{(z-1)}$

の式をそれ以降でどのように変形しているのかに着目されるとよい．

(1) $f(z) = \dfrac{2}{(z-2)} - \dfrac{1}{(z-1)}$

$= \dfrac{-1}{1-\frac{z}{2}} + \dfrac{1}{1-z}$

($|z| < 1$ なので，$\left|\dfrac{z}{2}\right| < 1$)

$= -\left[1 + \dfrac{z}{2} + \dfrac{z^2}{2^2} + \cdots + \dfrac{z^n}{2^n} + \cdots\right] + \left[1 + z + z^2 + \cdots + z^n + \cdots\right]$

$\therefore f(z) = \dfrac{z}{2} + (1 - \dfrac{1}{2^2})z^2 + (1 - \dfrac{1}{2^3})z^3 + \cdots + (1 - \dfrac{1}{2^n})z^n + \cdots$

$= \displaystyle\sum_{n=1}^{\infty} (1 - \frac{1}{2^n}) z^n$

(2) $f(z) = \dfrac{-2}{(2-z)} - \dfrac{1}{(z-1)}$

$= \dfrac{-1}{1-\frac{z}{2}} - \dfrac{\frac{1}{z}}{1-\frac{1}{z}}$

($1 < |z| < 2$ なので，$\left|\dfrac{z}{2}\right| < 1, \left|\dfrac{1}{z}\right| < 1$)

$= -\left[1 + \dfrac{z}{2} + \dfrac{z^2}{2^2} + \cdots + \dfrac{z^n}{2^n} + \cdots\right] - \dfrac{1}{z}\left[1 + \dfrac{1}{z} + \dfrac{1}{z^2} + \cdots + \dfrac{1}{z^n} + \cdots\right]$

$\therefore f(z) = \cdots - \dfrac{1}{z^n} - \cdots - \dfrac{1}{z} - 1 - \dfrac{z}{2} - \dfrac{z^2}{2^2} - \cdots - \dfrac{z^n}{2^n} - \cdots$

$= -\displaystyle\sum_{n=-\infty}^{-1} z^n - \sum_{n=0}^{\infty} \frac{z^n}{2^n}$

(3) $f(z) = \dfrac{2}{(z-2)} - \dfrac{1}{(z-1)}$

$= \dfrac{\frac{2}{z}}{1-\frac{2}{z}} - \dfrac{\frac{1}{z}}{1-\frac{1}{z}}$

($2 < |z|$ なので，$\left|\dfrac{2}{z}\right| < 1, \left|\dfrac{1}{z}\right| < 1$)

$= \dfrac{2}{z}\left[\,1 + \dfrac{2}{z} + \dfrac{2^2}{z^2} + \cdots + \dfrac{2^n}{z^n} + \cdots\,\right]$

$\qquad - \dfrac{1}{z}\left[1 + \dfrac{1}{z} + \dfrac{1}{z^2} + \cdots + \dfrac{1}{z^n} + \cdots\,\right]$

$\therefore f(z) = \dfrac{1}{z} + \dfrac{3}{z^2} + \dfrac{7}{z^3} + \cdots + \dfrac{2^n - 1}{z^n} + \cdots$

$= \displaystyle\sum_{n=1}^{\infty} \dfrac{2^n - 1}{z^n}$

75.1

(1) $f(z) = \dfrac{z+1}{(z-3)(z-2)} = \dfrac{4}{z-3} + \dfrac{-3}{z-2}$

とローラン展開すると，$z = 2$ は $f(z)$ の 1 位の極で，$(z-2)^{-1}$ の項の係数が留数であるから $\mathrm{Res}[f, 2] = -3$．$z = 3$ は $f(z)$ の 1 位の極で，$(z-3)^{-1}$ の項の係数が留数であるから $\mathrm{Res}[f, 3] = 4$

[別解] $f(z) = \dfrac{z+1}{(z-3)(z-2)}$ の分母が 0 となる $z = 2$ は $(z-2)^1$ より 1 位の極で，

$\mathrm{Res}[f, 2] = \lim\limits_{z \to 2}(z-2)f(z) = -3.$

また，$z = 3$ は $(z-3)^1$ より 1 位の極で，

$\mathrm{Res}[f, 3] = \lim\limits_{z \to 3}(z-3)f(z) = 4$

(2) $f(z) = \dfrac{z+1}{z(z-1)^2}$

$= \dfrac{1}{z} + \dfrac{-1}{z-1} + \dfrac{2}{(z-1)^2}$

とローラン展開すると，$z = 0$ は $f(z)$ の 1 位の極で，z^{-1} の項の係数が留数であるから $\mathrm{Res}[f, 0] = 1$．$z = 1$ は $f(z)$ の 2 位の極で，$(z-1)^{-1}$ の項の係数が留数であるから $\mathrm{Res}[f, 1] = -1$

[別解] $f(z) = \dfrac{z+1}{z(z-1)^2}$ の分母が 0 となる $z = 0$ は 1 位の極で，

$\mathrm{Res}[f, 0] = \lim\limits_{z \to 0} z f(z) = 1.$

また，$z = 1$ は $(z-1)^2$ より 2 位の極で，

$\mathrm{Res}[f, 1] = \dfrac{1}{(2-1)!} \lim\limits_{z \to 1} \dfrac{d^{(2-1)}}{dz^{(2-1)}} \left\{(z-1)^2 f(z)\right\}$

$= -1$

(3) e^{2z} のマクローリン展開を用いて，

$f(z) = \dfrac{1}{z^3}e^{2z} - \dfrac{1}{z^3}$

$= \dfrac{1}{z^3}\left(1 + 2z + \dfrac{4z^2}{2!} + \dfrac{8z^2}{3!} + \dfrac{16z^4}{4!} \cdots\right) - \dfrac{1}{z^3}$

$= \dfrac{2}{z^2} + \dfrac{2}{z} + 4 + z + \dfrac{2}{3}z^4 + \cdots$

とローラン展開すると，$z = 0$ は $f(z)$ の 2 位の極で，z^{-1} の項の係数が留数であるから $\mathrm{Res}[f, 0] = 2$.

(注意) $\dfrac{e^{2z} - 1}{z^3}$ の形から，$z = 0$ は $f(z)$ の 3 位の極と思われがちであるが，実際は 2 位の極である．このように，**見かけの位数**は**実際の位数**と**異なる場合がある**ので注意が必要である．しかし，留数については，次の **[別解]** で示すように，実際の位数，見かけの位数，どちらを用いて留数を求めても，その値は一致するので構わない．

[別解] $f(z) = \dfrac{e^{2z} - 1}{z^3}$ の分母が 0 となる $z = 0$ は見かけの位数 3 である．

$\mathrm{Res}[f, 0] = \dfrac{1}{(3-1)!} \lim\limits_{z \to 0} \dfrac{d^{(3-1)}}{dz^{(3-1)}} \left\{z^3 f(z)\right\}$

$= \dfrac{1}{2} \lim\limits_{z \to 0} \dfrac{d^2}{dz^2} \left\{e^{2z} - 1\right\} = 2$

75.2 積分経路 $C : |z - 1| = 2$ は次の図のとおり．

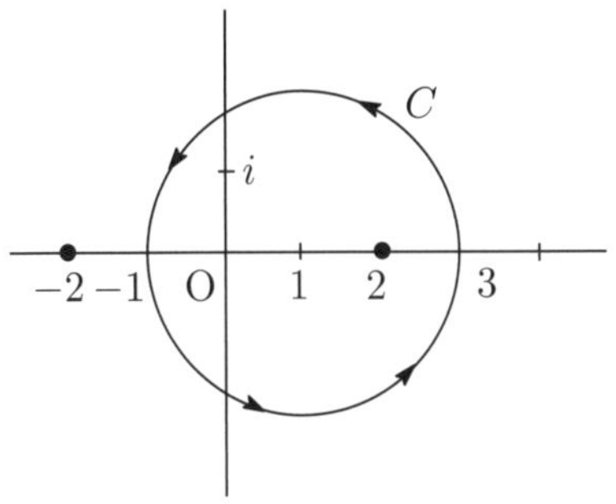

(1) 3 通りの方法を比べる中で，本問題は**例題 71.1** の復習に当たる．

$\dfrac{1}{2}\displaystyle\int_C \dfrac{1}{(z+2)}\,dz + \dfrac{1}{2}\int_C \dfrac{1}{(z-2)}\,dz$

について，第 1 項は $\dfrac{1}{(z+2)}$ が C とその内部において正則であるからコーシーの積分定理が成り立ち 0 である．第 2 項の積分 $\dfrac{1}{2}\displaystyle\int_C \dfrac{1}{(z-2)}\,dz$ について，極 $z = 2$ を避けるため積分経路と次のようにとると，経路 $L + C + (-L) + (-C_r)$ とそれによって囲まれた領域 (斜線) において，$\dfrac{1}{(z-2)}$ は正則である．

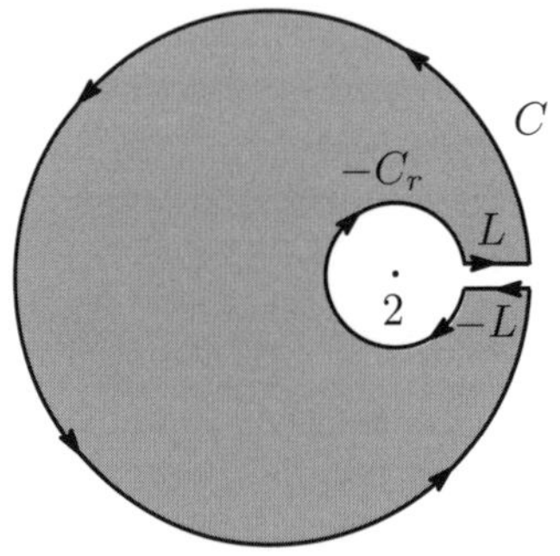

したがって，**コーシーの積分定理**が成り立ち，

$\displaystyle\int_L + \int_C + \int_{-L} + \int_{-C_r} = 0 \;\to\; \int_C = \int_{C_r}$

$\therefore \dfrac{1}{2}\displaystyle\int_C \dfrac{1}{(z-2)}\,dz = \dfrac{1}{2}\int_{C_r} \dfrac{1}{(z-2)}\,dz$

(**例題 70.1** より) $= \dfrac{1}{2} \times 2\pi i = \pi i$

(2) $\displaystyle\int_C \frac{z}{(z^2-4)}\,dz = \int_C \frac{\frac{z}{z+2}}{z-2}\,dz$ と見なすと，分子側にある関数 $\dfrac{z}{z+2}$ は，曲線 C で囲まれた領域，および，その周上で正則である．したがって，**コーシーの積分公式**が使えて，

$$\int_C \frac{\frac{z}{z+2}}{z-2}\,dz = 2\pi i \times \left.\frac{z}{z+2}\right|_{z=2} = \pi i$$

(3) 被積分関数 $\dfrac{z}{(z^2-4)}\,dz = \dfrac{z}{(z+2)(z-2)}$ は，$z=-2,2$ をそれぞれ 1 位の極としてもつ．ここで，曲線 C の内部に位置する極は $z=2$ のみであるので，**留数定理**より，

$$\int_C \frac{z}{(z+2)(z-2)}\,dz = 2\pi i \times \mathrm{Res}[f,2]$$
$$= 2\pi i \times \lim_{z\to 2}(z-2)f(z) = \pi i$$

75.3 点 α は $f(z)$ の 1 位の極であることから，$f(z)$ は点 α で正則な関数 $F(z)$ を用いて次の式で表せる．

$$f(z) = \frac{a_{-1}}{z-\alpha} + F(z) \quad \cdots ①$$

ここで，式 ① の両辺を C_r に沿って複素積分すると，

$$\int_{C_r} f(z)\,dz = \int_{C_r} \frac{a_{-1}}{z-\alpha}\,dz + \int_{C_r} F(z)\,dz \quad \cdots ②$$

式 ② の右辺第 1 項について

$z = \alpha + re^{it}$ $(0 \leqq t \leqq \pi)$ とおくと，$\dfrac{dz}{dt} = ire^{it}$

$$\therefore \int_{C_r} \frac{a_{-1}}{z-\alpha}\,dz = a_{-1}\int_0^{\pi} \frac{1}{re^{it}} ire^{it}\,dt = a_{-1}\pi i$$

また，式 ② の右辺第 2 項について，$F(z)$ は α で正則より α の近く (例えば，α を中心とする半径が小さな閉じた円内) で連続であるから，$|F(z)|$ の最大値が存在する．この最大値を M とおくと $|F(z)| \leqq M$

ここで，**問題 70.2** の ML 不等式と，C_r の長さが πr であることより，$\left|\displaystyle\int_{C_r} F(z)\,dz\right| \leqq M\cdot\pi r$

$$\therefore \lim_{r\to 0}\left|\int_{C_r} F(z)\,dz\right| \leqq M\pi \lim_{r\to 0} r = 0$$

よって，

$$\lim_{r\to 0}\int_{C_r} f(z)\,dz = a_{-1}\pi i + \lim_{r\to 0}\int_{C_r} F(z)\,dz$$
$$= \pi i\,\mathrm{Res}[f,\alpha]$$

□

76.1

(1) $z = e^{i\theta}$ とおくと，$\sin\theta = \dfrac{1}{2i}\left(z - \dfrac{1}{z}\right)$，

$d\theta = \dfrac{dz}{iz}$ より，

$$\int_0^{2\pi} \frac{1}{5-4\sin\theta}\,d\theta$$
$$= \int_C \frac{1}{5-4\times\frac{1}{2i}\left(z-\frac{1}{z}\right)}\cdot\frac{1}{iz}\,dz$$
$$= \int_C \frac{1}{-2z^2+5iz+2}\,dz$$
$$= \int_C \frac{1}{(-2z+i)(z-2i)}\,dz$$

(ここで，$f(z) = \dfrac{1}{(-2z+i)(z-2i)}$ とおくと，単位円 C の内部の点 $z = \dfrac{i}{2}$ は 1 位の極であり，それを除いて $f(z)$ は C 上および内部で正則であるから，留数定理より)

$$= 2\pi i \times \mathrm{Res}[f, \tfrac{i}{2}]$$
$$= 2\pi i \times \lim_{z\to\frac{i}{2}}(-2z+i)f(z) = 2\pi i \times \frac{1}{\frac{i}{2}-2i}$$
$$= -\frac{4}{3}\pi$$

(2) $z = e^{i\theta}$ とおくと，$\cos\theta = \dfrac{1}{2}\left(z+\dfrac{1}{z}\right)$，

$d\theta = \dfrac{dz}{iz}$ より，

$$2+\cos\theta = 2 + \frac{1}{2}\left(z+\frac{1}{z}\right) = \frac{1}{2z}(z^2+4z+1)$$
$$= \frac{1}{2z}\left\{(z+2+\sqrt{3})(z+2-\sqrt{3})\right\}$$
$$\int_0^{2\pi} \frac{1}{(2+\cos\theta)^2}\,d\theta$$
$$= \int_C \frac{4z^2}{(z+2+\sqrt{3})^2(z+2-\sqrt{3})^2}\cdot\frac{1}{iz}\,dz$$
$$= \int_C \frac{-4iz}{(z+2+\sqrt{3})^2(z+2-\sqrt{3})^2}\,dz$$

(ここで，$f(z) = \dfrac{-4iz}{(z+2+\sqrt{3})^2(z+2-\sqrt{3})^2}$ とおくと，単位円 C の内部の点 $z = -2+\sqrt{3}$ は 2 位の極であり，それを除いて $f(z)$ は C 上および内部で正則であるから，留数定理より)

$$= 2\pi i \times \lim_{z\to -2+\sqrt{3}} \frac{d}{dz}\left\{\frac{-4iz}{(z+2+\sqrt{3})^2}\right\}$$
$$= 2\pi i \times \lim_{z\to -2+\sqrt{3}} \left\{\frac{4iz-8i-4\sqrt{3}i}{(z+2+\sqrt{3})^3}\right\}$$
$$= 2\pi i \times \frac{-16i}{(2+\sqrt{3})^3} = \frac{4\sqrt{3}}{9}\pi$$

76.2

(step1) $z^4+1=0$ を満たす z を求め，$f(z)$ の特異点を求める．

$z = re^{i\theta}$ とおく．ただし，($0 \leqq \theta < 2\pi$).

$z^4 = r^4(\cos 4\theta + i\sin 4\theta) = -1$ より両辺を比較して，

$$r,\theta \text{ は，}\begin{cases} r^4 = 1 & \cdots ① \\ \cos 4\theta = -1\ ,\ \sin 4\theta = 0 & \cdots ② \end{cases}$$

ここで，r は正の実数であるから，$r=1$.

また，4θ は，$0 \leqq 4\theta < 8\pi$ の範囲の偏角であるから，式 ② を満たす角度は

$5\theta = \pi, 3\pi, 5\pi, 7\pi$ のとき．

したがって，$\theta = \dfrac{1}{4}\pi, \dfrac{3}{4}\pi, \dfrac{5}{4}\pi, \dfrac{7}{4}\pi$

と求まり，解 $z = re^{i\theta}$ は

$z_1 = e^{\frac{1}{4}\pi i}$，$z_2 = e^{\frac{3}{4}\pi i}$，$z_3 = e^{\frac{5}{4}\pi i}$，$z_4 = e^{\frac{7}{4}\pi i}$

の 4 つである．

したがって，積分路 $C = (-R,R)+C_R$ の内部にある孤立特異点は，z_1, z_2 の 2 点であるから $z = e^{\frac{\pi}{4}i}, e^{\frac{3\pi}{4}i}$

(step2) 経路 C の内部の点 $z = e^{\frac{\pi}{4}i}, e^{\frac{3\pi}{4}i}$ はそれぞれ $f(z)$ の1位の極であり，この2点を除いて $f(z)$ は C 上および内部で正則であるから，留数定理より

$$\int_C \frac{1}{z^4+1}\,dz = 2\pi i \times \mathrm{Res}[f, z_1] + 2\pi i \times \mathrm{Res}[f, z_2]$$

ここで， $\mathrm{Res}[f, z_1] = \lim_{z\to z_1}(z - z_1)f(z)$

$$= \lim_{z\to z_1}\frac{1}{(z^2+i)(z-z_3)} = \frac{1}{(2i)(\sqrt{2}+\sqrt{2}i)} = \frac{1-i}{4\sqrt{2}i}$$

同様に， $\mathrm{Res}[f, z_2] = \lim_{z\to z_2}(z - z_2)f(z)$

$$= \lim_{z\to z_2}\frac{1}{(z^2-i)(z-z_4)} = \frac{1}{(-2i)(-\sqrt{2}+\sqrt{2}i)}$$

$$= \frac{1+i}{4\sqrt{2}i}$$

$$\therefore \int_C \frac{1}{z^4+1}\,dz = 2\pi i \times \left(\frac{1-i}{4\sqrt{2}i} + \frac{1+i}{4\sqrt{2}i}\right)$$

$$= \frac{\sqrt{2}\pi}{2}$$

(step3) 経路 C_R 上において， $z = Re^{i\theta}$ $(0 \leqq \theta \leqq \pi)$ と表せる．ここで，三角不等式を用いると

$|z^4+1| = |R^4e^{4\theta i}+1|$ は，

$|R^4e^{4\theta i}| - |1| \leqq |R^4e^{4\theta i}+1| \leqq |R^4e^{4\theta i}| + |1|$

$\to\ R^4 - 1 \leqq |R^4e^{4\theta i}+1| \leqq R^4+1$

($|R^4e^{4\theta i}| = R^4\cdot|e^{4\theta i}|$ および $|e^{4\theta i}| = 1$ に注意．)

以上より， C_R 上で， $|f(z)| = |\dfrac{1}{z^4+1}| \leqq \dfrac{1}{R^4-1}$ なる関係を得る．

(step4) **[問題 70.2]** で得た複素積分に関する ML 不等式を用いると，

$$\left|\int_{C_R} f(z)\,dz\right| \leqq \int_0^\pi \left|f(z(t))\right|\cdot\left|\frac{dz(t)}{dt}\right| dt$$

$$\leqq \frac{1}{R^4-1}\int_0^\pi \left|\frac{dz(t)}{dt}\right| dt = \frac{2\pi R}{R^4-1}$$

なる関係が成り立つ．したがって，

$\lim_{R\to\infty}\left|\int_{C_R} f(z)\ dz\right| \leqq \lim_{R\to\infty}\dfrac{2\pi R}{R^4-1} = 0$ より，

$\lim_{R\to\infty}\int_{C_R} f(z)\ dz = 0$ を得る．

以上 **(step1)**~**(step4)** より，

$$\frac{\sqrt{2}\pi}{2} = \lim_{R\to\infty}\int_C f(z)\ dz$$

$$= \lim_{R\to\infty}\int_{-R}^R f(x)\ dx + \lim_{R\to\infty}\int_{C_R} f(x)\ dx$$

$$= \int_{-\infty}^\infty f(x)\ dx$$

が成り立つので，

$\displaystyle\int_{-\infty}^\infty \frac{1}{x^4+1}\,dx = \frac{\sqrt{2}\pi}{2}$ である． □

76.3

(step1)

$$e^{iz} = 1 + \frac{iz}{1!} + \frac{(iz)^2}{2!} + \frac{(iz)^3}{3!} + \frac{(iz)^4}{4!} + \frac{(iz)^5}{5!} + \cdots$$

$$= 1 + iz - \frac{z^2}{2!} - \frac{iz^3}{3!} + \frac{z^4}{4!} + \frac{iz^5}{5!} - \cdots$$

よって，

$$f(z) = \frac{1-e^{iz}}{z^2}$$

$$= \frac{1}{z^2}\left\{1 - \left(1 + iz - \frac{z^2}{2!} - \frac{iz^3}{3!} + \frac{z^4}{4!} + \frac{iz^5}{5!} - \cdots\right)\right\}$$

$$= -\frac{1}{z}i + \frac{1}{2!} + \frac{z}{3!}i - \frac{z^2}{4!}i - \frac{z^3}{5!}i + \cdots$$

と書けるから， $z = 0$ は $f(z)$ の1位の極である．

(step2) $|f(z)| = \left|\dfrac{1-e^{iz}}{z^2}\right| = \dfrac{\left|1-e^{iz}\right|}{|z^2|}$

$$\leqq \frac{|1| + \left|-e^{iz}\right|}{|z|^2} = \frac{1+1}{R^2} = \frac{2}{R^2}$$

$\because$ ここに C_R 上で $|z| = R$ であること，および三角不等式 ($\left|1-e^{iz}\right| \leqq |1| + \left|-e^{iz}\right|$) を用いた．

(step3) **問題 75.3** の結果より，

$$\lim_{r\to 0}\int_{C_r} f(z)\ dz = \pi i \times \mathrm{Res}[\frac{1-e^{iz}}{z^2}, 0] = \pi i \times (-i)$$

$= \pi$

(step4) $\displaystyle\int_{-R}^{-r} f(x)\ dx$ ($x = -t$ と置換する)

$$= \int_R^r f(-t)\,(-dt) = \int_r^R f(-t)\,dt = \int_r^R \frac{1-e^{i\times(-t)}}{(-t)^2}\,dt$$

$= \displaystyle\int_r^R \frac{1-\cos t + i\sin t}{t^2}\,dt$ と書けるので，

$$\int_{-R}^{-r} f(x)\ dx + \int_r^R f(x)\ dx$$

$$= \int_r^R \frac{1-\cos x + i\sin x}{x^2}\,dx + \int_r^R \frac{1-\cos x - i\sin x}{x^2}\,dx$$

$$= 2\int_r^R \frac{1-\cos x}{x^2}\ dx$$

経路 $C = (-R, -r) + (-C_r) + (r, R) + C_R$ に沿った積分を行うと，コーシーの積分定理より

$$\int_{-R}^{-r} f(x)\,dx + \int_{-C_r} f(z)\,dz + \int_r^R f(x)\,dx + \int_{C_R} f(z)dz$$

$= 0$

ここで **(step1)**~**(step4)** を考慮すると上式は，

$$2\int_r^R \frac{1-\cos x}{x^2}\ dx = \int_{C_r} f(z)\ dz + \int_{C_R} f(z)\ dz$$

両辺の $r \to 0$ および $R \to \infty$ なる極限をとると，右辺の第1項は **(step3)** の結果より π，右辺の第2項は **(step2)** の結果より $\lim_{R\to\infty}\dfrac{2}{R^2} = 0$ であるから0に収束する．

したがって $2\displaystyle\int_0^\infty \frac{1-\cos x}{x^2}\ dx = \pi$ より，題意の結果を得る． □

編集代表者（五十音順）

阿蘇和寿（石川工業高等専門学校）　　　　佐藤義隆（東京工業高等専門学校名誉教授）

山本茂樹（茨城工業高等専門学校）

執筆（アイウエオ順）

阿蘇和寿（石川工業高等専門学校）	五十嵐浩（茨城工業高等専門学校）
梅野善雄（一関工業高等専門学校）	大貫洋介（鈴鹿工業高等専門学校）
岡崎貴宣（岐阜工業高等専門学校）	勝谷浩明（豊田工業高等専門学校）
川本正治（鈴鹿工業高等専門学校）	児玉宏児（神戸市立工業高等専門学校）
小林茂樹（長野工業高等専門学校）	佐藤志保（沼津工業高等専門学校）
佐藤直紀（長岡工業高等専門学校）	佐藤義隆（東京工業高等専門学校名誉教授）
篠原雅史（鈴鹿工業高等専門学校）	高村　潔（仙台高等専門学校）
高橋　剛（長岡工業高等専門学校）	竹居賢治（都立産業技術高等専門学校）
坪川武弘（福井工業高等専門学校）	冨山正人（石川工業高等専門学校）
長岡耕一（旭川工業高等専門学校）	長水壽寛（福井工業高等専門学校）
中川英則（茨城工業高等専門学校）	中谷実伸（福井工業高等専門学校）
原田幸雄（徳山工業高等専門学校嘱託教授）	藤島勝弘（苫小牧工業高等専門学校）
松田　修（津山工業高等専門学校）	馬渕雅生（八戸工業高等専門学校）
宮田一郎（金沢工業高等専門学校）	向山一男（都立産業技術高等専門学校名誉教授）
森田健二（石川工業高等専門学校）	柳井　忠（新居浜工業高等専門学校）
山田　章（長岡工業高等専門学校）	山本孝司（サレジオ工業高等専門学校）
山本茂樹（茨城工業高等専門学校）	横谷正明（津山工業高等専門学校）
横山卓司（神戸市立工業高等専門学校）	

© 日本数学教育学会高専・大学部会教材研究グループTAMS（タムス）　2013

ドリルと演習シリーズ

応用数学

2013年7月10日　第1版第1刷発行

編著者　日本数学教育学会高専・大学部会教材研究グループTAMS（タムス）
　　　　代表　阿蘇和寿（石川工業高等専門学校）
発行者　田中　久米四郎

＜発行所＞
株式会社　電気書院
振替口座　00190-5-18837
〒101-0051
東京都千代田区神田神保町1-3 ミヤタビル2F
電　話　03-5259-9160
ＦＡＸ　03-5259-9162
http://www.denkishoin.co.jp

ISBN978-4-485-30218-7　C3341　　　　創栄図書印刷株式会社
Printed in Japan

乱丁・落丁の節は，送料弊社負担にてお取替えいたします．
上記住所までお送り下さい．

〈(社)出版者著作権管理機構　委託出版物〉

本書の無断複写（電子化含む）は著作権法上での例外を除き禁じられています．複写される場合は，そのつど事前に，(社)出版者著作管理機構（電話：03-3513-6969, FAX：03-3513-6979, e-mail：info@jcopy.or.jp）の許諾を得てください．
また本書を代行業者等の第三者に依頼してスキャンやデジタル化することは，たとえ個人や家庭内での利用であっても一切認められません．